W0268242

Für die Bereitstellung von Autographien, Vorlesungsnachschriften und Kopien der Weierstraßschen Vorlesung dankt der Herausgeber der Leipziger Universitätsbibliothek (Außenstelle an der Sektion Mathematik der Karl-Marx-Universität; Frau I. LETZEL), der Berliner Universitätsbibliothek (Zweigstelle Mathematik an der Humboldt-Universität; Herrn H. HADAN), der Universitätsbibliothek Halle/Saale (Außenstelle an der Sektion Mathematik der Martin-Luther-Universität; Herrn Dr. R. RIEDEL) und dem Institut Mittag-Leffler, Djursholm (Frau K. BROMS).
Für die Bereitstellung der Faksimilevorlagen (S. 227, 228, 268; Zentrales Archiv der Akademie der Wissenschaften der DDR, Nachlaß H. A. SCHWARZ, Nr. 1175) danken Verlag und Herausgeber Herrn Dr. K. KLAUSS.
Für die Bereitstellung der Fotos (S. 4, 178; Porträtsammlung der Universitätsbibliothek der Humboldt-Universität Berlin) danken Verlag und Herausgeber Frau Dr. CH. SCHWARZ.
Der Verlag dankt außerdem Herrn Buchbindermeister W. FRENKEL, Leipzig, für die hilfreiche Unterstützung.

ISBN-13: 978-3-211-95841-4   e-ISBN-13: 978-3-7091-9533-8
DOI: 10.1007/978-3-7091-9533-8

TEUBNER-ARCHIV zur Mathematik · Band 9
© BSB B. G. Teubner Verlagsgesellschaft, Leipzig, 1988
1. Auflage
Lektor: Jürgen Weiß

K. Weierstraß

Ausgewählte Kapitel aus der Funktionenlehre

Vorlesung, gehalten in Berlin 1886
Mit der akademischen Antrittsrede, Berlin 1857,
und drei weiteren Originalarbeiten von
K. WEIERSTRASS aus den Jahren 1870 bis 1880/86

Herausgegeben, kommentiert und mit
einem Anhang versehen von
R. SIEGMUND-SCHULTZE

Dieser Band enthält die Vorlesung „Ausgewählte Kapitel aus der Funktionenlehre",
die KARL WEIERSTRASS im Sommersemester 1886 an der Berliner Universität gehalten
hat. Sie war von ihm als Ergänzung seiner turnusmäßigen Vorlesung „Einleitung in die
Theorie der analytischen Funktionen" konzipiert worden, und er hielt sie nur dieses
eine Mal.
Inhaltliche Schwerpunkte sind der Weierstraßsche Approximationssatz (mit Verallgemeinerungen auf unstetige Funktionen mittels des Cantorschen Begriffs des äußeren
Inhalts einer beschränkten Punktmenge) und eine Einführung in die Theorie der Weierstraßschen „analytischen Gebilde". Der edierte Text, dem eine Autographie zugrunde
liegt, enthält zahlreiche historische und methodologische Reflexionen.
Die Vorlesung, der Kommentar des Herausgebers sowie die vier im Anhang enthaltenen
fotomechanischen Nachdrucke von Arbeiten der Jahre 1857 bis 1880/86 verdeutlichen
in besonderem Maße WEIERSTRASS' Beitrag zur strengen Begründung der Analysis.

BSB B. G. Teubner Verlagsgesellschaft, Leipzig

Distributed by Springer-Verlag Wien New York

This volume contains the lecture "Selected chapters on function theory", held by KARL WEIERSTRASS at Berlin university in the summer semester 1886. This lecture served as a supplement to the wellknown and repeatedly held "Introduction to the theory of analytical functions", and WEIERSTRASS read it only one time.
The main topics are the Weierstrassian approximation theorem (with a generalization to discontinuous functions by means of G. CANTOR's notion of the outer content of a bounded point set) and an introduction to WEIERSTRASS's theory of analytical "Gebilde". The edited text, which reproduces an autographed version of the mentioned lecture, contains also numerous historical and methodological considerations.
The lecture, the editor's commentary and four photomechanical reprints of articles of 1857–1880/86 illustrate particularly WEIERSTRASS's contribution to the establishment of secure foundations for analysis.

Ce volume contient la conférence »Chapitres choisis de la théorie des fonctions«, tenue par KARL WEIERSTRASS au cours du semestre d'été en 1886, à l'université de Berlin. Elle avait été conçue par lui comme un complément de sa conférence cyclique »Introduction à la théorie des fonctions analytiques«, et il ne la donna que cette seule fois.
La théorème d'approximation de WEIERSTRASS (avec des généralisations sur des fonctions discontinues au moyen de la notion de CANTOR du contenu externe d'un ensemble de points limité) et une introduction à la théorie des »Analytische Gebilde« de WEIERSTRASS constituent les points forts du contenu. Le texte édité, à la base duquel se trouve une autographie, contient de nombreuses réflexions historiques et méthodologiques.
La conférence, le commentaire de l'éditeur ainsi que les quatre réimpressions photomécaniques d'œuvres des années 1857 à 1880/86 contenues dans l'annexe, précisent dans une mesure particulière la contribution de WEIERSTRASS au raffermissement des fondements de l'analyse.

Этот том содержит курс лекций »Избранные главы теории функций«, прочитанный Карлом Вейерштрассом в летнем семестре 1886 г. в Берлинском университете. Эти лекции были разработаны им в качестве дополнения к его стандартному курсу лекций »Введение в теорию аналитических функций«, и прочитаны были лишь этот единственный раз.
Центральное место в этих лекциях занимает теорема Вейерштрасса об аппроксимации функций (с обобщениями на разрывные функции с помощью введённого Кантором понятия внешнего содержания точечного множества) и введение в теорию »аналитических образов« Вейерштрасса. Отпечатанный текст, основанный на автографии, содержит многочисленные исторические и методологические замечания.
Лекции, комментарии издателя, а также содержащиеся в приложении четыре фотомеханических перепечатка статьей из 1857–1880/86 гг. в особой мере подчёркивают заслуги Вейерштрасса в строгом обосновании математического анализа.

Geleitwort

Als Schüler von KARL WEIERSTRASS zu Beginn unseres Jahrhunderts an der Ausgabe der Werke ihres Lehrers arbeiteten, ging es ihnen vor allem darum, den nachfolgenden Generationen den Schatz der unveröffentlichten Weierstraßschen Vorlesungen über elliptische und Abelsche Funktionen sowie über Variationsrechnung zu überliefern. Daß die Vorlesungen über allgemeine Funktionentheorie nicht in den Editionsplan aufgenommen wurden, dürfte nicht zuletzt auch damit im Zusammenhang gestanden haben, daß deren Wirkung bereits allenthalben erkennbar und unwiderruflich war.

Was den Zeitgenossen von WEIERSTRASS nicht erforderlich schien, will uns heute unverzichtbar scheinen, wenn wir uns als Historiker und als Mathematiker der großen Gestalt von KARL WEIERSTRASS nähern wollen. Was aber den Zeitgenossen noch recht leicht gefallen wäre – eine möglichst exakte historische Dokumentation des Weierstraßschen Beitrages zur strengen Begründung der Analysis –, erfordert heute einen erhöhten Aufwand an geistiger Arbeit, bedingt einen kritischen Vergleich der nur bruchstückhaft auf uns gekommenen und zumeist nicht autorisierten Nachschriften, ein Einfühlen in die persönlichen und wissenschaftlichen Umstände des Weierstraßschen Wirkens.

Die allgemein anerkannte prägende Bedeutung des Weierstraßschen Grundlagenbeitrages für die moderne Mathematik widerspiegelt sich bisher in der internationalen mathematikhistorischen Literatur nur unzureichend. Es ist deshalb sehr zu begrüßen, daß es der Herausgeber mit der Edition der von WEIERSTRASS nur einmal gehaltenen Vorlesung „Ausgewählte Kapitel aus der Funktionenlehre" (1886) unternommen hat, jene Lücke schließen zu helfen.

Möge diese Edition dazu beitragen, daß KARL WEIERSTRASS der heutigen Generation von Mathematikern als der von zähem Wahrheitsdrang beseelte und mit schulbildnerischer Kraft begabte Gelehrte vor Augen tritt, der er gewesen ist!

Berlin, September 1987   KURT-R. BIERMANN

Weierstraß

Inhalt

[illegible] eine kleine Größe g, so [illegible] es [illegible] eine endliche Anzahl von Gliedern $a_1, a_2, \ldots$, die $> g$ sind. [illegible] drückt dies so aus, daß man sagt, die Reihe der Glieder werde mit [illegible] Stellennummer unendlich klein. Diese [illegible] ist aber nicht [illegible]. Um eine solche zu erhalten, [illegible]. [illegible] bezeichnet die Summe der n ersten Glieder mit s_n und betrachtet die Reihe der Größen $s_1, s_2, s_3, \ldots$, und soll die Summe einen endlichen Wert haben, so [illegible] s_n [illegible] einen gewissen Grenze bleiben. D. h. nimmt man n [illegible] groß, so muß

$$s_{\sigma+\tau} - s_\sigma = a_{\sigma+1} + a_{\sigma+2} + \cdots + a_{\sigma+\tau}$$

für jedes τ beliebig klein gemacht werden können. Umgekehrt kann man zeigen, daß, wenn man nach Annahme einer Größe [illegible] für σ eine Grenze τ so herstellen kann, daß die vorstehende Differenz, wenn $\tau > 0$, kleiner als g ist, die Reihe einen [illegible] Werth hat. Nachdem so alles erörtert ist, was sich über die [illegible] Addition von endlich vielen Elementen gebildeten [illegible] sagen läßt, ist [illegible] nach dem Begriff der Multiplikation festzustellen. Die beiden Sätze, die [illegible], sind: das Product zweier Elemente mit den Namen m und n soll den Namen [illegible]; nach der [illegible] der Multiplikationsanleitung [illegible] man jedes Glied der einen Reihe mit jedem Glied der anderen Reihe zu multiplizieren und alle diese Producte als [illegible] addieren. Es zeigt sich, daß auch hier noch jedes Element nur in einer endlichen Anzahl vorhanden ist. Betrachten wir z. B. ein ganz bestimmtes Element $\frac{1}{n}$, und wollen wir untersuchen, wie oft es in dem Producte vorkommt, so [illegible] man a in $a' + a''$, so wie a'' das Element $\frac{1}{n}$ nicht mehr vorkommt, und derg[leichen].

Seite 34 aus der Leipziger Autographie L der Vorlesung von K. WEIERSTRASS, Sommersemester 1886

Vorwort

Die zitierten Worte [1, S. 24] des bekannten Funktionentheoretikers H. BEHNKE
(1898–1979) reflektieren, so zugespitzt sie formuliert sein mögen, eine jedem Mathematiker geläufige Tatsache: Grundlegende *Sätze* (Häufungsstellensatz, Doppelreihensatz,
Approximationssatz, Vorbereitungssatz u. a.), die KARL WEIERSTRASS (1815–1897) erstmals streng bewiesen hat, grundlegende *Begriffe* (gleichmäßige Konvergenz, reelle Zahl
u. a.), die WEIERSTRASS eingeführt oder deren ganze Tragweite er als erster erkannt hat,
gehören nach wie vor zum Fundament der Mathematik. Das unter maßgeblicher Mitwirkung von WEIERSTRASS im 19. Jahrhundert in die Mathematik, insbesondere in die
Analysis, eingeführte Strengeniveau ist auch für uns Heutige verbindlich.

Dagegen stehen WEIERSTRASS' *Methode* des schrittweisen, rein analytisch-algebraischen
Aufbaus der Theorie der Funktionen einer und mehrerer komplexer Variablen aus dem
Begriff der ganzen Zahl unter Verzicht auf die geometrische Anschauung sowie der konkrete *Gegenstand* des Weierstraßschen Interesses, insbesondere das sog. „Jacobische
Umkehrproblem", nicht mehr wie im 19. Jahrhundert im Mittelpunkt mathematischer
Forschung.

So mancher Teil des von WEIERSTRASS errichteten „Gerüstes" am „Gebäude" der
Mathematik (z. B. die Theorie der analytischen Gebilde) ist also inzwischen abgerissen
und durch neue „Konstruktionen" ersetzt worden. Andererseits ist mancher konkrete
Gegenstand Weierstraßscher Forschungen in modernen mathematischen Theorien aufgehoben und somit nicht verloren. (So sind „spezielle Funktionen" wie die Abelschen
unter allgemeinen Gesichtspunkten mit Anwendungen in der algebraischen Geometrie
durchaus von Interesse; vgl. [15].)

Wertet man die eingangs zitierten Worte BEHNKES differenziert in diesem Sinne, läßt
sich immerhin ein primäres historisches Interesse an WEIERSTRASS' Beitrag zur strengen
Begründung der Mathematik rechtfertigen. WEIERSTRASS hat diesen Beitrag bekanntlich
vor allem durch seine Vorlesungen geleistet, die viele Studenten in den 60er, 70er und
80er Jahren des 19. Jahrhunderts an die Berliner Universität zogen. Schüler wie
G. CANTOR, O. HÖLDER, A. HURWITZ, A. KNESER, G. MITTAG-LEFFLER, S. PINCHERLE,
C. RUNGE und H. A. SCHWARZ haben den Weierstraßschen Geist mathematischer
Strenge verbreitet, wobei sie zumeist weit über das konkrete Forschungsgebiet ihres
Lehrers hinausschritten. Systematisch und konzentriert legte WEIERSTRASS seine allgemeine Begründungsmethode der Funktionentheorie in einer in der Regel etwa zweijährlich wiederholten Vorlesung „Einleitung in die Theorie der analytischen Funktionen"
dar. Diese bildete die Grundlage für einen Vorlesungszyklus, der stufenweise die Theorien
der elliptischen und Abelschen Funktionen und Integrale sowie WEIERSTRASS' Variationsrechnung entwickelte.

Die „Einleitung", die WEIERSTRASS ständig überarbeitete, war oft sehr umfangreich;
eine Vorlesungsausarbeitung G. HETTNERS für das Jahr 1878 [29] umfaßt 707 handschriftliche Seiten. In der siebenbändigen Ausgabe der Weierstraßschen „Mathematischen

Werke" (1894–1927) sind Ausarbeitungen der „Einleitung" nicht berücksichtigt. Bis heute gibt es anscheinend keine kritische und vollständige Edition einer der zahlreichen in verschiedenen Bibliotheken existierenden Ausarbeitungen der „Einleitung". Die wichtigste mathematikhistorische Quelle ist in dieser Hinsicht die Arbeit von Dugac [20], die verschiedene Ausarbeitungen in Auszügen ediert und kommentiert (vgl. auch [42]).

Dies ist der Hintergrund, vor dem die hier unternommene Edition einzuordnen ist.

Eine gebotene Beschränkung des Umfangs, die Absicht, dem Leser ein möglichst vielseitiges Bild des Weierstraßschen Beitrages zur strengen Begründung der Mathematik zu vermitteln, vor allem aber das Bestreben, auch dem Mathematikhistoriker einiges Neue zu bieten, ließen den Herausgeber von dem anfangs gehegten Plan der Edition der Hettnerschen Ausarbeitung [29] Abstand nehmen. Im vorliegenden Band wird eine von unbekannter Hand stammende Version der Vorlesung „Ausgewählte Kapitel aus der Funktionenlehre" vom Sommersemester 1886 ediert, die sich in der Universitätsbibliothek Leipzig (Außenstelle an der Sektion Mathematik) befindet. Diese Vorlesung ist von Weierstrass ausdrücklich als Ergänzung der „Einleitung" vom Wintersemester 1884/85 konzipiert worden, und in ihr nehmen historische und methodologische Reflexionen einen breiteren Raum als gewöhnlich ein, während hinsichtlich mathematischer Einzelheiten vielfach auf jene Einleitungsvorlesung zurückverwiesen wird. Der besondere Charakter der Vorlesung von 1886, die Weierstrass nur einmal gehalten hat, und dies am Ende seiner Laufbahn, macht eine weiter unten folgende spezielle Einführung sowie recht umfangreiche Kommentare des Herausgebers erforderlich.

Im Anhang werden zwei kurze Vorträge von Weierstrass vor der Akademie aus den Jahren 1870 und 1872 erneut abgedruckt, die zwar erst 1895 in der Werkausgabe publiziert wurden, deren Inhalt aber lange zuvor vor allem durch Weierstraßsche Vorlesungen tiefgehende Wirkung ausgeübt hatte. Es handelt sich um zwei Gegenbeispiele, mit denen Weierstrass den durch geometrisch-physikalische Plausibilitätsbetrachtungen gestützten Glauben an die uneingeschränkte Gültigkeit des „Dirichletschen Prinzips" der Potentialtheorie bzw. (im anderen Fall) an die Differenzierbarkeit jeder stetigen Funktion erschüttert hatte.

Diese beiden Beiträge sind vornehmlich kritischer Natur, während z. B. Weierstrass' einflußreicher, 1880 erstmals veröffentlichter Artikel „Zur Functionenlehre" die konstruktive Seite des Weierstraßschen Begriffsapparats, insbesondere die Tragweite des in seiner Funktionentheorie fundamentalen Begriffs der gleichmäßigen Konvergenz, den Zeitgenossen eindrucksvoll vor Augen führte.

Diese ebenfalls im Anhang fotomechanisch nachgedruckte Abhandlung bringt einige grundlegende Begriffe und Sätze, die in der Vorlesung vorausgesetzt werden, in originaler Weierstraßscher Fassung. Schließlich macht die den Anhang komplettierende, auch literarisch recht anspruchsvolle „Akademische Antrittsrede" (1857) die wesentlichen Ausgangspunkte Weierstraßscher Forschungen deutlich. Sie zeigt, daß Weierstrass die begriffliche Verschärfung der Mathematik nicht um ihrer selbst willen betrieb. Er hielt sie vielmehr für unverzichtbar, um konkrete Einzelprobleme der Mathematik überhaupt exakt formulieren und dann lösen zu können. Am Ende seiner Vorlesung vom Sommer 1886 bemerkt Weierstrass ausdrücklich, es sei „nicht wünschenswert, daß namentlich jüngere Mathematiker sich ausschließlich mit solchen (allgemeinen) Problemen beschäftigen, da erst die Beschäftigung mit konkreten Problemen überhaupt uns die Gegenstände solcher allgemeineren Untersuchungen liefern kann".

Der Kommentar der vorliegenden Edition wird an verschiedenen Stellen Gelegenheit nehmen, auf diese grundsätzliche Parallelität in WEIERSTRASS' Schaffen zwischen Einzeluntersuchungen und allgemeiner begrifflicher Arbeit hinzuweisen.

Einige wenige biographische Informationen enthalten meine nachfolgende Einführung in die Vorlesung, WEIERSTRASS' „Akademische Antrittsrede" sowie meine beigefügte biographische Anmerkung. Dabei stütze ich mich weitgehend auf die unübertroffenen Arbeiten von K.-R. BIERMANN, insbesondere [5] und [7], die den durchaus nicht nur sonnenbeglänzten und gegen Ende sogar tragischen Lebensweg von WEIERSTRASS nachzeichnen. Für das Verständnis des Weierstraßschen Werkes sind biographische Kenntnisse außerordentlich wichtig; man denke nur an seine langdauernde wissenschaftliche Isolation als Gymnasiallehrer und an die Auseinandersetzungen mit L. KRONECKER.

Im fachlichen Kommentar stehen die historische Einordnung der Begriffe und Sätze und – was die Vorlesung betrifft – außerdem die Entschlüsselung von Andeutungen, der kritische Textvergleich sowie die Aufhellung der inneren Bezüge des nicht mit einer ausgereiften wissenschaftlichen Publikation vergleichbaren Textes im Vordergrund. Dagegen würde eine vollständige Erfassung der Widerspiegelung des Weierstraßschen Grundlagenbeitrages in der modernen Mathematik weit über den Rahmen einer Edition wie der vorliegenden hinausgehen. In dieser Hinsicht sei besonders auf die in dem Sammelband [1] enthaltenen Artikel sowie auf [2], [3], [31] und [68] verwiesen. Die besten Gesamteinschätzungen des Weierstraßschen Werkes geben immer noch HILBERT [30], POINCARÉ [58] und MITTAG-LEFFLER [51].

Dem Herausgeber ist es ein Bedürfnis, dem Begründer der modernen Weierstraß-Forschung, KURT-R. BIERMANN (Berlin), herzlich zu danken, der die Edition von Anfang an mit regem Interesse und mannigfachem Rat verfolgt hat.
Den Herren R. BÖLLING (Berlin) und P. SCHREIBER (Greifswald) und seinem Cousin, Herrn RAINER SIEGMUND-SCHULTZE (Berlin), ist der Herausgeber für vielfältige Anregungen und für die kritische Durchsicht einzelner Passagen des Textes zu großem Dank verpflichtet. Selbstverständlich trägt keiner der genannten Herren Verantwortung für irgendeine der in der Edition getroffenen historischen Wertungen.
Herrn I. GRATTAN-GUINNESS (Barnet, England) gilt der Dank für Hinweise auf Ausarbeitungen der Weierstraßschen Vorlesung, die sich im Institut Mittag-Leffler in Djursholm (Schweden) befinden. Frau K. BROMS von dieser Institution bin ich besonders verpflichtet für die Übersendung der vollständigen Kopie einer Abschrift der edierten Vorlesungsausarbeitung, die für die Entzifferung des Textes unverzichtbar war.
Abschließend möchte ich die sorgfältige und engagierte Betreuung des Unternehmens durch meinen Lektor, Herrn J. WEISS, dankbar würdigen.

Berlin, September 1987   REINHARD SIEGMUND-SCHULTZE

85.

Einführung in die Vorlesungsedition

Im folgenden wird unter fünf Aspekten eine Einführung in die Edition der Weierstraßschen Vorlesung „Ausgewählte Kapitel aus der Funktionenlehre" vom Sommersemester
1886 gegeben. Es werden erörtert:

- andeutungsweise die allgemeine Problemsituation in der Funktionentheorie Mitte der
  80er Jahre des vorigen Jahrhunderts, die den Hintergrund der Vorlesung bildete,
- die biographischen Umstände des Zustandekommens der Weierstraßschen Vorlesung
  von 1886,
- die Quellenlage in bezug auf vorhandene Ausarbeitungen der Vorlesung von 1886,
- der wesentliche Inhalt der Vorlesung und
- die technischen Details der Edition.

Zwischen diesen fünf Aspekten läßt sich in der Darstellung keine völlig klare Trennung erzielen, wenn auch im wesentlichen die oben angegebene Reihenfolge gewahrt
werden soll.

Im Jahre 1885 war der Bruch zwischen WEIERSTRASS und seinem Kollegen an der
Berliner Universität, dem bedeutenden Algebraiker LEOPOLD KRONECKER (1823–1891),
endgültig geworden. Zwar bezeichnete sich dieser noch auf der Feier zu WEIERSTRASS'
70. Geburtstag, dem 31. Oktober 1885, als dessen „besten Freund". Doch KRONECKER,
dieser Vorstreiter des „mathematischen Intuitionismus", polemisierte immer häufiger
versteckt oder offen gegen WEIERSTRASS' Aufbau der Analysis, insbesondere gegen den
seiner Meinung nach auf ungesicherten Existenzaussagen beruhenden fundamentalen
Begriff der reellen Zahl. WEIERSTRASS wurde durch diese Angriffe bekanntlich sehr in
seinem seelischen Gleichgewicht getroffen. Er hegte die uns heute übertrieben erschei-
nende Furcht, sein Werk werde mit ihm gemeinsam aus der Welt gehen.

1886, zur Zeit der Vorlesung, waren die Höhepunkte des Weierstraßschen Wirkens in
Berlin, nämlich die 60er und 70er Jahre, bereits Vergangenheit. Die Problemsituation in
der Funktionentheorie und das Niveau ihrer begrifflichen Grundlagen hatten sich durch
Beiträge jüngerer Mathematiker wesentlich verändert.

Die wohl wichtigste Neuerung in der Mathematik der 70er und 80er Jahre war die
Schaffung der Mengenlehre durch WEIERSTRASS' Schüler GEORG CANTOR (1845–1918).
(Deshalb werden Ergebnisse und Äußerungen von CANTOR auch im Kommentar eine
wesentliche Rolle spielen.) Es ist bekannt, daß WEIERSTRASS selbst diese konsequente
Weiterentwicklung seiner eigenen Ideen in mancher Beziehung zu weit ging und daß er
insbesondere Zweifel hinsichtlich der Fruchtbarkeit der allgemeinen, „transfiniten"
Mengenlehre hegte. Andererseits anerkannte WEIERSTRASS durchaus die Bedeutung der
Topologie der linearen Punktmengen und speziell der scharfen begrifflichen Unterscheidung zwischen abzählbaren und überabzählbaren Mengen. Wenn die in der vorliegenden
Vorlesungsausarbeitung enthaltenen diesbezüglichen Ausführungen, insbesondere die in
Zusammenhang mit der Diskussion der Begriffe „Kontinuum" und „gleichmäßige Stetigkeit" stehenden Bemerkungen, nicht die Exaktheit und Tiefe zeitgenössischer Publika-
tionen wie der von G. CANTOR, U. DINI, A. HARNACK, E. HEINE, O. STOLZ u. a. erreichen, so mag das zum Teil auf den Autor der Vorlesungsausarbeitung zurückzuführen

sein. Andererseits ist zu beachten, daß es Weierstrass auch in der Vorlesung von 1886 in erster Linie um die traditionellen Problemkreise in der Theorie der analytischen Funktionen ging und daß er die eng mit der Entwicklung der Mengenlehre verbundenen Tendenzen in der Theorie der Funktionen reeller Variablen vorrangig hinsichtlich ihrer Bedeutung für die allgemeine Funktionentheorie aufmerksam verfolgte.

Weierstrass hatte nun bekanntlich mit seinen Vorlesungen und Veröffentlichungen der 60er und 70er Jahre wesentliche Grundlagen für die weitere Entwicklung der allgemeinen Theorie der Funktionen einer und mehrerer komplexer Variablen gelegt. Auch in der komplexen Funktionentheorie selbst waren um die Mitte der 80er Jahre bemerkenswerte Entwicklungen zu registrieren:

Bereits mit den beiden Sätzen von E. Picard (1879/80), die den Satz von Casorati/ Weierstrass (Satz von Sochockij) wesentlich verschärften, wurde ein bedeutender Fortschritt in der Theorie der ganzen und meromorphen Funktionen einer komplexen Variablen erzielt, an den später in den 90er Jahren die Anfänge der Wertverteilungslehre (E. Borel u. a.) anknüpften. (Picards Resultate werden von Weierstrass in der Vorlesung allerdings nicht erwähnt.)

In der allgemeinen Theorie der „Abelschen Funktionen" ($2p$-fach periodischer Funktionen von p komplexen Veränderlichen) wurden in den 80er Jahren von G. Frobenius, E. Picard und H. Poincaré, in den 90er Jahren von P. Appell und P. Cousin wesentliche Beiträge geliefert, wobei diese Arbeiten bereits weitgehend unabhängig von der Weierstraßschen Theorie verliefen, die stets am Jacobischen Umkehrproblem für Abelsche Integrale orientiert gewesen war (vgl. Anm. 208).

In den Theorien der Folgen und Reihen analytischer Funktionen und der Approximation analytischer Funktionen durch Polynome und rationale Funktionen einer komplexen Veränderlichen wurden u. a. anknüpfend an das bei Weierstrass zentrale Darstellungsproblem, aber auch an die Arbeiten des russischen Mathematikers P. L. Čebyšev, durch C. Runge, G. Mittag-Leffler und H. Poincaré in den 80er, durch E. Borel u. a. in den 90er Jahren Grundlagen unter anderem für die „konstruktive Funktionentheorie" (S. N. Bernstejn u. a.) im 20. Jahrhundert gelegt (vgl. Anm. 247).

Einen besonderen Fortschritt in der Funktionentheorie der 80er Jahre stellten die Theorie der „automorphen Funktionen" (F. Klein, H. Poincaré) und das damit in engem Zusammenhang stehende „Uniformisierungstheorem" (ausgesprochen 1883 von Poincaré, vollständig bewiesen erst 1907) dar, das Markuševič den „Gipfelpunkt der ganzen Theorie der komplexen Funktionen im 19. Jahrhundert" [47, S. 247] nennt. Gerade die Uniformisierungstheorie stand den Weierstraßschen Gedankenkreisen außerordentlich nahe, wie verschiedene Bemerkungen in der vorliegenden Vorlesung bezeugen. (Vgl. Anm. 181, 185, 221.) Auf weitere wesentliche Entwicklungen, insbesondere in der geometrischen Funktionentheorie, kann hier nicht eingegangen werden.

Auch Weierstrass selbst war Mitte der 80er Jahre durchaus noch ein schöpferischer Mathematiker. Dies offenbarte z. B. sein Beweis des Approximationssatzes [75] im Jahre 1885. Sein Leben jedoch war 1885/86 nicht nur durch den Streit mit Kronecker, sondern auch durch zunehmende Alterserscheinungen überschattet, die seine schon seit Jahrzehnten wiederkehrenden Phasen gesundheitlicher Labilität verstärkten. Obwohl er nominell noch als Mitdirektor des Mathematischen Seminars der Berliner Universität fungierte, erwog Weierstrass 1885 ernstlich seine Übersiedelung in die Schweiz. Erst der 1887 gefaßte Plan der Herausgabe seiner „Mathematischen Werke", der Weierstrass' häufige Anwesenheit in Berlin erforderte, scheint jene Übersiedelungspläne endgültig zunichte gemacht zu haben. Für den Sommer 1886 hatte er sich jedenfalls gemeinsam mit seinen Schwestern ganz auf einen Aufenthalt in der Schweiz eingerichtet. In der von der Berliner Universität herausgegebenen gedruckten Vorlesungsankündigung für das Sommersemester 1886 „Index lectionum quae ... habebuntur per semestre aestivum 1886" (28. 4.–15. 8. 1886) heißt es so auch unter dem Namen WEIERSTRASS (S. 43): „Lectiones non habebit." Am 26. 3. 86 schreibt WEIERSTRASS von Montreux aus an seine Schülerin S. KOVALEVSKAJA [41, S. 133]:

„Wir bleiben jedenfalls bis zum Oktober in der Schweiz."

Drei Tage später, am 29. 3. 1886, schreibt er vom selben Ort aus an SCHWARZ (vgl. hierzu, wie zu den im folgenden zitierten Briefen den Nachlaß von H. A. SCHWARZ (1843–1921), der sich im Zentralen Archiv der Akademie der Wissenschaften der DDR befindet):

„Übrigens habe ich bisher nur wenig arbeiten können. Der Winter war nicht günstig, und hab ich viel an Verdauungsbeschwerden, Hämorrhoiden und Venenaufschwellung gelitten. Im Lauf des k. Monats werden wir anderswohin gehen – wahrscheinlich an den Thuner See."

Am 15. Mai 1886 jedoch schreibt WEIERSTRASS an SCHWARZ, immer noch von Montreux aus (vgl. Faksimile auf Seite 228):

„Jetzt hab ich, durch verschiedene Gründe bestimmt, die ich Ihnen nur mündlich darlegen könnte, nach längerem Schwanken den Entschluß gefaßt, nach Berlin zurückzukehren und auch diesen Sommer noch zu lesen (Ausgewählte Kapitel der Functionenlehre) ... Den Anfang der Vorlesung habe ich auf den 25sten d. M. festgelegt."

Am 24. Juli 1886 schließlich, zehn Tage vor dem Ende seiner Vorlesung, erweckt WEIERSTRASS in einem Brief an SCHWARZ den Eindruck, als sei er ständig bereit zur Abreise aus Berlin, wenn ihn nicht persönliche Gründe (die ihn möglicherweise schon zur Rückkehr bewogen hatten) daran hindern würden (vgl. Faksimile auf Seite 268):

„Ob ich Sie vor den Ferien (beginnend mit dem 16. 8.; d. H.) noch sehen werde, bezweifle ich. Ich bin augenblicklich durch ein saures Geschäft fast ganz in Anspruch genommen: ich suche eine Wohnung, und ich werde nicht früher abreisen, als bis ich eine mir zusagende gefunden habe."

Die angeführten Dokumente zeigen hinlänglich, daß WEIERSTRASS' Vorlesung vom Sommer 1886 in einem gewissen Sinne als Zufallsprodukt anzusehen ist und jedenfalls nicht langfristig geplant worden war. Der Eindruck des Spontanen wird noch verstärkt durch die Tatsache, daß WEIERSTRASS an den ersten Vorlesungstagen seine letzte Veröffentlichung [75] vom Juli 1885 sofort fast wörtlich referierte. Dies muß man im Auge haben, wenn man die Qualität der verfügbaren Ausarbeitungen dieser Vorlesung beurteilen will: Nicht jeder zu beobachtende Verstoß gegen die von WEIERSTRASS gewöhnte Systematik des Vorlesungsaufbaus und kristallene Logik der Gedankenführung kann vermutlich dem Autor der Vorlesungsausarbeitung angelastet werden.

Die Vorlesung „Ausgewählte Kapitel (aus) der Functionenlehre", deren Titel unterschiedlich zitiert wird, hat WEIERSTRASS vom 25. Mai bis zum 3. August mit wenigen Unterbrechungen an vier Wochentagen (Dienstag, Mittwoch, Freitag, Sonnabend; fünf Stunden wöchentlich) gehalten. Dem Herausgeber standen zwei voneinander unabhängige Bearbeitungen der Vorlesung von 1886 zur Verfügung:

Erstens handelt es sich dabei um die Versionen von PAUL GÜNTHER (1867–1891) [25] und AUGUST GUTZMER (1860–1924) [26], die bis auf minimale Unterschiede in der Wortwahl und kleinere Fehler identisch sind und möglicherweise von den beiden miteinander verschwägerten Mathematikern gemeinsam erarbeitet wurden. Die Günther/Gutzmer-sche Version wird in der Edition nach der etwas exakteren Güntherschen Fassung [25] unter der Abkürzung GG zitiert.

Zweitens lag eine von einem (oder mehreren) unbekannten Autor(en) stammende Autographie vor, die sich in der Universitätsbibliothek Leipzig (Außenstelle an der Sektion Mathematik) befindet und 194 lithographierte, zum Teil schwer lesbare Seiten in zwei verschiedenen deutschen Handschriften umfaßt.

Die Quellenlage sei durch folgende Überblicksskizze veranschaulicht:

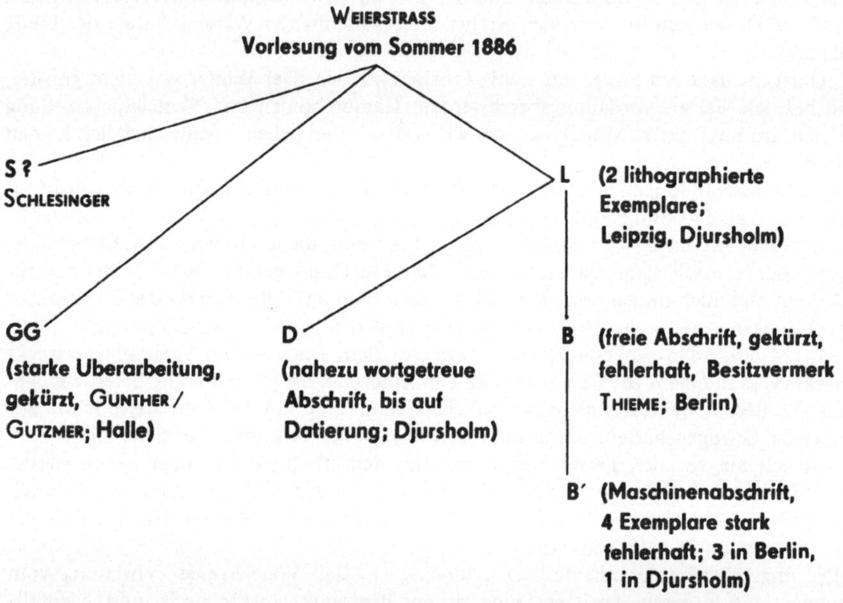

Die Edition folgt der Leipziger Version L. In den von beiden Versionen dargestellten Punkten besteht zwischen GG und L inhaltliche Übereinstimmung. In GG fehlen die Vorbemerkung zur ersten Vorlesung, die gesamte letzte Vorlesung vom 3. 8. 1886 sowie weitere Stellen, die vor allem interessante historische und methodologische Reflexionen enthalten. Einige der Kürzungen in GG erhöhen die Übersichtlichkeit, andere, wie z. B. beim Beweis des Häufungsstellensatzes (§ 6), verunklaren die rein arithmetische Vorgehensweise von WEIERSTRASS. GG wird im Kommentar berücksichtigt. D (264 S.) befindet sich im Institut Mittag-Leffler Djursholm, ebenso ein zweites Exemplar von L. D enthält einige Schreibfehler und arbeitet Fußnoten von L in den Text ein.

B (188 S., zur Hälfte lithographiert) befindet sich in der Bibliothek der Sektion Mathematik der Humboldt-Universität zu Berlin, ebenso wie ein Exemplar von B' (257 S.). Zwei weitere Exemplare B' existieren in der Hauptbibliothek der Berliner Universität, ein weiteres in Djursholm. Die Seitenanfänge von B' sind mit Bleistift in B eingetragen. (Es läßt sich nicht ausschließen, daß D, L und B Abschriften einer noch unbekannten

Ausarbeitung A sind. In diesem Falle würde nicht, wie oben, die Hypothese aufgestellt werden müssen, daß das vervielfältigte (lithographierte) Exemplar L nochmals abgeschrieben worden ist.)

B trägt den Besitzvermerk des Professors am Petersburger Berginstitut G. A. THIEME (1831–1910). Bereits NEUENSCHWANDER [55] hat geklärt, daß THIEME nicht der Autor dieser erst jetzt als freie Abschrift erkannten Version ist. (Zwei Exemplare von Bearbeitungen anderer Vorlesungen von WEIERSTRASS, die sich ebenfalls im Besitz der Berliner Sektionsbibliothek befinden, tragen auch den Besitzvermerk THIEMES. Auf dem Exemplar der Hettnerschen Ausarbeitung [29] ist neben dem Namen THIEMES in kyrillischen Buchstaben „75 rub." vermerkt – offenbar der Preis der Abschrift. Ungeklärt ist, wie die Exemplare aus THIEMES Besitz in die Berliner Sektionsbibliothek gelangt sind.)

Kurze Ausschnitte aus B', die vor allem WEIERSTRASS' Definition der reellen Zahl betreffen, sind von DUGAC [20, S. 129–136] ediert worden. Soweit B und B' (kleinere) Korrekturen gegenüber der Leipziger Version enthalten, werden sie im Kommentar erfaßt.

Weitere Ausarbeitungen der Weierstraßschen Vorlesung vom Sommer 1886 als die beiden genannten sind dem Herausgeber nicht bekannt. Allerdings erwähnen KLEBERGER [37] und MITTAG-LEFFLER (bei [78, S. 225]) eine Ausarbeitung der Vorlesung durch L. SCHLESINGER (1864–1933) und zitieren diese jeweils kurz (S). Anfragen des Herausgebers beim Institut Mittag-Leffler und an der Universität Gießen, SCHLESINGERS späterem Wirkungsort, haben ergeben, daß dort nichts über die Existenz der Schlesingerschen Ausarbeitung bekannt ist. Die erwähnten kurzen Auszüge lassen jedenfalls erkennen, daß die Schlesingersche Fassung nicht mit der „Leipziger Version" L identisch sein kann.

Die Frage nach dem Autor von L konnte vom Herausgeber nicht geklärt werden. Im „Amtlichen Verzeichnis des Personals und der Studierenden der Königlichen Friedrich-Wilhelms-Universität" für das Sommerhalbjahr 1886 sind 101 Studenten der Mathematik namentlich verzeichnet, unter ihnen GÜNTHER und GUTZMER. Außer O. BOLZA (1857–1942), der die Vorlesung höchstwahrscheinlich nicht besucht hat [10, S. 17], ist kein weiterer später bekannt gewordener Mathematiker angegeben. Übrigens auch SCHLESINGER nicht, dessen Besuch der Vorlesung von 1886 allerdings mehrfach verbürgt ist [44, S. 180/181].

DUGAC [20, S. 84–89] gibt einen Überblick über den Inhalt der Vorlesung, wobei er sich jedoch im wesentlichen auf die Ausführungen über die Grundlagen der Arithmetik bezieht.

WEIERSTRASS' Vorlesung ist zweigeteilt. Im ersten Teil (§§ 1–12) dominiert die reelle, im zweiten, nur wenig kürzeren Teil (§§ 13 und 14) die komplexe Funktionentheorie. Diese Zweiteilung ist nicht zufällig. In der Vorlesung vom 9. 7. 1886, die den § 12 abschließt, wird L zufolge ausdrücklich die Absicht betont, „zu zeigen, daß man auf dem von uns im Vorhergehenden betretenen Wege für Funktionen komplexen Arguments zu genau demselben Begriff der (eindeutigen; d. H.) analytischen Funktion gelangt, den wir in der Vorlesung über die Theorie der analytischen Funktionen (d. h. in der turnusmäßigen ‚Einleitungsvorlesung'; d. H.) entwickelt haben".

„Im Vorhergehenden" war der berühmte „Weierstraßsche Approximationssatz" (für stetige Funktionen von n reellen Variablen, im folgenden zitiert als „WAS") bewiesen worden, den BUTZER und GÖRLICH [13, S. 339] einen „Eckpfeiler der modernen Analysis" nennen.

Weierstrass verfolgte also in der Vorlesung die Absicht, den von ihm bekanntlich durch Fortsetzung von „Funktionenelementen" (lokale Potenzreihenentwicklungen) bereits eingeführten Begriff der (eindeutigen) „analytischen Funktion" auf anderem Wege, über den Approximationssatz, d. h. aus dem Reellen, erneut abzuleiten. Bei GG, S. 3–5, wird Weierstrass' Gedanke folgendermaßen beschrieben:

„Wir haben bisher nur reelle Werte der Veränderlichen ins Auge gefaßt; es ist jedoch durchaus notwendig, dem Argument auch komplexe Werte beizulegen. Der Begriff einer Funktion ist nie vollkommen erschöpft, wenn man nicht imstande ist, ihn auch auf komplexe Werte der Variablen auszudehnen. Es kommt also darauf an, eine Definition für Funktionen eines komplexen Argumentes zu geben. Zunächst liegt es nahe, jeden Ausdruck von der Form $\varphi + i\psi$, wobei φ und ψ reelle Funktionen von ξ und η sind, als Funktion der komplexen Variablen $\xi + \eta i$ zu bezeichnen. Dies wäre indessen vollkommen nutzlos, man könnte dann ebensogut zwei beliebige reelle Funktionen φ, ψ von zwei reellen Veränderlichen ξ, η getrennt voneinander betrachten. Will man wirklich eine Funktion von $\xi + \eta i$, im Sinne von Jacob Bernoulli, haben, so müssen zwischen den Ableitungen von φ und ψ die bekannten zwei Differentialgleichungen bestehen, und man kann nun diese zu einer Definition der Funktionen eines komplexen Argumentes verwenden. Aber es wird dadurch die Einführung der Funktionen komplexer Variablen zu sehr verschoben, denn man muß alsdann erst Annahmen über Differenzierbarkeit machen, Untersuchungen über die Eigenschaften der partiellen Differentialquotienten vorausschicken usw. Gibt es nicht einen einfacheren Weg?

Wir nehmen an, es sei innerhalb eines gewissen Gebietes (nach der bekannten geometrischen Darstellungsweise) eine Funktion von $\xi + \eta i$ definiert, d. h., es existiere innerhalb desselben ein gewisser Ausdruck $\varphi + i\psi$, wo φ und ψ reelle (und stetige; d. H.) Funktionen von ξ, η sind, so wird nach den zu entwickelnden Sätzen auch sich ein analytischer Ausdruck für die Funktion finden lassen; es können nämlich zwei ganze Funktionen φ_1, ψ_1 ermittelt werden, so daß innerhalb des erwähnten Gebietes die Differenzen $\varphi - \varphi_1, \psi - \psi_1$ ihrem absoluten Betrage nach eine beliebig kleine Größe δ nicht überschreiten.

Ist es nun nicht möglich, $\varphi_1 + i\psi_1$ als Funktion von $\xi + \eta i$ darzustellen? Wenn es wirklich möglich ist, eine ganze rationale Funktion

$$a_0 + a_1(\xi + \eta i) + \ldots + a_n(\xi + \eta i)^n$$

zu ermitteln der Art, daß die Differenz derselben von $\varphi + i\psi$ innerhalb des erwähnten Bereiches ihrem absoluten Betrage nach kleiner ist als eine beliebig kleine Größe δ, dann und nur dann haben wir $\varphi + i\psi$ als Funktion von $\xi + \eta i$ aufzufassen."

Die Äquivalenz des so erklärten Funktionsbegriffs mit dem herkömmlichen Begriff der (eindeutigen) analytischen Funktion im einfach zusammenhängenden Definitionsgebiet folgt dann mittels des Weierstraßschen „Doppelreihensatzes" und eines Satzes von Runge [63]. Die Frage jedoch, die Weierstrass in der Vorlesung offenläßt, ist nun gerade, *unter welchen Bedingungen* das nach dem WAS existierende Polynom in zwei reellen Variablen ξ und η mit komplexen Koeffizienten in ein Polynom der *einen*, jetzt aber komplexen Variablen $\xi + \eta i$ *umwandelbar* ist. So muß nach Ansicht des Herausgebers das oben formulierte einigende Grundanliegen der Vorlesung in einem gewissen Sinne als verfehlt angesehen werden, und die beiden erwähnten „Teile" der Vorlesung müssen zunächst voneinander getrennt, jeweils nach ihrem eigenen Wert beurteilt werden.

Hier scheint nun der „erste Teil" (§§ 1–12) vor allem geeignet, neue, zum Teil unerwartete Einsichten über WEIERSTRASS' Verhältnis zu den Anwendungen, insbesondere zur mathematischen Physik, und zur zeitgenössischen Entwicklung der Theorie der Funktionen reeller Variablen, insbesondere zur Fourieranalysis, zu gewinnen. Diese Positionen lassen sich aus WEIERSTRASS' Veröffentlichung [75] von 1885 nicht erkennen. Für besonders bemerkenswert hält der Herausgeber die geänderte Position, die WEIERSTRASS 1885/86 im Vergleich zu früheren Jahren gegenüber dem Begriff der „willkürlichen" (d. h. im allgemeinen stetigen) Funktion reeller Variablen einnimmt (vgl. bes. Anm. 2 und 4). WEIERSTRASS betont (GG, S. 132), daß „der Ursprung der sogenannten willkürlichen Funktionen in einem Grenzübergange liegt" und fügt hinzu (GG, S. 133):
„Wenn z. B. bei einem Problem der Wärmeverbreitung die Anfangstemperatur eines Körpers gegeben werden soll, so kann dies vermittelst einer solchen ‚willkürlichen' Funktion geschehen und man kann sich also der Betrachtung derselben nicht entziehen."
Die Vorlesung zeigt auch, daß WEIERSTRASS den Approximationssatz bewußt in die Traditionslinie der Fourieranalysis einordnet [81]. Bereits die Veröffentlichung [75] enthält ja als zweites, mit dem WAS eng zusammenhängendes Resultat die Approximierbarkeit stetiger Funktionen durch endliche trigonometrische Summen. In der Vorlesung wird deutlich, daß WEIERSTRASS' Beweismethode besonders die Implikationen der Integrierbarkeit der (stetigen) Funktionen betont und vor allem die Folgerungen, die sich aus dem (ersten) Mittelwertsatz der Integralrechnung ziehen lassen. Dies führte WEIERSTRASS – wie es in ähnlicher Weise zur gleichen Zeit auch in der Fourieranalysis geschah – dann fast zwangsläufig auf die Betrachtung unstetiger Funktionen und die Verallgemeinerung des Integralbegriffs im Anschluß an den Cantorschen Inhaltsbegriff .(§ 12). Die Vorlesung von 1886 ist bereits von MITTAG-LEFFLER in [78, S. 225] als die wohl einzige öffentliche Stellungnahme von WEIERSTRASS zum Problem der Verallgemeinerung des Integralbegriffs hervorgehoben worden (weiteren Aufschluß geben hier Briefe von WEIERSTRASS an SCHWARZ, DU BOIS-REYMOND und KOVALEVSKAJA). Am „ersten Teil" der Vorlesung von 1886 sind weiterhin vor allem die Bemerkungen zum „Häufungsstellensatz" hervorzuheben (§ 6), die in einer sonst in den Weierstraßschen Vorlesungen nicht zu findenden Ausführlichkeit WEIERSTRASS' Verhältnis zu B. BOLZANO (1781–1848) beleuchten. Die eher technischen Erörterungen über Abbildungen n-dimensionaler Bereiche (§§ 8–11) bereiten die Diskussion des Begriffs des „analytischen Gebildes" vor.
Dieser Begriff steht im Zentrum des „zweiten Teils" der Vorlesung. Die „analytischen Gebilde", die WEIERSTRASS zum Zwecke der strengen Fassung des Begriffs der mehrdeutigen analytischen Funktion einführte, sind bekanntlich für Funktionen einer Variablen das Analogon zum Begriff der „Riemannschen Fläche", über dessen Wert und Problematik sich WEIERSTRASS auch in der vorliegenden Vorlesung äußert. Die umfangsmäßig beschränkte Vorlesung von 1886 entwickelt allerdings im wesentlichen nur die formalen Anfangsgründe der Theorie der analytischen Gebilde. Im Vordergrund stehen die Definitionen der zugehörigen Begriffe und die Transformationen zwischen verschiedenen Arten der (lokalen) Darstellung des Gebildes, wobei der Satz über implizite Funktionen eine wesentliche Rolle spielt. Vergleichsweise erheblich tiefer geht z. B. die weit umfangreichere Vorlesung von 1874 [29], die u. a. mit Hilfe des berühmten Weierstraßschen „Vorbereitungssatzes" die Fortsetzung der „Elemente des Gebildes" und insbesondere die Entstehung von Mehrdeutigkeiten im Detail verfolgt und darüber einen in der Vorlesung von 1886 nicht enthaltenen „Fundamentalsatz der Functionentheorie" ausspricht (vgl. Anm. 213, 217).

2 Weierstraß, Kap.

Heute ist Weierstrass' Theorie der analytischen Gebilde nur noch von historischem Interesse. Spätestens mit der Arbeit von H. Weyl [80] von 1913 hat der Begriff der Riemannschen Fläche, der durch H. Weyl (1885–1955) ausgehend von den analytischen Gebilden streng axiomatisch begründet wurde, den Vorrang; im mehrdimensionalen Fall ist seit den 50er Jahren des 20. Jahrhunderts die Weierstraßsche Theorie der analytischen Gebilde in den Theorien verschiedener Arten „komplexer Räume" bewahrt.

Weierstrass' Reflexionen über die Klein/Poincarésche Uniformisierungstheorie zeigen, daß er sich durch diese Arbeiten in seiner Konzeption des (1886 allgemein durch lokale Parameterdarstellungen definierten) analytischen Gebildes sowie in seiner Überzeugung von der Notwendigkeit eines gründlichen Studiums eindeutiger und über „natürliche Grenzen" nicht fortsetzbarer analytischer Funktionen bestätigt fühlte. Von besonderem Interesse in der Vorlesung sind auch Weierstrass' Äußerungen über das sog. „Jacobische Paradoxon" (vgl. Anm. 179, 180). Sie zeigen, daß Weierstrass' Ringen um eine strenge Fassung des Begriffs der unendlich vieldeutigen Funktion eine wesentliche Quelle seiner Bemühungen um die Grundlagen der Arithmetik waren und daß Weierstrass den Zusammenhang mit den Resultaten von G. Cantor in der Mengenlehre gesehen hat.

Somit kann also in einem gewissen Sinne, was die Hervorhebung der Grundlagenfragen betrifft, auch die Vorlesung von 1886 durchaus als ein „einheitliches Ganzes" angesehen werden. Dies wird noch besonders deutlich an der durchgängigen Betonung des zentralen Begriffs der „gleichmäßigen Konvergenz" und seiner unterschiedlichen Bedeutung im Reellen und im Komplexen (vgl. hierzu bes. [48]).

Zum Abschluß der Einführung noch einige notwendige Bemerkungen zu den technischen Details der Vorlesungsedition:

Erläuternde Hinzufügungen des Herausgebers werden durch […] in den Text eingeschaltet. Die hochgestellten Zahlen bezeichnen die nachfolgenden Kommentare des Herausgebers. Die Fußnoten entstammen L. Unterstreichungen stammen vom Herausgeber und sollen die Übersichtlichkeit des Textes erhöhen. Die wenigen Hervorhebungen in der Autographie L erscheinen als gesperrt geschriebener Text. Die Orthographie ist generell modernisiert, jedoch nicht der Ausdruck. Wenige offensichtliche Schreibfehler in den Texten und Formeln sind stillschweigend beseitigt worden. Während der Wortgebrauch in L zwischen „reale" und „reelle Variablen" schwankt, wird in der Edition einheitlich die Bezeichnung „reell" verwendet, was auch der Günther/Gutzmerschen Fassung GG sowie der Weierstraßschen Veröffentlichung [75] entspricht. Die Zwischenüberschriften der Paragraphen (bis auf § 7) stammen sämtlich aus L und werden in der Edition noch einmal in einem „Inhaltsverzeichnis" zusammengefaßt, das in L fehlt.

Die Kolumnentitel, die sich so weit wie möglich an die Paragraphenüberschriften anlehnen, stammen vom Herausgeber. An Abkürzungen werden lediglich W. (= Weierstrass), WAS (= Weierstraßscher Approximationssatz), Crelle-Journal (für: Journal für die reine und angewandte Mathematik, begründet von A. L. Crelle) sowie die bereits eingeführten Bezeichnungen L, B, D und GG verwendet.

Der Herausgeber

Ausgewählte Kapitel aus der Funktionenlehre

Vorlesung von KARL WEIERSTRASS, gehalten während des Sommersemesters 1886 an der Berliner Universität

Inhaltsverzeichnis der Vorlesung

/Dienstag,/ 25. 5. 1886

Die folgenden Vorlesungen sollen in gewisser Hinsicht eine <u>Ergän-
zung</u> der im Wintersemester 1884/85 über die Elemente der Theorie
der analytischen Funktionen gehaltenen Vorlesungen bilden. [1] Der
Zweck, den jene Vorlesungen im Auge hatten, ist ja im wesentlichen
erreicht worden, aber auf einem mehr synthetischen Wege, und gerade
hierin liegt etwas Unbefriedigendes, indem nämlich die Allgemeinheit
der so erlangten Resultate nicht völlig in Evidenz tritt. Es erscheint daher nützlich, an jene Vorlesungen anknüpfend die verschiedenen Methoden, durch welche man die Funktionentheorie begründen
kann, historisch und kritisch zu verfolgen, divergierende Ansichten
vorzuführen und den Versuch ihres Ausgleichs zu machen. Kurz, unsere Tendenz geht dahin, uns an den historischen Entwicklungsgang der
mathematischen Wissenschaften, insbesondere der Analysis, anschlie-
ßend zu zeigen, auf welche Weise man die Grundbegriffe der Wissenschaft zu begründen imstande ist. Das Ziel, welches uns dabei vor-
schwebt, ist zu bewirken, daß in Beziehung auf die Prinzipien der
mathematischen Wissenschaften feste Grundsätze sich geltend machen.
Um überhaupt in die mathematischen Wissenschaften einzudringen, ist
ja allerdings die Beschäftigung mit einzelnen Problemen, die uns
überhaupt erst den Umfang und den Bestand der Wissenschaft zeigt,
unerläßlich. Das <u>Endziel</u> aber, welches man stets im Auge behalten
muß, besteht darin, daß man über die <u>Fundamente</u> der Wissenschaft ein
sicheres Urteil zu erlangen suche.

§ 1. Historisches über die Entstehung des Funktionsbegriffes

2

Unsere gegenwärtige Funktionentheorie hat sich erst allmählich historisch entwickelt. Der erste, der überhaupt das Wort "Funktion" an-
wandte, war LEIBNIZ, jedoch ist bei ihm ursprünglich der Begriff der
Funktion kein fester. Ursprünglich bezeichnete er gewisse bei der Untersuchung der algebraischen Kurven auftretende Größen in Hinblick
auf ihren arithmetischen Ausdruck durch die Abszisse als Funktionen
derselben, wie z.B. die Ordinate, die Länge der Tangente bis zum
Schnittpunkt mit der Abszissenachse. Ferner bezeichnete er Größen,
die durch an anderen Größen vorzunehmende einfache arithmetische Operationen definiert waren, als Funktionen derselben. JACOB BERNOULLI
machte ihn darauf aufmerksam, daß es nützlich wäre, diesen Begriff zu
verallgemeinern und Ausdrücke, die aus anderen Größen durch die einfachen arithmetischen Operationen definiert waren, als Funktionen dieser Größen zu bezeichnen. LEIBNIZ adoptierte diesen Vorschlag, und
diese Definition des Funktionsbegriffes blieb seitdem lange Zeit die
herrschende. Nur darin zeigte sich ein Fortschritt, daß man auch
Wurzeln aus den oben charakterisierten Ausdrücken dem Funktionsbegriff einordnete. Dies führte weiter dazu, auch Wurzeln von algebraischen Gleichungen, deren Koeffizienten rationale Funktionen einer
veränderlichen Größe waren, als Funktionen dieser Größe zu bezeichnen, denn man glaubte damals noch an die Möglichkeit, die Wurzeln einer beliebigen algebraischen Gleichung durch geschlossene arithmetische Operationen darstellen zu können. So finden wir bei EULER in der
Introductio, bei LAGRANGE in dessen Funktionentheorie [3] sowie bei
vielen anderen bedeutenden Mathematikern jeden arithmetisch aus gewissen Größen zusammengesetzten Ausdruck als Funktion dieser Größen
erklärt. Neben dieser Definition der Funktion als arithmetischen Ausdruck findet sich aber schon früh eine andere, die auf den ersten An-
blick von jener durchaus verschieden zu sein scheint. JEAN BERNOULLI,
der Bruder JACOBs, hielt dessen Definition für zu eng; er wies darauf
hin, daß in der Geometrie und in der Natur Abhängigkeiten von Größen
vorkommen, von denen nur das feststeht, daß jedem Wert der einen Größe ein oder mehrere Werte der anderen entsprechen, derartig, daß eine
<u>stetige Änderung</u> der einen Größe eine stetige Änderung der anderen
nach sich zieht, ohne daß man imstande wäre, einen arithmetischen
Ausdruck für diese Abhängigkeit anzugeben oder auch nur zu beweisen,
daß ein solcher existiert. [4] Deswegen müsse man den Funktionsbegriff
in einer allgemeineren Weise derartig definieren, daß jene erste De-

3

4

finition in dieser neuen Fassung des Begriffs enthalten sei. Diese
Ansicht ist später besonders von COURNOT, CAUCHY, DIRICHLET u.a. vertreten worden. Ist also eine veränderliche Größe mit einer anderen
so verbunden, daß jedem Werte der einen ein bestimmter Wert der anderen entspricht, so nennt man in dieser zweiten Fassung des Begriffs
die letztere Größe eine Funktion der ersteren. Im Verfolg dieser Erklärung kommt man bald zu der Einsicht, daß man solche Funktionen nur
so weit definieren könne, als unendlich kleinen Änderungen des Arguments ebensolche der Funktion entsprechen, so daß also für singuläre
Stellen die Funktion nicht definiert ist. Ein Beispiel mag dazu dienen, die eben ausgesprochene Verallgemeinerung des Funktionsbegriffes
zu erläutern. Stellen wir uns die gegenseitige Einwirkung zweier Planeten vor. Jeder derselben hat seinen mathematischen Schwerpunkt, der
zwar variabel ist, da kein Planet in einem beständigen Zustand ist,
aber in jedem Augenblick hat er eine wohlbestimmte Lage im Planeten-
körper. Die Entfernung der beiden Planeten, gemessen durch die Entfernung der beiden Schwerpunkte, ist eine veränderliche Größe, die
aber in jedem Moment einen wohlbestimmten Wert hat. Hat man somit
einen Anfangspunkt festgestellt, von dem aus man die Zeit rechnet,
und hat man eine Zeiteinheit festgesetzt, so wird jeder Augenblick
durch eine bestimmte Zahlgröße repräsentiert, jedem Augenblick entspricht nach Feststellung einer Längeneinheit ein ganz bestimmter
Wert der Entfernung, die ebenfalls durch eine Zahlgröße ausgedrückt
ist. Wir haben es somit mit zwei voneinander abhängigen Größen zu
tun. Jedem Wert t der Zeit entspricht ein ganz bestimmter Wert r des
Abstandes der beiden Schwerpunkte. Ist nun das Gesetz bekannt, nach
welchem die Planeten aufeinander wirken, und nimmt man sie als starr
an, so daß also die Lage der Schwerpunkte in den Körpern eine feste
ist, so läßt sich, wenn jenes Gesetz noch arithmetisch ausdrückbar
ist, r als Funktion von t wirklich darstellen. Aber dies braucht gar
nicht zu gelingen, ohne daß darum r aufhört, eine wohlbestimmte
Funktion von t zu sein. In Wahrheit ist ja das Gesetz, nach dem die
Planeten aufeinander wirken, gar nicht bekannt; selbst wenn man die
Newtonsche Hypothese als sicher begründet zugrunde legt, so wirken
doch noch so viel Widerstands- und Reibungskräfte bei der Bewegung,
die wir nicht einmal kennen, daß die Beschreibung der Bewegung doch
nur eine annähernde sein kann. Es fragt sich nun, unter der Voraussetzung der gegenseitigen Abhängigkeit von r und t, falls man das
Gesetz der Einwirkung der beiden Planeten aufeinander nicht kennt, ob
dann notwendig die Existenz eines arithmetischen Ausdrucks angenommen
werden muß, der, falls man ihn ermittelt hätte, gestatten würde, r
für jeden Wert von t mit der gewünschten Annäherung zu berechnen. An-

ders ausgesprochen lautet die Frage so, ob durch die Annahme der Stetigkeit der Funktion bedingt ist, daß eine solche arithmetische Abhängigkeit existieren muß, ganz abgesehen davon, ob wir sie herstellen können oder nicht. Es ist dies eine Frage, die a priori zu beantworten schwerlich jemand übernehmen wird. Man könnte sogar geneigt sein zu bezweifeln, ob sich dieselbe in bejahendem Sinne beantworten ließe, womit dann der Definition von JEAN BERNOULLI gegenüber jener von LEIBNIZ der Vorzug der größeren Allgemeinheit eingeräumt wäre. Zeigt es sich dagegen, daß jeder Abhängigkeit zwischen zwei veränderlichen Größen ein arithmetischer Ausdruck entspricht, so müßte man beide Definitionen als gleichberechtigt gelten lassen. Mit der Erörterung der eben aufgeworfenen Frage wollen wir uns nun zunächst in diesen Vorlesungen beschäftigen.

§ 2. Über die Darstellbarkeit sogenannter willkürlicher Funktionen

Wir gehen jetzt nicht von der arithmetischen Definition der Funktion aus, sondern schlagen den umgekehrten Weg ein; daß wir die Existenz einer Größe voraussetzen, die von einer oder mehreren Variablen so abhängt, daß sie sich s t e t i g mit jener ändert, und werden nachweisen, daß eine so definierte Größe jedenfalls arithmetisch in ganz bestimmter Weise dargestellt werden kann. Es geschieht dies in folgender Weise: Ist irgendeine unbeschränkt veränderliche Größe t gegeben, die jeden Wert von - ∞ bis + ∞ annehmen kann, und ist r eine Funktion derselben, die nur durch die eben angegebene Voraussetzung als solche definiert ist, so ist es nach Annahme einer beliebig kleinen Größe δ stets möglich, eine ganze ⌊ganze rationale⌋ [5] Funktion von t mit rationalen Zahlenkoeffizienten so herzustellen, daß der Unterschied zwischen dem wahren Werte von r und dem aus dem genannten Ausdruck für irgendeinen Wert von t berechneten kleiner als δ ist. Es wird sich weiterhin ergeben, daß dies damit identisch ist, daß man die Funktion durch eine unendliche Reihe darstellen kann, deren einzelne Glieder rationale ganze Funktionen mit rationalen Zahlenkoeffizienten sind, [6] d.h. daß man in der Tat einen arithmetischen Ausdruck erhalten kann, der genau das leistet, was man von einem solchen überhaupt verlangen kann, der nämlich für einen beliebigen Wert von t die Funktion mit beliebiger Annäherung darstellt. Nach dem Vorgange BERNOULLIs werden wir uns vorläufig auf reelle Größen beschränken. Man hat früher geglaubt, daß die Darstellung vermittelst der

Fourierschen Reihe das in Rede stehende Problem löst, indes hat sich
gezeigt, daß es stetige Funktionen gibt, welche sich nicht auf diese
7 Weise ausdrücken lassen. [7]

Was ferner den im folgenden zu erweisenden Satz anlangt, so sei
gleich an dieser Stelle bemerkt, daß er sich ohne weiteres auf Funk-
8 tionen mehrerer Variablen ausdehnen läßt, [8] ohne daß dadurch in der
Form der Darstellung oder in dem Ausspruche des Satzes etwas geändert
wird. Auch auf den Punkt sei schon an dieser Stelle hingewiesen, daß
es irrig wäre anzunehmen, daß man die oben angedeutete Darstellungsart der Funktion ohne weiteres zu ihrer Verwandlung in eine Potenzreihe benutzen könne; im Gegenteil, dies ist nur in den allerselten-
sten Fällen möglich.

$\lfloor$Mittwoch,$\rfloor$ 26. 5. 1886

Um nun wieder zur Erörterung des oben aufgestellten Theorems zurückzukehren, so gestatten wir der unabhängigen Variablen, alle Werte
von $- \infty$ bis $+ \infty$ anzunehmen, wodurch der Allgemeinheit kein Abbruch
getan wird, indem der allgemeinere Fall, wo die Funktion nur für ein
bestimmtes Wertegebiet der unabhängigen Variablen definiert ist,
leicht auf diesen zurückgeführt werden kann. Wir setzen ferner voraus, daß die betrachtete Funktion _stetig_ ist. Es wird fernerhin an-
9 genommen, daß die Funktion eine sog. _willkürliche_ [9] oder gesetzlose
sei, ein Name, der nicht gut gewählt ist. Der wahre Sinn des Theorems ist der, daß sich für eine wohldefinierte stetige Funktion auch
stets ein mathematischer Ausdruck finden lasse. Der Nutzen dieses
Satzes besteht darin, daß man erkennt, wie man aus dem Grundbegriffe
der Stetigkeit Eigenschaften ableiten kann, die jeder solchen Funktion zukommen; denn in jeder wissenschaftlichen Entwicklung kommt es
darauf an, aus gewissen Grundbegriffen weitere Folgerungen zu ziehen.
Nachdem man die Möglichkeit einer Darstellung der Funktion erkannt
hat, wird es sich in jedem speziellen Falle darum handeln, dieselbe
zu finden; es wird sich dann ergeben, was man eigentlich zu diesem
Zwecke von der Funktion wissen muß, damit sie sich analytisch entwik-
keln lasse. Es wird sich herausstellen, daß man die Funktion immer
herstellen $\lfloor$darstellen, entwickeln$\rfloor$ kann, wenn es möglich ist, sie
selbst und ihr Produkt mit gewissen Potenzen des Arguments zwischen
10 gewissen Grenzen zu integrieren. [10] Die Integrierbarkeit selber ist
eine Folge der vorausgesetzten Stetigkeit.

§ 3. Beweis des Satzes, daß $\lim\limits_{k=0} F(x, k) = f(x)$, wenn

$$F(x, k) = \frac{1}{2k\omega} \int\limits_{-\infty}^{+\infty} f(u)\, \psi\left(\frac{u - x}{k}\right) du \quad \text{und} \quad \omega = \int\limits_{0}^{\infty} \psi(u)\, du \text{ ist} \qquad \text{11}$$

Es sei x eine reelle Variable, die alle Werte von $-\infty$ bis $+\infty$ annehmen kann, und f(x) eine eindeutige, reelle, für alle Werte von x wohldefinierte stetige Funktion von x; wir nehmen ferner an, daß es für den absoluten Betrag von f(x) eine <u>obere Grenze</u> gibt, wie es z.B. mit den auf reelle Variable beschränkten Funktionen sin x, cos x der Fall ist. Den <u>Begriff der Stetigkeit</u> verstehen wir in dem gewöhnlichen Sinne dahin, daß f(x+h) - f(x) zugleich mit h verschwindet, oder mit anderen Worten: nach Annahme einer beliebig kleinen positiven Größe ε muß es möglich sein, für den absoluten Betrag von h eine Grenze δ so festzustellen, so daß

$$|f(x+h) - f(x)| < \varepsilon, \quad \text{wenn} \quad |h| < \delta.$$

Unter diesen Voraussetzungen gilt der seit langem bekannte, aber noch nicht genau begründete Satz, [12] daß   12

$$\lim_{k=0} k\sqrt{\pi} \int\limits_{-\infty}^{+\infty} f(u)\, e^{-\left(\frac{u-x}{k}\right)^2} du = f(x)$$

ist, wo k als eine positive reelle Größe anzusehen ist. Diesen Satz wollen wir nun verallgemeinern.

Es sei $\psi(x)$ eine Funktion von derselben Beschaffenheit wie f(x), d.h., sie soll für alle Werte von x definiert und stetig sein und ihrem absoluten Betrag nach eine gewisse Grenze nicht überschreiten. Außerdem aber soll sie im ganzen <u>Intervall</u> [13] ihr Zeichen nicht ändern und <u>ge-</u>   13 <u>rade</u> sein, d.h. $\psi(x) = \psi(-x)$. Alle diese Bedingungen sind, wie man sieht, von $e^{-k^2 x^2}$ z.B. erfüllt; es ist gerade, verschwindet zwischen $-\infty$ und $+\infty$ niemals, und die obere Grenze ist gleich 1. Solcher Funktionen gibt es nun unendlich viele. [14] Ist nun   14

$$\omega = \int\limits_{0}^{\infty} \psi(x)\, dx,$$

so besteht die in Rede stehende Verallgemeinerung des Satzes darin, daß gezeigt werden soll, daß, wenn $\frac{1}{2k\omega} \int\limits_{-\infty}^{+\infty} f(u)\, \psi\left(\frac{u-x}{k}\right) du = F(x,k)$ gesetzt wird,

$$\lim_{k=0} F(x,k) = f(x)$$

ist. Um den Sinn des zu beweisenden Satzes genau zu interpretieren,

so wollen wir folgendes feststellen: Geben wir dem x zunächst einen
bestimmten endlichen Wert, so können wir dem k eine obere Grenze $\bar{k}$
so zuordnen, daß F(x,k) - f(x) so klein als möglich ist. Es gilt aber
der Satz noch in einem anderen Sinne: Setzt man für x zwei endliche
Grenzen a und b fest, so sagt unser Satz, daß man nach Annahme einer
beliebig kleinen positiven Größe ε eine obere $\bar{k}$ für k so festsetzen
kann, daß für jeden beliebigen Wert von x innerhalb des genannten In-
tervalls |F(x,k) - f(x)| < ε ist. Man sagt in diesem Falle, die Annä-
herung sei für jeden Wert von x innerhalb des endlichen Intervalls
15 (a...b) eine <u>gleichförmige</u>. [15] Der Beweis ist nun außerordentlich
16 leicht zu führen; er setzt nur den Begriff des Integrals [16] voraus.
Zuerst ist nun zu zeigen, daß das Integral oder die Funktion F(x,k)
einen vernünftigen Sinn hat. Damit nun ein von - ∞ bis + ∞ erstreck-
tes Integral eine bestimmte Bedeutung habe, muß folgendes stattfin-
17 den: [17] Nehmen wir zuerst zwei endliche Größen a_1 und a_2 an, so daß $-a_1$
dem - ∞ so nahekommen kann wie man will und a_2 dem + ∞ sich belie-
big nähern darf, so hat das Integral $\int_{-a_1}^{+a_2} \phi(u)du$ einen bestimmten Sinn,
wenn φ(u) denselben Bedingungen genügt, die wir oben für f(x) festgestellt haben. Ist nun $x_1 > a_1$ und $x_2 > a_2$, so muß es möglich sein, a_1
und a_2 so zu bestimmen, daß die Differenz zwischen $\int_{-x_1}^{+x_2} \phi(u)du$ und
$\int_{-a_1}^{+a_2} \phi(u)du$ so klein wird wie man nur will. Ist dies der Fall, so nähert sich $\int_{-x_1}^{+x_2} \phi(u)du$ einer bestimmten endlichen Grenze, wenn man x_1
und x_2 in beliebiger Weise ins Unendliche wachsen läßt. Der Beweis
entbehrte der nötigen Allgemeinheit, wenn man $-x_1$ und $+x_1$ als Integra-
tionsgrenzen nähme und diese alsdann ins Unendliche wachsen ließe,
weil man dann eine gewisse Abhängigkeit zwischen den Grenzen statu-
ierte.

Wenden wir dies auf unseren speziellen Fall an, so ist zunächst:

$$\frac{1}{k} \int_{-x_1}^{+x_2} f(u)\,\psi\left(\frac{u-x}{k}\right)du - \frac{1}{k} \int_{-a_1}^{a_2} f(u)\,\psi\left(\frac{u-x}{k}\right)du$$

$$= \frac{1}{k} \int_{-x_1}^{-a_1} f(u)\,\psi\left(\frac{u-x}{k}\right)du + \frac{1}{k} \int_{a_2}^{x_2} f(u)\,\psi\left(\frac{u-x}{k}\right)du \; . \tag{1}$$

Es ist nun zu zeigen, daß mit wachsendem a_1 und a_2 diese Differenz
beliebig klein wird. Bezeichnet nämlich a...b einen zwischen a und
b gelegenen Wert des Arguments, so ist die vorstehende Differenz

$$= f(-x_1 \ldots -a_1) \cdot \int\limits_{\frac{a_1+x}{k}}^{\frac{x_1+x}{k}} \psi(v)dv + f(a_2 \ldots x_2) \cdot \int\limits_{\frac{a_2-x}{k}}^{\frac{x_2-x}{k}} \psi(v)dv, \qquad (1a)$$

wie man erkennt, wenn man in dem ersten Integral auf der rechten Seite von (1) $\frac{u-x}{k} = -v$ und im zweiten $\frac{u-x}{k} = v$ setzt und bedenkt, daß $\psi(-v) = \psi(v)$ ist. Läßt man nun a_1 und a_2 beliebig zunehmen, so ist dies auch mit x_1 und x_2 der Fall, da $x_1 > a_1$ und $x_2 > a_2$, also wachsen in dem ersten Integral in (1a) /beide Grenzen7 gleichzeitig ins Unendliche, so daß bei den über $\psi(v)$ gemachten Annahmen, infolge deren $\omega = \int\limits_{o}^{\infty} \psi(v)dv$ einen Sinn hat, das in Rede stehende Integral mit wachsendem a_1 ins Unendliche abnimmt. Dasselbe ist mit dem zweiten Integral in (1a) der Fall, und dies aus denselben Gründen. Da ferner die Faktoren der beiden Integrale bei der über $f(u)$ gemachten Annahme endlich sind, so ergibt sich also, daß, wenn man x und k ungeändert läßt, die Differenz der beiden Integrale (1) beliebig abnimmt, wenn man a_1 und a_2 beliebig wachsen läßt, mit anderen Worten $\frac{1}{2k\omega} \int\limits_{-\infty}^{+\infty} f(u)\psi\left(\frac{u-x}{k}\right)du = F(x,k)$ hat einen wohlbestimmten Sinn für jeden Wert von x und k.

Es sei nun δ eine beliebig angenommene kleine positive Größe, dann kann man F(x,k) folgendermaßen zerlegen:

$$F(x,k) = \frac{1}{2k\omega}\left[\int\limits_{-\infty}^{x-\delta} f(u)\psi\left(\frac{u-x}{k}\right)du + \int\limits_{x+\delta}^{+\infty} f(u)\psi\left(\frac{u-x}{k}\right)du\right]$$

$$+ \frac{1}{2k\omega}\left[\int\limits_{x-\delta}^{x} f(u)\psi\left(\frac{u-x}{k}\right)du + \int\limits_{x}^{x+\delta} f(u)\psi\left(\frac{u-x}{k}\right)du\right] \qquad (\alpha)$$

Setzt man nun in den vorstehenden Integralen $\frac{u-x}{k} = -v$, bzw. $= v$, und bedient sich des <u>Mittelwertsatzes</u>, so erhält man

$$F(x,k) = \frac{1}{2\omega}\left[f(-\infty \ldots x-\delta) + f(x+\delta \ldots \infty)\right] \int\limits_{\frac{\delta}{k}}^{\infty} \psi(v)dv$$

$$+ \frac{1}{2\omega} \int\limits_{o}^{\frac{\delta}{k}} \left[f(x-kv) + f(x+kv)\right]\psi(v)dv . \qquad (\beta)$$

Läßt man nun k beliebig klein werden, so wird $\frac{\delta}{k}$ beliebig groß; nach dem, was wir bis jetzt vorausgesetzt haben, wird alsdann $\int\limits_{\frac{\delta}{k}}^{\infty} \psi(v)dv$

beliebig klein, und da f(x) stets unter einer endlichen Grenze
bleibt und ω einen ganz bestimmten endlichen Wert hat, wird somit
der erste Teil der rechten Seite von (β) beliebig klein, wenn k beliebig abnimmt. Betrachten wir ferner die Differenz F(x,k) - f(x),
so ist identisch:

$$f(x) = \frac{1}{2\omega} \int_0^{\frac{\delta}{k}} 2f(x)\psi(v)\,dv + \frac{1}{2\omega} \int_{\frac{\delta}{k}}^{\infty} 2f(x)\psi(v)\,dv,$$

demnach

$$F(x,k) - f(x) = \frac{1}{2\omega}\big[f(-\infty \ldots x-\delta) + f(x+\delta \ldots \infty) - 2f(x)\big] \int_{\frac{\delta}{k}}^{\infty}\psi(v)\,dv$$
$$+ \frac{1}{2\omega} \int_0^{\frac{\delta}{k}} \big[f(x-kv) + f(x+kv) - 2f(x)\big]\psi(v)\,dv. \tag{γ}$$

Der erste Teil von (γ) verschwindet, wenn k unbegrenzt abnimmt, was
den zweiten anbetrifft, so wenden wir wieder den Mittelwertsatz an;
alsdann ist

$$\int_0^{\frac{\delta}{k}} \big[f(x-kv) + f(x+kv) - 2f(x)\big]\psi(v)\,dv$$

$$= \big[f(x \ldots x-\delta) + f(x \ldots x+\delta) - 2f(x)\big] \int_0^{\frac{\delta}{k}}\psi(v)\,dv$$

$$= \big[f(x - \varepsilon\delta) + f(x + \varepsilon'\delta) - 2f(x)\big] \int_0^{\frac{\delta}{k}} \psi(v)\,dv,$$

wo $|\varepsilon|$, $|\varepsilon'| < 1$. Da nun $\int_0^{\frac{\delta}{k}} \psi(v)\,dv < \omega$ ist bei den über $\psi(v)$ gemach-

[18] ten Voraussetzungen, [18] so ist $\frac{1}{2\omega} \int_0^{\frac{\delta}{k}} \psi(v)\,dv < \frac{1}{2}$; was aber den Faktor

des Integrals anlangt, so erhellt bei der über f(x) geltenden Voraussetzung der Stetigkeit, daß er durch Verkleinerung von δ unabhängig
von k beliebig klein gemacht werden kann, mit anderen Worten, es ist
in der Tat:

$$\lim_{k=0} F(x,k) - f(x) = 0. \tag{2}$$

(Daß F(x,k) überall g l e i c h m ä ß i g gegen f(x) konvergiert,
[19] kann man auf folgende Weise erkennen [19]: Beschränken wir x auf das

Intervall zwischen zwei beliebigen Größen x_1 und x_2, und ist G die
obere Grenze für den absoluten Betrag von f(x), so kann man zunächst
δ so bestimmen, daß $|f(x-u) + f(x+u) - 2f(x)| < g_1$, wenn $0 < |u| < δ$,
alsdann ist also der zweite Teil von (γ) = $ε_1 g_1$, wo $|ε_1| < 1$. Gleich-
zeitig können wir k so annehmen, daß der erste Teil von (γ) < g_2,
mithin das Ganze < $ε_1 g_1 + g_2 < g_1 + g_2$. Soll also das Ganze kleiner als
eine beliebig kleine Größe g sein, so brauchen wir diese nur auf irgendeine Weise = $g_1 + g_2$ zu machen und können dann in der oben auseinandergesetzten Weise der Forderung genügen.)

/Freitag,/ 28. 5. 1886

§ 4. Beweis des in § 2 ausgesprochenen Satzes

Mit Hilfe des im vorigen § bewiesenen Satzes sind wir nunmehr imstande, den in § 2 ausgesprochenen Satz zu beweisen, daß jede eindeutig
definierte stetige reelle Funktion f(x) des reellen Arguments x innerhalb bestimmter Grenzen sich arithmetisch muß darstellen lassen,
d.h. daß es einen Ausdruck gibt, der innerhalb dieser Grenzen allen
Werten der Funktion beliebig nahe kommt. Dazu behaupten wir zunächst,
daß es unter den im vorigen § definierten Funktionen ψ(x) auch solche gibt, für die F(x,k) dieselben Eigenschaften hat wie ψ(x), so
daß F(x,k) dargestellt werden kann in Form einer gewöhnlichen Potenzreihe, die für alle komplexen Werte von x gilt, während die Koeffizienten reelle Größen sind, die von dem Parameter k abhängen. Der Beweis dieses Satzes müßte so geliefert werden, daß man sogleich eine
wirkliche <u>Darstellung</u> erhält. [20] Bei der direkten Entwicklung von   **20**
F(x,k) ergeben sich Schwierigkeiten; die Koeffizienten lassen sich
zwar leicht angeben, man erkennt auch, daß sie Funktionen von k sind,
aber es läßt sich nicht unmittelbar einsehen, ob es stetige Funktionen von k sind in dem Sinne, daß sie für k = O sich einer bestimmten
endlichen Grenze nähern. Dagegen kann man F(x,k) in eine Reihe nach
<u>Kugelfunktionen</u> entwickeln: [21]   **21**

$$C_0 + C_1 P^{(1)}(x) + C_2 P^{(2)}(x) + \dots,$$

wo die Koeffizienten sich in einer Form darstellen, die ihr Verhalten
für unendlich kleine Werte von k zu beurteilen gestattet. Indes für
den Beweis, um den es sich hier zunächst handelt, ist diese Darstellung nicht erforderlich. Der Beweis stützt sich auf folgendes Theorem:

Hat man eine gewisse <u>Fehlergrenze</u> g festgesetzt, die man beliebig annehmen kann, so kann man, wenn man x auf ein bestimmtes endliches Intervall beschränkt, f(x) durch eine ganze rationale Funktion ersetzen. Es seien ferner a und b zwei endliche Größen, so daß a < b, und
x bleibe innerhalb des Intervalls (a...b). Dann kann zunächst F(x,k)
folgendermaßen zerlegt werden:

$$F(x,k) = \frac{1}{2k\omega} \int_{-\infty}^{a} f(u)\,\psi\!\left(\tfrac{u-x}{k}\right) du \; + \; \frac{1}{2k\omega} \int_{a}^{b} f(u)\,\psi\!\left(\tfrac{u-x}{k}\right) du$$

$$+ \; \frac{1}{2k\omega} \int_{b}^{\infty} f(u)\,\psi\!\left(\tfrac{u-x}{k}\right) du$$

$$= F_1(x,k) \; + \; \frac{1}{2\omega} \int_{\frac{x-a}{k}}^{\infty} f(x-ku)\,\psi(u)\,du \; + \; \frac{1}{2\omega} \int_{\frac{b-x}{k}}^{\infty} f(x+ku)\,\psi(u)\,du,$$

wenn $F_1(x,k) = \frac{1}{2k\omega} \int_{a}^{b} f(u)\,\psi\!\left(\tfrac{u-x}{k}\right) du$ ist. Nach unseren Bestimmungen sind
$\frac{x-a}{k}$ und $\frac{b-x}{k}$ positive Größen; lassen wir daher k unendlich klein wer-
den, so werden $\frac{x-a}{k}$ und $\frac{b-x}{k}$ $+\infty$. Da nun unseren Festsetzungen gemäß
f(x-ku) und f(x+ku) eine bestimmte endliche Grenze nicht überschrei-
ten und $\int_{\infty}^{\infty}\psi(u)\,du$ unendlich klein wird, so verschwinden für k = 0 die
beiden obenstehenden Integrale, d.h., die Differenz $F(x,k) - F_1(x,k)$
kann durch hinreichend kleine Wahl von k beliebig klein gemacht werden, wenn nur a < x < b. Ist somit $g' = g_1 + g_2$ eine beliebig kleine
Größe, so kann man unter den angegebenen Bedingungen für k einen Wert
k' derart finden, daß der absolute Betrag jedes der beiden obigen In-
tegrale $< \frac{1}{2}\,g_1$ ist und somit $|F(x,k') - F_1(x,k')| < g_1$.

Ferner kann

$$|F(x,k') - f(x)| < g_2$$

gemacht werden, und dann ist sicher

$$|F_1(x,k') - f(x)| < g_1 + g_2.$$

Die Funktion $F_1(x,k)$ kann man unzweifelhaft nach Potenzen von x entwickeln, da sie durch ein zwischen endlichen Grenzen genommenes Inte-
gral definiert ist, da ferner der Annahme nach $\psi\!\left(\tfrac{u-x}{k}\right)$ nach Potenzen von
$\frac{u-x}{k}$, also auch von x, entwickelt werden kann, die Koeffizienten dieser
Entwicklung endliche Größen sind und die Reihe innerhalb der Integra-
tionsgrenzen a und b gleichmäßig konvergent ist. Man kann also sicher se
22 daß sich die <u>Integration Glied für Glied</u> ausführen läßt. [22] Jetzt denken

wir uns dem k' einen beliebigen Wert derart beigelegt, daß die zuletzt abgeleitete Ungleichheit besteht. Wird dann $g = g' + g_1 + g_2$
gesetzt, so können wir nach einem bekannten Satze eine Anzahl von n
ersten Gliedern, deren Komplex wir mit $G_n(x)$ bezeichnen wollen, so
absondern, daß der absolute Betrag des Restes

$$|F_1(x,k') - G_n(x,k')| < g' \ .$$

Da nun $|F_1(x,k') - f(x)| < g_1 + g_2$, so folgt

$$|G_n(x,k') - f(x)| < g' + g_1 + g_2 = g.$$

Diese Ungleichheit sagt aus, daß, wenn wir für x ein Intervall
(a...b) festgesetzt haben, wir eine ganze rationale Funktion $G_n(x,k')$
derart herstellen können, daß sie von f(x) für alle jetzt betrachteten Werte von x um weniger abweicht als eine beliebig klein vorgeschriebene Größe g. Für jede bestimmte Funktion von x, die nicht
gleichzeitig von andern Variablen abhängt, sind die Koeffizienten von
$G_n(x,k')$ ganz bestimmte reelle Zahlgrößen. Sollten unter diesen irrationale vorkommen, dann könnten wir letztere durch rationale Zahlen
ersetzen, [23] die ihnen bzw. /auf den jeweiligen Koeffizienten bezo-   **23**
gen/ beliebig nahekommen, mit anderen Worten, wir könnten $G_n(x,k')$ in
zwei Teile zerlegen, deren einer nur rationale, deren anderer nur irrationale Koeffizienten enthielte, so zwar /und zwar so/, daß für alle betrachteten Werte von x der letztere Teil beliebig klein wird.
Das Resultat, zu dem wir bis jetzt gekommen sind, ist sonach folgendes: [24]   **24**

"Jede Funktion f(x) der reellen Variablen x, welche die vorgeschriebenen Bedingungen erfüllt, d.h. reell und stetig ist für alle reellen
Werte von x, läßt sich, wenn man x auf ein bestimmtes Intervall beschränkt, auf unendlich viele Weisen durch eine ganze /ganze ratio-
nale/ Funktion von x ersetzen, die ihr in dem betrachteten Intervalle
so nahe kommt, wie man nur immer will."

Sprechen wir den Satz in dieser Form aus, so können wir auch die Bedingung fallen lassen, welche für die Definition des von $-\infty$ bis $+\infty$
erstreckten Integrals wesentlich war, daß f(x) stets unterhalb einer
gewissen Grenze bleibt. Daß aber der Satz auch dann gilt, wenn man
der Variablen x alle Werte von $-\infty$ bis $+\infty$ anzunehmen gestattet und
f(x) für $x = \infty$ nicht mehr endlich ist, erkennt man auf folgende Weise:
Definieren wir $\overline{f(x)}$ durch die Festsetzung, es solle $\overline{f(x)}$ mit f(x)
übereinstimmen für alle Werte von x = a bis x = b, daß ferner, wenn
$x < a$, $\overline{f(x)} = f(a)$, wenn $x > b$, $\overline{f(x)} = f(b)$ sein soll, so ist f(x)
eine Funktion von der Beschaffenheit, wie wir sie bisher vorausge-
setzt haben, nämlich sie ist überall stetig und überschreitet nie-

mals eine gewisse Grenze. Wenden wir auf diese Funktion unseren Satz
an, so erkennen wir, daß es möglich ist, eine ganze Funktion $G_n(x)$ so
herzustellen, daß, wenn $a < x < b$, $|\overline{f(x)} - G_n(x)| < g$; wenn also
$f(x)$ eine für alle reellen Werte von x wohldefinierte, eindeutige
und stetige Funktion ist, so können wir, falls x auf irgendein endliches Intervall beschränkt wird, eine ganze rationale Funktion herstellen, deren Differenz von ihr innerhalb des betreffenden Intervalls kleiner ist als eine beliebig kleine Größe g.

$\llcorner$Sonnabend,$\lrcorner$ 29. 5. 1886

Auf Grund des eben hergeleiteten Satzes können wir nun den in § 2 an-
25 gekündigten Satz beweisen, [25] daß sich $f(x)$ als eine Summe von ganzen Funktionen darstellen lasse, und zwar durch eine unendliche Anzahl von Summanden. Nach dem, was wir eben bemerkt haben,braucht $f(x)$
nicht beständig endlich zu sein. Wir nehmen nun zwei Reihen von positiven Größen an

$$a_1, \ a_2, \ a_3, \ \dots,$$
$$g_1, \ g_2, \ g_3, \ \dots, \qquad \text{und zwar sei}$$

1) $a_{n+1} > a_n, \ \lim\limits_{n=\infty} a_n = \infty,$

2) $\sum\limits_{\lambda=0}^{\infty} g_\lambda$ endlich und folglich auch $\lim\limits_{n=\infty} g_n = 0$. Dies vorausgesetzt
kann man auf Grund des letzten Theorems eine ganze rationale Funk-
tion $G_\nu(z)$ derart bestimmen, daß für $-a_\nu < x < a_\nu$

$$|f(x) - G_\nu(x)| < g_\nu \qquad (\nu = 1, \ 2, \ \dots)$$

ist. Auf die Beziehung von $f(x)$ zu $G_\nu(x)$ außerhalb dieses Intervalls
kommt es weiter nicht an. Aus diesen Funktionen $G_\nu(x)$ bilden wir nun
eine Reihe von anderen Funktionen folgendermaßen:

$$f_0(x) = G_1(x)$$
$$f_1(x) = G_2(x) - G_1(x)$$
$$\vdots \qquad \qquad \vdots$$
$$f_\nu(x) = G_{\nu+1}(x) - G_\nu(x).$$

Also ist
$$\sum\limits_{\nu=0}^{n} f_\nu(x) = G_{n+1}(x). \tag{1}$$

Es ist nun: $\lim\limits_{n=\infty} G_{n+1}(x) = f(x)$.

Denn ist ein bestimmter Wert von x gegeben, so können wir eine Zahl
n so bestimmen, daß $-a_n < x < a_n$. Dann ist nach dem Obigen

$|f(x) - G_{n+1}(x)| < g_{n+1}$; läßt man nun n ohne Ende wachsen, so liegt umsomehr x zwischen $-a_n$ und $+a_n$, g_{n+1} wird aber unendlich klein, demnach ist

$$\lim_{n=\infty} (f(x) - G_{n+1}(x)) = 0, \quad \text{d.h.}$$

$$\lim_{n=\infty} G_{n+1}(x) = f(x), \qquad \text{d.h.}$$

$$\sum_{\nu=0}^{\infty} f_\nu(x) = f(x) \ . \tag{2}$$

Die Gleichung (2) zeigt, daß wir auf mannigfaltige Weise f(x) als Summe einer unendlichen Anzahl von ganzen rationalen Funktionen darstellen können, eine Darstellung, die für jeden endlichen Wert von x gilt, und zwar können wir für eine bestimmte Funktion f(x), die nicht noch von anderen Variablen abhängt, bewirken, daß die Koeffizienten der Funktionen rational sind. Es stellt somit diese <u>Reihe eine ganz bestimmte Rechnungsvorschrift</u> [26] dar, nach der zu jedem Wert des Argu-   26
ments der zugehörige Funktionswert berechnet werden kann. Sehr leicht ist nun zu zeigen, daß die in der angegebenen Art gebildete Reihe $\sum_0^\infty f_\nu(x)$ erstens u n b e d i n g t k o n v e r g i e r t , d.h. konvergent bleibt, wenn man jedes einzelne Glied auf seinen absoluten Betrag reduziert oder wenn man die Reihenfolge der Glieder in beliebiger Weise ändert, und daß sie zweitens innerhalb jedes beliebigen Intervalls g l e i c h f ö r m i g k o n v e r g i e r t , d.h., nimmt man zwei beliebige Grenzen x_1 und x_2, so kann man eine Anzahl Glieder so abtrennen, daß der Rest kleiner gemacht werden kann, als eine beliebig klein angenommene Größe; die Reihe stellt also wirklich für alle Werte von x innerhalb jenes Intervalles die Funktion f(x) dar. Es folgt beides unmittelbar aus der Bildungsweise der Funktion. Es ist nämlich

$$|f(x) - G_\nu(x)| < g_\nu \qquad (-a_\nu \leqq x \leqq a_\nu),$$

$$|f(x) - G_{\nu+1}(x)| < g_{\nu+1} \qquad (-a_{\nu+1} \leqq x \leqq a_{\nu+1}).$$

Es braucht also eine Zahl ν' nur so angenommen zu werden, daß, wenn $\nu > \nu'$, das Intervall $(-a_\nu \ldots a_\nu)$ das Intervall $(x_1 \ldots x_2)$ ganz umfaßt, und daß dies immer möglich ist, folgt daraus, daß die a_ν immerfort wachsende Größen sind, sich also jedenfalls ν' so bestimmen läßt, daß $a_{\nu'+1}$ größer ist als die größere der beiden Größen x_1 und x_2. Da nun

$$(f(x) - G_\nu(x)) - (f(x) - G_{\nu+1}(x)) = f_\nu(x)$$

und der absolute Betrag einer Differenz kleiner als die Summe der absoluten Beträge des Minuendus und Subtrahendus ist, so ergibt sich:

3 Weierstraß, Kap.

$$|f_\nu(x)| \leqq g_\nu + g_{\nu+1}, \text{ also}$$

$$\sum_{\nu=\nu'+1}^{\infty} |f_\nu(x)| < \sum_{\nu=\nu'+1}^{\infty} (g_\nu + g_{\nu+1}).$$

Da nun der Annahme nach $\sum_{\nu=1}^{\infty} g_\nu$ einen endlichen Wert hat, so ist
dies auch mit $\sum_\nu |f_\nu(x)|$ der Fall, also konvergiert die Reihe unbe-
dingt innerhalb der Grenzen x_1 und x_2; und da es eben wegen der Endlichkeit von $\sum_{\nu=1}^{\infty} g_\nu$ möglich ist, eine Zahl ν'. so zu bestimmen, daß
$\sum_{\nu=\nu'+1}^{\infty} g_\nu$ kleiner als jede beliebig klein angenommen Größe δ ist, so
konvergiert $\sum_{\nu=0}^{\infty} |f_\nu(x)|$ innerhalb der Grenzen x_1 und x_2 auch gleich-
mäßig. - Wir können somit das Resultat unserer bisherigen Untersu-
chungen folgendermaßen zusammenfassen: Jede Funktion f(x), welche
die Eigenschaft hat, wohldefiniert und stetig zu sein, läßt sich auf
mannigfaltige Weise in der Form einer unendlichen Reihe darstellen,
deren Glieder ganze rationale Funktionen von x sind. Diese Reihe konvergiert für jeden Wert von x gleichmäßig in einem Intervalle $x_1 \ldots x_2$,
dessen Grenzen endlich sind. Drücken wir den Satz so aus, so können
wir die früher notwendige Beschränkung fallen lassen, daß f(x) endlich bleibt. <u>Dieser Satz lehrt uns, daß der Begriff einer für jeden</u>
27 <u>Wert von x eindeutig definierten</u> [27] <u>reellen und stetigen Funktion völ-</u>
<u>lig identisch ist mit dem Begriff der arithmetischen Darstellbarkeit</u>
<u>durch eine unendliche Reihe /ganzer/ rationaler Funktionen.</u> Zunächst
wollen wir dartun, daß der Satz eine unbedingte Geltung auch in dem
Falle hat, wenn f(x) nicht für alle Werte von x, sondern nur für alle
Werte zwischen a und b definiert ist, wo b > a. Ist die Funktion auch
für x = a und x = b definiert, so zwar, daß sie sich den zu diesen
Werten des Arguments gehörigen Funktionswerten stetig nähert, so ist
der Beweis sehr leicht zu führen. Will man dann nämlich die Funktion
über a hinaus bis $-\infty$ und über b hinaus bis $+\infty$ fortsetzen, so braucht
man dies einfach dadurch zu tun, daß man ihr von a bis $-\infty$ den Wert
f(a) und von b bis $+\infty$ den Wert f(b) vorschreibt. Durch diese Festsetzungen haben wir eine Funktion definiert, die alle Eigenschaften hat,
welche für die im Vorstehenden auseinandergesetzte Darstellungsart
erforderlich sind. Wir können also auf sie ohne weiteres das genannte
Verfahren anwenden und erhalten so eine Darstellung, die sicher von
x = a bis x = b gilt. Die vorstehenden Betrachtungen werden etwas mo-
difiziert, wenn wir zwar annehmen, daß die Funktion zwischen a und b
überall stetig sein soll, aber nicht voraussetzen dürfen, daß f(x)
sich für a und b bestimmten Werten nähert und endlich bleibt. Analog

ist ja auch der Fall, wenn wir wie oben a = -∞ und b = +∞ nehmen. An
der Gestalt der Reihe sieht man dann, daß für x = ±∞ die einzelnen
Glieder unendlich werden; man hat somit in diesem Falle eine Summe
von unendlich vielen positiven und negativen unendlichen Größen, von
der man nicht ohne weiteres angeben kann, ob sie sich einem bestimmten Wert nähert oder nicht. Aber für einen bestimmten endlichen Wert
von x konvergiert die Reihe unbedingt. - Dasselbe nun, was für x =±∞
bei der von -∞ bis +∞ definierten Funktion eintritt, wird nun auch
in a und b bei der nur zwischen a und b definierten Funktion stattfinden. In diesem Falle kann man sich auf zweierlei Weisen helfen:
1) Man könnte eine Substitution $x = \phi(u)$ derart anwenden, daß, wenn
u alle Werte von -∞ bis +∞ durchläuft, x alle Werte von a bis b annimmt. Betrachten wir dann f als Funktion von u, so können wir auf sie
alle Sätze anwenden, die wir im Vorstehenden entwickelt haben; führen wir darauf wieder x ein, so ist die Darstellung allerdings nicht
mehr eine Summe von /ganzen7 rationalen Funktionen. 2) Man könnte
auch folgenden Weg einschlagen: Wie wir oben ausführlich darlegten,
kann man eine ganze Funktion $G_\nu(x)$ so bestimmen, daß sie f(x) innerhalb des Intervalles $(-a_\nu \ldots a_\nu)$ bis auf eine gewisse Fehlergrenze darstellt. Dieses Verfahren passen wir nun dem vorliegenden Fall an. Wir
stellen zwei Reihen von Größen auf

$$a_1 \quad a_2 \quad a_3 \quad \ldots \quad a_\nu \quad \ldots$$
$$b_1 \quad b_2 \quad b_3 \quad \ldots \quad b_\nu \quad \ldots ,$$

wo $a_1 > a_2 > a_3 \ldots$; $b_1 < b_2 < b_3 \ldots$, und zwar soll sein

$$\lim_{n=\infty} (a_n \ldots b_n) = (a \ldots b).$$

Alsdann liegen, wie man sieht, alle Intervalle $(a_\nu \ldots b_\nu)$ innerhalb
(a...b). Jetzt brauchen wir nur die Funktion $G_\nu(x)$ so zu definieren,
daß $|f(x) - G_\nu(x)| < g_\nu$, wenn $a_\nu < x < b_\nu$; dann können wir ohne wei-
teres die früheren Schlußweisen auf den vorliegenden Fall anwenden.
Definieren wir $f_\nu(x)$ wie oben, so können wir nämlich zeigen, daß

$$f(x) = \sum_{\nu=0}^{\infty} f_\nu(x) .$$

Ob die Reihe auch für x = a und x = b eine Bedeutung hat, können wir
natürlich ebensowenig wie in dem früheren Fall für x = ±∞ entscheiden.
Somit sind wir zu dem Resultat gekommen, daß man auch eine Funktion,
die nur für ein endliches Intervall definiert ist, in der gedachten
Weise darstellen kann. Es läßt sich natürlich mit derselben Leichtigkeit wie oben im allgemeinen Fall der Nachweis führen, daß die Reihe

absolut konvergiert und daß sie ferner in einem bestimmten Intervalle
gleichförmig konvergiert. Man kann nun die vorstehenden Sätze für
Fälle erweitern, wo die Funktion in verschiedenen nicht stetig miteinander zusammenhängenden Intervallen definiert ist, indes wollen
wir vorläufig hierauf nicht weiter eingehen.

Wir wollen hieran noch einige theoretische Bemerkungen über die prak-
28 tische Anwendbarkeit der auseinandergesetzten Methode anknüpfen. [28]
Wüßten wir nur, daß die Reihe absolut konvergent sei, so würde uns
dies gestatten, für jeden b e s t i m m t e n Wert des Arguments
mit vorgeschriebener Genauigkeit den zugehörigen Funktionswert zu
berechnen; durch die g l e i c h f ö r m i g e Konvergenz ist
aber bedingt, daß - was für die Praxis von großer Bedeutung ist -
der Wert des Arguments nicht mit absoluter Genauigkeit gegeben zu
sein braucht, so daß man also sagen kann, daß eine solche Reihe die
Funktion mit einer beliebigen Annäherung darstellt, wenn der Wert
des Arguments mit beliebiger Annäherung angegeben werden kann. Dies
ist deshalb für die Anwendungen so wichtig, weil die zu verwendenden
Argumente dort entweder das Resultat von mit unvermeidlichen Fehler-
quellen behafteten Messungen oder Beobachtungen oder selbst schon
das Resultat vorangegangener Rechnungen sind, also nie mit absoluter
Genauigkeit angegeben werden können. Verlangt man nun z.B., daß die
Funktion mit einem Fehler berechnet werden solle, der kleiner ist
als eine vorgeschriebene kleine Größe g, so zerlege man g in $g_1 + g_2$;
dann kann man n Glieder von der Reihe so absondern, daß uns diese für
$x = x_0$ den Funktionswert mit einem Fehler, der kleiner ist als g_1,
liefert; wählt man dann anstatt $x = x_0$ einen benachbarten Wert $x = x_1$,
so daß $|G_n(x_1) - G_n(x_0)| < g_2$, was man stets kann, da $G_n(x)$ eine ste-
tige Funktion seines Arguments ist, so ist $|f(x_0) - G_n(x_1)| < g$.

Hieraus erkennen wir, daß wir die Genauigkeit so weit treiben können,
wie nur immer verlangt wird, ohne dabei aufhören zu müssen, uns im
Gebiete der rationalen Zahlen zu bewegen, indem wir immer zu einem
Argument x_0 ein ihm beliebig nahekommendes rationales Argument x_1 angeben können. Wir sehen zu gleicher Zeit, wie wenig Bedeutung Reihen
von nicht gleichförmiger Konvergenz für die Praxis haben, da man nie
sicher ist, ein fehlerfreies Argument zu haben.

Etwas anderes nun als diese Anwendung unserer Reihe zur angenäherten
Berechnung der Funktion ist es, wenn wir die Behauptung aufstellen,
daß die Reihe für jeden Wert von x, für den die Funktion überhaupt
29 definiert ist, die Funktion wirklich darstellt. [29] Den Beweis hierfür
zu erbringen, ist es erforderlich, mit einigen Worten auf die arithmetischen Grundlagen der Funktionentheorie einzugehen, was wir denn

auch im folgenden tun werden.

/Dienstag,7 1. 6. 1886

§ 5. Exkurs: Übersicht über die allgemeine Arithmetik   30

Obgleich der Begriff der Zahl ein höchst einfacher ist, so ist es
doch nicht leicht, eine schulgerechte Definition desselben zu geben.
Am besten wird man sich aber eine Einsicht in das Wesen des Zahlbegriffs verschaffen, wenn man sich die Vorgänge in unserem Geiste,
die dem Zählen zugrunde liegen, vergegenwärtigt. Das Zählen beruht
nämlich auf den beiden Tatsachen, daß der menschliche Geist die Fähigkeit hat, von äußeren und inneren Dingen sich eine Vorstellung zu
bilden und diese festzuhalten, daß er zweitens die Fähigkeit besitzt,
diese Vorstellungen wiederholt zu reproduzieren. Bilden wir uns die
Vorstellung eines Dinges α, so können wir dieselbe entweder willkürlich reproduzieren oder aus einem gegebenen übersehbaren Aggregat von
Dingen außer jenem ersten Dinge α noch die Vorstellung eines zweiten,
das unter denselben Begriff fällt, aufnehmen. Diese Operation können wir beliebig oft fortsetzen und gelangen so zu dem, was man in
der Logik eine zusammengesetzte Vorstellung nennt. Bleiben wir bei
einem und demselben Dinge α stehen und nennen dies nun die Einheit,
so können wir zwei Reihen von Vorstellungen, wie wir sie eben ausein-
andergesetzt haben, folgendermaßen miteinander vergleichen:

Man kann jedem Element der Reihe a ein Element der Reihe b zuordnen;
hierbei können drei Fälle eintreten: entweder nämlich läßt sich jedem
Element von a ein solches von b zuordnen, so zwar, daß die Elemente
beider Reihen auf diese Weise vollständig erschöpft werden; oder aber
es bleiben nach der Zuordnung noch Elemente von a, oder drittens, es
bleiben noch solche von b übrig. Dadurch entstehen die Begriffe des
Gleich-, Größer- und Kleinerseins. Wir erkennen somit, daß eine solche Reihe von Vorstellungen etwas Veränderliches hat, was von der
Einheit α unabhängig ist, geradeso wie an einer Geraden die Länge
veränderlich ist, nachdem eine sog. Längeneinheit festgestellt ist.
Wollen wir uns nun von der Zahl der Dinge eine bestimmte Vorstellung
festhalten, so ist dies nicht anders möglich, als daß wir uns eine
Reihe von solchen Dingen direkt vorstellen, was allerdings nur begrenzt in unserem Vermögen steht. Daher besteht das Zählen nicht in
der sukzessiven Aneinanderreihung von einzelnen Vorstellungen, son-

dern in der Zusammenfügung schon vorhandener zusammengesetzter Vorstellungen; je mehr dieses Vermögen bei dem Einzelnen ausgebildet
ist, umso größer ist seine Fertigkeit im Zählen. Gewöhnlich fassen
wir nur Haufen bis zu 5, 6 im ersten Augenblicke auf, ohne eigentlich zu zählen; es gibt jedoch Menschen, bei denen diese Fähigkeit
31 bedeutend mehr entwickelt ist (DAHSE) [31].Die Zahlwörter und Zahlzei-
chen dienen nun dazu, diese Vorstellung festzuhalten, besonders in
den letzteren hat sich eine Methode herausgebildet, auch die größten
Mengen von Dingen ihrer Zahl nach kurz und hinreichend zu bezeichnen.
Das Wesentliche an einer in dieser Weise wohlgeordneten Menge von
Dingen besteht nun darin, daß erstens die reproduzierte Vorstellung,
d.i. die Einheit, zweitens die Zahl der Dinge,sei es, daß diese durch
unmittelbare Vorstellung oder vermittelst eines Zahlwortes oder Zahl-
zeichens gewonnen ist, sie vollständig bestimmt. Hat man sich dies
erst klar gemacht, so kann man weitergehen und die naturgemäße Erweiterung des Zahlbegriffes in dem gleichzeitigen Umfassen mehrerer Einheiten suchen. Ist nämlich g eine Reihe verschiedener Vorstellungen
α, β, γ, ..., so bildet·man sich derart eine Vorstellung, daß man die
Einzeldinge in bestimmter Weise aufeinanderfolgen läßt. Wir erhalten
so eine wohlgeordnete Menge von Dingen, die als solche in den Größen-
32 begriff fällt. [32] Diese Größe ist veränderlich in dem Sinne, daß jedes Element α, β, γ, ... in verschiedener Anzahl vorhanden sein kann.
Bei jeder Hinzufügung eines beliebigen Elementes zu der genannten
Größe bleibt der Begriff des Aggregates vollständig unverändert, genau so, wie der Begriff einer Geraden durch Hinzufügung einer weiteren Länge nicht alteriert wird. Darin besteht eben die wahre Natur
der Größen, daß es Dinge sind, die sich ändern können, ohne daß der
damit verbundene Begriff sich zu ändern brauche. In diesem Sinne nennen wir jede veränderliche Reihe von Dingen eine Größe und insofern,
als die Anzahl des Vorkommens jedes einzelnen Dinges wesentlich da-
bei ist, eine Zahlgröße, die aus den Elementen α, β, γ, ... gebildet
ist. Soll nun die Reihe völlig bestimmt sein, so müßte angegeben werden, welches Element sich an jeder bestimmten Stelle vorfindet, damit wäre dann auch von selber angegeben, wie oft jedes einzelne Element vorkommt. Es zeigt sich nun aber, daß in den Anwendungen, die
wir in der Mathematik von den Zahlgrößen machen, die Reihenfolge des
Auftretens der weinzelnen Elemente gleichgültig ist, so daß man eine
Zahlgröße völlig definiert durch Angabe der sie zusammensetzenden
Elemente, und durch die Angabe, wie oft jedes derselben in der Reihe
auftritt. Dies führt uns sofort auf einen wesentlichen Unterschied
33 zwischen einfachen und komplexen Zahlen. [33] Bei den einfachen Zahlgrößen dient ein Element α zur Bildung derselben, während letztere

sich aus mehreren Elementen zusammensetzen. Zwischen den komplexe
Zahlgrößen bildenden Elementen α, β, γ, ... ist gar keine Beziehung als bestehend vorauszusetzen; es kommt nur auf ihre Koexistenz
und ihre Reihenfolge, falls diese von Bedeutung wäre, an. Wenn wir
nun zwei solche Zahlgrößen, deren wir unzählige bilden können, miteinander vergleichen wollen, so können wir, solange wir uns in dieser Allgemeinheit bewegen, sie nur dann als einander gleich bezeichnen, wenn jedes Element in der einen so oft vorkommt wie in der anderen. Die Begriffe des Größer- und Kleinerseins lassen sich dagegen
hier nicht definieren. Wohl aber läßt sich schon jetzt der Begriff
der Addition von zwei komplexen Zahlgrößen a und b feststellen. Erklärt man diesen zunächst so, daß jedes Element von b einzeln der
Zahlgröße a hinzuzufügen ist, so kommt man, da es nur auf die Anzahl
jedes auftretenden Elements ankommt, sehr bald dazu, die Addition
als die _Vereinigung_ sämtlicher Elemente von a mit sämtlichen Elementen von b zu definieren. Dies festgestellt, ist es nunmehr leicht,
die Bedeutung von a + b + c, a + b + c + d usw. zu erklären, wobei
wir zunächst an der Reihenfolge der Summanden festhalten und dann
erst als Lehrsatz beweisen, daß das Endresultat von der Reihenfolge
der Summanden unabhängig ist. Damit ist aber auch alles erschöpft,
was sich bei dieser Allgemeinheit mit dem Begriff der Zahlgröße tun
läßt.'In dieser Allgemeinheit tritt er z.B. auf, wenn wir mehrere
Reihen von Erscheinungen miteinander vergleichen, von denen die einzelnen sich wiederholen; man kann hier in der Tat keine anderen Operationen vornehmen, als die eben auseinandergesetzten. Die _Mathematik_
hat es aber mit _Zahlgrößen ganz anderer Art_ zu tun; hier stehen die
einzelnen Elemente, aus denen sie sich zusammensetzen, zueinander in
ganz bestimmten Beziehungen. Denken wir uns, es sei die Arithmetik
der ganzen Zahlen ausgebildet; wir kommen zum Begriff der _unbenannten_ 34
Zahlen, [34] ihrer Addition, Multiplikation, Teilbarkeit, Unteilbar-
keit, kurz, in das Gebiet der _reinen Arithmetik._ Auf die _allgemeine_
Größenlehre letztere anzuwenden, hat man erst begonnen, seitdem man
Größen maß. Denken wir uns z.B. die Vorgänge beim Wiegen, wobei wir
von der Vorstellung der absoluten Genauigkeit der Waage ausgehen wollen. Nun finden wir, daß verschiedenartig gestaltete und mit verschiedenen Eigenschaften begabte Massen doch gleiches Gewicht haben können, andererseits, daß verschiedene Massen desselben Stoffes verschieden schwer sein können. Wollen wir uns nun eine bestimmte Vorstellung
von dem Gewichte machen, so muß es möglich sein, vorgeschriebene Massen eines Stoffes herzustellen. Da es bei den _Anwendungen_ auf absolute Genauigkeit nicht ankommt, so würde es ausreichen, wenn jemand im
Besitz einer genügend großen Anzahl von Gewichtsstücken α, β, γ, ...

wäre, die übrigens untereinander in gar keiner Beziehung zu stehen
brauchen, sondern von denen jedes nur in solcher Anzahl und einige
von ihnen in solcher Kleinheit vorhanden sein müssen, daß man imstande wäre, jede vorgelegte Masse mit der verlangten Genauigkeit durch
diese auszudrücken. Einem anderen könnte man eine Vorstellung von der
gewogenen Masse aber nur dann verschaffen, wenn er ganz genau die betreffenden Gewichtsstücke besäße. Praktisch verfährt man deshalb so,
daß man eine willkürliche Einheit α annimmt, darauf ein zweites Ge-
wichtsstück β, von dem man weiß, daß eine gewisse Anzahl c der β α
völlig zu ersetzen vermag, und ebenso ein drittes γ, das zu β in einer ähnlichen Beziehung steht wie β zu α usw. Wesentlich ist dabei
nur, daß die einzelnen Einheiten ganz bestimmte Beziehungen zueinander haben. Es ist immer eine <u>Haupteinheit</u> vorhanden und <u>Untereinhei-
ten</u>, von denen immer eine bestimmte Anzahl die Haupteinheit vertreten
kann. Dies festgestellt, liegt es zunächst nahe, eine Grundreihe zu
bilden, die aus einer bestimmten Größe α und deren Teilen zusammengesetzt ist; dann hat jede daraus gebildete Zahlgröße eine ganz bestimmte Bedeutung, die wir noch schärfer als den <u>Wert</u> derselben definieren wollen. Gleichzeitig haben wir die Möglichkeit, solche Zahlgrößen auf mannigfaltige Weise zu ändern, ohne ihren Wert zu ändern;
wir kommen so zunächst auf die Größen, die man seit alter Zeit als
aus einer Haupteinheit und deren Teilen gebildet betrachtet und die
man als <u>positive Größen</u> bezeichnet.

                                        /Mittwoch,/ 2. 6. 1886

35 Es kommt hier wesentlich in Betracht der Begriff des <u>Teils</u> [35] einer
<u>Größe</u>, der in nichts anderem besteht, /als/ daß eine bestimmte An-
zahl von Größen eine andere zu ersetzen vermag. Dies festgestellt,
können /zwei Größen/ offenbar einander <u>äquivalent</u> sein, ohne deshalb
völlig identisch zu sein, d.h. ohne dieselben Elemente jedes in derselben Anzahl zu enthalten. Kommt z.B. die Haupteinheit α vor und
ist β eine Untereinheit, deren n Individuen α ersetzen können, so
können wir α durch $n\beta$ ersetzen und umgekehrt; wir erhalten dann eine
andere Zahlgröße, die der ersten äquivalent ist. Stellen wir uns nun
die Reihe der Teile eines Hauptelements vollständig auf, so ergibt
sich leicht, daß in ihr auch wieder jeder Teil eines Teiles vor-
36 kommt. Wir können somit eine beliebige Zahlgröße verwandeln, [36] indem wir sowohl ein beliebiges Element durch irgendeinen beliebigen
Teil desselben ersetzen, und umgekehrt, indem wir eine Anzahl von
Elementen, die einem anderen äquivalent sind, durch dieses letztere

ersetzen. Es folgt daraus weiterhin, daß man eine beliebige Zahlgröße durch ein einziges Element darstellen kann, indem man die übrigen
Elemente als Vielfache dieses darstellt. Denn haben die Elemente α,
β, γ, ... in bezug auf die Haupteinheit die "Nenner" 1, m, n, ...,
so kann man zunächst eine Zahl finden, von der 1, m, n, ... Teiler
sind; ist diese = r, so kann man α, β, γ, ... als Vielfache des Elements darstellen, dessen "Nenner" r ist. Haben wir es nun mit zwei
Zahlgrößen zu tun, so können wir zunächst jede von ihnen als Vielfaches eines Elements darstellen und jedes dieser beiden Elemente wieder als Vielfaches eines letzten Elements. Jetzt kann man die beiden
Zahlgrößen auch miteinander vergleichen und kommt so zu den Begriffen
des Gleich-, Größer- und Kleinerseins auch für die jetzt betrachteten
Zahlgrößen. Die Rechtfertigung dieser Erweiterung der genannten Begriffe auf diese liegt in folgendem: Erstlich gibt es unendlich viele
Zahlen r, welche gemeinschaftliche Vielfache der Nenner der gegebenen
Elemente sind. Verwandeln wir also eine Zahlgröße in zwei andere, indem wir sie einmal als Vielfaches des r-ten, das andere Mal als Vielfaches des s-ten Teils der Haupteinheit darstellen, so muß gezeigt
werden können, daß das Resultat der Vergleichung zweier so behandel-
ter Zahlgrößen unabhängig ist von dem gemeinschaftlichen Nenner, auf
welchen wir sämtliche Elemente bringen können. Man beweist dies mit
Hilfe des folgenden Satzes:

Ist r das kleinste gemeinsame Vielfache mehrerer Zahlen, so ist jedes
andere gemeinschaftliche Vielfache derselben ein Vielfaches von r, so
daß also das Resultat der Vergleichung zweier Zahlgrößen von dem gemeinschaftlichen Nenner ganz unabhängig ist.

Nun ist man berechtigt, das, was man als Gleichheit, Größer- und
Kleinersein definiert hat, mit diesen Benennungen zu belegen, weil
die logischen Gesetze (wenn a = b, b = c, so ist auch a = c, und wenn
a > b, b > c, so ist auch a > c) ihre Gültigkeit nicht verlieren.
Jetzt hat auch der Begriff der Addition keine Schwierigkeit mehr; man
zeigt, daß man unter a + b die Zahlgröße versteht, die entsteht, wenn
man zu den Elementen von a die Elemente von b unverändert hinzufügt,
oder jede andere Größe, die ihr /b/ äquivalent ist. Man weiß dann
noch, daß auch für die jetzt betrachteten Zahlgrößen die Aufeinanderfolge der Summanden gleichgültig ist und schreitet dann zur Definition der Multiplikation fort und zeigt, daß die bekannten Sätze gelten. Mit dem Begriff des Vielfachen ist dann der Begriff des Teils
vorhanden. Man zeigt, daß, wie von einer Zahlgröße jedes beliebige
Vielfache existiert, so auch jeder beliebige Teil, und daß man diesen
dadurch finden kann, indem man von jedem einzelnen Bestandteil der

Zahlgröße den betreffenden Teil nimmt. Man kommt ferner zu dem Resultat, daß man zwei Zahlgrößen miteinander multipliziert, indem man jedes Glied der einen mit jedem Glied der andern multipliziert und die einzelnen Resultate addiert. Es kommt also nur darauf an, die _Multiplikation_ zweier Elemente zu _definieren_, und dies geschieht in folgender Weise: Das Produkt des $\mathfrak{m}$-ten und des n-ten Teiles der Haupteinheit ist gleich dem mn-ten Teil derselben. Setzt man dies voraus, so bleiben alle Gesetze bestehen, die man für die Multiplikation der unbenannten Zahlen aufgestellt hat.

Es kann nun die Reihe der die komplexen Zahlgrößen bildenden Elemente ebensogut eine _unendliche_ [37] wie eine endliche sein, falls nur angenommen wird, daß sie eine bestimmte ist, daß wir also angeben können, welches Element sich an jeder bestimmten Stelle befindet. So z.B. ist die Reihe der natürlichen Zahlen 1, 2, 3, ... eine unendliche insofern, als bei ihrer Bildung keine Grenze vorhanden ist; sie ist völlig bestimmt, weil in ihr etwas begrifflich vollkommen festgestelltes ist. Ob in der Natur wirklich eine unendliche Reihe von Dingen in diesem Sinne existiert, ist gleichgültig, genug, im _Reiche unserer Gedanken_ existiert eine solche, weil wir die Vorstellung irgendeines Dinges, sobald sie nur einmal gefaßt ist, beliebig oft reproduzieren können, ohne dabei jemals auf eine notwendige Grenze zu kommen. [38] Mit Zugrundelegung der unendlichen Reihe 1, 2, 3, ... können wir nun jede andere dadurch definieren, daß wir jedes Element der letzteren einer der Zahlen 1, 2, 3, ... zuordnen, z.B. 1, $\frac{1}{2}$, $\frac{1}{3}$, ..., es ist ganz genau bestimmt, welches Element an jeder Stelle steht. Bei der Bildung von Zahlgrößen müssen wir uns nun die Freiheit vorbehalten, aus dieser unendlichen Reihe beliebig viele Elemente zu verwenden. Dies erweist sich schon als notwendig, wenn wir Zahlgrößen betrachten, die aus einer endlichen Zahl von Elementen gebildet sind. Da wir schon hier auf Zahlgrößen kommen, deren Nenner beliebig groß sind, so erweist sich die Notwendigkeit, um alle diese Zahlgrößen zu beherrschen, in die Grundreihe jeden Teil der Einheit mit aufzunehmen. Legen wir jetzt eine solche unendliche Reihe von Elementen der Größenbildung zugrunde, so kann man jetzt offenbar Zahlgrößen bilden, die aus einer unendlichen Zahl von Elementen bestehen. Eine solche Zahl ist bestimmt, wenn nur angegeben werden kann, wie oft jedes Element in ihr vorkommt. Es ist auch die Zahl O hinzuzunehmen, die eben besagt, daß irgendein Element nicht vorkommt. So z.B. hat $1 + \frac{1}{2} + \frac{1}{4} + \dots + \frac{1}{2^n} + \dots$ einen vollständig bestimmten Wert. Die ganze Schwierigkeit besteht nur darin zu definieren, was man unter der _Gleichheit zweier aus unendlich vielen Elementen gebildeter Zahlgrößen_ zu verstehen hat. Die hier vorliegende Aufgabe pflegt man gewöhnlich da-

durch zu umgehen, daß man von vornherein derartige Zahlgrößen als
Maßbestimmung von extensiven Größen ansieht. Ist nun eine Größe a gegeben, so stellt man zunächst fest, wie oft in ihr die Haupteinheit
α enthalten ist; es sei diese Zahl = n. Mit dem Rest verfährt man in
Bezug auf die zweite Einheit ebenso usw. Diese Operation kann nun
entweder sich schließen, dann setzt sich also a aus einer endlichen
Zahl von Einheiten zusammen, oder nicht, was das Allgemeinere ist.
Alsdann wird sich a aus einer unendlichen Zahl von Elementen zusammensetzen. Durch die eben gegebene Darstellung, die auf dem Messen
von Längen beruht, ist nun zwar sehr klar, daß jede Länge nach Feststellung einer gewissen Einheit durch eine Zahl dargestellt werden
kann; aber es ist damit noch nicht gezeigt, daß jeder beliebigen aus
unendlich vielen Elementen gebildeten Zahlgröße auch wirklich eine
Länge entspricht, [39] daß also in diesem Sinne jener Zahlgröße in ge-   **39**
wissem Sinne auch eine wirkliche Existenz zukommt, obgleich man die
Wahrheit dieses Satzes bei allen Anwendungen der Arithmetik auf die
Größenlehre stillschweigend voraussetzte. Der Satz kann nun nicht bewiesen werden, ohne daß man eine neue Hypothese macht, da der Begriff
der Geraden rein empirisch ist. Dagegen hat die Zahlgröße selbst eine
<u>absolut bestimmte Existenz</u>, sobald sie in dem angeführten Sinne gege-
ben ist; wir müssen daher die für die Arithmetik erforderlichen Definitionen auf einem anderen Wege, wo eine Hypothese nicht gemacht zu
werden braucht, zu erhalten streben, und dazu gibt es verschiedene
Wege, von denen wir dem folgenden den Vorzug einräumen: Für Zahlgrößen, die aus einer endlichen Zahl von Elementen bestehen, ließ sich
der Begriff der <u>Gleichheit durch den der Äquivalenz ersetzen</u>. Ist
ferner a eine beliebige Zahlgröße und c eine aus einer endlichen Anzahl von Elementen gebildete Zahlgröße, so sagen wir, c sei in a enthalten, wenn man a so verwandeln kann, daß die Elemente von c sämtlich in denen von a vorkommen, und wenn damit noch nicht alle Elemente von a erschöpft sind. Sind nun a und b zwei beliebige Zahlgrößen,
so sollen sie gleich heißen, [40] wenn jede Zahl c, die in der einen   **40**
enthalten ist, auch in der anderen enthalten ist. Man braucht nur
nachzuweisen, daß dieser <u>erweiterte Begriff der Gleichheit</u> den früheren in sich faßt. Ist dies festgestellt, so sieht man sofort, daß
auch hier aus p = q, q = r: p = r folgt. Ist ferner eine Größe c in
a enthalten, nicht aber in b, so sagen wir, a sei größer als b. Es
gibt nun Zahlgrößen von endlichem und von unendlich großem Wert. Es
ist nämlich offenbar möglich, daß in einer Zahlgröße jede andere enthalten ist. Eine solche Zahlgröße bezeichnen wir als <u>unendlich groß</u>.
Es wird sich die Notwendigkeit herausstellen, die mathematischen Operationen auf <u>endliche Größen</u> [41] zu beschränken.   **41**

                                              ⌊Freitag,⌋ 4. 6. 1886

Die Entscheidung, ob zwei Größen einander gleich sind, kann natürlich
nicht dadurch vollführt werden, daß man jede Größe c darauf prüft, ob
sie in der einen und in der anderen enthalten ist, sondern es ist der
Nachweis zu liefern, daß jede Größe c zugleich in beiden Zahlgrößen
enthalten ist resp. nicht. Wenn nun eine Größe c in einer anderen a
enthalten ist, so ist dies auch mit jeder anderen der Fall, die kleiner als c ist. Sind ferner zwei Zahlgrößen a' und a' einander nicht
gleich, so müssen sich solche aus unendlich vielen Zahlgrößen gebildeten Größen c angeben lassen, die in der einen enthalten sind, in
der anderen aber nicht. Nachdem diese Definitionen festgestellt sind,
hat nun das Rechnen mit aus unendlich vielen Zahlgrößen gebildeten
Ausdrücken keine Schwierigkeit mehr. Hat man eine Summe von zwei
Zahlgrößen und kommt ein bestimmtes Element in der einen p-mal, in
der andern q-mal vor, so kommt es in der Summe (p+q)-mal vor. Um dies
nun erweitern zu können auf eine Summe von <u>unendlich vielen Summan-
den</u>, muß noch eines vorausgeschickt werden: Wir haben schon oben den
Begriff einer unendlich großen Zahl definiert. Betrachten wir z. B.
die Zahlengröße, deren Elemente $1, \frac{1}{2}, \frac{1}{3}, \ldots$ sind, so beweist man auf
die hinlänglich bekannte Weise, daß jede Zahl c in ihr enthalten ist.
Man zeigt hier nämlich, daß es eine endliche Anzahl von Gliedern
gibt, die für sich genommen eine Größe bilden, die größer als c ist.
Zwischen zwei solchen unendlich großen Größen ist nun weiter keine
Vergleichung möglich. Eine Größe heißt dagegen <u>endlich</u>, wenn es eine
unendliche Zahl von Größen gibt, die in der betrachteten Größe
[42] n i c h t enthalten sind. [42] Da nun die Zahlgrößen in der Mathematik
hauptsächlich benutzt werden, um das Verhältnis einer extensiven Größe zu einer anderen darzustellen, so ist klar, daß solche Zahlgrößen
immer einen endlichen Wert haben, und deshalb beschränkt man sich bei
dem Rechnen mit Zahlgrößen auf solche, die einen endlichen Wert haben. Handelt es sich nun um die Summation unendlich vieler Größen, so
können, wenn man die Regeln der Summation einer endlichen Anzahl von
Summanden auf diesen Fall anwendet, die beiden Fälle eintreten, daß
das auf diese Weise erlangte Resultat endlich oder daß es unendlich
groß ist. Nun ist aber eine Zahlgröße nur dann bestimmt, wenn für jedes Element angegeben werden kann, wie oft es vorkommt. Soll daher
überhaupt eine unendliche Reihe von Größen summierbar ⌊sein⌋, so ist
zunächst erforderlich, daß jedes bestimmte Element, das wir aus der
Reihe $1, \frac{1}{2}, \frac{1}{3}, \ldots$ nehmen können, nur in einer endlichen Zahl vorkommen darf. Dann ist die Summation zunächst formal ausführbar. Es fragt

sich nur noch, unter welchen Umständen die Summe einen endlichen Wert hat, vorausgesetzt, daß jeder einzelne Summand dieser Bedingung genügt. Hierzu stellen wir folgende Überlegung an: Soll $a_1 + a_2 + a_3 + \ldots$ einen endlichen Wert haben, so muß es auch Größen geben, die größer als dieser endliche Wert sind, mithin auch größer als jede beliebige aus einer endlichen Zahl von Summanden gebildete Summe. Dies letztere ist das uns bei Entscheidung der in Rede stehenden Frage leitende Kriterium. [43] Daß dieses nicht nur die notwendige, sondern auch die hinreichende Bedingung liefert, sieht man daraus ein, daß wir Größen angeben können, die größer sind als eine beliebige aus a_1, a_2, ... gebildete Summe, so daß in der Tat die Reihe einen endlichen Wert nach unserer früheren Definition [44] hat. Hierin ist unter anderem auch der Satz ausgesprochen, daß es unter den Gliedern der Reihe a_1, a_2, ..., falls diese Summe einen endlichen Wert haben soll, nur eine endliche Anzahl gibt, die größer als eine noch so kleine Größe g sind. [45] Gewöhnlich denkt man sich die Reihe der Summanden als eine wohlgeordnete, indem jeder derselben eine ganz bestimmte Stelle hat. Es läßt sich dann sehr leicht zeigen, daß man durch fortgesetzte Addition jedes der Elemente bekommt, und zwar wirklich so oft, als es in der Summe vorkommt. Denken wir uns eine kleine Größe g, so gibt es jedenfalls nur eine endliche Anzahl von Gliedern a_1, a_2, ..., die $> g$ sind. Man drückt dies so aus, daß man sagt, die Reihe der Glieder werde mit /wachsender/ Stellenanzahl unendlich klein. Diese Bedingung ist aber nicht ausreichend. Um eine solche zu erhalten, pflegt man so zu verfahren: [46] Man bezeichnet die Summe der n ersten Glieder mit s_n und betrachtet die Reihe der Größen s_1, s_2, s_3, ..., und soll nun die Summe einen endlichen Wert haben, so muß s_n stets unter einer gewissen Grenze bleiben. Das heißt, nimmt man n hinlänglich groß, so muß

$$s_{n+r} - s_n = a_{n+1} + a_{n+2} + \ldots + a_{n+r}$$

für jedes r beliebig klein gemacht werden können. Umgekehrt [47] kann man zeigen, daß, wenn man nach Annahme einer Größe g für n eine Grenze ν so herstellen kann, daß die vorstehende Differenz, wenn $n > \nu$, kleiner als g ist, die Reihe einen endlichen Wert hat. Nachdem so alles erschöpft ist, was sich über die Addition von aus unendlich vielen Elementen gebildeten Zahlgrößen sagen läßt, ist für sie noch der Begriff der Multiplikation festzustellen. Die beiden Gesetze, die sie betreffen, sind: Das Produkt zweier Elemente mit den Nennern m und n hat den Nenner mn; was die Ausführung der Multiplikation anlangt, so hat man jedes Glied der einen Reihe mit jedem Gliede der anderen zu multiplizieren und dann alle diese Produkte zu addieren.

Es zeigt sich, daß auch jetzt noch jedes Element nur in einer endlichen Anzahl vorhanden ist. Betrachten wir z.B. ein ganz bestimmtes Element $\frac{1}{n}$, und wollen wir untersuchen, wie oft dieses in dem Produkt vorkommt, so zerlege man a in a' + a", wo in a" das Element $\frac{1}{n}$ nicht mehr vorkommt, und desgl. b in b' + b", wo b" die analoge Bedeutung wie a" hat. Alsdann kommen, wenn man ab bildet, sowohl in a'b" wie in a"b' wie in a"b" nur Elemente vor, deren Nenner > n sind, nur in a'b' kommen Elemente mit dem Nenner n vor, und da a' und b' überhaupt nur aus einer endlichen Anzahl von Gliedern bestehen, so kann a fortiori in a'b' das Element $\frac{1}{n}$ nur in endlicher Anzahl vorkommen. Nachdem gezeigt ist, daß die die Multiplikation betreffenden Sätze bei dieser Definition derselben gültig bleiben, muß nun der Begriff des Produktes von unendlich vielen Faktoren festgestellt werden, was ohne einige Erörterungen nicht möglich ist. [48] Anstatt jedoch hierauf näher einzugehen, wenden wir uns zur Betrachtung der <u>aus mehr als einer Haupteinheit zusammengesetzten Zahlgrößen</u>.

                                        ⌊Sonnabend,⌉ 5. 6. 1886

Zu diesen Zahlgrößen gelangt man am ungezwungensten, wenn man die Forderungen zu erfüllen strebt, die sich im Fortgang der arithmetischen Untersuchungen von selber stellen. Aus dem <u>Begriff</u> der Summe ergibt sich zunächst jener <u>der Differenz</u> dadurch, daß man verlangt, zu einer gegebenen Zahl eine andere derart hinzuzufügen, daß die Summe einen vorgeschriebenen Wert hat. Solange man sich auf die bis jetzt definierten Zahlgrößen beschränkt, erkennt man sofort die Unmöglichkeit, dieser Forderung immer zu genügen. Will man daher nicht, wie man es wohl versucht hat, das Zeichen a - c in der rein formalen Bedeutung a - c + c = a verwenden, so liegt der Gedanke nahe, neue Einheiten einzuführen. Nun sieht man sofort, daß, wenn die Operation des Subtrahierens immer möglich sein soll, so muß man zu jeder Größe a noch eine andere a' einführen, so daß a + a' = O ist. Die Null selbst hat auch eine reale Bedeutung, da sie die Abwesenheit irgendeiner Einheit ausdrückt. Man müßte daher streng genommen das, was wir eben mit O bezeichneten, mit O O O ... bezeichnen, indes tut man es der Einfachheit halber nicht. Nimmt man nun gleichzeitig a und a' in irgendeine Summe auf, so hat dies auf den Wert der Summe weiter keinen Einfluß, d.h., a und a' stehen in der Beziehung zueinander, daß ihr gleichzeitiges Vorhandensein in einer Summe gleichbedeutend mit ihrer Abwesenheit ist. Zwei solche Zahlen a und a' sollen nun <u>einander entgegengesetzt</u> heißen. Insofern, als die Veränderung, die

durch das Hinzufügen von a eintritt, durch das Hinzufügen von a' wieder aufgehoben wird, könnte man sie auch als sich aufhebende Größen bezeichnen. Wir versuchen jetzt, Zahlgrößen zu bilden derart, daß wir nach Annahme einer beliebigen Haupteinheit und der ihr entgegengesetzten Größe die Teile dieser beiden Einheiten als Nebeneinheiten einführen. Dann ist zunächst klar, daß wenn die Einheit γ der n-te Teil von α ist, auch die γ entgegengesetzte Einheit der n-te Teil der entgegengesetzten Größe von α /ist/. Nach Einführung dieser neuen Einheiten ergibt sich also, daß die Subtraktion stets möglich ist. Es ist nun von Interesse zu sehen, daß sich in der Wirklichkeit Beziehungen finden, die genau den Charakter in sich tragen, den wir eben an entgegengesetzten Größen kennengelernt haben, so z.B. wenn es sich um die Bestimmung des Ortes eines Punktes in einer Geraden handelt. Nehmen wir auf dieser einen bestimmten Punkt O als Anfangspunkt und eine Strecke OB als Einheitsstrecke an, so können wir von O aus nach der entgegengesetzten Richtung uns eine Strecke OB' abgetragen denken; bilden wir dann von OB und OB' alle Teile, so sind das die Elemente, mit denen wir operieren. Nun braucht man nur folgendes festzustellen: Will man zwei Strecken, die man nach Länge und Richtung betrachtet, addieren, so konstruieren wir von einem beliebigen Punkte der Geraden erst die Strecke a ihrer Größe und Richtung nach, und von ihrem Endpunkte aus tragen wir alsdann nach Größe und Richtung die Strecke b ab. Die Strecke, die vom Ausgangspunkt bis zum Endpunkt der letzt erhaltenen Strecke geht, nennt man die <u>geometrische Summe</u> jener beiden Strecken. Deutet man nun eine aus einem Aggregat von Elementen α, α', ..., $\frac{\alpha}{n}$, $\frac{\alpha'}{n}$, ... zusammengesetzte Zahlgröße in dieser Weise geometrisch, so erkennt man sofort, daß den <u>entgegengesetzten Größen eine reale Existenz</u> zukommt. [49] Ein weiteres Beispiel hierfür lie-   49
fert uns z.B. das Verhältnis von Einnahme und Ausgabe. Eine der beiden neuen Einheiten pflegt man nun als die <u>positive</u>, die andere als die <u>negative</u> zu bezeichnen. Es entsteht die weitere Frage: wie vergleichen wir zwei aus den eben definierten Einheiten gebildete Zahlgrößen miteinander? Dazu ist zunächst /zu bemerken/, daß außer den Veränderungen, die wir früher bei den aus nur einer Haupteinheit gebildeten Zahlen als zulässig erkannt haben, hier noch diejenige zulässig ist, daß wir zwei gleichzeitig auftretende, einander entgegengesetzte Elemente nach deren Definition ohne weiteres als nicht vorhanden betrachten dürfen. Ebenso können wir natürlich zu einer vorhandenen Zahlgröße eine andere hinzufügen, wenn wir gleichzeitig die entgegengesetzte hinzufügen, ohne ihren Wert irgendwie zu alterieren. Auf diese Weise können wir eine Zahlgröße, die aus positiven und negativen Gliedern besteht, in eine andere überführen, die entwe-

der nur aus positiven oder nur aus negativen Gliedern besteht oder
die endlich der Null äquivalent ist. Dies ist indes nur möglich,
wenn die Anzahl der Elemente eine endliche ist; um auch zunächst den
Begriff der Gleichheit auf beliebig zusammengesetzte Größen ausdehnen zu können, [50] verfahren wir in folgender Weise: es sei a das Aggregat der positiven, b' das der negativen Glieder einer Zahlgröße,
c das Aggregat der positiven, d' das Aggregat der negativen Glieder
einer anderen Zahlgröße; soll alsdann

$$a + b' = c + d'$$

sein und sollen die früheren Gesetze gültig bleiben, so würden wir
finden:

$$a + b' + b = c + d' + b,$$
$$a + b' + b + d = c + d' + b + d,$$
$$a + d = b + c.$$

In dieser Gleichung treten nur positive Größen auf; sie zeigt uns,
wie man zwei beliebige Größen auf ihre Gleichheit zu prüfen hat. Diese Gleichung zeigt uns ferner, daß für die Gleichheit nicht erforderlich ist, daß die positiven und negativen Bestandteile für sich genommen gleich seien. Nachdem dieses nun festgestellt ist, werden die
Rechnungsregeln über das Operieren mit solchen Zahlgrößen gehörig definiert und die Allgemeinheit der betreffenden Gesetze nachgewiesen.
Sodann ist der <u>Begriff der Endlichkeit</u> festzustellen, zunächst ist
hier folgendes klar: Sind die Aggregate der positiven und der negativen Glieder für sich genommen endlich, so hat jedenfalls die Zahlgröße einen endlichen Wert. Es muß nun festgestellt werden, was es
heißt, eine Größe a sei größer als b; man nennt nun a größer als b,
wenn a - b eine positive Größe ist, dagegen a kleiner als b, wenn
a - b eine negative Größe ist. Um nun zu entscheiden, ob eine Größe
positiv oder negativ ist, bilde man das Aggregat ihrer positiven und
das Aggregat ihrer negativen Elemente; letzteres verwandele man in
das entgegengesetzte und vergleiche die so erhaltenen beiden Größen
miteinander; ist die erste größer als die zweite, so ist die betrachtete Zahlgröße positiv; findet das umgekehrte statt, so ist sie negativ. Sind beide Größen einander gleich, so ist die betrachtete Zahlgröße der Null äquivalent.

Ebensowenig Schwierigkeit als Addition und Subtraktion machen in unserem erweiterten Größengebiet die Multiplikation und Division, wenn
wir immer daran festhalten, daß die Gesetze gültig bleiben, die im
Falle einer einzigen Haupteinheit bestanden. Wird dies angenommen,
so kommt, was zunächst die Multiplikation anlangt, alles auf die Mul-

tiplikation der Elemente an. Es zeigt sich nun als notwendig, nach Aufstellung der Definition 1·1 = 1, wenn wir die entgegengesetzte Einheit mit -1 bezeichnen, folgende Annahmen zu machen:

+1·-1 = -1;   -1·-1 = +1.

Wollen wir zwei Elemente mit den Nennern m und n miteinander multiplizieren, so zeigt es sich, daß Zähler mit Zähler und Nenner mit Nenner multipliziert werden muß. Damit ist dann die Definition der Multiplikation zweier beliebiger Zahlgrößen gegeben. Darauf leitet man die bekannten Gesetze der Multiplikation ·zweier Summen mit unendlicher Anzahl der Glieder ab. Es fragt sich nun: Unter welchen Umständen erhält man dann eine endliche Zahlgröße? Dazu führen wir den Begriff des _absoluten Betrages_ ein. Ist eine Größe vorhanden, die aus einer Haupteinheit und deren Teilen gebildet ist, so hat in jedem bestimmten Falle diese Haupteinheit eine ganz bestimmte Bedeutung, aber es kommen viele Untersuchungen vor, bei denen die Bedeutung der Einheit gar nicht in Betracht kommt. Dies führt uns zum Begriff der _unbenannten Zahlen_. [51] Haben wir es nun mit einer Zahlgröße zu tun, die aus positiven und negativen Elementen besteht, so fassen wir zunächst die positiven Elemente zusammen und ersetzen in ihnen die positive Einheit durch irgendeine unbenannte Einheit, desgl. fassen wir die negativen Glieder zusammen und ersetzen hier die negative Einheit durch dieselbe unbenannte Einheit. Die beiden so umgeformten Aggregate sind die absoluten Beträge des positiven und negativen Teils der betrachteten Zahlgröße. Die _Endlichkeit_ einer Zahlgröße ist nun definiert durch die Endlichkeit ihres absoluten Betrages. Diesen können wir stets in folgender Weise ermitteln. Besteht die Reihe nur aus positiven Elementen, so ist hier jedes Glied durch seinen absoluten Betrag zu ersetzen; ebenso, wenn die Reihe nur aus negativen Gliedern besteht. Sind dagegen positive und negative Glieder in der Reihe enthalten, so begreife a die positiven, b' die negativen Glieder in sich; dann ist die Zahlgröße a + b' = a - b; ist nun a größer als b, so können wir uns immer eine positive Größe denken, die a - b gleich ist; ersetzen wir in dieser die Einheit durch eine unbenannte Einheit, so erhalten wir den absoluten Betrag der Zahlgröße a + b'; ist dagegen b größer als a, so können wir uns eine positive Größe denken, die = b - a ist, deren absoluter Betrag ist alsdann der absolute Betrag von a + b'.

Ist nun eine unendliche Reihe a_1, a_2, a_3, ... gegeben, wo alle Elemente nur aus einer Haupteinheit gebildet sind, so hat die Summe der Glieder nur dann einen endlichen Wert, wenn es eine angebbare endliche Größe g gibt, die größer ist als alle Summen, die sich aus den einzelnen Gliedern der unendlichen Reihe bilden lassen. Dieser Satz, der zunächst für Zahlgrößen bewiesen ist, die aus einer Haupteinheit und deren Teilen zusammengesetzt sind, läßt sich nun sehr leicht auf den Fall von zwei Haupteinheiten übertragen. Nur ist er dahin zu modifizieren, daß die Summen von beliebig vielen aus der Reihe genommenen Gliedern Werte ergeben, die kleiner sind als eine angebbare Größe. Denn trennen wir eine Anzahl positiver Glieder ab, so ist ihre Summe kleiner als g; dasselbe gilt von den negativen Gliedern, somit ist auch eine beliebige Anzahl positiver und negativer Glieder zusammen kleiner als g. Für die Multiplikation solcher unendlichen Reihen bleiben nun die alten Regeln bestehen.

Was ferner die Division anbetrifft, so zeigt sich, daß sie immer ausführbar ist, wenn nicht O als Divisor auftritt, in welchem Falle es entweder überhaupt keine oder beliebig viele Lösungen gibt. Denn wir sehen, daß der Forderung $\frac{a}{0}$ durch keine und der Forderung $\frac{0}{0}$ durch beliebig viele Zahlgrößen genügt werden kann. Im Gebiete der rationalen Rechnungen und der formalen Algebra, soweit sie sich auf Gleichungen vom ersten Grade bezieht, können nun die verlangten Operationen auf die im Vorstehenden erörterten zurückgeführt werden; es zeigt sich somit, daß man ihnen, wenn nicht O als Divisor auftritt, durch Zahlgrößen genügen kann, die demselben Zahlengebiete angehören. Es steht nun dem nichts entgegen, beliebig viel andere Einheiten einzuführen, vorausgesetzt, daß die Gesetze der Addition und Subtraktion gelten bleiben, was übrigens von selbst der Fall ist; bei der Multiplikation und Division dagegen muß man, um die alten Regeln aufrecht zu erhalten, neue Festsetzungen machen. Man muß natürlich auch die Teile der gewählten Einheiten und die entgegengesetzten Einheiten als Nebeneinheiten einführen. Was ee_1 bedeutet, wenn e und e_1 zwei Haupteinheiten sind, ist ohne weiteres nicht festzustellen. Nun aber hat die Forderung, daß jedes Problem, zu dem man in der Arithmetik und Analysis geführt worden ist, eine Lösung habe, schon früh zu der

52 Einführung ganz bestimmter komplexer Zahlgrößen [52] geführt. Die Frage nach den Werten, für welche eine ganze Funktion einer oder mehrerer Variablen einen vorgeschriebenen Wert annimmt, führte alsbald zu den algebraischen Gleichungen, und schon bei den Gleichungen zweiten Grades, wo die Lösung das Ausziehen einer Quadratwurzel verlangte, zeigte es sich, daß man einen Ausdruck für diese nur dann zu finden vermochte, wenn die Größe unter dem Wurzelzeichen positiv war, dagegen für $\sqrt{-1}$ vermochte man keinen Ausdruck zu finden, welcher dem Gebiete der aus zwei Haupteinheiten, einer positiven und einer negativen, gebildeten Zahlgröße angehörte. Man nannte daher die Ausdrücke, die $\sqrt{-1}$ enthalten, imaginär, d.h., man wollte ihnen damit die reale Exi-

stenz absprechen, und man operierte mit ihnen wie mit gewöhnlichen
Zahlgrößen, nur daß man $\sqrt{-1} \cdot \sqrt{-1}$ immer durch -1 ersetzte. Nun kommt
man zwar auf diese Weise, wenn man noch a + bi = c + di als Zusammenfassung der Gleichungen a = c und b = d betrachtet und übrigens
ganz mechanisch verfährt, nie zu falschen Resultaten, aber wie man
auch bald genötigt war, den negativen Größen eine reale Existenz zu-
zuerkennen, so gelangte man allmählich auch hier zu der Einsicht,
daß man dem Symbol $\sqrt{-1}$ in der Geometrie eine reale Bedeutung unter-
legen könne. [53] Beschränkt sich nämlich die Ortsbestimmung eines
Punktes P nicht mehr auf die Gerade, sondern bezieht sie sich auf die
Ebene, so hat man nach Feststellung eines beliebigen Anfangspunktes
O in dieser Strecke OP durch zwei Elemente zu definieren; die Lage
des Punktes wird im eigentlichen Wortverstande durch eine komplexe
Größe charakterisiert. Nun kann man auch ohne weiteres die Begriffe
der Gleichheit, der geometrischen Addition für solche Größen feststellen; es zeigt sich, daß für die Summe alle Definitionen gültig
bleiben. Es kommt nun noch darauf an, das <u>Verhältnis zweier komplexer
Zahlen</u> zu definieren. Da ist es nun ersichtlich, daß man dieses kennt,
wenn man das Verhältnis der zugehörigen Strecken und den Unterschied
der Richtungen kennt. Diese Annahme wird dadurch gerechtfertigt, daß
unter dieser Voraussetzung alle Divisionsgesetze ihre Gültigkeit behalten. Nun kann man auch eine Definition der Multiplikation geben.
Denken wir uns eine gewisse von O ausgehende Anfangsrichtung festgestellt, so definieren wir das Produkt als eine Größe, die zum Multiplikandus in demselben Verhältnis steht als der Multiplikator zur
Längeneinheit auf der Anfangsrichtung. Bei dieser Definition bleiben
nicht nur alle Multiplikationsgesetze gültig, sondern es zeigt sich
auch, daß man $\sqrt{-1}$ durch eine reale Strecke repräsentieren muß, die
in O senkrecht zur anderen Einheit ist und ihr an Länge gleich ist.
Da man nun nicht weiß, nach welcher Richtung hin man diese neue Einheit, die wir mit i bezeichnen wollen, annehmen sollte, so sieht man
sich genötigt, gleichzeitig eine neue Nebeneinheit i' einzuführen,
die i gleich und entgegengesetzt ist, ebenso wie man neben der anderen Einheit e die ihr entgegengesetzte e' betrachten mußte. Jetzt kann
man einen beliebigen Punkt leicht durch eine Zahlgröße darstellen,
die aus den Einheiten e, e', i, i' gebildet ist. Jetzt hat somit jede
Zahlgröße $\xi e + \xi'i$ eine reale Bedeutung, wo ξ, ξ' sogenannte <u>reelle
Größen</u> sind. Aus den aufgestellten Definitionen ergibt sich weiter,
daß $i^2 = e'$ ist. Gegen eine solche auf geometrischer Unterlage basie-
rende Definition läßt sich nun zwar nichts einwenden, aber da es etwas umständlich ist, aus den vorausgeschickten Definitionen die Gültigkeit der gewöhnlichen Operationen abzuleiten, so wird man sich

von der geometrischen Betrachtung frei zu machen suchen, so nützlich
diese auch für die Versinnlichung der erlangten Resultate sein mag.
Man kann zu diesem Zweck von zwei beliebigen Einheiten e und i und
deren entgegengesetzten e' und i' ausgehen; alsdann bleiben für Addition und Subtraktion ohne weiteres die alten Regeln bestehen; da
bei der Multiplikation natürlich auch die Regel gültig bleiben muß,
daß man Summen multipliziert, indem man jedes Glied der einen Summe
mit jedem Glied der andern Summe zu multiplizieren und alsdann von
diesen /Teilprodukten/ die Summe zu bilden hat, so kommt es hier nur
auf die Definition der Multiplikation der Einheiten an. Um für letzteres Regeln aufzustellen, hat man zunächst nur den Anhaltspunkt,
daß das Produkt zweier Einheiten wieder demselben Gebiete angehören
soll, d.h. sich nur aus e, e', i, i' zusammensetzen lassen soll. Ferner soll erhalten bleiben:

54 $$ab = ba, \quad abc = a\,c\,b, \quad {}^{54} \quad (a + b)c = ac + bc.$$

Um leicht rechnen zu können, führen wir folgendes ein. Ist ξ eine
aus einer positiven und negativen Einheit gebildete (unbenannte) Größe, so wollen wir unter ξe die Zahlgröße verstehen, welche entsteht,
wenn wir die unbenannte Einheit und deren Teile durch e und dessen
Teile ersetzen. Dasselbe gilt natürlich auch in bezug auf $\xi' i$. Dann
erst hat der Ausdruck $\xi e + \xi' i$ eine bestimmte Bedeutung. Es sei nun

$$(\xi e + \xi' i)(\eta e + \eta' i) = \zeta e + \zeta' i,$$

d.h., das Produkt der links stehenden komplexen Zahlgrößen soll wieder demselben Gebiete angehören. Dazu ist notwendig, daß

$$e \cdot e' = \alpha e + \alpha' i,$$
$$e \cdot i = i \cdot e = \beta e + \beta' i,$$
$$i \cdot i' = \gamma e + \gamma' i$$

ist; α, α', β, β', γ, γ' sind vorläufig ganz willkürlich, bis auf gewisse Relationen zwischen ihnen, die durch die Gleichungen

$$e \cdot e \cdot i = e \cdot i \cdot e,$$
$$e \cdot i \cdot i = i \cdot i \cdot e$$

geliefert werden. Da diese Gleichungen nicht ausreichen, um die willkürlichen Größen zu bestimmen, so kommt man zu dem Resultat, daß man
unendlich viele Multiplikationsregeln aufstellen kann. Führt man
durch die Relationen

$$E = \lambda e + \mu i,$$
$$I = \lambda' e + \mu' i$$

55 zwei neue Einheiten ein, so zeigt es sich, wenn nur $\lambda\mu' - \lambda'\mu \gtrless 0$ ^{55}

ist, daß man jede dem alten Gebiet angehörige Zahlgröße durch die
neuen Einheiten ausdrücken kann, woraus man schließen kann, daß in
den Multiplikationsformeln vier willkürliche Konstanten enthalten
sein müssen. Wir wählen nun die Einheiten durch die Festsetzung am
zweckmäßigsten, daß

$$E \cdot E = E,$$
$$E \cdot I = I \cdot E = I,$$
$$I \cdot I = - E$$

sein soll; es zeigt sich, daß wir $\lambda, \mu, \lambda', \mu'$ stets danach bestimmen
können. Denken wir uns jetzt für E und I der Einfachheit halber die
Bezeichnungen e und i eingeführt, und denken wir uns e als Einheit
von ξ, so können wir wegen $e \cdot i = i$ die Zahlgrößen darstellen durch
$\xi + \xi' i$, wo also $\xi' i$ die Bedeutung hat, daß wir in ξ' die Einheit e
durch i ersetzen sollen.

Es zeigt sich nun, daß wir mit diesen beiden Einheiten vollkommen
ausreichen; Prof. WEIERSTRASS hat dies bekanntlich in einer besonderen Abhandlung [56] nachgewiesen. Es ist nun nicht gerade notwendig,   56
die beiden Geraden, welche die Größen ξ und $\xi' i$ darstellen, recht-
winklig zueinander anzunehmen, nur gestalten sich dann hier die Verhältnisse am einfachsten.

Wir wollen noch eine Definition anführen, die von Nutzen ist. Man
nennt unter den Größen e, i, -e, -i die einer Größe folgende immer
dieser Größe _adjungiert_, wenn man die Reihenfolge festhält, welche
diese Größen bei der geometrischen Repräsentation haben. Ebenso kann
man zu jeder komplexen Größe a andere adjungieren, indem man die Einheiten durch die adjungierten ersetzt, wodurch man die Größen a', a",
a"' erhält. Es zeigt sich nun leicht, daß bei der von uns gewählten
Repräsentation die vier solche Größen repräsentierenden Strecken aufeinander senkrecht stehen. Die Multiplikation kann dann so definiert
werden, daß man den Multiplikandus nebst dessen adjungierten als neue
Einheiten zugrunde legt und das Produkt aus den neuen Einheiten in
derselben Weise bildet, wie der Multiplikator aus den alten Einheiten
gebildet war.

$\underline{/}$Dienstag,$\underline{/}$ 8. 6. 1886

Wir haben oben von den Werten aus positiven und negativen Gliedern
gebildeter Reihen nur unter der beschränkenden Voraussetzung gehandelt, daß die Reihe der positiven und die Reihe der negativen Glieder
für sich betrachtet endliche Werte haben. Da es sich in der Entwick-

lung der Analysis bald gezeigt hat, daß diese Bedingung zwar eine
hinreichende, keineswegs aber notwendige für die Endlichkeit der Ge-
samtsumme ist, so wollen wir die genannte Einschränkung nun fallen
lassen und Reihen untersuchen, wo die absoluten Beträge der positiven und der negativen Glieder für sich betrachtet nicht mehr endlich
sind. Eine solche Reihe ist z.B. $1 - \frac{1}{2} + \frac{1}{3} - \frac{1}{4} + \ldots$, welche, wie
hinlänglich bekannt, einen endlichen Wert hat, ohne daß $1 + \frac{1}{3} + \frac{1}{5} +$
$\ldots$ oder $\frac{1}{2} + \frac{1}{4} + \frac{1}{6} + \ldots$ endliche Werte besitzen. Eine besondere
Schwierigkeit bei der Betrachtung solcher Reihen liegt in dem Umstan-
de, daß sie nicht stets einen bestimmten Wert ergeben, so z.B. wenn
man die Reihenfolge der Glieder ändert und die Summation unter Zugrundelegung der neuen Reihenfolge ausführt. Redet man nämlich überhaupt
von einer Reihe, so setzt man dabei stillschweigend voraus, daß eine
bestimmte Reihenfolge der Glieder festgesetzt sei; bezeichnet man
alsdann die Summe der ersten Glieder mit s_n, so definiert man gewöhn-
lich als <u>Wert der Reihe</u> den Grenzwert für $n = \infty$, d.h. $\lim_{n=\infty} s_n$. Nach
der arithmetischen Anschauung, die hier vertreten wird, ist dies un-
zulässig, wir gehen nicht von der Voraussetzung einer Grenze aus, sondern betrachten den Grenzbegriff als etwas, das arithmetisch definiert werden muß. Geht man dagegen von der geometrischen Vorstellung
aus, nach der man jede Zahlgröße durch eine Strecke darstellen kann,
so werden, wenn man sich s_n für jeden Wert von n dargestellt denkt,
auf diese Weise unendlich viele Strecken definiert, die eben von dem
Werte von n abhängen, und da hat es allerdings einen Sinn, von der
Grenze zu reden, der sich s_n mit ohne Ende wachsendem n nähert, indem diese Grenze selbst etwas bedeutet, was in dem betrachteten Größengebiet vorhanden ist. Nähert sich also der Endpunkt der veränderlichen Strecke mit wachsendem n einer bestimmten Grenzlage, so definiert man die zugehörige Strecke als die Summe der unendlichen Reihe.
Man findet in der Tat, daß, wenn man die Strecke darstellt durch Teile der Einheit, man einen Ausdruck erhält, der mit der unendlichen
Reihe identisch ist, vorausgesetzt, daß man dieser Reihe einen bestimmten Wert beizulegen imstande ist. Dagegen wäre nichts zu erinnern ∠einzuwenden⌐, wenn man überhaupt nur von extensiven Größen ausgehen wollte und die Zahlen nur als ihr Maß auffassen wollte. Die
Schwierigkeiten, auf welche man bei der Durchführung dieses Gedankens
stößt, sind anderer Natur, indes wollen wir auf diese hier nicht eingehen. Wenn man dagegen rein arithmetisch verfahrend zunächst Zahlgrößen definiert hat, die aus einer endlichen Anzahl von Elementen
zusammengesetzt sind, so hat es gar keinen Sinn, von der Grenze zu
sprechen, der sich mit wachsender Anzahl der Elemente eine Zahlgröße
nähert, weil in dem betrachteten Gebiet eine solche im allgemeinen

nicht vorhanden ist. [57] In dem von uns jetzt zu behandelnden Falle **57**
tritt eine neue Schwierigkeit ein. Wenn nämlich die positiven und
die negativen Glieder für sich betrachtet nicht bereits etwas Endliches oder Bestimmtes darstellen, so kann man sich auch keine Vorstellung davon machen, wie die Reihe - in der Gestalt wenigstens, wie
sie vorliegt -, etwas Bestimmtes vorstellen könne. Diesem Übelstande
kann man nun leicht dadurch begegnen, daß man die Reihe in eine andere verwandelt, bei der dieses nicht mehr der Fall ist. [58] Zu diesem **58**
Ende erinnern wir an den Satz, daß eine aus positiven und negativen
Gliedern gebildete Reihe, bei der die Reihe der absoluten Beträge
endlich ist, selbst einen endlichen Wert hat. Sobald man also die
Reihe auf eine solche reduzieren kann, die man als <u>unbedingt summier-
bar</u> bezeichnet, ist die Wertbestimmung etwas Feststehendes. Man kann
nun auch leicht zeigen, unter welchen Bedingungen eine aus positiven
und negativen Gliedern bestehende Reihe in eine solche übergeführt
werden kann. [59] Bei einer solchen unbedingt summierbaren Reihe be- **59**
weist man nämlich sehr leicht, daß

$$\lim_{n=\infty} |s_{n+r} - s_n| = 0$$

für jedes r, d.h. daß die Änderung von s_n mit wachsender Stellenzahl
beliebig klein wird. Man sieht nun sehr leicht ein, daß diese Bedingung auch von einer aus positiven und negativen Gliedern bestehenden
Reihe erfüllt sein kann, ohne daß die Summen der positiven und negativen Glieder für sich betrachtet endliche Werte haben, wie es z.B.
bei $1 - \frac{1}{2} + \frac{1}{3} \ldots$ der Fall ist. Wir wollen nun den <u>Begriff der Zahl-
größe</u> dadurch <u>erweitern</u>, daß wir jede Reihe, welche die eben auseinandergesetzte Eigenschaft hat, unter ihn einordnen, wobei die Reihenfolge der Elemente, durch die die betreffende Zahlgröße definiert
ist, wesentlich ist. Ist nun die oben erwähnte Bedingung erfüllt, so
läßt sich sehr leicht folgendes beweisen: Faßt man unter Beibehaltung
der Reihenfolge immer eine gewisse Anzahl der Glieder der vorgelegten
Reihe $a_1 + a_2 + a_3 + \ldots$ in eines zusammen, so entsteht eine neue
Reihe $b_1 + b_2 + \ldots$ Man kann nun diese Überführung auf beliebig viele Weisen machen, so daß die neue Reihe unbedingt summierbar ist. Damit nun diese Wertbestimmung eine unbedingte sei, ist notwendig und
hinreichend, daß man bei allen Verwandlungsweisen stets Reihen von
demselben Werte erhält. Denn solche unbedingt konvergente Reihen sind
nach den allgemeinen Sätzen miteinander vergleichbar. Das einzuschla-
gende Verfahren gestaltet sich nun im einzelnen folgendermaßen [60]: **60**
Es sei

$$a_1 + a_2 + \ldots$$

die vorgelegte Reihe; es sei

$$g_1 + g_2 + \ldots$$

eine Reihe, die nur aus positiven Gliedern besteht und von der man
weiß, daß sie einen endlichen Wert hat, so daß also $\lim\limits_{n \neq \infty} g_n = 0$ ist.
Man kann nun zunächst eine gewisse Anzahl von Gliedern der ersten
Reihe so abtrennen, daß beliebig viele Glieder des Restes summiert
kleiner als g_1 sind. Nach unserer Voraussetzung nämlich kann durch
passende Wahl des n die Differenz

$$|s_{n+r} - s_n| < \delta$$

werden; man kann also $\delta = g_1$ wählen, um den eben angedeuteten Zweck
zu erreichen. Es sei $n = \alpha$ und $S_\alpha = b_1$. Mit der Restreihe verfahren
wir ebenso; der Rest dieser Reihe soll nämlich beliebig viele Glieder enthalten, deren Summe kleiner als g_2 ist. Die von ihr abgetrenn-
te Summe sei b_2. So fortfahrend erhalten wir eine Reihe von Größen
61 b_1, b_2, $\ldots$, b_n, wo allgemein $|b_{\nu+1}| < g_\nu$ ist. Somit ist [61]

$$|b_2| + |b_3| + \ldots + |b_n| < \sum_1^{n-1} g_\nu.$$

Da nun die rechte Seite der Voraussetzung zufolge einen endlichen
Wert hat, so ist dies auch mit der linken der Fall, und da b_1 endlich
ist, so hat die ganze Reihe, wenn man n beliebig wachsen läßt, einen
endlichen Wert. Es ist nun zu zeigen, daß, wenn wir dieselbe Operation auf andere Weise ausführen und so eine Reihe c_1, c_2, c_3, $\ldots$
bilden, deren Summe denselben Wert hat wie die erste. Ist nämlich die
Reihe

$$= b_1 + b_2 + \ldots + b_m + R_m,$$

so ist

$$|R_m| < g_{m-1} + g_m + g_{m+1} + \ldots,$$

und dies kann bei der über $\sum g_\nu$ geltenden Voraussetzung durch Vergrö-
ßerung von m so klein gemacht werden, wie man nur will. Ebenso ist
die Reihe

$$= c_1 + c_2 + \ldots + c_p + R_p'.$$

Setzt sich nun $b_1 + b_2 + \ldots + b_m$ aus den ersten μ Gliedern der Reihe
$a_1 + a_2 + \ldots$ zusammen, so ist dies einmal

$$= S_\mu + R_m, \qquad \text{sodann}$$
$$= S_\nu + R_p',$$

wenn ν für die c dieselbe Bedeutung hat als μ für die b. Die Differenz der beiden Ausdrücke ist

$$= S_\mu - S_\nu + R_m - R_p'$$

Nun können mit wachsenden m und p R_m und R_p' so klein gemacht werden als man will, desgl. der über die Reihe geltenden Voraussetzung zufolge $S_\mu - S_\nu$. Somit kann die Differenz so klein gemacht werden, wie man nur verlangt; mit anderen Worten, hat eine aus positiven und negativen Gliedern gebildete Reihe einen endlichen Wert, so kann man diesen erhalten durch Bildung von beliebig vielen <u>absolut summierbaren</u> Reihen. Wir sehen, daß wir ohne alle Grenzbetrachtungen [62] unse- [62] re Reihen unter den allgemeinen Begriff der Zahlgröße eingeordnet haben; wir können mit ihnen jetzt die Operationen der Addition, Subtraktion usw. vornehmen; daß wir hierbei erst die auseinandergesetzte Reduktion vornehmen müssen, braucht wohl nicht erst näher begründet zu werden.

⌊Mittwoch,⌋ 9. 6. 1886

§ 6. Einführung des Begriffs einer veränderlichen Größe; Beweis eines hierauf bezüglichen Fundamentalsatzes

Unter einer <u>veränderlichen Größe</u> versteht man eine Größe, die so definiert ist, daß es unendlich viele Größen gibt, die der gegebenen Definition entsprechen. So z.B. bilden im Gebiete der aus einer Haupteinheit gebildeten Zahlen diejenigen Zahlen, welche Vielfache der Haupteinheit sind, veränderliche Größen. Man kann zwischen sog. reellen und komplexen veränderlichen Größen, welche letzteren aus zwei Haupteinheiten zusammengesetzt sind, unterscheiden; es muß aber in jedem einzelnen Falle angegeben werden, ob man die Definition auf die eine oder die andere Art von Größen ausdehnen will. Gewöhnlich nennt man also nur solche Größen veränderlich, die unendlich viele Werte annehmen können; an und für sich ist eine Größe schon veränderlich, die überhaupt verschiedene Werte annehmen kann. Man nennt unbeschränkt veränderlich die Größen, bei deren Definition man überhaupt keine Beschränkung macht. Solche Beschränkungen der Veränderlichkeit können in verschiedener Weise gemacht werden, so z.B. wenn man sich auf die reellen Werte zwischen zwei Grenzen a und b oder auf die komplexen Werte beschränkt, die einem begrenzten Flächenstück der <u>Kon</u>-<u>struktionsebene</u> [63] entsprechen. Mit der Definition einer veränderli- [63] chen Größe hängt nun zusammen der Begriff der <u>Grenze</u> [64] von veränder- [64] lichen Größen. Es fragt sich, welchen Begriff man damit im arithmetischen Sinne zu verbinden hat. Ist x eine veränderliche Größe und ist a eine solche Stelle, daß in jeder Nähe derselben es unendlich viele

gibt, die zu den definierten gehören, so ist a eine Grenze der veränderlichen Größe, falls a nicht selber zu den definierten gehört.
Offenbar kann es solcher Grenzen mehrere geben. Ja, die Zahl solcher
Grenzstellen kann sogar unendlich groß sein, wie z.B., wenn wir eine
veränderliche Größe dadurch definieren, daß sie durch alle Zahlgrößen dargestellt werde, die sich aus einer endlichen Anzahl von Elementen zusammensetzen lassen, die sämtlich aus einer Haupteinheit
und deren Teilen gebildet sind. Denn dann würden alle rationalen
Zahlgrößen zu den definierten gehören; in jeder Nähe jeder _irrationa-_
len Zahlgröße gibt es aber beliebig viele rationale Zahlgrößen, die
ihr beliebig nahe kommen. Somit ist jede beliebige irrationale Zahlgröße eine Grenze der rationalen, d.h. der in diesem Falle definierten. Wie wird aber der Unterschied zwischen rationalen und irrationalen Größen rein arithmetisch zu definieren sein? Wenn wir von der
Existenz rationaler Zahlgrößen ausgehen, so hat es keinen Sinn, die
irrationalen als Grenzen derselben zu definieren, weil wir zunächst
gar nicht wissen können, ob es außer den rationalen noch andere Zahlgrößen gebe. Nur wenn man es mit extensiven Größen zu tun hat, kann
man von der Grenze einer Strecke sprechen, nicht aber, wenn man sich
auf den rein arithmetischen Standpunkt stellt. Aber die Zahlgrößen,
wie wir sie im Vorstehenden definiert haben, umfassen zwar die ratio-
65 nalen Zahlen sämtlich, enthalten aber auch noch andere. [65] Betrachten wir z.B. die Zahl e, die zusammengesetzt ist aus den Elementen
$1, \frac{1}{2}, \frac{1}{6}, \ldots, \frac{1}{n!}, \ldots,$ so ist dies eine wohldefinierte Reihe, die eine ganz bestimmte Zahlgröße definiert; gleichwohl läßt sich zeigen,
daß es keine rationale Zahlgröße gibt, die ihr nach den aufgestellten Definitionen gleich ist; daraus geht hervor, daß das Größengebiet mit den rationalen Zahlen nicht erschöpft ist. Ja, es ist als
eine Ausnahme zu betrachten, wenn eine aus unendlich vielen Elemen-
66 ten gebildete Zahlgröße einer rationalen Zahlgröße äquivalent ist.[66]
Eine rationale Zahlgröße definierten wir zunächst als eine aus einer
endlichen Anzahl von Elementen zusammengesetzte Größe, daraus folgt,
daß wir sie darstellen können als ein Vielfaches eines positiven
oder negativen Teiles der Haupteinheit. Das Gebiet der aus einer Haupteinheit und deren Teilen gebildeten Zahlgrößen umfaßt also sowohl
die rationalen als auch die irrationalen Zahlgrößen. Dies festgestellt, kann man nun allerdings die irrationalen Zahlgrößen als Grenzen von veränderlichen rationalen Größen betrachten. Denn von einer
aus unendlich vielen Elementen gebildeten Zahl können wir immer soviel Elemente absondern, daß der Rest kleiner ist als eine beliebig
kleine Größe δ, es gibt also unendlich viele rationale Zahlen, die
der betrachteten irrationalen so nahekommen, wie man nur immer will.

Nachdem dies gezeigt ist, erkennen wir auch die schon oben an einem
Beispiel gezeigte Möglichkeit, daß eine veränderliche Größe unendlich viele Grenzstellen haben kann.

Wir kommen nun zu der Entwicklung eines Satzes, der nicht nur für
einen der wichtigsten der Größenlehre zu halten ist, sondern der
überhaupt das notwendige Fundament für die meisten hierher gehörigen
Untersuchungen bildet. Ein Beispiel wird dieses klar machen. Betrachten wir nämlich zwei Reihen:

$$g_0(x) + g_1(x) + g_2(x) + \ldots \text{ in inf.},$$
$$h_0(x) + h_1(x) + h_2(x) + \ldots \text{ in inf.},$$

wo die $g_\nu(x)$ und $h_\nu(x)$ ganze rationale Funktionen von x sind, mit beliebigen Koeffizienten, die unter anderem auch rational sein können.
Diese Reihen können, wenn man sich auf reelle Werte des Arguments beschränkt, zwischen a und b definiert sein, wenn man dagegen die Betrachtung auf komplexe Werte des Arguments ausdehnt, für einen zusammenhängenden Teil der Konstruktionsebene. Diese Reihen können nun
einander gleich sein, und es entsteht die Frage, welche Voraussetzungen dazu hinreichend sind; d. h., sie sollen für jeden Wert von x innerhalb des Gebietes, für das sie definiert sind, denselben Wert ergeben. Wenn sich die eine Reihe in die andere durch analytische Operationen überführen läßt, so genügt der Nachweis der Konvergenz für
beide, um dies einzusehen. Aber es kommen Fälle vor, wo von einer
solchen Umformung nicht die Rede sein kann, und da muß man dann die
Gleichheit erschließen. Da fragt es sich nun, ob nicht vielleicht eine
geringere Anzahl von Bedingungen ausreicht, um diese Gleichheit festzustellen, so z.B. ob man die Gleichheit nur für eine geringere Reihe
von Werten von x nachzuweisen braucht, um sie dann ganz allgemein er-
schlossen zu haben. Ist z.B. die Reihe nur definiert für einen zusammenhängenden Teil der Konstruktionsebene, so fragt es sich, ob man
nicht schon aus der Gleichheit der Funktionswerte längs einer ganz
in dem betrachteten Flächenstück verlaufenden Linie die Gleichheit
derselben im gesamten Gebiet, für welches sie definiert sind, erschließen könne. Ein solcher Nachweis scheint auf den ersten Blick
etwas sehr Mißliches zu sein; in der Tat ist für ihn die Einführung
eines neuen Begriffes, des Begriffes der <u>gleichmäßigen Konvergenz</u>,
erforderlich. Da wir schon früher Gelegenheit gehabt haben, die Bedeutung und den Inhalt dieses Begriffes kennenzulernen, so wollen
wir an dieser Stelle auf ihn nicht näher eingehen. Nur soviel sei erwähnt, daß er bei allen derartigen Beweisen, wie den eben charakterisierten, eine große Rolle spielt. In letzter Linie aber stützt sich
der in Rede stehende Nachweis auf den folgenden Satz, den wir jetzt

67 entwickeln: [67]

Ist x eine unbeschränkt veränderliche Größe, die - wie man sagt -
eine einfache Mannigfaltigkeit bildet und geometrisch durch eine Gerade repräsentiert wird, und wird in ihr eine andere veränderliche
Größe x' so definiert, daß die Anzahl der definierten Stellen unendlich ist, so gibt es in dem Gebiete von x, für welches x' definiert
ist, mindestens eine Stelle, in deren Nähe sich unendlich viele der
definierten Stellen befinden. Eine solche Stelle kann entweder selbst
zu den definierten gehören, oder nicht; im letzteren Falle ist sie
eine "Grenzstelle".

Der Unbefangene wird geneigt sein, diesen Satz für etwas Selbstver-
ständliches zu erklären. In der Tat, nehmen wir zunächst nur an, daß
x' zwischen den endlichen Grenzen a und b definiert sei, so ist es
evident, wenn man auf die Vorstellung der Geraden zurückgeht und bedenkt, daß auf der endlichen Strecke a...b unendlich viele definierte Stellen sich befinden sollen, daß mindestens an einer Stelle der
betrachteten Strecke letztere sich ins Unbegrenzte häufen müssen.
Wir wollen aber hier einen strengen Beweis des Satzes geben. Dabei
beschränken wir uns zunächst auf ein endliches Intervall (a...a+d).
(Ist z.B. x' definiert durch $\dfrac{1}{n^2}$, wo n alle ganzen Zahlen von 1 bis ∞
durchlaufen soll, so ist (a...a+d) = (0...1).) Diese Strecke halbie-
ren wir. Dann gibt es mindestens in einer der beiden Hälften des Intervalls unendlich viele x' nach der Voraussetzung. Die beiden Inter-
valle, in die wir das erste geteilt haben, sind $(a...a+\frac{d}{2})$ und $(a+\frac{d}{2}...$
$...a+d)$. Das erste Intervall von diesen beiden, in welchem unendlich
viele x' liegen, bezeichnen wir mit $(a+\varepsilon\frac{d}{2} ... a+(\varepsilon+1)\frac{d}{2})$, wo also $\varepsilon=0$
oder =1 ist, wir berücksichtigen also damit den Fall, daß in beiden
Teilintervallen unendlich viele x' liegen. So wollen wir nun fortfah-
ren. Wir zerlegen das Intervall $(a+\varepsilon\frac{d}{2} ... a+(\varepsilon+1)\frac{d}{2})$ wieder in zwei
gleiche Teilintervalle $(a+\varepsilon\frac{d}{2} ... a+\varepsilon\frac{d}{2} + \frac{d}{4})$ und $(a+\varepsilon\frac{d}{2} + \frac{d}{4} ... a+(\varepsilon+1)\frac{d}{2})$.
Das erste dieser beiden, in welchem unendlich viele der definierten
x' liegen, bezeichnen wir mit $(a + \varepsilon\frac{d}{2} + \varepsilon_1\frac{d}{4} ... a + \varepsilon\frac{d}{2} + (\varepsilon_1 + 1)\frac{d}{4})$,
wo ε_1 = 0 oder = 1 ist. So weiter verfahrend erhalten wir eine Reihe
völlig eindeutig bestimmter Zahlen ε_2, ε_3, ..., ε_n, und es ist alsdann

$$a + \varepsilon\frac{d}{2} + \varepsilon_1\frac{d}{4} + ... + \varepsilon_n\frac{d}{2^{n+1}}$$

der Anfangspunkt des ersten Intervalls, in dem sich überhaupt unendlich viele x' finden. Dieses Intervall selbst ist also

$$\left(a + d\left(\frac{\varepsilon}{2} + \frac{\varepsilon_1}{4} + \frac{\varepsilon_2}{8} + ... + \frac{\varepsilon_n}{2^{n+1}}\right) ... a + d\left(\frac{\varepsilon}{2} + \frac{\varepsilon_1}{4} + \frac{\varepsilon_2}{8} + ... + \frac{\varepsilon_n+1}{2^{n+1}}\right)\right).$$

Es sei nun

$$a_n = a\cdot + (\frac{\varepsilon}{2} + \frac{\varepsilon_1}{4} + \frac{\varepsilon_2}{8} + \ldots + \frac{\varepsilon_n}{2^{n+1}})d;$$

dann gibt es innerhalb der Strecke

$$(a_n \ldots a_n + \frac{d}{2^{n+1}})$$

unendlich viele der definierten Größen. Wir wollen uns nun die Reihe
der a_n ins Unbegrenzte fortgesetzt denken; alsdann erhalten wir
schließlich

$$a' = a + \eta d, \qquad \text{wo} \quad \eta = \sum_{k=0}^{\infty} \frac{\varepsilon_k}{k+1} \quad \text{ist.}$$

η ist hierbei eine völlig bestimmte Größe. a', behaupten wir nun, ist
eine Stelle, in deren Nähe sich unendlich viele der definierten x'
zusammendrängen. Wir können nämlich zuerst setzen $a' = a_n + \eta'd$, wo
$\eta'd > 0$, und η' so klein machen, wie wir wollen. In dem Intervall
$(a_n \ldots a_n + \frac{d}{2^{n+1}})$ sind nun unendlich viele der definierten Werte x'
enthalten. Man /kann/ daher stets, wenn n so bestimmt ist, daß
$\frac{d}{2^n} < g$, Größen x' so finden, die von a' um weniger als g verschieden
sind, da $\eta'd$ dann a fortiori $< g$ ist. Damit ist der in Rede stehende
Satz streng bewiesen.

Wie wir sehen, beruht unser Beweis nur auf der Annahme der Existenz
der Größen ε_ν; diese Annahme ist aber nur eine logische Folge der
beiden Voraussetzungen, daß es unendlich viele definierte x' gibt und
daß diese sich innerhalb des endlichen Intervalls (a ... a+d) befinden. Wir haben den Satz bisher nur unter der Voraussetzung bewiesen,
daß x' zwischen endlichen Größen definiert sei; er läßt sich aber
auch leicht auf den Fall ausdehnen, daß x' von $- \infty$ bis $+ \infty$ definiert
sei. Denn entweder finden sich immer noch unendlich viele der definierten x', die größer sind als eine beliebig große Größe a, dann
wenden wir unseren Satz auf die im Unendlichen liegenden x' an; in
diesem Falle sagt man, $+ \infty$ sei eine Grenzstelle der x'; dasselbe
gilt bzw. /in entsprechender Weise/ für $- \infty$.

Gibt es endlich in $(- \infty \ldots + \infty)$ eine endliche Strecke, von der wir
wissen, daß in ihr unendlich viele x' liegen, so können wir auf diese den vorstehenden Beweis ohne weiteres anwenden.

/Freitag,/ 11. 6. 1886

Die Grenzstelle a', die in dem vorstehenden Beweise eine so große
Rolle spielte, ist eine ganz bestimmte Zahlgröße, der man noch man-

nigfaltige andere Formen geben kann, indem man der Teilung nicht die
2, sondern eine beliebige andere ganze Zahl zu Grunde legen kann.
Die Hauptsache aber ist, daß diese Zahlgröße eine Existenz im arithmetischen Sinne insofern hat, als man sie durch eine Haupteinheit
und beliebig viele Teile derselben darstellen kann. Wir gehen jetzt
dazu über, den Satz in geometrischer Gestalt zu entwickeln, in welcher Gestalt er von BOLZANO herrührt; indessen kann der Beweis, den
68 dieser von ihm gab, nicht als ganz strenge erachtet werden. [68] BOL-
ZANO drückt sich ungefähr folgendermaßen aus: Angenommen, in einer
gewissen Linie AB seien Punkte, die eine gewisse Eigenschaft haben,
in irgendeiner Weise definiert. Man wisse nun folgendes: Wenn irgendein Punkt C zu den definierten gehört, so gehört auch jeder Punkt dazu, der zwischen A und C liegt; ferner wisse man, daß es jedenfalls
in AB Punkte gibt, die nicht zu den definierten gehören. Unter diesen Umständen muß es einen Punkt D geben von der Beschaffenheit, daß
alle Punkte, die zwischen A und D liegen, zu den definierten gehören,
alle, die zwischen D und B liegen, nicht zu den definierten gehören.
Unentschieden bleibt dabei, ob D zu den definierten Punkten gehört
oder nicht. BOLZANO beweist diesen Satz, indem er eine solche Zahlgröße für die Lage des Punktes D sucht, wie es von uns im obigen geschehen ist; aber es fehlt der Nachweis, daß jeder Zahlgröße, die
man bilden kann, auch ein Punkt entspricht. Man muß vielmehr den
Satz folgendermaßen beweisen: Man nimmt an, daß, wenn C zu den definierten Punkten gehört, auch jeder Punkt zwischen A und C dazu gehört. Dies heißt nichts anderes, als daß diejenigen Punkte, die hier
69 in Betracht gezogen werden, eine stetige Folge [69] bilden, und es ist
dann klar, daß, wenn zwei Punkte C und C' nicht zu den definierten
gehören, auch kein Punkt zwischen C und C' zu den definierten gehört.
Da nun nicht alle Punkte zwischen A /und/ B zu den definierten gehören sollen, ist es klar, daß auch die nicht definierten eine stetige
Folge bilden müssen. Gehört also ein Punkt C zu dieser letzteren
Klasse, so werden auch alle Punkte der Strecke CB zu ihr gehören müssen. Beide Arten müssen aber zusammen die ganze Strecke AB erfüllen,
was wir uns bei den auseinandergesetzten Voraussetzungen nicht anders
vorstellen können, als daß die beiden stetigen Strecken, die zu den
beiden Klassen von Punkten gehören, durch einen bestimmten Punkt D
getrennt sind. In der Tat, halten wir die gewöhnliche Vorstellung vom
Punkt und von der Geraden als unzweifelhaft fest, so läßt sich nichts
gegen die vorstehenden Betrachtungen einwenden. Nehmen wir somit die
Lage eines so definierten Punktes D an, adoptieren also solcherge-
stalt gewissermaßen den uns angeborenen Grenzbegriff, nach welchem
wir uns eine Linie nicht anders als durch Punkte begrenzt vorstellen

können, so ist auch anzunehmen, daß zu D eine bestimmte Zahlgröße gehört. Dann ist die völlige Übereinstimmung der beiden Beweismethoden
wieder hergestellt. Übrigens legen wir kein besonderes Gewicht auf
die eine oder andere dieser Beweisarten; es kommt nur darauf an, den
in Rede stehenden fundamentalen Hilfssatz [70] in seiner ganzen Bedeu- [70]
tung hinzustellen. Es hängt dies zusammen mit einem Umstande, auf
welchen wir schon mehrfach aufmerksam gemacht haben: Nimmt man nämlich auf der Strecke AB nach Feststellung einer bestimmten Längeneinheit einen Punkt C an, so wird dieser durch eine Zahlgröße dargestellt, umgekehrt ist aber nicht ohne weiteres klar, daß jeder vorgelegten Zahlgröße ein bestimmter Punkt entspricht. Es wäre wenigstens
die Möglichkeit nicht ausgeschlossen, daß die Gesamtheit der positiven Zahlgrößen etwas Umfassenderes sei als die Gesamtheit der Strek-
ken, die von A aus in der Richtung AB möglich sind. Nimmt man die angeführte geometrische Anschauungsweise zu Hilfe, so läßt sich leicht
erläutern, daß zu jeder Zahlgröße auch eine bestimmte geometrische
Strecke gehört. Denken wir uns nämlich eine Zahlgröße in irgendeiner
arithmetischen Form dargestellt, z. B. durch das dekadische System
in der Form

$$a_0 + \frac{a_1}{10} + \frac{a_2}{10^2} + \ldots, \text{ wo } 0 \leq a_k < 10, \text{ wenn } k \geq 1 \text{ ist,}$$

so können wir uns alle Zahlgrößen durch Strecken darstellen, die entstehen, wenn man vorstehenden Ausdruck der Reihe nach beim ersten,
zweiten usw. Gliede abbricht; auf die so definierten unendlich vielen Zahlgrößen können wir dann unseren Satz anwenden; und es ist äußerst leicht zu zeigen, daß gerade die durch den vorstehenden Ausdruck definierte Zahlgröße es ist, in deren Nähe sich unendlich viele
der definierten Stellen zusammendrängen, womit bewiesen ist, daß es
in der Tat eine Stelle gibt, die durch die vorstehende Zahlgröße dargestellt wird. Es fragt sich nur, wie müssen wir uns diesen Grenzpunkt vorstellbar machen, [71] wenn wir die auseinandergesetzte Bolza- [71]
nosche Anschauungsweise zu Grunde legen. Dies geschieht nun in folgender Weise: Wir haben den Begriff des Größer- und Kleinerseins für
unsere Zahlgrößen bereits definiert, es gibt also auch Strecken, die
durch Zahlgrößen dargestellt werden, die kleiner als die betrachtete Zahlgröße sind. Ist C ein Punkt der zweiten Art, so sind auch alle
Punkte zwischen A und C solche Punkte, es bilden also alle Punkte
dieser Art eine stetige Folge. Das Gleiche gilt von den Endpunkten
der Strecken, die durch Zahlgrößen dargestellt werden, die größer als
die betrachtete Zahlgröße sind. Somit muß es einen und nur einen
Punkt geben, der die beiden Strecken voneinander trennt, und dieser
Punkt ist eben die betrachtete Zahlgröße.

Der im Vorstehenden so ausführlich erörterte Satz ist nun einer Verallgemeinerung fähig. Wir können nämlich von der Betrachtung einzelner veränderlicher Größen zur Betrachtung von Systemen von solchen
übergehen. In der analytischen Geometrie der Ebene resp. des Raumes
wird z. B. ein Punkt durch zwei resp. drei Größen charakterisiert,
die alle reellen Werte durchlaufen können. Man kann sich diese Größen auf verschiedene Einheiten bezogen denken. Haben wir ein System
von n veränderlichen Größen, so nennt man ein bestimmtes Wertsystem
eine Stelle im Gebiete dieser Größen und den. Inbegriff aller Stellen
72 eine n-fache Mannigfaltigkeit. [72] Betrachtet man bei einer bestimmten Untersuchung eine solche n-fache Mannigfaltigkeit, so ist es notwendig, zunächst eine bestimmte Aufeinanderfolge der Größen festzustellen, und daß man bei einer bestimmten Wertangabe den ersten Wert
auf die erste, den zweiten auf die zweite Variable usw. bezieht. Dies
vorausgesetzt hat es gar keinen Anstand /Schwierigkeit/, wenn wir das
System der Veränderlichen mit $(x_1, x_2, \ldots, x_n)$ bezeichnen, unter
$(a_1, a_2, \ldots, a_n)$ eine Stelle in dieser Mannigfaltigkeit zu verstehen.
Dies festgestellt, können wir den in Rede stehenden Satz folgendermaßen aussprechen:

Angenommen, es seien in einer n-fachen Mannigfaltigkeit Stellen in
irgendeiner Weise definiert, jedoch so, daß unendlich viele Stellen
dieser Definition entsprechen, so gibt es mindestens eine Stelle, in
deren Nähe sich unendlich viele definierte Stellen zusammendrängen.
Nennen wir die Gesamtheit aller Stellen, die entstehen, wenn man dem
x_1 alle Werte von a_1-d bis a_1+d, dem x_2 alle Werte von a_2-d bis a_2+d
usw. anzunehmen gestattet und wir uns alle auf diese Weise möglichen
73 Wertekombinationen der n Größen gebildet denken, die Umgebung [73] der
Stelle $(a_1, a_2, \ldots, a_n)$, so behaupten wir also, daß in jeder noch
so kleinen Umgebung, d.h. wo d beliebig klein ist, mindestens einer
Stelle es unendlich viele Stellen gibt, die der Definition entsprechen.

Es wird der Satz zuerst nur ausgesprochen für den Fall, daß die betrachteten Stellen ganz im Endlichen liegen, d.h. $x_1, x_2, \ldots, x_n$
dem absoluten Betrag nach gewisse Grenzen nicht überschreiten. Für
den Fall, daß die Grenzstelle im Unendlichen liegt, ist die Übertragung sehr leicht. Der Beweis ist dem für den auf die einfache Mannigfaltigkeit bezüglichen Satz gegebenen ganz analog.

Man kann nun den Satz sofort ausdehnen auf eine n-fache Mannigfaltigkeit von komplexen Größen.Strenggenommen haben wir es alsdann mit
einer 2n-fachen Mannigfaltigkeit zu tun, und zwar mit einer 2n-fachen
Mannigfaltigkeit von reellen Größen im gewöhnlichen Verstande /Sinne/;

daher läßt sich auch der Satz auf dieses Größengebiet ohne weiteres
ausdehnen.

Man kann nun die Umgebung einer Stelle $(a_1, \ldots, a_n)$ im Gebiet einer
n-fachen Mannigfaltigkeit von reellen Größen auch durch die Ungleichung

$$\sqrt{(x_1 - a_1)^2 + \ldots + (x_n - a_n)^2} \leqq d$$

definieren, also bei der n-fachen komplexen Mannigfaltigkeit der n
Größen $x_k = \xi_k + \eta_k i$, $k = 1, 2, \ldots, n$ durch

$$\sqrt{\sum_1^n (\xi_k - a_k)^2 + \sum_1^n (\eta_k - b_k)^2} \leqq d.$$

Die Größe d bezeichnet man als den <u>Radius</u> der Umgebung der betrachteten Stelle $(a_1, a_2, \ldots, a_n)$, indem man diesen Ausdruck vom Raume auf
eine beliebige n-fache Mannigfaltigkeit überträgt.

Es kann nun auch jetzt ein Doppeltes eintreten: Entweder gehört eine
Stelle, in deren jeder Umgebung es unendlich viele definierte gibt,
zu den definierten oder nicht. In letzterem Falle bezeichnet man sie
als eine <u>Grenzstelle</u> derselben.

$\lfloor$Dienstag,$\rfloor$ 22. 6. 1886

Wir gehen jetzt über zur Definition des <u>Kontinuums</u> [74] in einer n-fa- [74]
chen Mannigfaltigkeit. Diese Definition hat keine Schwierigkeit, solange wir bei einer einfachen Mannigfaltigkeit stehenbleiben, aber
bei einer n-fachen Mannigfaltigkeit erfordert sie eine scharfe Fassung. Haben wir z.B. eine Funktion zweier voneinander unabhängiger
Variablen zu betrachten, so können diese entweder unbeschränkt veränderlich sein, dann ist ihr Bereich die ganze unendliche Ebene, oder
man kann sie für einen begrenzten Bereich definieren. Man sagt dann
gewöhnlich, man betrachtet sie nur für einen Teil der Ebene; daß aber
diese Ausdruckweise nicht passend ist, erkennt man, wenn man bedenkt,
daß oft nur einzelne Punkte der Ebene ausgeschlossen sind. Denken wir
uns nun in der Ebene nur einzelne Punkte ausgeschlossen, so können
wir stets von einem nicht ausgeschlossenen Punkt zu einem anderen
solchen auf einem stetig zusammenhängenden Wege gelangen, ja wir können immer einen Teil der Ebene aussondern, der die beiden Punkte miteinander verbindet. Letzteres können wir durch eine Reihe von Kreisen
[75] bewirken, die so beschaffen sind, daß der Mittelpunkt des einen [75]
immer im vorhergehenden liegt, und deren Radien so gewählt sind, daß
sie alle ausgeschlossenen Punkte ausschließen. Anders schon ist es,

5 Weierstraß, Kap.

wenn die Anzahl der ausgeschlossenen Punkte unendlich groß ist, ohne
daß sie darum eine Linie auszumachen brauchen. Liegen z. B. die ausgeschlossenen Punkte so auf der Peripherie eines Kreises, daß, wenn u'
die in irgendeiner Richtung von irgendeinem Anfangspunkt auf der Peripherie gerechnete Bogenlänge ist und dieser Kreis die Einheit zum
Halbmesser hat, für sie

$$u' = 2\xi\pi$$

ist, wo ξ alle rationalen Werte von O bis 1 durchlaufen darf, so wird
dadurch ein bestimmter Teil der Ebene ausgeschieden, ohne daß die
Punkte stetig eine Linie erfüllen. Zunächst gehören nun alle Punkte
im Innern des Kreises zu den nicht ausgeschlossenen, nehmen wir also
einen derselben zum Mittelpunkt eines Kreises, dessen sämliche Punkte
definiert sein sollen, so erkennt man, daß dessen Halbmesser eine gewisse Grenze nicht überschreiten darf; nimmt man nun in diesem Kreise
wieder einen neuen Punkt an und schlägt um ihn einen Kreis, der dasselbe leisten soll wie der erste, so sieht man, wenn man sich dieses
Verfahren beliebig oft fortgesetzt denkt, daß man nie aus dem Innern
des durch jene ausgeschlossenen Punkte begrenzten Kreises herauszu-
kommen vermag, gerade so, wie eine ganz analoge Überlegung lehrt,
daß man von einem Punkt des Äußern ausgehend, nie in den Kreis ein-
zutreten imstande ist. Wir sehen somit, daß eine Punktfolge durchaus
nicht stetig zu sein braucht, um eine zweifache Mannigfaltigkeit in
mehrere Teile zu zerlegen. Man erkennt aber schon aus diesem Beispiel,
daß es nicht a priori möglich ist, die möglichen Arten der Zerlegung
einer Ebene in Teile anzugeben.

Gehen wir nun zur Betrachtung einer n-fachen Mannigfaltigkeit über,
so können wir in ihr gewisse Punktmengen definieren, und haben oben
den Fundamentalsatz darüber ausgesprochen, den wir für den Fall der
einfachen Mannigfaltigkeit ausführlich begründet hatten. Gehören nun
alle jene Stellen, in deren /jeder/ Nähe unendlich viele definierte
Stellen liegen, selber zu den definierten, so nennt man die Punktmenge eine <u>abgeschlossene</u>. [76] Definieren wir z. B. alle Punkte, die einer Kreisfläche angehören, so ist jeder Punkt von deren Peripherie
definiert und gleichzeitig eine Grenzstelle, [77] indem sich außerhalb
der Kreisfläche kein Punkt findet, von dem wir sagen können, daß
sich in jeder noch so kleinen Umgebung desselben definierte Punkte
finden. Wir können nun jede Punktmenge zu einer abgeschlossenen machen, indem wir die Grenzstellen P' der Punktmenge P einfach zuzählen. Denn [78] nehmen wir einen Punkt an, der weder zu den P noch zu
den P' gehört, so können wir jedenfalls um ihn einen Kreis mit endlichem Halbmesser beschreiben, der keine P enthält, sonst wäre er ja

ein P'. Er kann aber auch keine P' enthalten, weil er dann der Definition der P' zufolge unendlich viele P enthalten müßte.

Durch eine solche abgeschlossene Punktmenge wird nun entweder _ein_ Kontinuum aus der n-fachen Mannigfaltigkeit ausgesondert [79] _oder_ deren _mehrere_ auseinanderliegende. Nehmen wir einen Punkt A an, der nicht zu der Punktmenge gehört, so können wir für ihn eine Umgebung mit derartigem Radius ρ angeben, daß in ihr keiner der definierten Punkte liegt; dieses ρ ist eine veränderliche Größe, hat aber eine obere Grenze in dem Sinne, daß sie jeden Wert annehmen kann, der kleiner ist als diese. Die _absolute Umgebung_ von A ist also diejenige, deren Radius ρ_0 eben diese obere Grenze ist. Von einem Punkt A ausgehend, nehmen wir nun eine Reihe von Punkten A_1, A_2, ..., A_n so an, daß jeder folgende immer in der Umgebung des vorhergehenden liegt. Hierbei kann zweierlei eintreten: Entweder wir gelangen von A ausgehend so zu jedem Punkte, der nicht der Punktmenge P angehört oder aber nicht. Im ersteren Falle bilden alle Punkte, die nicht zu der Punktmenge P gehören, ein Kontinuum, im zweiten Falle haben wir durch die Annahme des Punktes A nur einen bestimmten Teil der nach Ausschluß der P übrigbleibenden n-fachen Mannigfaltigkeit definiert. Nehmen wir in dem jetzt noch übriggebliebenen Teil der n-fachen Mannigfaltigkeit wieder einen Punkt B an, so wird durch ihn ein neues Kontinuum in derselben definiert. So erkennen wir selbst die Möglichkeit, daß durch Definition einer Punktmenge eine n-fache Mannigfaltigkeit in unendlich viele Teile geteilt werden kann.

Es entsteht nun die Frage, ob wir von zwei Punkten, die einem und demselben so definierten Kontinuum angehören, ausgehend, stets zu diesem Kontinuum kommen oder nicht. [80] Um diese Frage zu beantworten, denken wir uns zwischen A und B eine Reihe von solchen Punkten eingeschaltet, daß wir vermittelst ihrer von A nach B gelangen können, indem nämlich jeder folgende Punkt in der Umgebung des vorhergehenden liegen soll. Dann folgt ohne weiteres, daß wir von A ausgehend zu allen Punkten gelangen können, zu denen wir von B aus kommen können, weil wir uns einfach nach B von A aus gelangt denken können. Nicht so ohne weiteres ist aber klar, daß wir von B aus zu allen Punkten gelangen werden, zu denen wir von A ausgehend kommen können. Um dieses zu zeigen, müssen wir beweisen, daß wir von B nach A zurückgelangen können, alsdann nämlich könnten wir von B aus über A zu allen Punkten kommen, zu denen wir von A aus kommen könnten. Um dieses nachzuweisen, schalten wir also zwischen A und B eine Reihe von Punkten, die imstande sind, den Übergang von A nach B zu vermitteln. Diese Punkte verbinden wir durch eine gebrochene Linie; dann liegt

$A_{n-1}A_n$ ganz in der Umgebung von A_{n-1} usw. Lassen wir nun diese Linie
von einem Punkte durchlaufen, so gehört zu jeder Lage desselben ein
bestimmter <u>absoluter Umgebungsradius</u> ρ, der eine veränderliche Größe
ist und eine untere Grenze hat, die nicht = 0 sein kann; denn wenn
wir das Einteilungsprinzip anwenden, welches wir beim Beweise des
Fundamentalsatzes benutzten, so ergibt sich zunächst, daß man zu einer oder mehreren ganz b e s t i m m t e n Stellen kommen muß, für
die die untere Grenze auch wirklich erreicht wird. [81] Nun aber hat
doch an jeder Stelle der gebrochenen Linie ρ einen endlichen Wert,
weil sonst die betreffende Stelle eine Grenzstelle [82] für die A, d.h.
der Punktmenge P angehörig wäre, man also von ihr aus keine Fortsetzung des Kontinuums machen könnte.

Wir wollen noch einen anderen Beweis [83] liefern, welcher auf folgendem Satze beruht. Wenn zwei Punkte A und B um die Strecke δ voneinander entfernt sind, und ρ ist der Radius der Umgebung von A, so liegt
ρ', der Radius der Umgebung von B, zwischen $\rho - \delta$ und $\rho + \delta$. Man kann
nun δ so klein wählen, daß der Unterschied zwischen $\rho - \delta$ und $\rho + \delta$
beliebig klein wird. Lassen wir nun einen veränderlichen Punkt die
Strecke von A_1 bis A_n durchlaufen, so wird der zugehörige Wert von ρ
einmal seinen kleinsten Wert erreichen, der nach dem Obigen nicht
Null ist. Lassen wir jetzt umgekehrt den Punkt die Strecke A_n, A_{n-1},
..., A_1 in umgekehrter Richtung zurücklaufen, so brauchen wir die
Entfernung $A_{\nu-1}A_\nu$ nur immer so klein anzunehmen, daß sowohl A_ν in
der Umgebung von $A_{\nu-1}$ als auch $A_{\nu-1}$ in der Umgebung von A_ν liegt,
was der Fall sein wird, wenn $A_{\nu-1}A_\nu < \frac{1}{2}\rho$ ist; dann ist nämlich der
Radius der Umgebung von A_ν nach dem Obigen $> \frac{1}{2}\rho$, $A_{\nu-1}$ fällt also noch
in den um A_ν beschriebenen Kreis. Wählen wir also auf diese Weise die
Zwischenpunkte so, daß die Entfernung sämtlicher derselben voneinan-
der $< \frac{1}{2}\rho_0$ sind, wo ρ_0 die untere Grenze von ρ ist, so sind wir sicher,
daß wir von A_n nach A_1 zurückgelangen können, womit dann die obige
Behauptung, daß wir von allen Punkten aus nur zu dem Kontinuum gelangen können, dem sie angehören und auch wirklich zu diesem, oder mit
anderen Worten, daß ein Punkt nur einem Kontinuum angehören kann, in
ihrer vollen Allgemeinheit bewiesen ist.

/Mittwoch,/ 23. 6. 1886

Zunächst gilt der Satz nur für die Ebene, d. h. die zweifache Mannigfaltigkeit; es ist jetzt unsere Aufgabe, den Beweis auf eine beliebige n-fache Mannigfaltigkeit auszudehnen. Hierbei werden wir uns geometrischer Ausdrucksweise bedienen und führen dazu folgende Benennun-

gen ein: [84] Setzen wir

$$x_k = a_k + t(b_k - a_k) \qquad (k = 1, \ldots, n),$$

wo t eine unbeschränkt veränderliche reelle Größe ist, so nennen wir
die Gesamtheit der Stellen $(x_1, x_2, \ldots, x_n)$, die in diesem Ausdruck
enthalten sind, eine _Linie_ in der betreffenden Mannigfaltigkeit. Der
Grund für diese Benennung bedarf weiter keiner Erläuterung. Die Gesamtheit der Wertsysteme $(x_1, x_2, \ldots, x_n)$, die aus dem Ausdrucke
hervorgehen,wenn man t die Werte von 0 bis 1 durchlaufen läßt, nennt
man die _Strecke_ ab. Gibt man dem t Werte, die $>$ 1 sind, so erhält
man die Verlängerung der Strecke ab über b hinaus, gibt man dem t
Werte, die negativ sind, so erhält man die Verlängerung von ab über

a hinaus. Den Ausdruck $\sqrt{\sum_1^n (b_k - a_k)^2}$ nennen wir den _Abstand_ des

Punktes b von a. Ist er = r, so verstehen wir unter /der/ _Umgebung_
des Punktes a mit dem _Radius_ r den Inbegriff aller Wertsysteme, wofür

$$\sqrt{\sum_k (x_k - a_k)^2} < r$$

ist.

Wir wollen jetzt einen Satz [85] beweisen, der die unmittelbare Verallgemeinerung des folgenden für den Raum geltenden Satzes darstellt:

Sind a, b, c drei Punkte des Raumes, so ist

$$ac < ab + bc,$$

wenn nicht alle drei in einer Geraden liegen. Stellen wir uns nun c
als variabel vor, doch so, daß bc immer einen und denselben Wert hat,
so gibt es eine Lage, für welche ac ein Maximum, und eine, wofür ac
ein Minimum ist. Auf eine n-fache Mannigfaltigkeit übertragen lautet
der Satz folgendermaßen: Sind a, b, x drei Punkte derselben, so ist

$$ax < ab + bx$$

oder

$$\sqrt{\sum(x_\lambda - a_\lambda)^2} < \sqrt{\sum(b_\lambda - a_\lambda)^2} + \sqrt{\sum(x_\lambda - b_\lambda)^2},$$

außer wenn

$$x_\lambda = a_\lambda + t(b_\lambda - a_\lambda)$$

ist. In letzterem Falle wird aus der vorstehenden Ungleichheit eine
Gleichung. Man kann dies nun rein algebraisch beweisen, wir ziehen
aber folgenden Weg vor. Es seien a, b fest, x variabel, doch so, daß
bx den konstanten Wert ρ habe, so soll zunächst gezeigt werden, daß
eine Stelle existiert, wofür $\sqrt{\sum(x_\lambda - a_\lambda)^2} = R$ ein Maximum, und eine

andere, wofür R ein Minimum ist. Es sei ferner $\sum(b_\lambda - a_\lambda)^2 = r^2$. Wir verfahren nach dem gewöhnlichen Verfahren und bilden den Ausdruck

$$\sum(x_\lambda - a_\lambda)^2 - \varepsilon \sum (x_\lambda - b_\lambda)^2,$$

der ein Minimum oder Maximum werden soll, und zwar fügen wir das mit der vorläufig unbestimmten Konstanten ε multiplizierte Glied hinzu, weil wir es hier mit einer der <u>Theorie der relativen Maxima und Minima</u> angehörigen Aufgabe zu tun haben. Wir bilden also das Gleichungssystem: ⁸⁶

$$(x_\lambda - a_\lambda) - \varepsilon(x_\lambda - b_\lambda) = 0 \quad (\lambda = 1, \ldots, n)$$

oder

$$x_\lambda - a_\lambda = - \frac{\varepsilon}{1 - \varepsilon}(b_\lambda - a_\lambda),$$

woraus hervorgeht, daß die gesuchten Punkte in der Tat auf der Linie ab liegen. Ferner ergibt sich

$$R = \pm\varepsilon\rho = \pm\frac{\varepsilon}{\varepsilon - 1}r, \quad \text{also } \varepsilon = 1 \pm \frac{r}{\rho}.$$

Also gibt es zwei Punkte und sonst keinen, die das Verlangte leisten. Im ersten Falle nun ist

$$R = (1 + \frac{r}{\rho})\rho = r + \rho,$$

in dem zweiten

$$R = (\frac{r}{\rho} - 1)\rho = r - \rho.$$

Somit haben wir in der Tat in dem einen Falle ein Maximum, in dem anderen ein Minimum, so daß in der Tat in allen übrigen Fällen

$$ax < ab + bx$$

ist. Auf diesen Satz nun gründet sich unser Beweis unseres Satzes für n-fache Mannigfaltigkeiten. Es sei in der n-fachen Mannigfaltigkeit eine abgeschlossene Punktmenge gegeben, so aber, daß es noch Punkte gibt, die nicht zu ihr gehören. Dann hat für jeden Punkt, der nicht zu ihr gehört, die Umgebung eine ganz bestimmte Bedeutung. Denn jedenfalls liegen dann nicht in jeder Nähe des betreffenden Punktes Punkte P, d.h., es kann eine Umgebung des Punktes, den wir a nennen wollen, mit einem Radius ρ angegeben werden, so daß im Innern desselben kein Punkt P liegt. Dieser Radius kann eine gewisse endliche Grenze r nicht überschreiten, d.h., es gibt eine Umgebung r, die so beschaffen ist, daß, wenn man sie um noch so wenig vergrößert, in ihr Punkte P liegen würden. Nimmt man in der Umgebung von a einen Punkt b an, so soll bewiesen werden, daß, wenn ab = d, der Radius der Umgebung von b nicht kleiner als r - d und nicht größer als r + d ist. Denn ist c ein Punkt in der Umgebung von b, so ist nach dem eben bewiesenen Satze zunächst

$$ab + bc > ac \qquad \text{oder}$$
$$bc > r - d \qquad \text{und ferner}$$
$$bc < ab + ac,$$
$$bc < r + d, \qquad \text{w.z.b.w.}$$

c bezeichnet im zweiten Teil des vorstehenden Beweises einen Punkt,
der auf der Grenze der Umgebung von b in der Umgebung von a gelegen
ist.

Dies festgestellt, stellen wir nun folgende Definition auf: Wenn wir
von a ausgehend in dessen Umgebung einen Punkt b annehmen, in der Umgebung von b einen Punkt c usw., so nennen wir jeden Punkt s, zu dem
wir von a aus auf diese Weise gelangen können, mit a <u>zusammenhängend</u>.
Wir beweisen jetzt, daß, wenn s mit a zusammenhängt, auch a mit s zusammenhängt. Ist dies bewiesen, so folgt von selbst, daß wir von einem Punkte eines Kontinuums ausgehend stets in diesem verbleiben.

Es liegt nun ein Punkt a, in dessen Umgebung b liegt, sicher in der
Umgebung von b, wenn $ab < \frac{1}{2}r$ ist, wo r $\lfloor$der Radius der$\rfloor$ Umgebung von
a ist, da alsdann $\lfloor$der Radius der$\rfloor$ Umgebung von b nach dem angeführten Satze $> \frac{1}{2}r$ ist. Verbinden wir nun ab durch eine Gerade, so kommt
jedem Punkte derselben eine bestimmte Umgebung zu, die für jeden
$> r - d$ ist, wenn $ab = d$ ist, wir brauchen daher nur - was wir stets
können - zwischen a und b eine Reihe von Punkten derart einzuschal-
ten, daß, wenn wir von a nach b gehen, der folgende Punkt stets in
der Umgebung des vorhergehenden liegt, um sicher zu sein, daß wir
von b nach a zurückgelangen können; es ist uns dies aber stets möglich, da wir die Entfernung der einzelnen Zwischenpunkte voneinander
nur $< r - d$ anzunehmen brauchen. Dann aber hängt a mit b zusammen,
und wir können von b aus zu jedem Punkte gelangen, zu dem wir von a
aus kommen können, indem wir dazu nur nötig haben, von b erst nach
a überzugehen. Hiermit ist der Satz für beliebige n-fache Mannigfaltigkeiten bewiesen.

$\lfloor$Freitag,$\rfloor$ 25. 6. 1886

Es handelt sich jetzt darum, den Begriff der <u>Grenze eines Kontinuums</u>
[87] festzustellen. Entweder nämlich können alle Punkte der Mannigfal- [87]
tigkeit zum Kontinuum gehören oder nicht; im letzteren Falle muß es
somit Punkte geben, in deren jeder beliebigen Nähe sowohl Punkte vorhanden sind, die zum Kontinuum gehören, als auch solche, die demselben nicht angehören. Die Gesamtheit dieser Punkte wird nun als die
G r e n z e des Kontinuums bezeichnet. Hierbei ist nun die größte

Mannigfaltigkeit möglich. Bleiben wir z. B. in der Ebene stehen, so
kann die Begrenzung durch einzelne Punkte, durch unendlich viele
Punkte, welche diskret sind, und endlich durch kontinuierliche Lini-
enzüge gebildet werden. Nun ist zweierlei zu beweisen: 1) daß mit
88
89 Ausnahme des eben erwähnten Falles [88] Grenzpunkte im [89] Kontinuum
vorhanden sind; 2) daß diese alle sich in der abgeschlossenen Punkt-
90 menge finden, durch die wir ursprünglich das Kontinuum definiert [90]
hatten. Dabei ist aber nicht notwendig, daß alle Punkte, die der abgeschlossenen Punktmenge angehören, Grenzpunkte sind, so z.B. definieren wir im Raum eine abgeschlossene Punktmenge durch die Punkte,
die in einer Kugel oder auf deren Oberfläche vorhanden sind, so sind
alle Punkte der letztern in dem angeführten Sinne für das nach Ausscheidung der Kugel übrigbleibende Kontinuum Grenzpunkte, nicht aber
die der abgeschlossenen Punktmenge angehörigen Punkte im Innern der
Kugel.

91 Es ist also erstens die <u>notwendige Existenz der Grenzstellen</u> [91] dar-
zutun. Es sei a ein Punkt im Innern des Kontinuums, b ein beliebiger
anderer Punkt; dann wird nach den früher von uns für n-fache Mannigfaltigkeiten gegebenen Definitionen durch

$$x_\lambda = a_\lambda + t(b_\lambda - a_\lambda) \qquad (\lambda = 1, \ldots, n),$$

wo t alle positiven und negativen reellen Werte annehmen kann, die
a und b verbindende Gerade dargestellt. Nehmen wir nun einen beliebigen positiven Wert τ an, so daß zu ihm, wenn man ihn in die Ausdrücke für die Koordinaten der Strecke für t substituiert, ein Punkt
P gehört, der selbst in dem Kontinuum liegt und so beschaffen ist,
daß auch alle Punkte von a bis zu ihm auf der Strecke dem Kontinuum
angehören, so ist die Strecke aP eine veränderliche Größe und hat
als solche eine obere Grenze. Ist diese unendlich groß, so gehören
alle Punkte der Geraden dem Kontinuum an; ist letzteres nicht der
Fall, so muß es eine äußerste Lage P_0 für P geben, in welchem Fall
P_0 eben eine Grenzstelle von P ist, wie aus seiner Definition folgt.
Strecken, für die solche Begrenzungspunkte P_0 wirklich existieren,
muß es nun jedenfalls geben; in der Tat brauchen wir nur irgendeinen
Punkt, der das Kontinuum definierenden Punktmenge mit a zu verbinden,
um dies einzusehen, denn alsdann ist jener Punkt sicher ein Punkt der
Klasse P_0, wenn es nicht schon Punkte waren, die ihm in der ihn mit
a verbindenden Strecke voraufgehen, d. h. zu kleineren Werten von t
gehören.

Es ist nun endlich außerordentlich leicht zu zeigen, daß die Grenzpunkte sämtlich zu der abgeschlossenen Punktmenge gehören; denn jeder Punkt, der nicht der Punktmenge angehört, gehört dem Kontinuum,

oder, wenn die Mannigfaltigkeit durch die zugrundeliegende Punktmenge in mehrere Kontinua geteilt wird, einem dieser Kontinua an.

Ein Kontinuum, wie wir es soeben beschrieben haben, nennen wir ein unabgeschlossenes Kontinuum; denken wir uns jetzt die sämtlichen Begrenzungspunkte zu ihm hinzugerechnet, so erhalten wir ein Gebilde, das wir füglich ein abgeschlossenes Kontinuum [92] nennen können. In der Tat bildet dann das Kontinuum das, was wir früher als abgeschlossene Punktmenge definiert hatten.   92

§ 7. Gleichmäßige Stetigkeit   93

Wir definieren jetzt eine Funktion von n Variablen u_1, u_2, ..., u_n für ein unabgeschlossenes Kontinuum, wobei nicht ausgeschlossen ist, daß die gesamte n-fache Mannigfaltigkeit das Kontinuum bilde. Die Grenzen des Kontinuums nehmen wir jedoch aus, gerade so, wie wir früher bei Gelegenheit der Funktionen einer Variablen, sei es wo wir diese für alle Werte von $- \infty$ bis $+ \infty$ oder zwischen a und b definierten, es unbestimmt ließen, ob die Funktion für diese Grenzstellen auch einen Sinn habe. Entspricht nun jedem Wertsystem (u_1, u_2, ..., u_n) ein und nur ein Wert x der Funktion, so nennen wir diese eine eindeutige Funktion [94] der Variablen u_1, u_2, ..., u_n. Mit dieser Definition an sich ist indes wenig getan; fruchtbar für die Analysis wird sie erst nach Einführung des Begriffs der Stetigkeit. Den Begriff der Stetigkeit definieren wir in der gewöhnlichen Weise folgendermaßen: Die Funktion x von (u_1, ..., u_n) ist in der Nähe der Stelle a = (a_1, ..., a_n) stetig, wenn es nach Angabe einer beliebig kleinen positiven Größe ε stets möglich ist, δ so zu bestimmen, daß   94

$$|x - b| < \varepsilon, \qquad \text{wenn}$$
$$|u_\lambda - a_\lambda| < \delta \qquad (\lambda = 1, 2, ..., n)$$

ist, wo b den Wert bezeichnet, den x für (a_1, ..., a_n) annimmt. Anders ausgedrückt können wir die Stetigkeit auch dadurch charakterisieren, daß nach Annahme von ε es möglich sein solle, eine solche Umgebung ρ von a zu bestimmen, daß

$$|x - b| < \varepsilon, \qquad \text{wenn} \qquad \sum_1^n (u_\lambda - a_\lambda)^2 < \rho^2;$$

daß diese beiden Definitionen vollständig miteinander übereinstimmen, bedarf wohl keiner näheren Ausführung. Endlich kann man, den Begriff des unendlich Kleinen richtig gefaßt, den Begriff der Stetigkeit ei-

ner Funktion in der Nähe von a auch dadurch definieren, daß unendlich
kleinen Änderungen der Argumente unendlich kleine Änderungen des
Funktionswertes in der Nähe von a entsprechen sollen. Man kann diese
Definition auch leicht auf den Fall ausdehnen, wo die Funktion nicht
95 bloß für Punkte des Kontinuums definiert ist, [95] wenn man sie nur
stets auf Punkte $(u_1, \ldots, u_n)$ bezieht, für welche die Funktion überhaupt definiert ist.

Von dem Begriffe der Stetigkeit einer Funktion gehen wir zu einem
weiteren über, der eine Folge desselben ist, gleichwohl aber früher
96 oft übersehen worden ist; [96] wir meinen den Begriff der <u>gleichmäßigen</u>
<u>Stetigkeit</u>. Gleichmäßig stetig nennen wir eine Funktion innerhalb ei-
nes bestimmten Intervalls (a ... b), wenn es nach Angabe einer beliebig kleinen positiven Größe ε möglich ist, eine Größe δ so zu bestimmen, daß die Bedingung

$$|f(u') - f(u)| < \varepsilon, \quad \text{wenn} \quad |u' - u| < \delta,$$

für beliebig viele Wertepaare u und u' innerhalb des Intervalls
(a ... b) erfüllt ist. Wie erwähnt, ist diese gleichmäßige Stetigkeit
eine Folge der Stetigkeit überhaupt, und der Beweis, den wir dafür
für Funktionen einer Variablen geben werden, läßt sich im wesentlichen unverändert auf Funktionen mehrerer Variablen übertragen. Es beruht dieser Beweis vornehmlich auf jenem oben von uns ausführlich begründeten Fundamentalsatze aus der Größenlehre.

Wir teilen die einfache Mannigfaltigkeit, die entsteht, wenn wir einer variablen Größe u alle Werte von - ∞ bis + ∞ zuerteilen, dadurch
in Intervalle, daß wir nach Annahme einer positiven Zahl n eine Größe μ alle positiven und negativen ganzzahligen Werte durchlaufen lassen und die Intervalle

$$\left(\frac{\mu}{n} \ldots \frac{\mu+1}{n}\right) \qquad (\mu = 0, \pm 1, \pm 2, \ldots, \pm \infty)$$

bilden. Jeder Wert von u gehört alsdann einem dieser Intervalle an,
und zwar soll u dem Intervall $\left(\frac{\mu}{n} \ldots \frac{\mu+1}{n}\right)$ angehören, wenn $\frac{\mu}{n} \leqq u < \frac{\mu+1}{n}$
97 ist. [97] Jetzt geben wir dem n und μ solche Werte, daß in dem so defi-
nierten Intervall Werte von u liegen, für welche die Funktion defi-
98 niert ist. [98] Für die zu diesem Intervall gehörigen Werte von f(u)
gibt es dann sicher eine obere und untere Grenze g und g', so daß
g - g' die <u>größte Schwankung</u> des Funktionswertes innerhalb dieses In-
tervalls darstellt und also $|f(u') - f(u'')| < |g - g'|$ ist, wenn u'
und u'' zwei beliebige in diesem Intervalle gelegene Werte des Argu-
ments sind, und es ist $|f(u') - f(u'')|$, wo u' und u'' in $\left(\frac{\mu}{n} \ldots \frac{\mu+1}{n}\right)$
liegen, eine positive veränderliche Größe, deren obere Grenze g - g'

ist. Wir betrachten nun die Gesamtheit der Intervalle $(\frac{\mu}{n} \ldots \frac{\mu+1}{n})$ ($\mu = 0, \pm1, \ldots, \pm\infty$) und behalten von diesen nur diejenigen bei, für welche die Funktion überhaupt definiert ist. Wir denken uns nun für jedes dieser Intervalle die größte Wertschwankung bestimmt und wählen dasjenige aus, für welches dieselbe am größten, nämlich $= g_n$ ist. g_n ist offenbar eine mit n veränderliche Größe. Es ist nicht von Belang, daß es möglicherweise mehrere μ gibt, für die in dem Intervall $(\frac{\mu}{n} \ldots \frac{\mu+1}{n})$ die Wertschwankung diesen Maximalwert g_n erreicht. Solcher Intervalle $(\frac{\mu}{n} \ldots \frac{\mu+1}{n})$ gibt es nun unendlich viele, da n unendlich viele Werte annehmen kann. Um dies zu erkennen, brauchen wir z. B. dem n nur die Werte der sämtlichen Primzahlen zu geben, dann kommt jedes Intervall sicher nur einmal vor, also, da die Anzahl der Primzahlen unendlich groß ist, gibt es in diesem Falle wirklich unendlich viele der im vorstehenden definierten Intervalle. Ein solches Intervall ist nun durch den Punkt $\frac{\mu}{n}$ vollständig bestimmt, und nach dem fundamentalen Hilfssatz aus der Größenlehre muß es somit mindestens eine Stelle geben, in deren Nähe sich die so definierten Stellen $\frac{\mu}{n}$ beliebig häufen. Gibt es mehrere solche, so wählen wir eine derselben aus und nennen sie u_0. Dann nehmen wir eine beliebig kleine Größe ε an, und weil die Funktion der Annahme nach in der Nähe von u_0 sich stetig ändert, so können wir eine Größe δ so bestimmen, daß $|f(u) - f(u_0)| < \varepsilon$, wenn $|u - u_0| < \delta$. Betrachten wir jetzt das Intervall $(u_0 - \delta \ldots u_0 + \delta)$, so liegen in jeder Nähe von u_0 unendlich viele $\frac{\mu}{n}$-Stellen, und daraus folgt, daß wir sowohl $\frac{\mu}{n}$ als auch $\frac{\mu+1}{n}$ so bestimmen können, daß $(\frac{\mu}{n} \ldots \frac{\mu+1}{n})$ ganz innerhalb $(u_0 - \delta \ldots u_0 + \delta)$ liegt. Dazu ist offenbar nur nötig, n beliebig groß zu wählen. Dann ist aber in dem Intervall $(\frac{\mu}{n} \ldots \frac{\mu+1}{n})$ die Differenz zweier Argumentwerte, von denen einer $= u_0$ ist, sicher $< \delta$, also ist dann nach der getroffenen Festsetzung $|f(u) - f(u_0)| < \varepsilon$, und also, wenn u' und u'' die zu dem kleinsten und dem größten Werte von $f(u)$ in $(\frac{\mu}{n} \ldots \frac{\mu+1}{n})$ gehörigen Argumentwerte sind: $|f(u') - f(u'')| < 2\varepsilon$, also ist $g_n < 2\varepsilon$. Da nun in allen übrigen Intervallen $(\frac{\mu'}{n} \ldots \frac{\mu'+1}{n})$ die größten Wertschwankungen kleiner oder gleich g_n sind, so folgt, daß die Differenz zweier beliebiger, zu je zwei in diesen Intervallen gelegenen Argumenten gehöriger Funktionswerte kleiner ist, als die beliebig klein zu machende Größe 2ε. Damit ist der Satz bewiesen; es ist gezeigt worden, daß man den Bereich der Veränderlichen u so in Intervalle teilen kann, daß in jedem derselben die Differenz zweier beliebiger Funktionswerte kleiner als eine beliebig klein vorzuschreibende Größe ist. Somit brauchen wir, wenn $|f(u') - f(u'')| < \varepsilon$ sein soll, vorausgesetzt daß $|u' - u''| < \delta$, nur n so zu wählen, daß $g_n < \frac{1}{2}\varepsilon$, dann erfüllt $\delta < \frac{1}{n}$ unsere Forderungen. Denn selbst wenn u' und u'' in

zwei aufeinanderfolgenden Intervallen liegen sollten, was der einzig
übrigbleibende Fall ist, wenn u' und u" nicht in demselben Intervall
liegen sollten, da immer $|u' - u''| < \frac{1}{n}$ sein muß, selbst in diesem
Fall ist noch $|f(u') - f(u'')| < 2\varepsilon$, und 2ε kann natürlich mit ε be-
liebig klein gemacht werden.

Damit ist der Satz vollständig bewiesen; die <u>gleichmäßige Stetigkeit</u>
ist als eine <u>Folge der Stetigkeit überhaupt</u> abgeleitet worden. Die
Wichtigkeit dieses Satzes besteht eben darin, daß man bei einer speziellen Funktion, deren Stetigkeit nachgewiesen ist, des Nachweises
der gleichmäßigen Stetigkeit nunmehr überhoben ist, ein Nachweis, der
in speziellen Fällen wahrscheinlich oft sehr mühsam sein würde.

⌊Sonnabend,⌋ 26. 6. 1886

Wir schreiten nunmehr dazu fort, den für Funktionen einer Variablen
bewiesenen Satz auf Funktionen beliebig vieler Variabler auszudehnen.
Es sei $f(u_1, \ldots, u_n)$ eine eindeutige Funktion von n Variablen $(u_1,$
$u_2, \ldots, u_n)$, die für ein abgeschlossenes oder unabgeschlossenes Kontinuum definiert ist, welche in dem <u>Gebiete</u> [102], für welches sie definiert ist, stetig ist. Es ist dann unsere Aufgabe, aus der Stetigkeit der Funktion in diesem Gebiete die gleichmäßige Stetigkeit zu
folgern. Eine solche Funktion $f(u_1, \ldots, u_n)$ nennen wir gleichmäßig
stetig, wenn sich nach Annahme einer beliebig kleinen Größe ε eine
Größe δ so bestimmen läßt, daß

$$|f(u_1', \ldots, u_n') - f(u_1'', \ldots, u_n'')| < \varepsilon,$$
$$\text{wenn } |u_\lambda' - u_\lambda''| < \delta \qquad (\lambda = 1, 2, \ldots, n)$$

und daß dies für irgendzwei Stellen u gilt, die der vorstehenden Ungleichheit genügen, natürlich nur in dem Gebiet, für welches die
Funktion definiert ist. Der Beweis unseres Satzes für Funktionen von
n Variablen ist nun dem Beweis für eine Variable vollständig analog.
Wir nennen die Gesamtheit aller Stellen $(u_1, u_2, \ldots, u_n)$, wofür
$a_\lambda \leqq u_\lambda \leqq a_\lambda + d_\lambda$ $(\lambda = 1, \ldots, n)$ und d_λ vorgeschriebene positive
Größen sind, einen gewissen <u>Bereich</u> [102] der Variablen $(u_1, u_2, \ldots$
$\ldots, u_n)$ und bezeichnen ihn mit

$$(a_1 \ldots a_1 + d_1, \quad a_2 \ldots a_2 + d_2, \quad \ldots, \quad a_n \ldots a_n + d_n).$$

Betrachten wir nun den Bereich

$$(\frac{\mu_1}{m} \ldots \frac{\mu_1 + 1}{m}, \quad \ldots, \quad \frac{\mu_n}{m} \ldots \frac{\mu_n + 1}{m}),$$

wo μ_λ alle möglichen positiven und negativen ganzzahligen Werte durchlaufen kann und m eine feste positive Zahl ist, so wird jede Stelle $(u_1, u_2, \ldots, u_n)$ einem und nur einem [103] dieser Bereiche angehören, 103 und die Gesamtheit derselben bildet unsere n-fache Mannigfaltigkeit. Da d_λ für alle λ einfach denselben Wert $\frac{1}{m}$ hat, so können wir den Bereich schon charakterisieren durch Angabe der Zahlen μ_λ $(\lambda = 1, \ldots, n)$. Denken wir uns in einem dieser Bereiche zwei Stellen $(u_1', \ldots, u_n')$ und $(u_1'', \ldots, u_n'')$ angenommen, so ist für diesen $|f(u_1', \ldots, u_n') - f(u_1'', \ldots, u_n'')|$ eine veränderliche Größe, hat also eine obere Grenze g, die in jedem der betrachteten Bereiche einen bestimmten Wert hat. Jetzt fassen wir diejenigen unserer Bereiche ins Auge, für welche die Funktion überhaupt definiert ist, die Anzahl derselben ist eine endliche, da die Funktion nur für ein endliches Kontinuum definiert ist. [104] Für jeden dieser Bereiche gibt es nun eine obere Grenze des abso- 104 luten Betrages der vorstehenden Differenz, und unter diesen wird es wieder eine oder mehrere geben, welche die größten sind. Es sei $(\frac{\mu_1}{m}, \frac{\mu_2}{m}, \ldots, \frac{\mu_n}{m})*$ einer dieser letzteren Bereiche, in denen g seinen größten Wert erreicht, so ist klar, daß, wenn wir jetzt auch das bisher als fest gedachte m variieren lassen, wir unendlich viele solcher Intervalle erhalten. Es muß somit mindestens eine Stelle $(a_1, a_2, \ldots$ $\ldots, a_n)$ geben, in deren jeder Nähe unendlich viele der definierten Stellen $(\frac{\mu_1}{m}, \ldots, \frac{\mu_n}{m})$ vorhanden sind. Fassen wir nun eine dieser Stellen $(a_1, \ldots, a_n)$ [105] ins Auge, so können wir wegen der vorausge- 105 setzten Stetigkeit eine Größe δ so bestimmen, daß, wenn $(u_1', u_2', \ldots$ $\ldots, u_n')$ und $(u_1'', \ldots, u_n'')$ dem Intervalle $(a_1-\delta \ldots a_1+\delta, \ldots, a_n-\delta$ $\ldots a_n+\delta)$ [106] angehören, $|f(u_1', \ldots, u_n') - f(u_1'', \ldots, u_n'')| < \varepsilon$ ist. Fer- 106 ner können wir der Bedeutung von $(a_1, a_2, \ldots, a_n)$ zufolge m so be- stimmen, daß der Bereich $(\frac{\mu_1}{m}, \ldots, \frac{\mu_n}{m})$ ganz innerhalb $(a_1-\delta \ldots a_1+\delta,$ $\ldots, a_n-\delta \ldots a_n+\delta)$ liegt, denn zuerst brauchen wir nur den Quotien- ten $\frac{\mu_\lambda}{m}$ so zu bestimmen, daß derselbe a_λ so nahe kommt wie man will, darauf können wir $\frac{1}{m}$ durch beliebige Vergrößerung von m kleiner als δ machen, dann aber liegen sowohl $\frac{\mu_\lambda}{m}$ als auch $\frac{\mu_\lambda+1}{m}$ innerhalb $(a_\lambda-\delta\ldots$ $\ldots a_\lambda+\delta)$, und die vorstehende Ungleichheit gilt somit dann für alle Stellen $(u_1', \ldots, u_n')$ und $(u_1'', \ldots, u_n'')$, die dem Bereich $(\frac{\mu_1}{m}, \ldots, \frac{\mu_n}{m})$ angehören; somit ist auch die größte Wertdifferenz in diesem Bereiche $g < \varepsilon$. In allen übrigen Bereichen ist aber diese Differenz $\leqq g$, also a fortiori $< \varepsilon$. Somit haben wir das gesamte Kontinuum, für welches die Funktion definiert ist, in eine Anzahl Teilbereiche derart zer-

---

* Wie wir von jetzt ab aus dem oben auseinandergesetzten Grunde kür- zer unsere Teilbereiche bezeichnen wollen.

legt, daß in jedem derselben die größte Wertschwankung der Funktion kleiner als die beliebig klein anzunehmende Größe ε ist. Nehmen wir jetzt eine beliebige Stelle $(a_1', \ldots, a_n')$ an, von der wir wissen, daß für sie die Funktion definiert ist, so können wir jetzt um sie in der Tat einen Bereich $(a_1' - d_1' \ldots a_1' + d_1'', \ldots, a_n' - d_n' \ldots a_n' + d_n'')$ abgrenzen, so daß für alle Stellen desselben die Differenz zweier Funktionswerte $< \varepsilon$ ist; dazu brauchen wir nur erst m so groß zu wählen, daß für alle Teilbereiche $(\frac{\mu_1}{m}, \ldots, \frac{\mu_n}{m})$ die größte Wertschwankung $< \frac{1}{2}\varepsilon$ ist, was wir nach dem Vorstehenden stets können, denn nehmen wir denjenigen dieser Teilbereiche, in dem $(a_1', \ldots, a_n')$ liegt, und wählen d_λ' und $d_\lambda'' < \frac{1}{2^m}$, dann gehört $(a_1'-d_1' \ldots a_1'+d_1'', \ldots)$ entweder dem Teilbereich $(\frac{\mu_1}{m}, \ldots, \frac{\mu_n}{m})$ allein oder diesem und $2^n - 1$ der $3^n - 1$ angrenzenden Teilbereiche gleichzeitig an. Im ersten Falle ist die Differenz zweier dem Intervall $(a_1'-d_1' \ldots a_1'+d_1'', \ldots)$ angehörigen Funktionswerte sogar $< \frac{1}{2}\varepsilon$, im letzteren, wo die beiden Argumentwerte also zwei verschiedenen der 2^n in Frage kommenden Teilbereiche angehören, sicher $< \varepsilon$. Da wir sonach um j e d e Stelle in dem Kontinuum, für welches die Funktion definiert ist, einen Bereich so abgrenzen können, daß in ihm die größte Wertschwankung beliebig klein wird, so ist hiermit die im Eingang des § aufgestellte Behauptung bewiesen, und zwar ist, um es nochmals hervorzuheben, die <u>gleichmäßige</u> Stetigkeit als eine Folge der Stetigkeit überhaupt hergeleitet worden.

B e i s p i e l :   Der Fall n = 2 (Ebene), $3^n - 1 = 8$, $2^n - 1 = 3$.

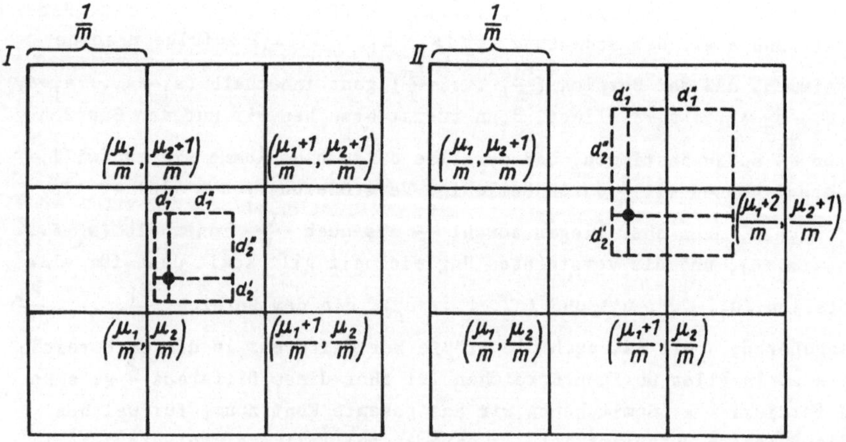

§ 8. Definition analytischer Gebilde im Gebiete von n Veränderlichen

Die vorstehenden Entwicklungen finden zunächst unmittelbare Anwendung nur auf eindeutige und stetige Funktionen, so z.B. /sic!/ auf die Funktionen, für welche wir im Eingang dieser Vorlesungen die Möglichkeit der Darstellung als Summen von unendlich vielen ganzen rationalen Funktionen nachgewiesen haben. Beiläufig bemerkt, können wir in diesem Falle die gleichmäßige Stetigkeit aus der dort nachgewiesenen gleichmäßigen Konvergenz direkt folgern. [107] Diese besagte nämlich, [107] daß man für jeden Wert des Arguments innerhalb eines bestimmten Intervalles (a...b) von $\sum g_n(x)$ eine bestimmte Anzahl von Gliedern $g_n(x)$ so absondern könne, daß für alle Werte des Arguments in diesem Intervall /der übrigbleibende Teil/ kleiner als eine beliebig vorgeschriebene kleine Größe ϵ_1 sei. Es ist somit für dieses Intervall

$$|f(x)| < |\sum_1^m g_n(x)| + \epsilon_1$$

oder

$$|f(x) - \sum_1^m g_n(x)| < \epsilon_1$$

und ebenso für einen zweiten Wert x' des Arguments in diesem Intervalle

$$|f(x') - \sum_1^m g_n(x')| < \epsilon_1,$$

also

$$|f(x) - f(x')| < \left|\sum_1^m g_n(x) - \sum_1^m g_n(x')\right| + 2\epsilon_1,$$

und da das erste Glied die Differenz zweier ganzer /ganzer rationaler/ Funktionen ist, also in dem Intervall stets zwei Werte x und x' so angenommen werden können, daß diese Differenz kleiner als die beliebig kleine Größe ϵ_2 ist, [108] so folgt, daß auch $|f(x) - f(x')|$ so [108] klein gemacht werden kann, als man will. Also stellt jede gleichmäßig konvergente Reihe auch eine gleichmäßig stetige Funktion dar.

Bei unseren bisherigen Betrachtungen war es erforderlich, stets den Bereich, innerhalb dessen die Funktion definiert ist, zu limitieren; ferner haben wir bis jetzt immer die Funktionen als eindeutig vorausgesetzt und angenommen, daß sie sich überall stetig ändern. Man kann nun den Begriff der Funktion verallgemeinern, indem man zunächst einzelne Stellen ausnimmt innerhalb des Gebietes, für welches die Funktion ursprünglich definiert ist, an denen die Funktion nicht mehr existieren soll, doch so, daß sie in jeder noch so großen Nähe derselben einen guten Sinn hat. Ferner braucht man die Forderung der

Eindeutigkeit nicht aufrechtzuerhalten, und wenn man auch die Voraussetzung der Stetigkeit fallen läßt, so kann man den Fall, wo die Funktion an einzelnen Stellen unbestimmt wird, unberücksichtigt lassen. Endlich könnte die Funktion an gewissen Stellen beliebig, ja unendlich viele Werte annehmen, sie brauchte sich sogar überhaupt an keiner Stelle stetig zu ändern. Das einzige, was für den Funktionsbegriff festgehalten zu werden brauchte, wäre, daß jedem bestimmten Werte des Arguments in irgendeiner vorgeschriebenen Weise eine endliche oder unendliche Anzahl von Funktionswerten entspräche. [109] Über Funktionen in diesem allgemeinen Verstande des Begriffs wollen wir aber hier nicht handeln; wir wollen vielmehr, die <u>Bedürfnisse der Analysis</u> ins Auge fassend, von der Betrachtung stetiger Funktionen von reellen Variablen ausgehend, zu dem <u>allgemeinen Begriff der analytischen Funktionen</u> zu gelangen suchen. [110] Deshalb verfolgen wir die Theorie der Funktionen mehrerer Variablen nur so weit, als es für diesen Zweck notwendig ist. Dies führt uns zu einer Untersuchung, [111] auf die wir deshalb hier näher eingehen wollen, weil der betreffende Gegenstand in den Lehrbüchern entweder gar nicht oder nicht in ausreichender Weise behandelt wird. Es handelt sich nämlich um die <u>Definition von Gebilden in einer n-fachen Mannigfaltigkeit</u>. In dem Sinne, in welchem das Wort in der Geometrie gebraucht wird, ist dasselbe eigentlich gleichbedeutend mit dem <u>Begriff einer wohldefinierten Punktmenge</u>, sei es wo diese aus einer endlichen oder unendlichen Anzahl von diskreten Punkten besteht, sei es wo die definierten Punkte einander kontinuierlich folgen. Um dies auf unseren Raum anzuwenden, kann man hier ein Gebilde definieren durch eine endliche oder unendliche Anzahl von diskreten Punkten; ferner durch eine kontinuierliche Folge von Punkten, als Linie oder Fläche oder endlich Körper. Endlich könnten wir diese Gebilde beliebig miteinander kombinieren. Reden wir aber von einem s t e t i g e n Gebilde im Gebiete einer n-fachen Mannigfaltigkeit, so ist, was wir darunter verstehen, nur in dem speziellen Falle unmittelbar klar, wo es sich um ein n-fach ausgedehntes Gebilde in dieser n-fachen Mannigfaltigkeit handelt, also wenn wir ein Kontinuum definieren, so wie wir es früher getan haben. [112] Im Raum also wäre unmittelbar nur zu definieren ein dreifach ausgedehntes Gebilde, dessen charakteristische Eigenschaft darin besteht, daß alle Punkte in der Umgebung eines demselben angehörigen Punktes ihm ebenfalls angehören. Will man für die Umgebung δ drei Dimensionen zuTage treten lassen, so definiere man sie als die Gesamtheit aller Wertsysteme (x_1, x_2, x_3), für die

$$a_k - \delta_k \leqq x_k \leqq a_k + \delta_k' \quad (k = 1, 2, 3)$$

ist; alsdann entspricht der Umgebung im Raum ein Parallelepiped. Alsdann also ist ein Gebilde desselben dadurch definiert, daß sich um jeden Punkt desselben ein solches Parallelepiped abgrenzen läßt, derart, daß alle Punkte desselben ebenfalls dem Gebilde angehören.

Schwieriger schon ist es, eine Fläche im Raum zu definieren. Die gewöhnlichen Definitionen einer solchen sind äußerst mangelhaft. Für den Anfänger pflegt man die Sache gewöhnlich folgendermaßen darzustellen. Man denke sich einen Körper, wie er in der Natur vorkommt, abstrahiere von dem Stoff, aus dem er besteht; was alsdann in der Vorstellung übrigbleibt, ist ein geometrischer Körper. Diese Definition leidet nun schon an dem Übelstand, daß wir in der Tat nicht wissen, ob das, was wir Körper nennen, etwas den Raum Erfüllendes ist, also nicht bestände aus ausgedehnten Punkten, die keinen Raum einnehmen, mit einem Wort: aus Atomen in der eigentlichen Bedeutung dieses Wortes.

Ein solcher Körper, fährt man nun fort, ist aber nur ein Teil des unendlichen Raumes, in welchem alle Dinge sind: die Grenze, die ihn von dem übrigen Raum trennt, definiert man als <u>Fläche</u>. Dies ist nun schon ein richtiges Taschenspielerstück, man schmuggelt den Begriff der Grenze ein, ohne ihn zuvor definiert zu haben. Selbst wenn man die Grenze als das definierte, von wo aus man sowohl in den Körper hinein als auch von ihm herausgelangen kann, so ist dazu die bisher nicht gegebene Definition des Punktes erforderlich. Weiter gelangt man zum Begriff der <u>Linie</u> und des <u>Punktes</u> als Grenzen von Flächen resp. von Linien. Man gelangt also schließlich erst zum Begriff des Punktes, den man vorher schon usurpiert hatte.

Es gibt nun noch eine andere Definition, die gleich von der Negation des Raumes ausgeht, indem man den Punkt als eine Stelle in ihm ohne alle Ausdehnung definiert. Durch Einführung des Begriffs der stetigen Ortsveränderung geht man vom Punkt zur Linie, von der Linie zur Fläche über, von der Fläche zum geometrischen Körper. Aber die Vorstellung des Punktes schon angenommen, liegt in dem Begriff der stetigen Ortsveränderung schon etwas Unbestimmtes. Denn wie soll man zu einer Kenntnis der Ortsveränderung gelangen, da man kein Mittel hat, sie zur Darstellung zu bringen, wozu man eines Raum- und eines Zeitmaßes bedürfte, was man natürlich hier nicht voraussetzen darf.

Wir sehen somit, daß alle Definitionen, auf welchen die Geometrie beruht, mehr oder weniger der Anschauung entnommen sind und sich auf Erfahrungen gründen, die wir durch Betrachtung der Außendinge in größerer oder geringerer Vollständigkeit zu machen Gelegenheit haben. Wenn man also in der Analysis solche <u>geometrische Anschauungsweise</u>

6 Weierstraß, Kap.

zugrunde legt, so verfährt man jedenfalls <u>nicht rein wissenschaft-</u>
<u>lich</u>, da man sie auf eine andere Weise begründen kann, wenn auch
nichts dagegen einzuwenden ist, wenn man die räumliche Vorstellung
als Versinnlichungsmittel zu Hilfe zieht.

Wir wollen nun vorläufig bei einer dreifachen Mannigfaltigkeit stehenbleiben und eine Definition einer Fläche in ihr zu geben versuchen.
Schon lange hat man die Mangelhaftigkeit der gewöhnlichen Erklärung
anerkannt und versucht, über dieselbe hinwegzukommen, zu welchem
113 Zweck [113] man sogar eine Geometrie konstruiert hat, die nicht auf
drei Dimensionen begrenzt ist und von der man dann sagen kann, daß
sie für den Spezialfall von drei Dimensionen Verhältnisse darbietet,
die innerhalb der Wirklichkeit Analoga darbietet, so daß innerhalb
der Grenzen unserer Erfahrung die Erscheinungen und Gestaltungen, wie
sie sich in der körperlichen Welt vorfinden, als übereinstimmend gedacht werden können mit den Gestaltungen, zu denen wir auf diesem
Wege auf rein spekulative Art und Weise gelangen. Man hat nun in der
Geometrie den <u>Begriff des Abstandes</u> zweier Punkte als denjenigen anerkannt, der sich am leichtesten definieren läßt und auf den sich
wirklich gute Erklärungen gründen lassen. Allerdings muß man dabei
von der Vorstellung ausgehen, daß es etwas festes gebe; es muß feststehen, was es heißt, daß zwei Punkte a und b bei allen Lageänderun-
gen, die sie annehmen können und von denen man gar nicht vorauszusetzen braucht, daß sie stetige seien, in demselben Abstand voneinander bleiben. Setzt man die Existenz eines festen materiellen Körpers voraus, so können wir die Vorstellung von zwei solchen Punkten
fassen. Dies vorausgesetzt kann man die Kugelfläche als die Gesamtheit aller Punkte definieren, die ein Punkt b einnimmt, wenn er von
einem festen Punkt a einen und denselben Abstand hat. Es kommt nun
darauf an, zu definieren, was man, wenn zwei Abstände gegeben sind,
unter dem kleineren und dem größeren zu verstehen hat. Stellt man
sich die Kugelfläche als eine Fläche vor, die den Raum in zwei Teile
schneidet, so daß in dem einen Teil der feste Punkt a, der Mittelpunkt der Kugel, liegt, so sagt man von allen Punkten, die im Innern
der Kugelfläche liegen, daß ihr Abstand von a kleiner sei als der Abstand der Punkte auf ihr von a, und von allen Punkten außerhalb der
Kugelfläche, daß ihr Abstand von a größer sei als der Abstand der Ku-
gel/fläche/ von a. Eine andere Definition des Größer- oder Kleinerseins,
die nicht schon die Definition der Kugelfläche voraussetzt, kann man
folgendermaßen geben:

Zwei Punkte a und b, die einen festen Abstand voneinander haben, können in unendlich viele begrenzte Räume gebracht werden; sind ferner

zwei Punkte c und d gegeben, die ebenfalls einen festen Abstand voneinander haben sollen, so soll dieser Abstand größer als jener heißen,
wenn beide Punkte c, d innerhalb eines begrenzten Raumteiles nicht gebracht werden können, innerhalb dessen a und b gebracht werden können.
Jedenfalls muß der Begriff des Größer-, Gleich- und Kleinerseins von
zwei Strecken feststehen. Dies festgestellt, kann man nun mit großer
Leichtigkeit mannigfaltige Definitionen in der Geometrie geben. So
kann man zunächst die Ebene definieren als die Gesamtheit aller Punkte, die von den festen Punkten a und b Abstände haben, die einander
gleich sind. Die Gesamtheit aller Punkte, die von zwei festen Punkten einander gleiche Abstände haben und in einer Ebene liegen, kann
man gerade Linie nennen. [114] Auf Grund derselben Voraussetzung, in- **114**
dem man eine neue Hypothese zuzieht, kann man weiter definieren, was
es heißt, drei Punkte a, b, c liegen in einer geraden Linie. Sind die
beiden festen Punkte a, b gegeben und ist c ein veränderlicher Punkt,
der aber von dem einen, z. B. von b, stets einen und denselben Abstand hat, so sagen wir, daß es zwei Lagen von c gibt, in denen der
Abstand des Punktes c von a ein Maximum bzw. ein Minimum ist. In diesen Lagen nun, sagen wir, liegt c mit a und b auf einer Geraden, und
wir definieren die Gesamtheit aller Punkte, die diesen Maximal- und
Minimallagen entsprechen, wenn wir den festen Abstand des Punktes c
von b variieren lassen, als die Gerade, die durch a und b geht. Aber
man kann gar nicht beweisen, daß es ein solches Gebilde gibt, während
die erste Definition vollständig zulässig ist. So hat z. B. LOBA-
TSCHEWSKY auf sie eine Geometrie gegründet. [115] Der Beweis, daß die **115**
Gerade zwischen zwei Punkten der kürzeste Abstand sei, ist schwer,[116] **116**
indes wollen wir hier darauf nicht eingehen; es kam uns nur darauf
an, die bestehenden Schwierigkeiten ins Licht zu setzen. Von einer
Linie hat man nun die folgende Definition gegeben: Eine Linie ist
ein Gebilde, dessen Punkte die Eigenschaft haben, daß, wenn man um
sie mit hinreichend kleinem Radius eine Kugel beschreibt, die Anzahl
der Punkte dieser Kugelfläche, welche dem Gebilde angehören, endlich
ist. In den meisten Fällen bleibt diese Definition ja zutreffend, indes um ein beliebig verzweigtes Liniengebilde darzustellen, reicht
sie nicht aus. Man kann nämlich lineare Gebilde angeben, [117] bei denen **117**
die Anzahl der genannten Punkte unendlich groß ist, und dies, so nahe man auch die Kugelfläche dem Mittelpunkt derselben, d. h. dem Kur-
venpunkte, bringt, je kleiner also der Radius der Kugel genommen wird.
Die Fläche hat man ferner in folgender Weise zu definieren gesucht:
Nachdem man die einfache Linie definiert hat, kommt man bald zu der
Vorstellung der geschlossenen Linie. Dies vorausgesetzt, definiert
man eine Fläche als ein Gebilde, dessen Punkte die Eigenschaft haben,

daß, wenn man um einen derselben eine Kugel mit hinreichend kleinem
Radius beschreibt, die Punkte der letzteren, die dem Gebilde angehören, eine oder mehrere geschlossene Linien bilden, deren Anzahl aber
endlich ist. Aber auch dies trifft nicht zu, indem man sich Flächen
bilden kann, bei denen die Anzahl jener geschlossenen Linien beliebig groß ist. Es wäre aber gegen eine solche Definition nichts einzuwenden, wenn man sich von vornherein auf die Betrachtung von solchen Linien und Flächen beschränkte, welche die genannte Eigenschaft
haben. Auf alle diese Definitionen wollen wir aber hier nicht weiter
eingehen, sondern eine <u>rein analytische Definition des Gebildes</u> geben:

Es seien zwei Größenpaare x_1, x_2 und u_1, u_2 durch die Gleichungen
verbunden

$$x_1 = f_1(u_1,u_2), \quad x_2 = f_2(u_1,u_2).$$

Nehmen wir u_1, u_2 in einer kontinuierlichen zweifachen Mannigfaltigkeit an, und sind f_1, f_2 eindeutige und stetige Funktionen, so wird
jedem Punkte (u_1, u_2) ein Punkt (x_1, x_2) zugeordnet. Die Gesamtheit
dieser Punkte gehört also wieder einer zweifachen Mannigfaltigkeit
an, weshalb man sie als ein zweifach ausgedehntes Gebilde im Gebiete
einer zweifachen Mannigfaltigkeit bezeichnen kann. Die Gesamtheit
der Punkte (x_1, x_2) braucht aber nicht das zu sein, was wir früher
als ein Kontinuum bezeichnet haben, z. B. wenn wir setzen

$$x_1 = \sin u_1, \quad x_2 = \sin u_2,$$

wo x_1 und x_2 nur Werte annehmen, die zwischen -1 und +1 liegen und
wo unendlich vielen Werten von u_1 und u_2 derselbe Punkt (x_1, x_2) ent-
118 spricht. [118]

Gehen wir jetzt dazu über, ein analytisches Gebilde im Gebiete einer
dreifachen Mannigfaltigkeit zu definieren durch die Gleichungen

$$x_1 = f_1(u_1,u_2), \quad x_2 = f_2(u_1,u_2), \quad x_3 = f_3(u_1,u_2),$$

so stellt dieses ein Gebilde zweiter Stufe in der dreifachen Mannigfaltigkeit dar. Interpretieren wir die dreifache Mannigfaltigkeit als
den Raum, so ist dies Gebilde eine <u>Fläche im Raum</u>. Und in der Tat ist
diese Definition einer Fläche wohl die umfassendste, die man geben
kann. Da wir angenommen haben, daß der Punkt (u_1, u_2) einem Kontinuum einer zweifachen Mannigfaltigkeit angehört, so können wir von einem Punkte des Kontinuums einen stetigen Übergang zu einem anderen
Punkte desselben machen; einem solchen entspricht aber, falls wir
die Funktionen f_1, f_2, f_3 als im allgemeinen stetig voraussetzen, ein
stetiger Übergang von einem Punkt der Fläche zu einem anderen. Anders

ausgedrückt können wir diese Tatsache einfach so aussprechen: Machen
wir für zwei Punkte der zweifachen Mannigfaltigkeit einen stetigen
Übergang, so erhalten wir eine Reihe von ineinandergreifenden Umgebungen; alsdann entsprechen diesen Umgebungen Teile der Fläche, die
ebenfalls immer ineinandergreifen.

Wir wollen nun unsere Definition des analytischen Gebildes auf eine
beliebige n-fache Mannigfaltigkeit ausdehnen: [119] Zunächst betrach- 119
ten wir in dieser n stetige Funktionen:

$$x_\lambda = f_\lambda(u_1, u_2, \ldots, u_n) \quad (\lambda = 1, 2, \ldots, n);$$

alsdann haben wir es mit einem Gebilde n-ter Stufe im Gebiete der n-
fachen Mannigfaltigkeit zu tun, welches aus einem oder mehreren Kon-
tinuis bestehen kann. Beschränken wir die u auf einen kleinen Bereich,
so wird diesem im allgemeinen auch ein n-fach ausgedehnter kleiner Bereich entsprechen, dem der Punkt $(x_1, x_2, \ldots, x_n)$ angehört.

Definieren wir nun ein Gebilde in einer n-fachen Mannigfaltigkeit
durch die Gleichungen

$$x_\lambda = f_\lambda(u_1, u_2, \ldots, u_m) \quad (\lambda = 1, 2, \ldots, n) \quad m < n,$$

so stellt uns dies ein <u>Gebilde m-ter Stufe in einer n-fachen Mannig-
faltigkeit</u> dar. Speziell für den Raum, d. h. für eine dreifache Mannigfaltigkeit, ist eine <u>Linie ein Gebilde erster Stufe</u>, eine <u>Fläche
ein Gebilde zweiter Stufe</u>.

Es entsteht nun aber im weiteren Verfolg dieser Definition eine Schwierigkeit, von der man nicht sofort sieht, wie sie zu beseitigen ist:
Liegt z. B. das Gleichungssystem vor:

$$x_1 = f_1(u_1 + u_2), \quad x_2 = f_2(u_1 + u_2),$$

so stellt dieses nach der Definition ein Gebilde zweiter Stufe in einer zweifachen Mannigfaltigkeit dar. Aber wir sehen ohne weiteres,
daß es unendlich viele Wertsysteme (u_1, u_2) gibt, die denselben Punkt
(x_1, x_2) hervorbringen, und schreiben wir

$$x_1 = f_1(v), \quad x_2 = f_2(v),$$

so sehen wir, daß wir es in Wahrheit nur mit einem Gebilde erster
Stufe in der zweifachen Mannigfaltigkeit zu tun haben. Der Unterschied der beiden Darstellungen ist nur ein formaler, und das wesentliche bei jener ersten Darstellung besteht darin, daß man in jeder
beliebigen Nähe eines Wertsystems (a_1, a_2), das einen bestimmten
Punkt (x_1, x_2) hervorbringt, beliebig viele andere Wertsysteme
(u_1, u_2) finden kann, die dasselbe leisten.

Ähnliches kann nun selbstverständlich bei jeder beliebigen Mannigfaltigkeit eintreten, z. B. stellen uns die Gleichungen

$$x_1 = f_1(u_1 + u_2 + u_3), \ldots, x_4 = f_4(u_1 + u_2 + u_3)$$

scheinbar ein Gebilde dritter Stufe in der vierfachen Mannigfaltigkeit, in Wirklichkeit aber nur ein solches erster Stufe in der letzteren dar. Es ist dies nun offenbar eine Inkonvenienz unserer Definition des Gebildes, so daß man also einen <u>Unterschied zwischen eigentlichen und uneigentlichen Gebilden</u> m-ter Stufe im Gebiete von n Variablen zu machen haben wird. Es fragt sich nun, welche Eigenschaften
die Funktionen f_λ haben müssen, damit durch unser Gleichungssystem
120 ein eigentliches Gebilde dargestellt werde. [120] Dies hat keine
Schwierigkeit, solange wir uns auf <u>analytische Funktionen</u> beschränken, d. h. auf Funktionen, die sich in der Nähe einer Stelle $(a_1, \ldots$
$\ldots, a_m)$ durch Potenzen von $u_1 - a_1$, $u_2 - a_2$, $\ldots$, $u_m - a_m$ darstellen
lassen, ein Fall, der später als der <u>weit wichtigste</u> erkannt werden
wird; er wird uns darauf führen, wie wir die eben genannten Schwierigkeiten beseitigen können. Was wir von vornherein sagen können ist,
daß jedenfalls die Funktionen f_1, f_2, $\ldots$, f_n gewissen Beschränkungen
unterliegen müssen, wenn wir vermittelst ihrer ein eigentliches Gebilde m-ter Stufe definieren wollen. In dem Falle, wo die f_λ sämtlich
analytische Funktionen sind, ergibt sich nun leicht, daß unter den
<u>Funktionaldeterminanten</u>

$$\left| \frac{\partial f_\lambda}{\partial u_\mu} \right| \qquad (\lambda, \ \mu = 1, \ 2, \ \ldots, \ m),$$

deren wir ja aus unserem Funktionensystem f_1, $\ldots$, f_n so viele bilden
können als es Kombinationen der Zahlen 1, 2, $\ldots$, n zu m gibt, mindestens eine von Null verschieden sei, d. h. nicht identisch gleich
Null sei. Ist diese Bedingung erfüllt, so kann man sehr leicht beweisen, daß, wenn man von einer Stelle $(a_1, \ldots, a_m)$ zu einer unendlich
benachbarten $(a_1+h_1, \ldots, a_m+h_m)$ übergeht, man zu Werten für f_λ kommt,
so daß nicht alle Funktionen ihre Werte <u>nicht</u> ändern. Denn daß dies
möglich ist, haben wir schon an mehreren obigen Beispielen gesehen.

Wir werden nun den eben erörterten Satz zunächst für analytische
Funktionen reeller Veränderlicher nachweisen und untersuchen, wie man
diese Bedingung auf stetige Funktionen überhaupt, d. h. willkürliche
121 Funktionen reeller Variablen, übertragen kann. [121] Denn von einer
Funktionaldeterminante kann hier offenbar nicht mehr die Rede sein.
Nun kommt man bei analytischen Untersuchungen sehr oft auf Fragen,
bei denen die Funktionaldeterminante eine Rolle spielt, und da kommt
man dann bei willkürlichen Funktionen in Verlegenheit, was man dort

an die Stelle der Funktionaldeterminanten setzen soll, wo von Ableitungen aller Ordnungen nicht die Rede ist. - Wir werden finden, daß
sich die notwendigen und hinreichenden Bedingungen dafür, daß unser
Gebilde ein eigentliches sei, folgendermaßen ausdrücken lassen:

Beschränken wir uns zunächst auf ein Gebilde n-ter Stufe in einer
n-fachen Mannigfaltigkeit

$$x_\lambda = f_\lambda(u_1,\ldots,u_n) \qquad (\lambda = 1, \ldots, n),$$

so kann, wie schon erwähnt, bei unendlich kleinen Änderungen der Argumente die Stelle $(x_1, \ldots, x_n)$ sich ebenfalls - unendlich wenig -
ändern oder ungeändert bleiben. Ist z. B., wenn n = 2 ist,

$$x_1 = (au_1+bu_2)\, f_1(u_1,u_2), \qquad x_2 = (au_1+bu_2)\, f_2(u_1,u_2),$$

wo f_1 und f_2 an der Stelle $u_1 = 0$, $u_2 = 0$ endlich bleiben mögen, so
werden x_1 und x_2 gleich Null sein für alle Wertsysteme von u_1, u_2,
wofür

$$u_1 = bt, \qquad u_2 = - at$$

ist, also für unendlich viele, da man dem t beliebig viele Werte beilegen kann. Trotzdem überzeugen wir uns in diesem Falle leicht, daß
die Funktionaldeterminante nicht verschwindet, daß also das Gebilde
ein eigentliches ist. In der Tat ist in dem vorliegenden Falle diese
Singularität nur an der Stelle $u_1 = 0$, $u_2 = 0$ vorhanden, [122] nicht   [122]
aber an jeder beliebigen, wie in den früheren Beispielen.

Es wird sich nun als notwendige und hinreichende Bedingung dafür, daß
wir es wirklich mit einem Gebilde m-ter Stufe im Gebiete von n Veränderlichen zu tun haben, wenn ein Gleichungssystem

$$x_\lambda = f_\lambda(u_1,\ldots,u_m) \qquad (\lambda =1, \ldots, n) \qquad (n > m)$$

vorliegt, die folgende Bedingung ergeben, daß, wenn ein Wertsystem
$(x_1, x_2, \ldots, x_n)$ vorliegt, sich innerhalb eines kontinuierlichen Bereiches [123] nur eine endliche Anzahl von Systemen $(u_1, u_2, \ldots, u_m)$ [123]
bestimmen lasse, für welche m der Funktionen f_λ die Werte x_λ annehmen. Diese Bedingung umfaßt jene bei analytischen Funktionen auf eine Eigenschaft der Funktionaldeterminanten gegründete. Im allgemeinen ist nur erforderlich, daß, wenn n Funktionen f_λ von m Veränderlichen vorliegen, sich diese nicht als Funktionen einer geringeren
Anzahl von Variablen darstellen lassen, und diese Bedingung wird erfüllt, wenn dem angeführten Kriterium genügt ist. Noch ist zu bemer-
ken, daß an einzelnen Stellen diese Kriterien nicht erfüllt sein
können, ohne daß deshalb das Gebilde aufhört, von der m-ten Stufe zu
sein, wie es ja bei unserem letzten Beispiel der Fall war.

/Dienstag,7 29. 6. 1886

§ 9. Einige Hilfssätze aus der Theorie der analytischen Funktionen

Wir wollen im folgenden einige funktionentheoretische Sätze beweisen,
die uns Kriterien dafür liefern werden, ob wir es wirklich mit Gebilden der Stufe zu tun haben, welche die analytische Darstellung auf
den ersten Blick anzudeuten scheint, oder nicht.

Sei $f(x)$ eine ganze /ganze rationale7 Funktion von x, also

$$f(x) = a_o + a_1 x + \ldots + a_n x^n, \quad \text{dann ist}$$

$$f(y) - f(x) = (y - x)\{a_1 + a_2(x + y) + a_3(x^2 + xy + y^2) + \ldots\},$$

wo als Multiplikator von $(y - x)$ eine ganze Funktion von x und y auftritt,
die für $y = x$ in die Ableitung von $f(x)$ nach x übergeht. Genau so ist
es, wenn $f(x)$ nicht mehr eine ganze /ganze rationale7 Funktion von x,
sondern eine Potenzreihe von x ist, und ferner, wenn wir es mit Potenzreihen mehrerer Veränderlicher zu tun haben. Es sei $F(x_1,\ldots,x_n)$
eine solche, so setzen wir:

$$F(y_1,x_2,\ldots,x_n) - F(x_1,x_2,\ldots,x_n) = (y_1-x_1)F_1(x_1,\ldots,x_n;y_1),$$

wo natürlich alle auftretenden Variablen auf den Konvergenzbereich
der Potenzreihe zu beschränken sind; ferner sei

$$F(x_1,y_2,x_3,\ldots,x_n) - F(x_1,x_2,x_3,\ldots,x_n) = (y_2-x_2)F_2(x_1,\ldots,x_n;y_2)$$
$$\vdots \qquad\qquad\qquad\qquad\qquad\qquad \vdots$$
$$F(x_1,x_2,\ldots,x_{n-1},y_n) - F(x_1,x_2,\ldots,x_{n-1},x_n) = (y_n-x_n)F_n(x_1,\ldots,x_n;y_n).$$

Hier sind alle rechter Hand auftretenden Potenzreihen Funktionen, die
für $y_\lambda = x_\lambda$ in $\frac{\partial F}{\partial x_\lambda}$ übergehen. Aus den vorstehenden Gleichungen ergibt
sich

$$F(y_1,x_2,x_3,\ldots,x_n) - F(x_1,x_2,\ldots,x_n) = (y_1-x_1)F_1(x_1,\ldots,x_n,y_1)$$
$$F(y_1,y_2,x_3,\ldots,x_n) - F(y_1,x_2,\ldots,x_n) = (y_2-x_2)F_2(y_1,x_2,\ldots,x_n,y_2)$$
$$\vdots \qquad\qquad \vdots \qquad\qquad \vdots$$
$$F(y_1,y_2,\ldots,y_n) \quad - F(y_1,\ldots,y_{n-1}x_n) = (y_n-x_n)F_n(y_1,y_2,\ldots,y_{n-1}x_n y_n)$$

also durch Addition

$$F(y_1,y_2,\ldots,y_n) - F(x_1,x_2,\ldots,x_n)$$
$$= \sum_{\nu=1}^{n} (y_\nu - x_\nu)\, F(y_1,\ldots,y_{\nu-1}x_\nu,\ldots,x_n;y_\nu).$$

Setzt man alle y den x gleich, so gehen die Funktionen, die als Koeffizienten der $(y_\nu - x_\nu)$ auftreten, in $\frac{\partial F}{\partial x_\nu}$ über.

Dies vorausgeschickt, sei ein System von n Funktionen f_1, f_2, ..., f_n von x_1, x_2, ..., x_n gegeben; es sei

$$f_\lambda = a_\lambda + \sum_{\mu=1}^{n} a_{\lambda\mu} x_\mu + [x_1, x_2, ..., x_n]_\lambda \qquad (\lambda = 1, 2, ..., n),$$

wo die Parenthese $\underline{/}$Klammer$\underline{7}$ die Glieder der zweiten und der höheren Dimensionen zusammenfaßt. Ferner sei

$$f_\lambda(y_1, y_2, ..., y_n) - f_\lambda(x_1, ..., x_n)$$

$$= \sum_{\mu=1}^{n} (y_\mu - x_\mu) \overline{f}_{\lambda\mu}(y_1, ..., y_{\mu-1} x_\mu, ..., x_n; y_\mu).$$

Bezeichnen wir

$$\frac{\partial f_\lambda}{\partial x_\mu} \qquad \text{mit} \qquad f_{\lambda\mu}(x_1, x_2, ..., x_n),$$

so ist, wie leicht ersichtlich,

$$f_\lambda(y_1, y_2, ..., y_n) - f_\lambda(x_1, x_2, ..., x_n)$$

$$= \sum_{\mu=1}^{n} (y_\mu - x_\mu)\{f_{\lambda\mu}(x_1, ..., x_n) + \overline{f}_{\lambda\mu}(x_1, ..., x_n \ y_1, ..., y_n)\},$$

wo $\overline{f}_{\lambda\mu}$ mit $(y_\nu - x_\nu)$ $(\nu = 1, 2, ..., \mu)$ gleichzeitig verschwindet. Setzen wir $x_\lambda = 0$ $(\lambda = 1, 2, ..., n)$, so geht $f_{\lambda\mu}$ in $a_{\lambda\mu}$ über; somit ist

$$\overline{f}_{\lambda\mu} = a_{\lambda\mu} + [x_1, ..., x_n, y_1, ..., y_n]_{\lambda\mu}^{(')},$$

wo in der Parenthese alles zusammengefaßt ist, was mit den x und y gleichzeitig verschwindet.

Ist es nun möglich, daß in einer gewissen Umgebung der Nullstelle zwei Wertsysteme $(x_1, x_2, ..., x_n)$, $(y_1, ..., y_n)$ existieren, die für unser Funktionensystem dieselben Werte liefern, so ist also

$$0 = \sum_{\mu=1}^{n} (y_\mu - x_\mu) \overline{f}_{\lambda\mu} \qquad (\lambda = 1, 2, ..., n),$$

und damit dieses System linearer homogener Gleichungen in $(y_\mu - x_\mu)$ $\underline{/}$keine$\underline{7}$ [124] Lösungen habe, die von Null verschieden seien, ist not- [124] wendig und hinreichend, daß

$$|\overline{f}_{\lambda\mu}| \gtrless 0 \qquad (\lambda, \mu = 1, ..., n)$$

sei. Denkt man sich diese Determinante nach Potenzen von x_1, ..., x_n entwickelt, so ist das absolute Glied gleich $|a_{\lambda\mu}|$ $(\lambda, \mu = 1, ..., n)$, und von dieser Determinante wollen wir annehmen, daß sie von Null verschieden sei; dann nämlich können wir offenbar für die Veränderlichen Grenzen feststellen, daß auch $|\overline{f}_{\lambda\mu}| \gtrless 0$ innerhalb derselben sei; in diesem Falle aber ist das vorstehende Gleichungssystem nur durch $y_\mu = x_\mu$ ($\mu = 1, \ldots, n$) zu befriedigen. Somit haben wir folgenden, <u>äußerst wichtigen Satz</u> gewonnen: ^{125}

Es sei ein durch n Potenzreihen dargestelltes System von n Funktionen gegeben; reduzieren wir diese auf die Glieder der ersten Dimension, so erhalten wir n lineare homogene Funktionen von $x_1, x_2, \ldots, x_n$; ist die Determinante derselben

$$|a_{\lambda\mu}| \gtrless 0,$$

so kann man immer eine solche Umgebung der Nullstelle angeben, daß in ersterer zu zwei verschiedenen Wertsystemen der ($x_1, x_2, \ldots, x_n$) zwei verschiedene Wertsysteme der Funktionen gehören. Handelt es sich um die Umgebung einer anderen Stelle ($a_1, a_2, \ldots, a_n$), so kann man, wenn die $f_\lambda(x_1, \ldots, x_n)$ eindeutig definierte analytische Funktionen sind, diesen Fall durch die Substitution $x_\lambda = a_\lambda + \xi_\lambda$ ($\lambda = 1, \ldots, n$) auf den vorigen zurückführen. Die Bedingung wird hier nur

$$|f_{\lambda\mu}(a_1, \ldots, a_n)| \gtrless 0.$$

Es ist von selbst klar, daß die Stellen, für welche diese Determinante von Null verschieden ist, ein Kontinuum bilden; denn man kann von einer solchen Stelle, da die in Rede stehende Determinante eine stetige Funktion der $x_1, \ldots, x_n$ ist, durch eine Reihe von Umgebungen immer zu einer anderen Stelle gelangen, welche dieselbe Eigenschaft hat, selbst wenn die Anzahl der Stellen, für welche die Determinante verschwindet, unendlich groß sein sollte, falls sie nur nicht identisch verschwindet. Dies ist der Fall, wenn die Stellen, wofür die Determinante gleich Null ist, ein Kontinuum bilden; denn im entgegengesetzten Falle, wo die Stellen, in denen jene $\gtrless 0$ ist, ein (oder mehrere) Kontinuum (-a) bilden, müssen sich in jeder Umgebung einer Nullstelle derselben Stellen angeben lassen, für die die Determinante einen von Null verschiedenen Wert hat. Ist die Determinante identisch $= 0$, so folgt aus der vorstehenden Deduktion, daß es in jeder Umgebung einer Stelle unendlich viele andere Wertsysteme geben müsse, für die das Funktionensystem dieselben Werte annimmt.

/Mittwoch,/ 30. 6. 1886

§ 10. Untersuchung des Falles, daß die Funktionaldeterminante überall identisch verschwindet

Wir wenden uns nun zu der Betrachtung des Falles, daß die Funktionaldeterminante identisch verschwindet, wozu natürlich nur erforderlich ist, daß sie innerhalb eines noch so kleinen Teiles des Kontinuums, für welche die Funktionen definiert sind, verschwinde. Es sei μ eine Zahl, welche die Anzahl der vorhandenen Funktionen und der unabhängigen Variablen nicht übersteigt; alsdann kann man aus μ der Funktionen unter Zugrundelegung von μ beliebigen der unabhängigen Veränderlichen, die natürlich sämtlich voneinander verschieden sein müssen, partielle Funktionaldeterminanten [126] der μ-ten Ordnung bilden. Fer-[126] ner erinnern wir an folgende analytische Tatsache:

Es sei gegeben eine gewisse Anzahl von Potenzreihen:

$$P_\lambda(x_1,\ldots,x_n,x_{n+1},\ldots,x_{n+r}) \qquad (\lambda = 1, \ldots, n).$$

Setzt man

$$P_\lambda(x_1,\ldots,x_n,x_{n+1},\ldots,x_{n+r}) = 0 \qquad (\lambda = 1, \ldots, n),$$

so kann man sich die Aufgabe stellen, alle Wertsysteme der x, die eine gewisse Grenze nicht überschreiten, zu finden, welche diesen Gleichungen genügen. Alsdann können wir schreiben: [127]   [127]

$$
\begin{aligned}
&P_\lambda(x_1,\ldots,x_n,x_{n+1},\ldots,x_{n+r}) \\
&= \sum_{\mu=1}^{n} a_{\lambda\mu}x_\mu + \sum_{\nu=1}^{r} a_{\lambda,n+\nu}x_{n+\nu} + P_\lambda^{(2)}(x_1,\ldots,x_{n+r}) = 0.
\end{aligned}
$$

Ist nun $|a_{\lambda\mu}| \gtrless 0$ $(\lambda,\mu = 1, \ldots, n)$, so können wir nach einem bekannten analytischen Satz x_1, x_2, $\ldots$, x_n als Funktionen der übrigen r Größen x in Form von Potenzreihen darstellen. Dies geschieht folgendermaßen:

Man setze das vorstehende Gleichungssystem an, berücksichtige aber nur die Glieder der ersten Dimension, wodurch man erhält:

$$x_\lambda = \sum_{\nu=1}^{r} b_{\lambda\nu}x_{n+\nu} + \overline{P}_\lambda^{(2)}(x_1,x_2,\ldots,x_{n+r}) \qquad (\lambda = 1, 2, \ldots, n).$$

Das Aggregat der Glieder erster Dimension stellt die erste Annäherung dar. Setzt man

$$x_\lambda = \sum_{\nu=1}^{r} b_{\lambda\nu}x_{n+\nu} + x_\lambda' \qquad (\lambda = 1, 2, \ldots, n),$$

wo x_λ' also die Korrektion darstellt, so erhält man für die x_λ' Gleichungen, deren absolute Glieder mit Gliedern der zweiten Dimension bezüglich x_{n+1}, $\ldots$, x_{n+r} beginnen; so weiter fortfahrend, erhält man beliebig viele Glieder der Potenzreihen, und man weist von diesen nach, daß sie in einem gewissen Bereich konvergieren und alle Wertsysteme in der Umgebung der Nullstelle darstellen.

Es sei nun gegeben

$$x_\lambda = f_\lambda(u_1, u_2, \ldots, u_n) \qquad (\lambda = 1,\, 2,\, \ldots,\, n).$$

Innerhalb eines gewissen Bereiches soll die Funktionaldeterminante identisch verschwinden. Alsdann sei die m-te Ordnung die erste, welche nicht verschwindende partielle Funktionaldeterminanten enthält, und zwar nehmen wir an, daß dies unter anderem auch mit den Funktionen f_1, $\ldots$, f_m und den Variablen u_1, $\ldots$, u_m der Fall sei, weil wir im entgegengesetzten Falle einfach die Bezeichnung dementsprechend ändern könnten; denn daß einmal nicht mehr alle Partialdeterminanten verschwinden können, geht daraus hervor, daß aus $\dfrac{\partial f_\lambda}{\partial u_\mu} = 0$ ($\lambda, \mu = 1$, 2, $\ldots$, n) folgen würde, daß die Funktionen sämtlich Konstanten seien. Wir nehmen nun irgendein Wertsystem $(a_1, \ldots, a_n)$, wofür $\left|\dfrac{\partial f_\lambda}{\partial u_\mu}\right| \gtrless 0$ ist; denn bisher haben wir nur angenommen, daß diese Determinante nicht identisch verschwände, und setzen

$$u_\lambda = a_\lambda + v_\lambda \qquad (\lambda = 1,\, \ldots,\, n)$$

$$f_\lambda = b_\lambda + \xi_\lambda \qquad (\lambda = 1,\, \ldots,\, n), \quad \text{wo} \quad b_\lambda = f_\lambda(a_1, \ldots, a_n) \quad \text{ist.}$$

Dann sei

$$\xi_\lambda = f_\lambda(a_1+v_1, \ldots, a_n+v_n) - b_\lambda = F_\lambda(v_1, v_2, \ldots, v_n) \qquad (\lambda = 1, \ldots, n),$$

wo F_λ mit v_μ ($\lambda, \mu = 1, \ldots, n$) verschwindet. Nun sind offenbar die von den F_λ nach den v_μ gebildeten Funktionaldeterminanten identisch mit den von den f_λ nach den u_μ gebildeten; also ist auch $\left|\dfrac{\partial F_\lambda}{\partial v_\mu}\right|$ ($\lambda, \mu = 1$, $\ldots$, m) nicht identisch = 0, also auch nicht für $v_\mu = 0$ ($\mu = 1, \ldots, m$), das $(a_1, \ldots, a_m)$ entspricht; und es sei

$$\sum_{\mu=0}^{m} a_{\lambda\mu} v_\mu + \sum_{\mu=m+1}^{n} a_{\lambda\mu} v_\mu + \ldots - \xi_\lambda = 0 \qquad (\lambda = 1,\, 2,\, \ldots,\, m).$$

Alsdann können wir, da nach Voraussetzung $|a_{\lambda\mu}| \gtrless 0$ ist, aus diesem Gleichungssystem v_1, $\ldots$, v_m durch v_{m+1}, $\ldots$, v_n und durch ξ_1, $\ldots$, ξ_m ausdrücken, so daß also

$$v_\lambda = \phi_\lambda(\xi_1,\, \ldots,\, \xi_m;\, v_{m+1},\, \ldots,\, v_n) \qquad (\lambda = 1,\, 2,\, \ldots,\, m)$$

ist, und es läßt sich beweisen, daß nach Feststellung gewisser Grenzen für v und ξ alle innerhalb derselben liegenden Wertsysteme durch diese Formeln geliefert werden. Jetzt denken wir uns diese Werte in $F_{m+v}(v_1,\ldots,v_n)$ eingesetzt (v = 1, ..., n-m), dann erhalten wir dadurch die Ausdrücke für ξ_{m+v} durch ξ_1, ..., ξ_m, v_{m+1}, ..., v_n. Es soll nun bewiesen werden, daß unter den gemachten Voraussetzungen die Ausdrücke für ξ_{m+v} von v_{m+1}, ..., v_n unabhängig sind, so daß sich für jedes Wertsystem der v_{m+1}, ..., v_n dasselbe Wertsystem der ξ ergibt, und durch die Wahl der ersten m Größen ξ die folgenden n-m bestimmt sind. Alsdann aber hätten wir es wirklich mit einem Gebilde niedrigerer Stufe zu tun. Um nun unsere Behauptung zu beweisen, nehmen wir alle v_μ, für die $\mu > m+1$ ist, als konstant an, alsdann ist

$$dF_\lambda = \sum_{\mu=1}^{m+1} F_{\lambda\mu} dv_\mu \qquad (\lambda = 1, \ldots, m+1).$$

Setzen wir nun

$$|F_{\lambda\mu}| = G \qquad (\lambda,\mu = 1, \ldots, m+1),$$

so ergibt sich durch Auflösung des Gleichungssystems: [128]   [128]

$$G\, dv_\mu = \sum_{\lambda=1}^{m+1} G_{\lambda\mu} dF_\lambda \qquad (\mu = 1, \ldots, m+1);$$

nun ist aber G als Determinante (m+1)-ter Ordnung identisch = 0, somit

$$0 = \sum_{\lambda=1}^{m+1} G_{\lambda\mu} dF_\lambda.$$

Denken wir uns nun den ersten m Funktionen F_λ die konstanten Werte ξ_1, ..., ξ_m beigelegt, so ist v_{m+1} allein variabel, und es ist dF_λ = 0 für λ = 1, 2, ..., m; somit folgt, wenn wir die letzte Gleichung für μ = m+1 bilden:

$$G_{m+1,m+1} \cdot \frac{\partial F_{m+1}}{\partial v_{m+1}}\, d\,v_{m+1} = 0;$$

nun ist $G_{m+1,m+1}$ nichts anderes als das der Voraussetzung zufolge nicht verschwindende $|F_{\lambda,\mu}|$ (λ,μ = 1, 2, ..., m); somit folgt

$$\frac{\partial F_{m+1}}{\partial v_{m+1}} = 0,$$

d.h., F_{m+1} ist von v_{m+1} unabhängig. Ganz ebenso gestaltet sich der Beweis in bezug auf die anderen F und v, indem man hier auch immer den übrigen v_μ ($\mu > m$) konstante Werte beilegt mit Ausnahme dessen, für welches man die Unabhängigkeit des F von ihm beweisen will.

Somit ist bewiesen, daß, wenn wir aus unserem Gleichungssystem v_1, v_2, ..., v_m als Funktionen von ξ_1, ..., ξ_m, v_{m+1}, ..., v_n darstellen, ξ_{m+1}, ..., ξ_n nur von der Wahl von ξ_1, ..., ξ_m abhängen. Da es nun in

der Umgebung der Nullstelle unendlich viele Stellen $(v_1,\ldots,v_n)$ gibt,
die den Funktionen $F_1, \ldots, F_m$ die Werte $\xi_1, \ldots, \xi_m$ verleihen, so
folgt somit, daß das Funktionensystem

$$F_1, \ F_2, \ \ldots, \ F_n$$

in der Umgebung der Nullstelle beliebig oft das System der Werte
$(\xi_1, \xi_2, \ldots, \xi_n)$ annimmt. Somit können wir umgekehrt, indem wir den
$(v_{m+1}, \ldots, v_n)$ beliebige, aber konstante Werte beilegen, unser Funktionensystem als nur von den $v_1, \ldots, v_m$ abhängig darstellen, da wir
alsdann schon jedes beliebige Wertsystem der $\xi_1, \xi_2, \ldots, \xi_n$ erreichen können, was wir vordem erreichen konnten, und wenn wir von F
wieder zu f, von v zu u und von ξ zu x übergehen, erkennen wir, daß
sich das scheinbare Gebilde n-ter Stufe in der n-fachen Mannigfaltigkeit in der Tat auf ein solches m-ter Stufe reduziert.

/Freitag,7 2. 7. 1886

Wir können auf den eben erörterten Fall unmittelbar den Fall zurückführen, wo die Anzahl der Funktionen n größer ist als die Anzahl der
Variablen r, und die Bedingungen untersuchen, unter welchen wir es
dann wirklich mit einem Gebilde r-ter Stufe im Gebiete von n Veränderlichen zu tun haben. Es sei also das Gebilde definiert durch das
System der Gleichungen

$$x_\lambda = P_\lambda(u_1,u_2,\ldots,u_r) \qquad (\lambda = 1, 2, \ldots, n) \qquad (r < n).$$

Wir wollen annehmen, daß es unter den Determinanten r-ter Ordnung,
die sich aus den partiellen Ableitungen der P_λ nach den u_μ bilden
lassen, mindestens eine gibt, die nicht identisch verschwindet. Es
möge diese zu den Funktionen $f_1, \ldots, f_r$ gehören; alsdann können wir,
wenn wir das Gebilde in der Umgebung einer Stelle $(a_1, a_2, \ldots, a_r)$,
zu der die Stelle $(x_1, \ldots, x_n) = (b_1, \ldots, b_n)$ gehören möge, betrachten, wenn wir für $x_1, x_2, \ldots, x_r$ Werte vorschreiben, die in der
Umgebung von $(b_1, \ldots, b_r)$ liegen, aus den ersten r Gleichungen Werte
$(u_1, \ldots, u_r)$ ermitteln, die diesen Gleichungen genügen und in der
Umgebung von $(a_1, \ldots, a_r)$ liegen; dadurch sind die Werte von x_{r+1},
$\ldots, x_n$ vollständig bestimmt. Somit haben wir es in diesem Falle in
der Tat mit einem r-stufigen Gebilde im Gebiete der n-fachen Mannigfaltigkeit zu tun, da wir r der Größen x in einem gewissen Gebiet
ganz willkürlich annehmen können.

Wir kommen nun zu dem weiteren Falle, daß die Determinanten der r-ten
bis ausschließlich der m-ten Ordnung* sämtlich verschwinden und daß

---

* Wo also natürlich $m < r$.

unter den Determinanten m-ter Ordnung mindestens eine sei, die nicht
identisch = O ist. Wählen wir alsdann unter den n Funktionen f_λ r
aus, unter denen m sind, deren Funktionaldeterminante in bezug auf m
der Variablen u nicht identisch = O ist, so können wir zunächst auf
diese das in der vorigen Vorlesung Erörterte anwenden; es ergibt sich
somit, daß, wenn wir jenen m Funktionen Werte vorschreiben, die in
der Umgebung von $(b_1, \ldots, b_m)$ gelegen sind, dadurch die übrigen r-m
Funktionen vollständig bestimmt und von $u_{m+1}, \ldots, u_r$ unabhängig sind,
und da wir dann nur eine der r-m Funktionen sukzessive durch die übrigen n-r zu ersetzen brauchen, ohne daß die stattgehabten Schlüsse
sich irgendwie ändern, so folgt, daß durch die Angabe von m Funktionswerten die zugehörige Stelle des Gebildes eindeutig bestimmt ist, daß
wir es also mit einem Gebilde der m-ten Stufe in der n-fachen Mannigfaltigkeit zu tun haben.

Es ist somit jetzt für analytische Funktionen ganz allgemein der Satz
bewiesen, daß ein durch solche definiertes Gebilde von der m-ten Stufe ist, wenn die m-te Ordnung die erste ist, für die die zugehörigen
partiellen Funktionaldeterminanten nicht sämtlich identisch verschwinden.

§ 11. Ausdehnung auf den Fall, wo die das Gebilde definierenden Funktionen nicht mehr sämtlich analytisch sind 129

Es entsteht jetzt die Frage, in welcher Weise diese Bedingung zu modifizieren ist, wenn $f_1, \ldots, f_n$ nicht mehr sämtlich analytische
Funktionen sind, sondern solche, wie wir sie in unseren ersten Erörterungen betrachtet haben. Das Größengebiet der u sei von der r-ten
Dimension, während wir von den f_λ weiter nichts wissen, als daß sie
sich stetig mit den u ändern; dann können wir <u>nicht mehr die Existenz einer Funktionaldeterminante voraussetzen</u>; denn einmal wissen
wir nicht, ob die Funktionen differenzierbar sind, ferner, selbst
wenn dies der Fall sein sollte, könnte jetzt, wo wir sog. willkürliche Funktionen vor uns haben, sehr leicht der Fall eintreten, daß
eine und dieselbe Funktionaldeterminante in einem Teile des Gebietes
der u identisch verschwände, in einem andern nicht; sei z.B. das Größengebiet der u ein zweifach ausgedehntes, so können wir es uns durch
eine Ebene repräsentiert denken; in dieser sei ein begrenzter Bereich
gegeben, der etwa durch eine geschlossene Kurve definiert sei, für
den die Funktionen definiert sind; in zwei verschiedenen Teilen dieses Gebietes kann dann eine Funktion durch zwei verschiedene, sei es
analytische Ausdrücke, sei es auf allgemeine Art definiert sein, wenn
nur der Grenze dieser beiden Teile dieselben Werte der Funktion ent-

sprechen, auf welche der beiden verschiedenen Definitionen man sie auch bezieht, und wenn die Funktion sich sonst stetig mit (u_1, u_2) ändert; unter dieser Annahme ist sehr wohl der Fall denkbar, daß dieselbe Funktionaldeterminante, die in dem einen Teil eine wohlbestimmte Bedeutung hat, in dem andern identisch verschwindet oder überhaupt nicht existiert. Um also die Untersuchung auf sog. willkürliche Funktionen verallgemeinern zu können, ist es nötig, zu einer allgemeineren Eigenschaft der Funktionen seine Zuflucht zu nehmen. Wir haben gesehen, daß, wenn n Funktionen von n unabhängigen Variablen vorlagen und die Funktionaldeterminante n-ter Ordnung nicht identisch 0 war, dies gleichbedeutend damit war, daß in der Umgebung einer Stelle $(a_1, \ldots, a_n)$, zu der $(x_1, \ldots, x_n) = (b_1, \ldots, b_n)$ gehört, jedem Wertsystem der u ein Wertsystem der x und zwar nur eines entspricht und dieses Entsprechen ein gegenseitiges ist, d. h. daß auch zu einem Wertsystem x ein und nur ein Wertsystem der u in der Umgebung $(a_1, \ldots$ $\ldots, a_n)$ gehört. Ist dieses der Fall, so sagen wir, das Funktionensystem verhält sich in der Nähe von $(a_1, \ldots, a_n)$ <u>regulär</u>. Singuläre Stellen sind solche, für die die Funktionaldeterminante verschwindet, und es ergab sich ohne weiteres, daß diese Stellen nur in solcher Zahl vorhanden sind, daß sie kein n-fach ausgedehntes Kontinuum in der n-fachen Mannigfaltigkeit der u bilden, sondern höchstens eine (n-1)-fache Mannigfaltigkeit. Somit sind die Bedingungen dafür, daß uns die Gleichungen wirklich ein Gebilde n-ter Stufe in einer n-fachen Mannigfaltigkeit definieren, die, daß erstens die definierenden Funktionen sich stetig mit den u ändern, zweitens die Stellen, wofür das Funktionssystem sich nicht regulär verhält, kein Kontinuum von n Dimensionen bilden. Dies alles galt für analytische Funktionen; und sollten wir es bei solchen mit einem Gebilde r-ter Stufe in der n-fachen Mannigfaltigkeit zu tun haben, so mußte von den Determinanten r-ter Ordnung mindestens eine $\gtrless 0$ sein, die zugehörigen Funktionen mußten sich stetig ändern; oder die erste Bedingung anders ausgedrückt, durften die Stellen, wofür die r Funktionen sich nicht regulär verhalten, kein r-fach ausgedehntes Kontinuum bilden.

Es ergibt sich somit, daß auch durch n sogenannte willkürliche Funktionen dann und nur dann ein Gebilde r-ter Stufe im Größengebiet von n Veränderlichen definiert wird, wenn es unter den n Funktionen nur r gibt, die sich im allgemeinen regulär verhalten, und wenn die Stellen, für welche dies nicht der Fall ist, kein r-fach ausgedehntes Kontinuum bilden.

Nehmen wir nun an, daß sich die Funktionen in der Umgebung einer Stelle (a) regulär verhalten, so wissen wir, daß verschiedenen Wert-

systemen der u auch verschiedene der x entsprechen; wenn aber der
Stelle (a) im Gebiet der x die Stelle (b) entspricht, so ist damit
noch nicht gesagt, daß man die x in der Nähe der (b) willkürlich annehmen kann, damit man (u) in der Nähe von (a) erhält. Es ist dies
nun zwar in der Tat der Fall, ist aber nicht besonders leicht zu beweisen; im Falle von n = 2, r = 2, wo man also zwei Größengebiete
von je zwei Dimensionen hat, oder wo man, geometrisch ausgedrückt,
zwei Ebenen aufeinander bezieht, sieht man dies unmittelbar durch
die Anschauung ein; denn dort wird, wenn man die Koordinaten der
Punkte in der einen Ebene mit (u,v), jene der anderen mit (x,y) bezeichnet, einem in der ersteren um (a_1,a_2) beschriebenen Kreis, der
ganz in die durch die betreffenden Funktionen definierte Umgebung
von (a_1,a_2) fällt, eine um den entsprechenden Punkt (b_1,b_2) verlau-
fende geschlossene Kurve in der (xy)-Ebene entsprechen, die ganz in
die Umgebung von (b_1,b_2) fällt; hieraus geht hervor, daß einem Punkte (x,y) in der Umgebung von (b_1,b_2) auch ein Punkt (u,v) in der Umgebung von (a_1,a_2) entspricht. - Für den allgemeinen Fall müßte dies
natürlich rein arithmetisch dargetan werden; indes werden wir darauf
hier nicht eingehen, weil wir es für unsere folgenden Untersuchungen
nicht brauchen.

Die vollständige, alle Fälle umfassende Definition eines Gebildes
r-ter Stufe in einer n-fachen Mannigfaltigkeit ist demnach folgende:

Man nehme n Funktionen der r Variablen u_1, ..., u_r, die in dem Gebiete der u, das man betrachtet, stetig sind und sich in demselben im
allgemeinen in der Weise regulär verhalten, daß die Stellen, wo dies
nicht der Fall ist, kein r-fach ausgedehntes Kontinuum bilden; dann
findet, wenn sich die Stellen $(a_1, ..., a_r)$ und $(b_1, ..., b_n)$ einander entsprechen, zwischen den Stellen in der beiderseitigen Umgebung
ein derartiges gegenseitiges Entsprechen statt, daß einem Punkte der
einen Mannigfaltigkeit in ihr ein und nur ein Punkt der anderen in
der Umgebung von $(b_1, ..., b_n)$ und umgekehrt entspricht, so daß wir
es in der Tat mit einem Gebilde r-ter Stufe im Gebiete der n-fachen
Mannigfaltigkeit zu tun haben, da ein Wertsystem der x schon durch
Angabe von r Werten der x_1, ..., x_r oder u_1, ..., u_r unzweideutig
bestimmt ist.

7 Weierstraß, Kap.

/Dienstag,/[*]6. 7. 1886

130 § 12. Ausdehnung des in § 4 aufgestellten Theorems auf Funktionen beliebig vieler Variablen

Im Gebiete von n unbeschränkt veränderlichen Größen $(x_1, \ldots, x_n)$ sei irgendein unabgeschlossenes Kontinuum S angenommen; es ist nicht ausgeschlossen, daß sich dasselbe ins Unendliche erstreckt, ja daß es sogar das Gesamtgebiet der Größen x umfaßt. In S sei eine beliebige, in dem Bereich eindeutig definierte und kontinuierliche Funktion $f(x_1, \ldots, x_n)$ gegeben, von der man weiß, daß ihr absoluter Betrag eine obere Grenze G nicht überschreitet; endlich bedeute $\psi(x)$ wie im Eingange der Vorlesung eine Funktion mit folgenden Eigenschaften: $\psi(x) = \psi(-x)$, d.h., $\psi(x)$ ist gerade; ferner soll sie eindeutig definiert sein und für reelle x nur reelle Werte annehmen, für $x = \infty$ soll sie verschwinden, und zwar nur an dieser Stelle, während sie sonst überall > 0 sei; außerdem wird vorausgesetzt, daß das Integral $\int\limits_0^\infty \psi(u)\,du$ einen endlichen Wert ω habe. Setzen wir alsdann

$$\frac{1}{\omega} \int\limits_x^\infty \psi(x')\,dx' = \chi(x),$$

so wird der Voraussetzung, daß das von 0 bis ∞ erstreckte Integral einen endlichen Wert habe, gemäß $\chi(\infty) = 0$ sein müssen. Ferner ist

$$\chi'(x) = -\frac{\psi(x)}{\omega} \quad \text{also} < 0, \text{ da } \psi(x), \text{ also auch } \omega > 0 \text{ sind.}$$

$\chi(x)$ ist demnach eine Funktion, die positiv ist, aber mit wachsendem x immer abnimmt, und da sie für $x = 0$ den Wert 1 hat, so folgt, daß sie für $x > 0$ stets < 1 ist. Es werde nun eine Funktion $F(x_1, \ldots, x_n; k)$ durch folgendes Integral definiert:

$$F(x_1, \ldots, x_n, k)$$
$$= \frac{1}{2^n \omega^n k^n} \int \ldots \int\limits_{(S)} f(x_1', \ldots, x_n') \psi\left(\frac{x_1' - x_1}{k}\right) \ldots \psi\left(\frac{x_n' - x_n}{k}\right) dx_1', \ldots, dx_n',$$

wo durch das beigefügte (S) ausgedrückt werden soll, daß das Integral über S auszudehnen ist. Es soll nun gezeigt werden:

1) daß F stets einen endlichen Wert hat,

2) daß $\lim\limits_{k=0} F(x_1, \ldots, x_n; k) = 0$, wenn $(x_1, \ldots, x_n)$ der "Fläche"[**] S

---

[*] Die Vorlesung vom /Sonnabend,/ 3. 7. 1886 ist in der vorliegenden Bearbeitung absichtlich unterdrückt worden, da der Beweis, den Herr Prof. WEIERSTRASS in derselben von dem in § 12 zu beweisenden Satze für den Fall n = 2 gab, in Folge eines Versehens beim Diktat der Formeln mangelhaft wurde.

[**] "Fläche" ist hier nur symbolisch zu verstehen.

n i c h t angehört, daß es = $f(x_1,\ldots,x_n)$, wenn $(x_1,\ldots,x_n)$ dem Gebiete S angehört.

Wir wollen zunächst 1) beweisen. Bekanntlich hat das Integral

$$\int_{(U)} \ldots \int \phi(u_1,\ldots,u_n)\,du_1\ldots du_n$$

einen endlichen Wert, wenn es über einen Bereich U ausgedehnt wird, der
ganz im Endlichen liegt, und wenn ϕ in demselben endlich und an den
Grenzen nicht unendlich groß wird. Es fragt sich nun, unter welchen
Umständen gilt dieses noch, falls nach irgendeiner Dimension sich der
Bereich ins Unendliche erstreckt. Damit dies der Fall sei, muß nun,
wenn zunächst angenommen wird, daß ϕ innerhalb des Integrationsgebie-
tes sein Zeichen nicht ändert, erfüllt sein, daß das Integral über jeden beliebigen Teil von (U) erstreckt einen endlichen Wert habe und unter einer endlichen Grenze bleibe. Für den Fall n = 3 kann man dies
folgendermaßen erläutern: Dann kann man nämlich das Integral folgendermaßen erklären: Man denke sich das ganze Integrationsgebiet in unendlich kleine Würfel mit der Seite δ zerlegt, so zwar, daß der Anfangspunkt der Koordinaten mit einer Ecke eines dieser Würfel zusammenfällt. Wir fassen nun nur den Teil ins Auge, der in U hineinfällt;
dann hat das in Rede stehende Integral für jeden dieser Würfel als
Integrationsgebiet einen endlichen Wert und soll sich die Summe dieser Integrale für δ = O für U einem bestimmten Werte nähern, so ist,
da wir das Integral auffassen können als eine unendliche Reihe mit
positiven Gliedern, offenbar nur erforderlich, daß das Integral für
jeden Teil von U unter einer endlichen Grenze bleibe. Ist nun die Bedingung, daß die Funktion, die zu integrieren ist, innerhalb des In-
tegrationsgebietes nicht ihr Zeichen ändert, nicht erfüllt, so können
wir jedenfalls U in solche Teile zerlegen, für die entweder ϕ > oder
< O ist, und da gestaltet sich dann die zu erfüllende Bedingung dahin,
daß für den Inbegriff der Teile der ersten und der zweiten Art die
sämtlichen Integrale unter einer endlichen Grenze bleiben müssen,
oder mit anderen Worten, auch hier muß das Integral über jeden beliebigen endlichen Teil erstreckt einen endlichen Wert haben und kleiner
sein, als eine angebbare Größe. Dieses ist nun mit unserem Integral
der Fall. Da die ψ stets > O sind und f unterhalb einer endlichen
Grenze G bleibt, so ist

$$\frac{1}{2^n\omega^n k^n}\int_{(S')}\ldots\int f\cdot\psi\left(\frac{x_1'-x_1}{k}\right)\ldots\psi\left(\frac{x_n'-x_n}{k}\right)dx_1'\ldots dx_n'$$

$$=\frac{\varepsilon\cdot G}{2^n\omega^n k^n}\int_{(S)}\ldots\int \psi\left(\frac{x_1'-x_1}{k}\right)\ldots\psi\left(\frac{x_n'-x_n}{k}\right)dx_1'\ldots dx_n',$$

wo $-1 < \varepsilon < +1$ ist, S' aber einen begrenzten Teil von S bezeichnet.

Das Integral, das über die ψ zu erstrecken ist, hat sicher einen positiven Wert, und bei den Voraussetzungen, die wir über ψ gemacht haben, ist dieser Wert kleiner als der Wert des Integrals, wenn es in bezug auf alle Integrationsvariablen von $-\infty$ bis $+\infty$ erstreckt wird, d.h. wenn wir für x'_λ durch

$$\frac{x'_\lambda - x_\lambda}{k} = u'_\lambda \qquad (\lambda = 1, 2, \ldots, n)$$

neue Variable einführen, erkennt man, daß dieses Integral $< 2^n \omega^n k^n$, also

$$F(x_1, x_2, \ldots, x_n, k) = \varepsilon' \cdot G < \varepsilon \cdot G$$

ist, wenn das Integral über S' erstreckt wird. Hiermit ist (1) bewiesen.

Wir denken uns jetzt eine Stelle $(x_1, \ldots, x_n)$ in S fixiert, nehmen eine positive Größe δ an und setzen

$$x'_\lambda = x_\lambda + u_\lambda \delta \qquad (\lambda = 1, \ldots, n), \text{ wo } -1 \leqq u_\lambda \leqq +1 \text{ ist.}$$

Die Gesamtheit der Stellen $(x'_1, x'_2, \ldots, x'_n)$, die den durch diese Ungleichheit definierten Wertsystemen von $(u_1, \ldots, u_n)$ entspricht, nennen wir S_1, die der übrigen S_2. Endlich soll S_3 den Bereich bedeuten, der nach Ausscheidung von S_1 aus dem Gesamtbereich der $(x_1, \ldots \ldots, x_n)$ übrig bleibt, so daß $S_1 + S_3$ das Gesamtgebiet der Variablen bezeichnet. Hiernach zerlegen wir F in zwei Teile:

$$F_1 = \frac{1}{2^n \omega^n k^n} \int_{(S_1)} \ldots \int f(x'_1, \ldots, x'_n) \psi\left(\frac{x'_1 - x_1}{k}\right) \ldots \psi\left(\frac{x'_n - x_n}{k}\right) dx'_1 \ldots dx'_n,$$

$$F_2 = \frac{1}{2^n \omega^n k^n} \int_{(S_2)} \ldots \int f(x'_1, \ldots, x'_n) \psi\left(\frac{x'_1 - x_1}{k}\right) \ldots \psi\left(\frac{x'_n - x_n}{k}\right) dx'_1 \ldots dx'_n.$$

Fassen wir nun zunächst F_2 ins Auge, so ist

$$F_2 = \frac{\varepsilon G}{2^n \omega^n k^n} \int_{(S_2)} \ldots \int \psi\left(\frac{x'_1 - x_1}{k}\right) \ldots \psi\left(\frac{x'_n - x_n}{k}\right) dx'_1 \ldots dx'_n$$

$$< \frac{\varepsilon G}{2^n \omega^n k^n} \int_{(S_3)} \ldots \int \psi\left(\frac{x'_1 - x_1}{k}\right) \ldots \psi\left(\frac{x'_n - x_n}{k}\right) dx'_1 \ldots dx'_n$$

$$= \frac{\varepsilon' G}{2^n \omega^n k^n} \int_{(S_3)} \ldots \int \psi\left(\frac{x'_1 - x_1}{k}\right) \ldots \psi\left(\frac{x'_n - x_n}{k}\right) dx'_1 \ldots dx'_n,$$

wo $-1 < \varepsilon' < \varepsilon < +1$ ist.

Da nun das über S_3 erstreckte Integral gleich ist dem über das Gesamtgebiet der x erstreckten, vermindert um das über S_1 ausgeführte, so folgt

$$F_2 = \varepsilon'G\left[1 - \frac{1}{2^n{}_\omega n_k{}^n}\ \prod_\lambda\ \int_{x_\lambda-\delta}^{x_\lambda+\delta}\ \psi\left(\frac{x'_\lambda-x_\lambda}{k}\right)dx'\right] = \varepsilon'G\left[1 - \frac{1}{2^n{}_\omega n}\left(\int_{-\frac{\delta}{k}}^{\frac{\delta}{k}}\psi(u)\,du\right)^n\right]$$

$$= \varepsilon'G - \frac{\varepsilon'G}{\omega^n}\left(\int_0^{\frac{\delta}{k}}\psi(u)\,du\right)^n = \varepsilon'G - \frac{\varepsilon'G}{\omega^n}\left(\omega - \int_{\frac{\delta}{k}}^{\infty}\psi(u)\,du\right)^n$$

$$= \varepsilon'G - \frac{\varepsilon'G\omega^n}{\omega^n}\left(1 - \chi(\tfrac{\delta}{k})\right)^n = \varepsilon'G\left[1 - \left(1 - \chi(\tfrac{\delta}{k})\right)^n\right].$$

Ferner ist

$$2^n{}_\omega n_k{}^n \cdot F_1$$

$$= \int_{x_1-\delta}^{x_1+\delta}\cdots\int_{x_n-\delta}^{x_n+\delta} f(x'_1,\ldots,x'_n)\,\psi\left(\frac{x'_1-x_1}{k}\right)\cdots\psi\left(\frac{x'_n-x_n}{k}\right)dx'_1\ldots dx'_n$$

$$= f(x_1+\varepsilon_1\delta,\ldots,x_n+\varepsilon_n\delta)\int_{x_1-\delta}^{x_1+\delta}\cdots\int_{x_n-\delta}^{x_n+\delta}\psi\left(\frac{x'_1-x_1}{k}\right)\cdots\psi\left(\frac{x'_n-x_n}{k}\right)dx'_1\ldots dx'_n$$

$$= \left(1 - \chi(\tfrac{\delta}{k})\right)^n f(x_1+\varepsilon_1\delta,\ldots,x_n+\varepsilon_n\delta).$$

Jetzt brauchen wir nur für δ eine positive Funktion von k zu setzen, die mit k gleichzeitig verschwindet, aber so, daß $\lim\limits_{k=0}\frac{\delta}{k} = \infty$ wird; dies erfüllt $\delta = \sqrt{k}$; dann ist

$$\lim_{k=0}(F_1 + F_2)$$

$$= \lim_{k=0}\varepsilon'G\left[1 - \left(1 - \chi(\tfrac{1}{\sqrt{k}})\right)^n\right] + \lim_{k=0}\left(1 - \chi(\tfrac{1}{\sqrt{k}})\right)^n f(x_1+\varepsilon_1\sqrt{k},\ldots)$$

$$= f(x_1,\ldots,x_n),$$

da $\lim\limits_{k=0}\chi(\tfrac{1}{\sqrt{k}}) = 0$ und f in der Umgebung von $(x_1,\ldots,x_n)$ stetig ist.
Die letzte Gleichung können wir auch folgendermaßen schreiben:

$$F(x_1,\ldots,x_n,k)$$

$$= \varepsilon'G\left[1 - \left(1 - \chi(\tfrac{1}{\sqrt{k}})\right)^n\right] + f(x_1+\varepsilon_1\sqrt{k},\ldots,x_n+\varepsilon_n\sqrt{k})\left(1 - \chi(\tfrac{1}{\sqrt{k}})\right)^n$$

$$= \varepsilon'G\left[1 - \left(1 - \chi(\tfrac{1}{\sqrt{k}})\right)^n\right] + f(x_1,\ldots,x_n)$$

$$\quad + \left[\left(1 - \chi(\tfrac{1}{\sqrt{k}})\right)^n - 1\right]f(x_1,\ldots,x_n)$$

$$\quad + \left[f(x_1+\varepsilon_1\sqrt{k},\ldots) - f(x_1,\ldots,x_n)\right]\left(1 - \chi(\tfrac{1}{\sqrt{k}})\right)^n.$$

Von f wurde vorausgesetzt, daß es seinem absoluten Betrage nach eine gewisse Grenze G nicht überschreite. ε' ist eine Größe, die niemals > 1 wird. Ferner sollte $(x_1,\ldots,x_n)$ in S liegen, und man konnte $\delta = \sqrt{k}$ so klein annehmen, daß auch alle Stellen zwischen $x_\lambda - \delta$ und $x_\lambda + \delta$ $(\lambda = 1, \ldots, n)$ in S liegen. So wurde zunächst erreicht, daß

$\lim\limits_{k=0} F = f(x_1,\ldots,x_n)$ ist. Die vorstehende Gleichung lehrt uns aber
131 auch etwas anderes; [131] nehmen wir nämlich innerhalb S jetzt einen
abgeschlossenen Bereich S' an, so beschränken wir x_1, ..., x_n auf
diesen Bereich und erreichen dadurch, daß S' abgeschlossen ist, folgendes: Da dies gleichbedeutend damit ist, daß jeder Punkt der Begrenzung von S' zu S gehört, so folgt daraus, daß S' mit seiner Begrenzung ganz in S liegt. Jeder Punkt in S' hat somit von der Begrenzung von S einen Abstand, der nicht unendlich klein werden kann; denn
letzteres würde besagen, daß ein Punkt der Grenze von S mit einem
solchen der Grenze von S' zusammenfällt, was wider die Annahme ist,
da für jene Punkte f nicht definiert ist, für diese aber doch definiert sein soll. Dadurch nun, daß wir $\sqrt{k}$ hinlänglich klein annehmen,
können wir bewirken, daß alle Stellen ($x_1-\sqrt{k}$ ... $x_1 + \sqrt{k}$, ...,
$x_n-\sqrt{k}$ ... $x_n+\sqrt{k}$) noch in S enthalten sind, wenn wir (x_1, x_2, ..., x_n)
auf S' beschränken. Da alsdann ($x_1+\varepsilon_1\sqrt{k}$, ..., $x_n+\varepsilon_n\sqrt{k}$) und ($x_1,\ldots,x_n$)
innerhalb des Bereiches liegen, für welchen f als kontinuierliche
Funktion definiert ist, so folgt daraus, daß

$$f(x_1+\varepsilon_1\sqrt{k}, \ldots, x_n+\varepsilon_n\sqrt{k}) - f(x_1,\ldots,x_n)$$

kleiner gemacht werden kann als eine beliebig kleine Größe δ_1. Man
kann nämlich für k eine Grenze k_0 so feststellen, daß für alle $k < k_0$
und für alle Stellen ($x_1,\ldots,x_n$), die in S' liegen, die vorstehende
Differenz kleiner wird als eine beliebig kleine Größe δ_1. Gleichzei-
tig läßt sich k_1 so bestimmen, daß $1 - (1 - \chi(\frac{1}{\sqrt{k}}))^n < \delta_2$, wenn $k < k_1$.
Dann aber ist

$$F(x_1,\ldots,x_n,k) - f(x_1,\ldots,x_n) < \varepsilon'\delta_2 G + \delta_2 G + \delta_1(1 - \delta_2)$$

$$< (\varepsilon' + 1)\delta_2 G + \delta_1(1 - \delta_2),$$

und dieses kann durch passende Wahl von δ_1 und δ_2 kleiner gemacht
werden als eine beliebig kleine Größe δ_3. Mit anderen Worten:
$F(x_1,\ldots,x_n;k)$ konvergiert gleichmäßig gegen $f(x_1,\ldots,x_n)$ mit $k = 0$
für alle Wertsysteme ($x_1,\ldots,x_n$), die in S' liegen.

Es handelt sich jetzt darum, nachzuweisen, daß das Integral gegen 0
konvergiert, wenn ($x_1,\ldots,x_n$) außerhalb S liegt. Für die Ebene wol-
132 len wir dies durch eine Zeichnung [132] veranschaulichen. Dem Gebiet
S_1 entspricht alsdann ein Quadrat, dessen Seite $= 2\delta$ ist. Es ist nun
allgemein

$$F(x_1,\ldots,x_1,k) = \frac{1}{2^n \omega^n k^n}\varepsilon G \int \underset{(S)}{\ldots} \int \psi\left(\frac{x_1'-x_1}{k}\right) \ldots \left(\frac{x_n'-x_n}{k}\right) dx_1'\ldots dx_n'$$

$$= \frac{1}{2^n \omega^n k^n}\varepsilon' G \int \underset{(S_3)}{\ldots} \int \psi\left(\frac{x_1'-x_1}{k}\right) \ldots \psi\left(\frac{x_n'-x_n}{k}\right) dx_1\ldots dx_n$$

$$= \varepsilon'G\big[1 - (1 - \chi(\tfrac{\delta}{k}))^n\big],$$

wo $\varepsilon' < \varepsilon$ und S_3 das Gebiet ist, welches von dem Gesamtbereich der $(x_1,\ldots,x_n)$ nach Ausscheidung von S_1 übrigbleibt. Setzen wir wieder $\delta = \sqrt{k}$, so nähert sich $F(k)$ mit abnehmendem k der Grenze Null.

Da $\delta = \sqrt{k}$ ist, so kann man es durch passende Wahl von k immer erreichen, daß S_1 außerhalb liegt, und daraus sieht man, daß die Annäherung an 0 eine gleichmäßige ist. Es fragt sich nun, was eintritt, wenn $(x_1,\ldots,x_n)$ auf der Begrenzung von S liegt. [133] Da ist nun zu unter- 133 scheiden, ob sich der Punkt von außen oder von innen her der Grenze nähert; dann ist es möglich, daß sich das Integral keiner bestimmten Grenze nähert oder einer und derselben in beiden Fällen oder zwei verschiedenen. Das erstere wird jedenfalls das allgemeinere sein. Haben wir es z.B. mit einem Rechteck zu tun, so läßt sich leicht zeigen, daß sich $F(x_1,x_2;k)$ mit $k = 0$ dem halben Werte der Funktion $f(x_1,x_2)$ nähert, falls sich (x_1,x_2) der Grenze nähert; nähert sich aber (x_1,x_2) einem Eckpunkt, dann nähert sich F dem 4ten Teile des Wertes der Funktion an der betreffenden Stelle. Dies geht allgemein durch für n-fache Mannigfaltigkeiten, die Funktionswerte von F an der Grenze sind stets 2μ-te Teile der entsprechenden Funktionswerte von $f(x_1,\ldots,x_n)$, wo μ je nach der Beschaffenheit des betreffenden Punktes $= 1, 2, \ldots,$ n sein kann. [134] Daß $\lim F(k)$ sich der Grenze f auch 134 für den Fall nähert, daß der betreffende Punkt der Begrenzung angehört, ist man zwar bei oberflächlicher Betrachtung versucht anzunehmen, da solches für das Innere der Fall ist; es ist aber, wie sich auch leicht beweisen läßt, dieses nicht so.

Die beiden eben abgeleiteten Sätze sind nur Hilfssätze, die uns dazu dienen sollen nachzuweisen, daß sich jede Funktion wie $f(x_1,\ldots,x_n)$ darstellen läßt als Summe einer unendlichen Anzahl von ganzen rationalen Funktionen der Variablen. Um dies zu zeigen, müssen wir über $\psi(x)$ noch die Voraussetzung machen, [135] daß es eine <u>ganze transzen-</u> 135 <u>dente Funktion</u> sei, d. h. daß es für alle reellen und komplexen Werte des Arguments durch eine beständig konvergierende Potenzreihe dargestellt werden könne. Diese Anforderung erfüllt z. B. $\psi(x) = e^{-x^2}$.

Nun können wir, wenn S wieder als unabgeschlossen angenommen wird, einen abgeschlossenen Bereich S' dadurch erhalten, der überdies ganz im Endlichen liegen soll, daß wir um jeden im Endlichen liegenden Punkt der Begrenzung von S eine Kugel* mit einem beliebig klein zu wählenden Radius ρ schlagen und alle Punkte auf und innerhalb dieser

---

* Diesen Begriff in der früher auseinandergesetzten Weise für beliebige n-fache Mannigfaltigkeiten verstanden.

Kugelfläche ausschließen, und um der Bedingung zu genügen, daß S'
ganz im Endlichen liegen soll, beschreiben wir um den Nullpunkt eine
Kugel mit einem hinreichend großen Radius r und schließen alle Punkte aus, die außerhalb derselben liegen. Durch passende Wahl von ρ und
r können wir bewirken, daß jeder bestimmte Punkt $(x_1, x_2, \ldots, x_n)$ innerhalb S' liegt. Unter diesen Bedingungen ist dann $F(x_1, \ldots, x_n; k)$
offenbar auch eine ganze transzendente Funktion von $(x_1, \ldots, x_n)$, die
nach ganzen Potenzen der x entwickelt werden kann für jeden Wert
von k.

/Freitag,7 9. 7. 1886

Beschränken wir nun $(x_1, x_2, \ldots, x_n)$ auf S', so können wir offenbar eine
ganze /ganze rationale7 Funktion $G(x_1, \ldots, x_n)$ derart bestimmen, daß

$$|f(x_1, \ldots, x_n) - G(x_1, \ldots, x_n)| < \delta,$$

und wir können ferner durch hinreichend große Wahl von r bewirken,
daß S' ganz innerhalb des Bereiches S_1 liegt, der durch eine um den
Nullpunkt mit r beschriebene Kugel aus S herausgeschnitten wird. S_2
sei der nach Ausschluß von S_1 von S übrigbleibende Teil. Es ist alsdann

$$F(k) = \int \ldots_{(S_1)} \int \overline{F}(x_1', \ldots, x_n'; k) \, dx_1' \ldots dx_n'$$

$$+ \int \ldots_{(S_2)} \int \overline{F}(x_1', \ldots, x_n'; k) \, dx_1' \ldots dx_n'$$

$$= F^{(1)}(k) + F^{(2)}(k),$$

wo mit $\overline{F}$ alles, was zu integrieren ist, zusammengefaßt wird. Wir nehmen eine beliebig kleine Größe δ an und zerlegen sie in $\delta_1 + \delta_2$. Nach
dem was wir früher gesehen, konvergiert $F^{(1)}(k)$ gegen $f(x_1, \ldots, x_n)$
gleichmäßig, da $(x_1, \ldots, x_n)$ in S', also sicher in S_1 liegt; daher
können wir k' so bestimmen, daß

$$|F^{(1)}(k') - f(x_1, \ldots, x_n)| < \delta_1,$$

$(x_1, \ldots, x_n)$ liegt aber außerhalb des Bereiches S_2, daher konvergiert
$F^{(2)}(k)$ gleichmäßig gegen Null, wir können also k' auch so bestimmen,
daß $|F^{(2)}(k')| < \delta_2$. Daraus folgt alsdann, daß

$$|F^{(1)}(k') + F^{(2)}(k') - f(x_1, \ldots, x_n)| < \delta.$$

Nun kann man aber $F^{(1)}(k')$ entwickeln nach Potenzen von $(x_1, \ldots, x_n)$,
weil man unter dem Integral nach Potenzen von $x_1, \ldots, x_n$ entwickeln
kann, da sich die Integration auf einen Bereich erstreckt, in welchem

sowohl $\psi\left(\dfrac{x_\lambda^! - x_\lambda}{k}\right)$ als ganze transzendente Funktion in der genannten
Weise entwickelt werden kann, als auch $f(x_1^!,\ldots,x_n^!)$ endliche, wohldefinierte Werte hat. x_1, ..., x_n spielen aber bei der Integration die
Rolle von Konstanten; daher kann man sie ohne weiteres vor das Integralzeichen setzen; dadurch erhält man eine Entwicklung, bei welcher
als Koeffizienten der Potenzen der x bestimmte Integrale auftreten,
indem man das ursprüngliche Integral als eine Summe von solchen darstellen darf, da der Bereich der Integration ein endlicher ist. Nun
wissen wir aber, daß man bei einer beständig konvergierenden Potenzreihe eine Anzahl erster Glieder so absondern kann, daß der Rest beliebig klein wird. Also können wir schreiben:

$$F^{(1)}(k') = G(x_1,\ldots,x_n) + \overline{G}(x_1,\ldots,x_n), \text{ wo } |\overline{G}| < \overline{\delta}$$

für alle Stellen $(x_1,\ldots,x_n)$ innerhalb S'. Daraus folgt aber:

$$|G(x_1,\ldots,x_n) - f(x_1,\ldots,x_n)| < \delta_1 + \overline{\delta},$$

da $|F^{(1)}(k') - f(x_1,\ldots,x_n)| < \delta_1$ sich oben ergab, und $\delta_1 + \overline{\delta}$ kann
natürlich $< \delta$ gemacht werden. Damit ist streng bewiesen, daß man,
wenn $(x_1,\ldots,x_n)$ auf einen abgeschlossenen Bereich S' beschränkt
/ist/, man immer eine ganze rationale Funktion $G(x_1,\ldots,x_n)$ derart
herstellen kann, daß der absolute Betrag der Differenz zwischen ihr
und $f(x_1,\ldots,x_n)$ beliebig klein wird. Nachdem dies einmal festgestellt ist, ist man der weiteren Betrachtung des Integrals überhoben,
da man zu der näherungsweisen Darstellung durch die ganze rationale
Funktion auch auf anderem Wege gelangen könnte. Drücken wir den Satz
in dieser Form aus, so können wir auch die Bedingung fallenlassen,
daß f stets unter einer endlichen Grenze bleiben müsse, eine Bedingung, die nur für die Geltung der Integralformeln wesentlich war. Unbedingt gilt der Satz, wenn wir aus S auf die mehrfach auseinandergesetzte Weise ein Kontinuum S' so aussondern, daß dieses ganz im Endlichen liegt. Dann nämlich wird jedenfalls f in diesem unter einer
gewissen endlichen Grenze bleiben. Dies vorausgeschickt, soll nun gezeigt werden, daß sich $f(x_1,\ldots,x_n)$ als eine beständig konvergierende
Reihe darstellen läßt. ^{136} $\qquad$ **136**

Um jeden im Endlichen liegenden Punkt der Begrenzung von S denken wir
uns einen sphärischen Bezirk mit dem Radius ρ_1 ausgesondert und
schließen alle Punkte aus, die einem dieser Bezirke zugehören. Ebenso
denken wir uns um den Nullpunkt mit dem Radius r_1 eine Kugel beschrieben und alle Punkte ausgeschlossen, die der dem Nullpunkt abgewandten
Seite der Kugelfläche angehören. Durch passende Wahl von ρ_1 und r_1
können wir erreichen, daß dann noch ein bestimmtes Stück von S übrigbleibt, welches wir mit S_1 bezeichnen wollen. Definieren wir alsdann

eine Reihe von Größen folgendermaßen:

$$\rho_1 > \rho_2 > \rho_3 \ldots > \rho_m \ldots \qquad \lim_{m=\infty} \rho_m = 0,$$

$$r_1 < r_2 < r_3 \ldots < r_m \ldots \qquad \lim_{m=\infty} r_m = \infty,$$

so gehört jedem Wertepaar ρ_λ, r_λ ein Bezirk S_λ zu, von dem wir sagen, daß er alle Bezirke S_μ umschließt, für die $\mu < \lambda$ ist, indem wir eine der Vorstellung unseres Raumes entnommene Sprechweise auf n-fache Mannigfaltigkeiten übertragen. Wir können es nun erreichen, daß ein bestimmter Punkt $(x_1,\ldots,x_n)$ in allen S_m liegt, für die m größer ist als eine bestimmte Zahl. Wir nehmen ferner eine Reihe von Größen δ_1, δ_2, ..., δ_m, ... an, so daß $\lim_{m=\infty} \delta_m = 0$, und bestimmen demgemäß ganze Funktionen $G_m(x_1,\ldots,x_n)$ so, daß

$$|f(x_1,\ldots,x_n) - G_m(x_1,\ldots,x_n)| < \delta_m,$$

wenn $(x_1,\ldots,x_n)$ in S_m liegt. Jetzt bilden wir folgende Reihe von Funktionen

$$g_1(x_1,\ldots,x_n) = G_1(x_1,\ldots,x_n)$$
$$g_2(x_1,\ldots,x_n) = G_2(x_1,\ldots,x_n) - G_1(x_1,\ldots,x_n)$$
$$\vdots$$
$$g_{m+1}(x_1,\ldots,x_n) = G_{m+1}(x_1,\ldots,x_n) - G_m(x_1,\ldots,x_n),$$

alsdann ist

$$\sum_{\mu=1}^{m} g_\mu(x_1,\ldots,x_n) = G_m(x_1,\ldots,x_n);$$

bilden wir jetzt die unendliche Reihe $\sum_{\mu=1}^{\infty} g_\mu(x_1,\ldots,x_n)$, so können wir die Größen δ_m offenbar so wählen, daß $\sum_{\mu=1}^{\infty} \delta_\mu$ einen endlichen Wert hat. Zunächst ist nun, wenn $(x_1,\ldots,x_n)$ in S_{m-1} liegt:

$$|f(x_1,\ldots,x_n) - G_{m-1}(x_1,\ldots,x_n)| < \delta_{m-1},$$

da aber alsdann $(x_1,\ldots,x_n)$ gleichzeitig allen S_μ angehört, für die $\mu \gtreqless m$ ist, so ist auch

$$|f(x_1,\ldots,x_n) - G_m(x_1,\ldots,x_n)| < \delta_m,$$

also

$$|G_m(x_1,\ldots,x_n) - G_{m-1}(x_1,\ldots,x_n)| = |g_m(x_1,\ldots,x_n)| < \delta_m + \delta_{m-1},$$

also

$$|\sum_{\mu=m}^{\infty} g_\mu(x_1,\ldots,x_n)| < \sum_{\mu=m}^{\infty} |g_\mu(x_1,\ldots,x_n)| < \sum_{\mu=m}^{\infty} \delta_\mu + \sum_{\mu=m}^{\infty} \delta_{\mu-1}.$$

Bei der Annahme, die wir über die δ_m gemacht haben, besagt dieses soviel, daß $\sum\limits_{\mu=1}^{\infty} g_\mu$ eine konvergente Reihe darstellt, indem der Rest dieser Reihe von einem bestimmten Gliede an durch passende Wahl des Index m desselben so klein gemacht werden kann, als man verlangt. Es ist $\sum\limits_{\mu=1}^{\infty} g_\mu$ aber nichts anderes als $\lim\limits_{m=\infty} G_m(x_1,\ldots,x_n) = f(x_1,\ldots,x_n)$, womit unser Satz bewiesen ist.

Nachdem die unbedingte Konvergenz unserer Reihe dargetan ist, handelt es sich nunmehr darum, deren gleichmäßige Konvergenz nachzuweisen. Dazu zeigen wir folgendes: Können wir von einer konvergenten Reihe $\sum\limits_{\lambda=1}^{\infty} f_\lambda$ nachweisen, daß, wenn man ihre Argumente auf einen bestimmten Bereich S' beschränkt, jedes Glied von einem bestimmten ab kleiner ist dem absoluten Betrage nach als das entsprechende Glied einer konvergenten Reihe von lauter positiven Gliedern, so ist $\sum\limits_{\lambda=1}^{\infty} f_\lambda$ auch gleichmäßig konvergent. [137] Denn angenommen, es sei $|f_m| < k_m$, wenn $m \gtreqless r$, dann können wir r so groß annehmen, daß $\sum\limits_{m=r+1}^{\infty} k_m < \delta'$, dann ist 137

$$\sum_{m=1}^{\infty} f_m = \sum_{m=1}^{r} f_m + \sum_{m=r+1}^{\infty} f_m < \sum_{m=1}^{r} f_m + \delta',$$

und ist dies für alle Werte des Arguments der Fall, die einem gewissen Bereiche angehören, so folgt die gleichmäßige Konvergenz. Dies ist hier erfüllt: $|g_{m+1}|$ ist von einem bestimmten Werte m = r ab, der so bestimmt werden kann, daß er für alle Stellen $(x_1,\ldots,x_n)$, die einem gewissen Bereich angehören, derselbe ist, < als $\delta_m + \delta_{m+1}$, welches das entsprechende Glied einer nur aus positiven Gliedern bestehenden absolut konvergenten Reihe, womit unsere Behauptung bewiesen ist. Somit ist es in mannigfaltiger Weise möglich, eine unendliche Reihe ganzer rationaler Funktionen von $(x_1,\ldots,x_n)$ so herzustellen, daß deren Summe die gegebene Funktion darstellt für alle Wertsysteme $(x_1,\ldots,x_n)$ in S. Diese Reihe konvergiert unbedingt; denn von einem bestimmten Gliede ab ist jedes Glied der Reihe kleiner als jedes Glied einer aus lauter positiven Gliedern bestehenden konvergenten Reihe, und endlich konvergiert sie gleichmäßig für jeden geschlossenen ⌊sic!⌋ Bezirk S', der in S liegt.

Man kann nun auf Grund der im Vorstehenden auseinandergesetzten Eigenschaften der in Rede stehenden Darstellung der Funktion stets erreichen, daß die Koeffizienten der sämtlichen Funktionen g_μ ganz ohne Irrationalitäten sind; denn zunächst kann man die Funktionen G_μ so herstellen, indem man, falls dies nicht ohne weiteres der Fall sein sollte, stets einen solchen nur mit rationalen Koeffizienten behafteten Teil von ihr absondern kann, daß der von den ursprünglich irrationalen Koeffizienten herrührende Rest innerhalb eines endlichen Bereiches der Variablen kleiner ist als eine beliebig kleine vorgeschriebene Größe. Wichtiger als dies ist aber für die Brauchbarkeit der Darstellung die Eigenschaft der gleichmäßigen Konvergenz, die es uns gestattet, mit angenäherten Werten der Argumente vorgeschriebene Grade der Genauigkeit bei der Berechnung der Funktionswerte zu erreichen, so daß wir bei der Anwendung unserer Darstellung uns völlig im **138** Gebiete der rationalen Rechnungsoperationen bewegen. [138] Das Resultat unserer bisherigen Betrachtungen ist die Überzeugung, daß eine eindeutig definierte stetige Funktion immer einer arithmetischen Darstellung fähig ist; wie wir diese am zweckmäßigsten erhalten, ist damit noch nicht gesagt; ebensowenig, daß alle derartigen Darstellungen ihren Ausgangspunkt in dem von uns benutzten Integral haben müßten, aber es ist immerhin erwiesen, daß es solche Darstellungen gibt, und eine Methode angegeben worden, immer eine solche zu finden, und es mußte von der Funktion soviel bekannt sein, daß, wenn man sie noch mit einer ganzen Funktion multipliziert, die Integration möglich ist. Dies war einer der <u>Gründe</u>, die uns veranlaßten, <u>von der Integralfor-</u> **139** <u>mel auszugehen</u>. [139] Was bedeutet nun die Reihe, wenn $(x_1, \ldots, x_n)$ außerhalb S liegt und selbst nicht an der Grenze von S? In diesem Falle, haben wir gefunden, konvergiert das Integral mit k = 0 gegen Null, während es, wenn $(x_1, \ldots, x_n)$ innerhalb S liegt, gegen $f(x_1, \ldots, x_n)$ konvergiert; in dem einen Falle weicht also das Integral von $f(x_1, \ldots, x_n)$ beliebig wenig ab, in dem andern Falle von Null. Daraus können wir also schließen, daß es möglich ist, eine ganze /ganze rationale/ Funktion G so zu wählen, daß sie innerhalb S' dem f beliebig nahe kommt, außerhalb S aber von Null beliebig wenig abweicht. Somit stellt $\sum g_\nu$ innerhalb S die Funktion f dar, außerhalb S aber kommt sie der Null beliebig nahe. Unentschieden bleibt nur, ob die Reihe an der Grenze noch konvergiert und welchen Wert sie dort darstellt. Deshalb haben wir von vornherein angenommen, daß S ein unabgeschlossenes Kontinuum darstellt. Ferner haben wir angenommen, daß die Funktion $F(x_1, \ldots, x_n; k)$ eine transzendente ganze Funktion ist unter der Voraussetzung, daß die Integration auf einen ganz im Endlichen liegenden Bereich beschränkt bleibe. Will man die Integration über den ganzen Bereich der x ausdehnen, so muß man der Funktion ψ noch weitere Beschränkungen auferlegen, Beschränkungen, denen z.B. die Funktion e^{-x^2} in vollem Umfange genügt; aus solchen Funktionen gehen die Funktionen $F(x_1, \ldots, x_n; k)$ immer als ganze transzendente Funktionen der x hervor, Funktionen, die eine Bedeutung haben, nicht nur für reelle Werte der x, sondern auch für komplexe, die also geradezu analytische Funktionen von x_λ sind. Dieses Resul-

tat ist von großem Interesse, denn es zeigt, daß der Ursprung der sogenannten willkürlichen Funktionen in ganz gewöhnlichen analytischen
liegt, die sich entwickeln lassen nach Potenzen von x_1, ..., x_n und
deren Koeffizienten stetige Funktionen von k sind;nähert sich k der
Null, so nähert sich für reelle $(x_1,...,x_n)$ $F(x_1,...,x_n;k)$ der Grenze $f(x_1,...x_n)$, welche letztere eine Funktion sein kann, die in verschiedenen Intervallen die Werte verschiedener z.B. analytischer
Funktionen annimmt, wenn sie nur überall sich stetig ändert. Mit der
Erkenntnis dieses Ursprungs der sogenannten willkürlichen Funktionen
[140] wird gleichzeitig ein Einwand widerlegt, den man gegen die Be- **140**
trachtung derselben überhaupt erhoben hat. Der Haupteinwand, den man
machte, bestand darin, daß man das Gesetz, nach welchem diese Funktionen sich ändern, gar nicht zu kennen brauchte, sondern nur zu wissen, daß sie stetig und eindeutig seien. In der Tat kann man die Folgerungen ziehen, ohne daß man die nähere Definition der Funktion
kennt. Man hat deshalb solche Funktionen wohl als Funktionen ohne
Eigenschaften bezeichnet, indem man nicht bedachte, daß die Voraussetzung der Stetigkeit und Eindeutigkeit von großer Tragweite ist.
Man hat sie auch wohl "unvernünftige" Funktionen genannt im Gegensatz zu denen, welche JACOBI als "vernünftige" Funktionen bezeichnete; man hat die Beschäftigung mit ihnen für unnütz erklärt; aber
schon die mathematische Physik, z.B. die Wärmetheorie, liefert uns
so definierte Funktionen. Vom rein mathematischen Standpunkt klärt
sich uns jetzt nun die Sache folgendermaßen auf. Betrachten wir die
Funktion F(x,k) - der einfachen Sprechweise wegen beschränken wir
uns jetzt wieder auf Funktionen einer Variablen -, so kann man sich
der Frage nicht entziehen, was aus dieser Funktion wird, wenn sich k
einer bestimmten Grenze nähert, wenn auch zunächst alle analytischen
Funktionen nur definiert sind für beschränkte Bereiche der Argumente.
Und da hat sich denn als Resultat unserer speziellen Untersuchung ergeben, daß sich jede stetige Funktion, so unregelmäßig sie auch sein
mag, darstellt als Grenze einer analytischen Funktion sowohl von x
wie auch von k, trotzdem wir uns in Beziehung auf k nur auf positive
reelle Werte beschränkt haben.

Wir haben zunächst nur solche Funktionen betrachtet, die keine Unstetigkeiten darbieten; es entsteht nun die Frage, ob die Darstellung der Funktion f noch erhalten bleibt, wenn die Funktion mit Unstetigkeiten behaftet ist. [141] Unstetigkeiten können zunächst nur **141**
negativ erklärt werden. Ist nämlich erklärt, was es heißt, eine Funktion ändere sich stetig, so sind alle Stellen, wo die Bedingungen
der Stetigkeit nicht erfüllt sind, Unstetigkeitsstellen. Daher kann
trotz der Unstetigkeit die Funktion immer endlich bleiben, es kann

aber auch geschehen, daß die Funktion an solchen Stellen unendlich
groß wird. Nun wird wohl niemand versuchen, a priori zu bestimmen,
welcher Art die Unstetigkeiten sein können. Zunächst hat man die Beobachtung gemacht, daß es Funktionen gibt, die an einzelnen Stellen
unstetig sind; man hat aber auch sehr bald Funktionen kennengelernt,
bei denen die Anzahl der Unstetigkeitsstellen unendlich groß ist, so
daß sie sich notwendig an einigen Grenzstellen häufen müssen, ja, man
ist auf Funktionen gestoßen, die in jedem noch so kleinen Intervalle
Unstetigkeitsstellen untermischt mit Stetigkeitsstellen enthalten.
Bei Stetigkeitsstellen hat man zu unterscheiden zwischen isolierten
Stetigkeitsstellen und Stetigkeitsstrecken. Ist nämlich f(x) für
$x = x_1$ stetig, so folgt daraus noch nicht, daß dies für alle benachbarten Werte der Fall ist; ist dies aber der Fall, so sagt man, die
Funktion habe eine Stetigkeitsstrecke. Es fragt sich nun, ob man,
wenn man über die Art der Unstetigkeit gar keine Voraussetzungen
macht, ähnliche Schlüsse über die Darstellbarkeit ziehen kann, wie
in dem früheren Falle. Es ist dies eine Untersuchung, auf welche wir
hier nicht weiter eingehen wollen; wir wollen nur das Resultat angeben: Ist f(x) immer endlich, so kann man es durch eine unendliche
Summe von ganzen Funktionen g darstellen mit der Maßgabe, daß diese
Reihe den Wert der Funktion an jeder Stetigkeitsstelle liefert. Für
die Stetigkeitsstrecken der Funktion konvergiert die Reihe gleichmä-
142 ßig; [142] unser früherer Satz ist also hierin als spezieller Fall enthalten, und es läßt sich dieses alles begründen, ohne daß man über
die Art der Unstetigkeiten irgendwelche Voraussetzungen machte. Was
die Unstetigkeitsstellen der Funktion anlangt, so stellt die Reihe,
wie es auch vorher zu erwarten war, für diese die Funktionswerte
nicht dar. Der Beweis dieses Satzes beruht auf einigen Erweiterungen
des Begriffes eines bestimmten Integrals in Fällen, wo nach den bisherigen Ansichten von einer bestimmten Integration nicht die Rede
sein konnte. WEIERSTRASS hat gefunden, daß jede mit beliebigen Unstetigkeiten behaftete Funktion, falls sie nur endlich bleibt, inte-
griert werden kann, so daß die Kriterien, die z. B. RIEMANN aufgestellt hat, zu eng sind. Denken wir uns eine Funktion einer Variablen geometrisch durch Ordinaten dargestellt, so kann die sie dar-
stellende Kurve plötzlich Unterbrechungen erleiden, indem die Funktion an gewissen Stellen gar nicht mehr definiert ist. In dem allgemeinen Fall, den wir jetzt im Auge haben, kann man nun das Integral
nicht etwa als Flächenstück, das von der Kurve, zwei Ordinaten und
der Abszissenachse begrenzt ist, definieren, indem ja die Funktion
für unendlich viele Werte des Arguments längs einer Strecke AB definiert sein kann, nicht aber für alle, die sich stetig aneinander

schließen, wie es z.B. ist, wenn die Funktion nur für die rationalen
Werte des Arguments längs dieser definiert ist. Man muß also den Begriff des bestimmten Integrals dahin erweitern, daß auch die gewöhnlichen Fälle als spezielle darin enthalten sind, und dies geschieht
in folgender Weise: Wir denken uns jede Ordinate, die einen Funktionswert darstellt, mit einem unendlich schmalen Rechteck mit der
Basis 2δ und von einer Höhe, die um δ größer ist als die Ordinate,
umgeben (man erinnere sich, daß LEIBNIZ z.B. die Ordinate geradezu
als unendlich schmales Rechteck definiert hat, und in diesem Sinne
das, was wir heute $\int y\,dx$ nennen, durch $\sum y$ bzeichnet hat). Nun definieren wir ein Kontinuum dadurch, daß zu ihm jeder Punkt gehören soll,
der in einem dieser Rechtecke liegt. Wenn die Rechtecke ineinandergreifen, so nehmen wir trotzdem jeden Punkt nur einmal. Dieses Kontinuum ist eine Fläche und hat einen <u>Inhalt</u>, der eine Funktion von δ
ist, solange wir uns δ noch als endlich denken; hat man es nun mit
einer für j e d e n Wert des Arguments zwischen a und b als stetig
definierten Funktion zu tun, so erhält man für $\delta = 0$ in der Tat das,
was man gewöhnlich als Flächeninhalt definiert. Wenn wir ferner annehmen, daß die Ordinate in der betrachteten Strecke stets positiv sei,
so läßt sich ferner zeigen, daß S_δ, womit wir die oben definierte Summe bezeichnen wollen, mit δ abnimmt, woraus folgt, daß sich diese Summe mit $\delta = 0$ einer bestimmten Grenze nähert, und diese Grenze wollen
wir bezeichnen als die durch die Kurve $y = f(x)$ definierte Fläche,
auch da, wo $f(x)$ unstetig wird, oder als das bestimmte Integral von
$f(x)$ zwischen den Grenzen a und b. Ist $f(x)$ stetig, so stimmt diese
Definition überein mit dem, was man als $\int_a^b f(x)dx$ bezeichnet hat, es
<u>bleiben die wesentlichen Eigenschaften bestehen</u>, [143] die man bei dem   143
bestimmten Integrale ableitet, es können diese Eigenschaften im Grunde alle abgeleitet werden aus

$$\int_a^c y\,dx = \int_a^b y\,dx + \int_b^c y\,dx \quad\text{und}\quad \int_a^b y\,dx = -\int_b^a y\,dx,$$

also wird $S_\delta \lessgtr 0$ gerechnet, je nachdem $b \lessgtr a$. Ferner ist der Wert des
Integrals gleich $b - a$ multipliziert mit einem Wert, der zwischen g_1
und g_2, dem größten und dem kleinsten Werte von y zwischen den Grenzen, liegt. Endlich braucht man noch folgenden Satz: Ist in $\int_a^b f(x)g(x)dx$
$g(x) > 0$ zwischen den Grenzen, so ist dieses Integral gleich
$f_1 \int_a^b g(x)dx$, wo $g_2 < f_1 < g_1$. Es muß also nachgewiesen werden, daß
diese Fundamentalsätze für den erweiterten Begriff des bestimmten Integrals ihre Gültigkeit behalten. Erinnern wir uns nun daran, daß ge-

rade diese Sätze eine wesentliche Rolle in dem voraufgegangenen Nachweis der Darstellung einer Funktion spielten und daß, falls sie für
den erweiterten Begriff des bestimmten Integrals bestehen bleiben,
auch für unstetige Funktionen, falls sie nur in dem betrachteten Gebiet endlich bleiben, folglich alle Schlüsse gültig bleiben müssen,
so erkennt man die Richtigkeit des oben angedeuteten Schlußresulta-
tes. Daß die Integralformel nur für solche Werte des Arguments Bedeutung hat, für welche $f(x+h) - f(x)$ mit h unendlich klein wird, gilt
auch hier; denn ist dies nicht erfüllt, so kann man aus dem Integrale eben keine Schlüsse ziehen. Somit finden wir in der Tat, daß jene
Summe eine analytische Darstellung für unsere Funktion nur für solche Stellen liefert, die keine Unstetigkeitsstellen derselben sind.
Auch hier ist nun die Erweiterung auf Funktionen mehrerer Variablen
nicht schwierig.

Auch die Stellen, wo die Funktion unendlich groß wird, bilden im allgemeinen kein Hindernis; ist ihre Zahl endlich, so bleibt der Satz
vollkommen bestehen, es gehören dann die Unendlichkeitsstellen einfach zu denen, die wir immer ausgeschlossen haben; ist ihre Zahl unendlich, so gilt der Satz noch, wenn sie in abzählbarer Menge vorhanden sind, so daß sie in die Form einer Reihe gebracht werden können,
wo jedes Element durch die Angabe der Stellenzahl definiert ist. Nur
darf man nicht verlangen, daß die Reihe auch für die Unstetigkeitsstellen die Funktion darstellt. Und jetzt erkennen wir auch, warum
wir bei unserer verallgemeinerten Definition des bestimmten Integrals
die Unstetigkeitsstellen außer acht gelassen haben. Es läßt sich z.B.
zeigen, daß, wenn die Unstetigkeitsstellen in abzählbarer Menge vorkommen, so kann man sie mannigfach abändern, ohne daß der Wert des
Integrals dadurch geändert wird, und daraus erkennt man ganz deutlich,
daß die Reihe für die Unstetigkeitsstellen die Funktion gar nicht darstellen kann. Zuweilen nähert sich nun unsere Reihe für die Argumente,
die einem Unstetigkeitspunkt der Funktion entsprechen, bestimmten Werten, analog dem Umstande, daß sich die Fouriersche Reihe für einen
solchen dem arithmetischen Mittel der Funktionswerte zu beiden Seiten
nähert. Indessen wollen wir auf die Untersuchung der Darstellung der
unstetigen willkürlichen Funktionen nicht weiter eingehen, sondern
wir wenden uns vielmehr dazu, zu zeigen, daß man auf dem von uns im
Vorhergehenden betrachteten Wege für Funktionen komplexen Arguments
144 genau zu demselben Begriffe der analytischen Funktionen gelangt, ¹⁴⁴
den wir in der Vorlesung über die Theorie der analytischen Funktionen entwickelt haben.

∠Dienstag,⏋ 13. 7. 1886

§ 13. Funktionen komplexer Variablen

Die Theorie der Funktionen komplexer Variablen ist im Grunde aus dem
Bedürfnis entstanden, dem Satz, daß jede Gleichung n-ten Grades n
Wurzeln habe, volle Allgemeinheit zu verschaffen. [145] Schon bei den   **145**
Gleichungen zweiten Grades zeigte es sich, daß man, um immer für eine solche Lösungen zu haben, das Zeichen $\sqrt{-1}$ einführen müsse und mit
ihm als einer wirklich existenten Größe operieren müsse, und daß,
wenn man $(\sqrt{-1})^2$ immer durch -1 ersetzte, in der Tat die Gleichung
identisch befriedigt wurde, und dann hatte in der Tat die Gleichung
2 und nur 2 Wurzeln. Diesen Satz bestrebte man sich nun, auf Gleichungen von beliebigem Grade auszudehnen; man konnte sich ja Gleichungen bilden, die <u>imaginäre Wurzeln</u> hatten, wie man solche mit lau-
ter reellen Wurzeln bilden konnte, und man sah denn auch, daß diese
Gleichungen nicht mehr Wurzeln enthalten dürfen, als ihr Grad angibt.
Somit war das Bestreben der Mathematiker andauernd darauf gerichtet,
den Satz zu beweisen, daß jede Gleichung n-ten Grades n Wurzeln von
der Form a + bi, wo natürlich a und b auch = 0 sein können, besitze,
wenngleich man eigentlich keinen rechten Anhaltspunkt hatte, dies anzunehmen, ob es zwar gelungen war, die n Werte der n-ten Wurzel aus
einer komplexen Größe vermittelst der Exponentialfunktion gerade in
dieser Form darzustellen. Nun hat den älteren Geometern immer der Gedanke vorgeschwebt, daß sich jede algebraische Gleichung mittels Wur-
zelausziehungen und rationalen Operationen lösen lassen müsse, [146]   **146**
und infolgedessen mußten diejenigen, die sich mit diesem Problem be-
schäftigten, wie EULER, LAGRANGE u.a., schon die Existenz von n Wurzeln voraussetzen. Trotzdem gelang es nicht, diesen wichtigen <u>Funda-
mentalsatz</u> zu beweisen. Noch im Anfang dieses Jahrhunderts sträubten
sich viele Mathematiker gegen die Einführung der imaginären Größen
in die Mathematik und suchten sie bei dem Beweise des Fundamentalsatzes entweder ganz zu umgehen, oder sie kleideten den Satz in eine
Form, wo die imaginären Größen nicht unmittelbar zu Tage treten; so
hielt es GAUSS noch für geraten, als er endlich in seiner Doktordis-
sertation den <u>Fundamentalsatz der Algebra</u> bewies, ihn dahin auszu-
sprechen, daß sich jede ganze ∠ganze rationale⏋ Funktion n-ten Grades von x in <u>Linearfaktoren</u> oder solche vom zweiten Grade zerlegen
lasse; später allerdings, als in dieser Hinsicht nichts mehr zu be-
fürchten war, sprach GAUSS den Satz einfach dahin aus, daß sich jede

ganze /ganze rationale7 Funktion vom n-ten Grade in n Linearfaktoren
zerlegen lasse. Das Bedürfnis, dem Satze allgemeine Gültigkeit zu
verschaffen, führte also dazu, wenigstens bei ganzen Funktionen einer
Variablen dem Argument auch komplexe Werte beizulegen, wie es GAUSS
in einem seiner Beweise tut, in dem er geradezu $x = u + iv$ setzt, wodurch die Funktion in $\phi + i\psi$ übergeht. Was die Transzendenten anlangt,
so hatte schon EULER bei der Exponentialfunktion die Zweckmäßigkeit
erkannt, dem Argumente komplexe Werte beizulegen. Dadurch wurde die
Theorie der <u>trigonometrischen Funktionen</u> identisch mit der Theorie
der Exponentialfunktion. Bei der Behandlung anderer eindeutiger transzendenter Funktionen stellte sich die Notwendigkeit mehr und mehr heraus, dem Argumente komplexe Werte beizulegen, und zwar stellte man
sich die Sätze zunächst etwa folgendermaßen vor: Man setzte $x = \xi + \xi'i$
wobei es vorläufig ganz gleichgültig war, ob man dem i eine reale Bedeutung geben wollte oder nicht, und zerlegte die Funktionen, bei denen man schon gewohnt war, komplexe Argumente zu betrachten, in $\phi + i\psi$,
wo ϕ und ψ Funktionen der beiden reellen Variablen ξ und ξ' bedeuten.
Dies kehrte man nun um, und CAUCHY definierte jeden solchen Funktionen-
komplex $\phi + i\psi$, wo ϕ und ψ reelle Funktionen von ξ und ξ' sind, als
Funktionen von $\xi + \xi'i$. Man war dazu insofern berechtigt, als, wenn
ϕ und ψ eindeutige Funktionen ihrer Argumente sind, jedem Wertsystem
(ξ,ξ') in der Tat ein Wertsystem (ϕ,ψ) eindeutig zugeordnet werden
kann. Aber so definiert, bieten die Funktionen der komplexen Variablen $\xi + \xi'i$ vor den reellen Funktionen der beiden Variablen (ξ,ξ')
doch nichts Besonderes dar, und so läßt CAUCHY in der Tat diese Art
der Funktionen einer komplexen Variablen ganz beiseite und beschäftigt sich nur mit einer besonderen Klasse derselben, die er als "mo-
<u>nogen</u>" bezeichnet und die dadurch definiert sind, daß die Funktionen
147 ϕ und ψ den beiden partiellen Differentialgleichungen genügen: [147]

$$\frac{\partial \phi}{\partial \xi} = \frac{\partial \psi}{\partial \xi'}, \quad \frac{\partial \phi}{\partial \xi'} = -\frac{\partial \psi}{\partial \xi}.$$

Es ist diese Definition des Begriffes der <u>Monogeneität</u> nicht zu ver-
wechseln mit dem Weierstraßschen, den wir später noch kennenlernen
werden.

In dieser Nacktheit hingestellt, sieht man nicht ohne weiteres ein,
wie CAUCHY dazu kommt, gerade diese Klasse der nach ihm als <u>Funktio-
nen</u> [148] des komplexen Arguments $\xi + i\xi'$ zu bezeichnenden Funktionen
148 besonders auszuzeichnen; CAUCHY ist offenbar durch die Beobachtung
dazu geführt worden, daß dieses bei allen bekannten Funktionen des
Arguments $\xi + i\xi'$ stattfindet; RIEMANN, der CAUCHY hierin folgt, leitet die Berechtigung dazu daraus her, daß bei allen Funktionen, die

sich arithmetisch als vom Argument $\xi + i\xi'$ darstellen, diese Gleichungen erfüllt sind. CAUCHY macht schon darauf aufmerksam, daß, wenn
die Abhängigkeit zweier komplexer Größen $\xi + i\xi'$ einerseits, $\phi + i\psi$
andererseits, die jenen Gleichungen genügen, geometrisch interpretiert
wird, <u>Ähnlichkeit in den kleinsten Teilen</u> [149] stattfindet, wenn die   149
Funktion sich an der betreffenden Stelle regulär verhält. RIEMANN
rechtfertigt an einer anderen Stelle jene Definition dadurch, daß er
zeigt, daß in der Nähe einer Stelle, für welche jene Gleichungen erfüllt sind, der Ausdruck $\phi + i\psi$ sich als Potenzreihe darstellen läßt,
[150] und zwar als Potenzreihe einer /komplexen/ Variablen. Dagegen ist   150
hauptsächlich einzuwenden, daß bekanntlich bei Funktionen einer oder
mehrerer Variablen die Existenz eines Differentialquotienten nicht
ohne weiteres feststeht, daß vielmehr die Existenz eines solchen eine
ganz besondere Eigenschaft der ihn besitzenden Funktionen darstellt.
Nun weiß man, daß bei Funktionen zweier Variablen die Bedingungen für
die Existenz von Ableitungen so kompliziert sind, daß man a priori
gar nicht einsieht, daß die betreffende Funktion Ableitungen hat,
wenn man es nicht aus der Erfahrung weiß. Alle diese Schwierigkeiten
verschwinden bei unserer Begründung der Funktionentheorie. [151] Eine   151
Einheit wird eingeführt, die Teile dieser Einheit, dann die entgegengesetzte Einheit, die Teile dieser Einheit; aus diesen setzen sich
die sogenannten reellen Größen zusammen; dann wird noch eine Einheit
hinzugenommen, die sich nicht durch die früheren ausdrücken läßt, und
dann die entgegengesetzte Einheit. Und es zeigt sich dann, daß unter
diesen Umständen jede der elementaren Operationen sich stets erledigen läßt. Der wesentliche Fortschritt besteht nun darin, daß man zunächst zu der Betrachtung der sogenannten rationalen Operationen übergeht, d.h. die rationalen Funktionen einer oder mehrerer Veränderlicher erforscht. Der nächste Schritt ist der, daß man die arithmetischen Operationen ins Auge faßt, die sich ausführen lassen, wenn die
Zahl der Größen, mit denen man operiert, unendlich groß wird. Daher
wurden zunächst Summen und Produkte von unendlich vielen Gliedern betrachtet. Man konnte sich auf die nähere Untersuchung ersterer beschränken, da sich letztere stets auf diese zurückführen lassen. Wir
zogen alsdann rationale Zusammensetzungen von diesen Operationen in
Betracht. Es fand sich nun eine Eigenschaft, die nachher bei allen
Erweiterungen der Begriffe aufrechterhalten blieb. Zunächst stellte
sich heraus, daß selbstverständlich nur solche Reihen betrachtet werden konnten, die wenigstens für einen gewissen Wertbereich der Variablen endliche bestimmte Werte haben, wie z.B. $\sum_\lambda g_\lambda(x)$. Es zeigte sich
als notwendig, daß der <u>Konvergenzbereich ein Kontinuum</u> [152] bilden   152
müsse, und ferner, daß die Reihe in einem Bezirk gleichmäßig konver-

gieren müsse. Aber diese Annahme, die mit den Eigenschaften der dargestellten Funktion absolut nichts zu schaffen zu haben scheint, sondern nur eine Eigenschaft der speziellen Darstellungsform zu konstituieren scheint, ändert den Charakter der dargestellten Funktion in der
durchgreifendsten Weise. [153] Ist x_o ein bestimmter Wert von x, so
zeigt es sich, daß die Funktion in der Nähe von x_o in Form einer Potenzreihe dargestellt werden kann, die nach Potenzen von $x - x_o$ fortschreitet; es zeigt sich die Existenz von Differentialquotienten; wir
erhalten so alle Funktionen, die der Differentialrechnung unterworfen
werden können. Es zeigt sich weiter, daß gewisse Eigenschaften, die
sich in dem kleinsten Bereich finden, überall erhalten bleiben. Genügt z.B. die Funktion in einem noch so kleinen Bereich einer <u>algebra-
ischen Differentialgleichung</u>, so ist solches überall der Fall. [154] Anders ist es mit Funktionen reeller Variablen. Betrachten wir z.B. die
Summe $\sum_\nu g_\nu(x)$, [155] wo jetzt x eine reelle Größe sei und die natürlich
für einen gewissen Bereich des Arguments endliche wohlbestimmte Werte
hat, so folgt noch nicht, daß diese Funktion differenzierbar ist.
Denn führen wir die Differentiation an den einzelnen Gliedern aus, so
wird im allgemeinen das Resultat der Differentiation nicht mehr konvergent sein; aber selbst dieses zugegeben, so kann man folgendes
nicht behaupten: Wenn die Funktion von a bis b einer Differentialgleichung genügt, so genügt sie dieser für den ganzen Wertbereich der Variablen; man erkennt dies ohne weiteres, wenn man eine Funktion definiert, die von $-\infty$ bis 0 z. B. gleich einer analytischen Funktion
$\phi_1(x)$ und von 0 bis $+\infty$ gleich einer analytischen Funktion $\phi_2(x)$ ist,
wo nur $\phi_1(0) = \phi_2(0)$ zu sein braucht, eine Bedingung, der sich stets
genügen läßt und wo wir $\phi_1(x)$ und $\phi_2(x)$ so wählen, daß sie verschiedenen Differentialgleichungen genügen. Schon hieraus ersehen wir den
<u>wesentlichen Unterschied</u>, den es macht, <u>ob wir Funktionen eines kom-
plexen Arguments oder einer reellen Veränderlichen betrachten</u>. In unserem Falle war z.B. die Funktion für reelle Werte des Arguments
durch $\sum g_\nu(x)$ wirklich dargestellt, aber für komplexe Werte wird sie
im allgemeinen nicht mehr konvergieren. Daraus erkennt man, daß, wenn
man von der arithmetischen Form ausgeht, man nicht nur diese betrachten kann, [156] sondern daß man nur solche arithmetischen Formen betrachten darf, denen gewisse Eigenschaften zukommen, wie in unserem
Falle die gleichmäßige Konvergenz. Daß sich dann für die dargestellte Größe bestimmte Eigenschaften ergeben, hat in folgendem seinen
Grund: Man kann die gleichmäßige Konvergenz auch dahin definieren,
daß man sagt, eine gleichmäßig konvergente Reihe ist eine solche, die
man für jeden Wert des Arguments durch eine ganze rationale Funktion
mit einem beliebigen Grade der Annäherung zu ersetzen imstande ist. [157]

Wenn nun eine solche Reihe in einem gewissen Bezirk für komplexe Werte des Arguments gleichmäßig konvergent ist, so kann man immer annehmen, daß der von uns bewiesene Satz [158] auch für komplexe Werte des   158
Arguments gilt. Dies wird den Ausgangspunkt unserer weiteren Untersuchungen bilden.

                                    /Mittwoch,/ 14. 7. 1886

Es seien für die Wertepaare (ξ,ξ') zwei reelle stetige Funktionen ϕ
und ψ definiert. Dann können ϕ und ψ, wie wir gesehen haben, mithin
auch $\phi + i\psi$, dargestellt werden arithmetisch als ganze /ganze ratio-
nale/ Funktionen, letztere also mit komplexen Koeffizienten, die von
dem wirklichen Funktionswerte beliebig wenig abweichen. Angenommen
nun, es sei möglich, für jeden Bezirk in dem Kontinuum S, für das die
Funktionen ursprünglich definiert sind, eine ganze /ganze rationale/
Funktion von $\xi + i\xi'$ herzustellen, [159] die der Funktion $\phi + i\psi$ so na-   159
hekommt, als man will, so sagen wir, es ist $\phi + i\psi$ eine <u>eindeutige
analytische Funktion</u> der komplexen Variablen $\xi + i\xi' = x$. Diese Definition rechtfertigt sich dadurch, daß $\phi + i\psi = f(x)$ unter den angegebenen Voraussetzungen in der Tat eine arithmetische Funktion von x
ist. Der Beweis davon ist sehr leicht zu liefern, er beruht auf genau
denselben Grundsätzen, die wir früher benutzt haben. [160] Der Bereich   160
der Variablen x wird genauso dargestellt, wie früher der Bereich der
Variablen ξ und ξ', und ebenso verstehen wir unter der Umgebung des
Punktes a die Gesamtheit der Wertsysteme (ξ,ξ'), die der Ungleichheit

$$(\xi - \alpha)^2 + (\xi' - \alpha')^2 < \rho^2$$

genügen, d.h. wofür

$$|x - a| < \rho$$

ist.

In S definieren wir nun einen abgeschlossenen Bereich ganz in derselben Weise wie es schon früher geschehen ist; wir denken uns nämlich
um jeden im Endlichen gelegenen Punkt der Begrenzung einen Kreis mit
einem gewissen Radius ρ geschlagen, ferner um den Nullpunkt einen
Kreis mit einem hinlänglich großen Radius r, und schließen alle Punkte aus, deren Abstand vom Nullpunkt > r ist und ferner die, die in
einem jener kleinen Kreise liegen. Wir legen nun dem ρ eine Reihe von
Werten ρ_1, ρ_2, ..., ρ_n, ... bei, wo $\rho_{n+1} < \rho_n$, $\lim_{n=\infty} \rho_n = 0$ und ebenso
dem r eine Reihe von Werten r_1, r_2, ..., r_n, ..., so daß $r_{n+1} > r_n$,
$\lim r_n = \infty$ ist. Jedem Wertsystem (ρ_n, r_n) entspricht dann ein bestimmter Bereich S_n, der endlich ist, wenn n endlich ist. Alsdann können

wir uns der Voraussetzung zufolge für jeden dieser Bereiche S_m eine
ganze Funktion $G_m(x)$ so herstellen, daß für S_m

$$|f(x) - G_m(x)| < \delta_m,$$

wo δ_m eine willkürlich vorgeschriebene Größe ist, die natürlich > 0
sein muß. Wir wählen sie so, daß $\delta_{m+1} < \delta_m$ und $\sum \delta_m$ einen endlichen
Wert hat, dann ist von selbst $\lim_{m=\infty} \delta_m = 0$. Daraus ergibt sich folgendes: Legen wir dem x irgendeinen bestimmten Wert bei, so wird es ei-
nen solchen Wert r von m geben, daß S_r der erste Bereich ist, in dem
x enthalten ist, a fortiori wird es dann natürlich in allen Bereichen
S_m enthalten sein müssen, für welche $m > r$ ist. Dann ist somit für
diesen bestimmten Wert von x:

$$|f(x) - G_r(x)| < \delta_r, \qquad |f(x) - G_m(x)| < \delta_m, \qquad m > r;$$

jetzt sei

$$g_1(x) = G_1(x)$$
$$g_2(x) = G_2(x) - G_1(x)$$
$$\cdots\cdots\cdots\cdots\cdots$$
$$\vdots \qquad\qquad \vdots$$
$$g_{m+1}(x) = G_{m+1}(x) - G_m(x),$$

also
$$G_{m+1}(x) = \sum_{\lambda=1}^{m+1} g_\lambda(x),$$

und es ist

$$|G_{m+1}(x) - G_m(x)| = |g_{m+1}(x)| < \delta_m + \delta_{m+1},$$

wie aus den für f(x) gegebenen Ungleichheiten durch Subtraktion sich
ergibt. Somit ist

$$\sum_{\nu=r+1}^{\infty} |g_\nu(x)| < \sum_{\nu=r}^{\infty} \delta_\nu + \sum_{\nu=r+1}^{\infty} \delta_\nu,$$

also a fortiori

$$\left| \sum_{\nu=r+1}^{\infty} g_\nu(x) \right| < \delta_r + 2 \sum_{\nu=r}^{\infty} \delta_{\nu+1},$$

und da der Voraussetzung gemäß $\sum_{\nu=1}^{\infty} \delta_\nu$ endlich ist, also $\sum_{\nu=r}^{\infty} \delta_{\nu+1}$ mit

wachsendem r beliebig abnimmt, so ist damit bewiesen, daß $\sum_{\nu=1}^{\infty} g_\nu(x)$
$= \lim_{n=\infty} G_n(x) = f(x)$ einen endlichen Wert hat, solange x endlich ist.
$\sum_{\nu=1}^{r} g_\nu(x)$ ist eine gewöhnliche ganze Funktion; da also der Rest kleiner gemacht werden kann als eine beliebig kleine vorgeschriebene Größe, so können wir uns auf eine endliche Anzahl von Gliedern beschrän-

ken, um einen vorgeschriebenen Grad der Genauigkeit zu erreichen. Somit haben wir in der Tat unsere Funktion dargestellt in der Form einer unendlichen Reihe, deren jedes einzelne Glied eine ganze rationale Funktion von x ist, und die, wie ohne weiteres aus unseren früheren
Erörterungen hervorgeht, gleichmäßig konvergent ist. Nach unserer Definition ^{161} haben wir es also wirklich mit einer Funktion ei-   161
ner komplexen Variablen zutun. Das Wesentliche ist hierbei die gleichmäßige Konvergenz der Reihe, wie es <u>in der einleitenden Vorlesung
über die analytischen Funktionen ausführlich dargelegt</u> worden ist.
Unter denjenigen Formen arithmetischer Darstellung, die in $\sum g_\nu(x)$
enthalten sind, sind die einfachsten die sogenannten Potenzreihen,
deren Typus $\sum_{\lambda=0}^{\infty} c_\lambda (x-a)^\lambda$ ist. ^{162} In der genannten Vorlesung wurden   162
diese Reihen zunächst einer eingehenden Untersuchung unterworfen, es
wurden über die Konvergenz dieser Reihen Sätze aufgestellt, und es ergab sich, daß, wenn sie überhaupt konvergent, zwei Fälle möglich
sind. Entweder - der Einfachheit halber ersetzen wir x - a durch x -
konvergiert $\sum_{\lambda=0}^{\infty} c_\lambda x^\lambda$ für jeden Wert von x oder nur für solche x, die
unterhalb einer gewissen Grenze ihrem absoluten Betrage nach liegen,
also daß für $|x| < R$ die Reihe einen bestimmten Sinn hat, den sie,
wenn $|x| > R$, verliert. Über die Fälle, die eintreten, wenn $|x| = R$,
ließ sich allgemein Bestimmtes nicht aussagen. Der Konvergenzbezirk
wird somit geometrisch dargestellt durch einen um den Nullpunkt beschriebenen Kreis mit dem Halbmesser R; also, wenn die Entwicklung
in der Umgebung von a nach Potenzen von x - a fortschreitet, durch
einen um a beschriebenen Kreis. Ist $x = x_0$ ein Punkt innerhalb dieses
Kreises, so ist die Reihe konvergent nicht nur für x_0 selbst, sondern
auch für alle in einer gewissen Umgebung von x_0 gelegenen Punkte;
denn ist $|x_0 - a| = \rho$, so liegen alle Punkte, für die $|x - x_0| < R - \rho$,
sicher im Konvergenzbereich der Reihe. Ebenso gehören, wenn x_0 außerhalb des Kreises liegt, alle Punkte der /einer hinreichend kleinen7
Umgebung von x_0 ebenfalls nicht der Kreisfläche an. Liegt dagegen
der Punkt auf der Grenze, so gibt es Punkte, die seiner Umgebung angehörig im Innern jener Kreisfläche und außerhalb derselben liegen.
Es wurde nun das Kontinuum definiert, innerhalb dessen eine Funktion
einer komplexen Variablen durch eine Potenzreihe definiert wird, und
es zeigte sich, daß für jeden Bezirk, der ganz innerhalb desselben
liegt, die Konvergenz der Reihe eine unbedingte und gleichmäßige ist.
Sodann wurde ein <u>wesentlicher Satz</u> ^{163} aufgestellt <u>über die Größe der</u>   163
<u>Koeffizienten</u> c_λ. Es sei R der Konvergenzradius, man denke sich um a
einen anderen Kreis mit einem Radius ρ beschrieben, wo $\rho < R$, aber
dem R übrigens so nahekommen kann als man will. Betrachtet man nun

die Werte der Reihe für alle x - a, so daß $|x - a| = \rho$, so ergab sich
für den absoluten Betrag der Werte der Funktion eine obere Grenze g,
die auch wirklich erreicht wird, und dann wurde gezeigt, daß
$|c_\lambda| < g \cdot \rho^{-\lambda}$, oder was damit identisch ist, $|c_\lambda x^\lambda| < g$, wenn $|x| = \rho$.
Hieraus haben wir unter anderem folgenden Satz abgeleitet: Angenom-
men, es sei eine solche Potenzreihe $P(x|a) = \sum_{\lambda=o}^{\infty} c_\lambda (x-a)^\lambda$ gegeben,
und sei der Konvergenzradius dieser Reihe = r; nehmen wir innerhalb
des Konvergenzbezirks einen Punkt b an, so daß also d = $|b - a| < r$,
so können wir die <u>Potenzreihe umwandeln</u> in eine nach Potenzen von
x - b fortschreitende und zwar <u>ganz mechanisch</u>, indem wir setzen

    x - a = x - b + b - a,

164 dann erhalten wir $\sum c_\lambda' (x - b)^\lambda = P(x|a,b)$, [164] wo die Koeffizienten
dieser Reihe im allgemeinen natürlich aus unendlich vielen Gliedern
bestehen werden. Es wird gezeigt, daß jedes c_λ' einen endlichen Wert
hat und daß die Reihe konvergiert und dieselben Werte /hat/ wie die
ursprüngliche unter folgenden Bedingungen: Für den Konvergenzbereich
165 dieser neuen Reihe ergibt sich das Intervall r-d...r+d /sic!/; [165]
innerhalb des gemeinschaftlichen Gebietes der beiden Konvergenzbezir-
ke gilt das Gesagte. Wir sagen nun von der zweiten <u>Potenzreihe</u>, sie
sei aus der ersten <u>abgeleitet</u>. Nun wurde aber folgender <u>Fundamental-</u>
166 <u>satz</u> [166] bewiesen: Ist gegeben eine Reihe $\sum_{\nu} g_\nu(x)$, die innerhalb eines kontinuierlichen Bereiches der Variablen x absolut und gleichför-
mig konvergiert; nehmen wir nun einen beliebigen Punkt x_o innerhalb
dieses Konvergenzbezirkes an, so können wir offenbar jede ganze /gan-
ze rationale/ Funktion $g_\nu(x)$ umwandeln in eine ganze Funktion von
x - x_o, und ziehen wir alle Glieder, die gleiche Potenzen von x - x_o
enthalten, zusammen, so erhalten wir dadurch eine Potenzreihe
$\sum g_\nu(x) = \sum c_\lambda (x - x_o)^\lambda$, eine Gleichung, die für den gemeinschaftlichen Bereich beider Darstellungen besteht; denn wir werden jedenfalls
für die Entwicklung rechterhand einen gewissen Konvergenzbezirk angeben können. Diese Eigenschaft könnten wir nicht deduzieren, wenn f(x)
bloß für reelle Werte des Arguments definiert wäre, indem jener Satz
167 wesentlich auf dem Satz über die Größe der Koeffizienten beruht. [167]
Im letzten Grunde ist dies eine Folge der <u>gleichmäßigen Konvergenz</u>,
die <u>für Funktionen komplexer Variablen von so weittragender Bedeutung</u>
ist. Man kann nämlich aus dieser die Existenz von Differentialquotiente
aller Ordnungen ableiten, und was noch wichtiger ist, beweisen, daß
diese Funktionen derselben Art sind, d.h. definiert für denselben Bereich wie die ursprüngliche Funktion. Man zeigt ferner, daß man unter
den angegebenen Voraussetzungen die Ableitung erhalten kann, indem

man jedes einzelne Glied differenziert. Ferner wird nachgewiesen, daß
eine solche Reihe zwar nicht überall die Funktion darstellt, denn
dann wäre es eine beständig konvergierende Potenzreihe, daß aber
durch die in der Umgebung irgendeines Punktes geltende Potenzreihe
die Funktion in ihrem weiteren Verlaufe vollständig bestimmt ist.
Wie dieses zu verstehen ist, werden wir im folgenden auseinander-
setzen. [168]   [168]

/Freitag,/ 16. 7. 1886

Der wahre Konvergenzbereich der Reihe nach Potenzen von $x - x_0$, in
die wir $\sum g_\nu(x)$ verwandelt haben, kann nun wohl größer sein als die
Umgebung des Punktes x_0, nie aber kleiner. Der Beweis davon beruht
auf folgendem Satze: Angenommen, man wisse von einer Potenzreihe
$P(x|a)$, daß sie konvergiert in einem Kreis mit dem Radius r, und man
wisse außerdem, daß, wenn x_0 ein Punkt der Grenze ist, also $|x_0 - a|$
= r, eine Potenzreihe $P(x|x_0)$ existiert und daß dies für jeden Punkt
der Grenze stattfinde, so daß also für alle diese Punkte $P(x|a)$ =
$P(x|x_0)$, so kann man sicher sein, daß der wahre Konvergenzbereich > r
ist. Daraus folgt der eben über die Summe $\sum g_\nu(x)$ ausgesprochene Satz
von selber. Nehmen wir nämlich innerhalb des Konvergenzbezirks dieser
Reihe willkürlich einen Punkt a an, so können wir jedes einzelne g
nach Potenzen von x - a entwickeln, also auch die ganze Summe in eine
Potenzreihe $P(x|a)$ verwandeln. Angenommen, die Reihe konvergiere für
alle Werte von x, für welche $|x - a|$ < r ist, und es soll r so klein
angenommen werden, daß alle die bezeichneten Werte von x in der Umgebung von a liegen, so ist zweierlei möglich: Entweder kann die Grenze
des Konvergenzbezirkes von $P(x|a)$ in irgendeinem Punkte mit der Gren-
ze des Bereiches der Funktion zusammenfallen, und dann kann man of-
fenbar im allgemeinen nicht behaupten, daß die Reihe $P(x|a)$ einen
größeren Konvergenzbereich hat, aber andererseits kann auch nicht r
kleiner sein als die Umgebung von a; denn angenommen, es konvergiere
$P(x|a)$ für alle Werte von x, für die $|x - a|$ < ρ, und ρ sei kleiner
als der Radius der Umgebung von a, so würde es eintreten, daß alle
Punkte auf der Peripherie des Kreises mit dem Radius ρ im Innern des
Konvergenzbereiches der Reihe $\sum g_\nu(x)$ liegen. Nehmen wir alsdann einen Punkt x_0 auf der Peripherie des Kreises /mit dem Radius/ ρ an,
so läßt sich $\sum g_\nu(x)$ verwandeln in eine Potenzreihe $P(x|x_0)$, welche
mit der Funktion $\sum g_\nu(x)$ übereinstimmt, wenn $x - x_0$ hinlänglich klein
genommen wird. Nun aber stimmt $\sum g_\nu(x)$ in dem Konvergenzbereich von
$P(x|a)$ mit dieser Reihe überein, also wird $P(x|x_0)$ in dem gemeinsamen

Konvergenzbereich von $P(x|x_0)$ und $P(x|a)$ mit letzterer Reihe überein-
stimmen, und zwar gilt das für jeden Punkt der Peripherie des Kreises
mit dem Radius ρ. Daraus folgt aber nach dem obigen Theorem, daß sich
der Konvergenzbereich von $P(x|a)$ weiter erstreckt als bis zu der Pe-
ripherie des Kreises mit dem Radius ρ. Dies vorausgesetzt, können wir
jetzt eine wichtige Folgerung ziehen. Es seien zwei Punkte a und a'
gegeben, die dem Bereiche angehören, für welchen die Funktion $\sum g_\nu(x)$
169 definiert ist. Alsdann ist es dem Begriff des Kontinuums zufolge ^{169}
möglich, zwischen a und a' eine Reihe von Punkten a_1, a_2, ..., a_n so
einzuschieben, daß jeder folgende immer in der Umgebung des vorhergehenden liegt. Für jeden dieser Punkte kann man sich eine Potenzreihe
$P(x|a_\nu)$ bilden, durch die sich $\sum g_\nu(x)$ in der Nähe dieses Punktes
darstellen läßt. Wir wollen beweisen, daß wir alle diese Reihen aus-
einander erhalten können. Zunächst soll also $P(x|a_1) = P(x|a,a_1)$
sein. Es ist möglich, die Reihe $P(x|a,a_1)$ aus $P(x|a)$ abzuleiten, weil
wir angenommen haben, daß a_1 in der Umgebung von a liegt, und weil
ferner gezeigt worden ist, daß der Konvergenzradius von $P(x|a)$ minde-
stens gleich dem Radius der Umgebung von a ist. Bilden wir nun
$P(x|a,a_1) = P(a_1+x-a_1|a)$, so stimmt diese Reihe mit $P(x|a)$ sicher in
der Umgebung von a überein, und da $P(x|a)$ in dieser $= \sum g_\nu(x) = f(x)$
ist, so ist auch $P(x|a,a_1) = f(x)$. Nun aber wissen wir auch von
$P(x|a_1)$, daß es in der Umgebung von $a_1 = f(x)$ ist; diese fällt aber
teilweise mit jener von a zusammen; somit haben wir es mit zwei Potenzreihen zu tun, die beide nach Potenzen von $x - a_1$ fortschreiten
und in einem kontinuierlichen Bereich denselben Wert haben; dies ist
aber nicht anders möglich, als daß sie ihren Koeffizienten nach übereinstimmen, d.h. überhaupt miteinander identisch sind. Ganz in der-
170 selben Weise folgt nun überhaupt, daß $P(x|a_\lambda) = P(x|a,a_1,...,a_\lambda)$ ^{170}
ist, indem wir, nachdem die Identität von $P(x|a_{\lambda-1})$ und
$P(x|a,a_1,...,a_{\lambda-1})$ festgestellt ist, schließen, daß $P(x|a,a_1,...,a_{\lambda-1})$
in der gesamten Umgebung von $a_{\lambda-1} = f(x)$ ist; bilden wir dann
$P(a_\lambda+x-a_\lambda|a,a_1,...,a_{\lambda-1}) = P(x|a,a_1,...,a_\lambda)$, so ist dieses $= f(x)$,
jedenfalls in der Umgebung von $a_{\lambda-1}$; nun ist aber $P(x|a_\lambda) = f(x)$ in
der ganzen Umgebung von a_λ, also, da a_λ in der Umgebung von $a_{\lambda-1}$
liegt, in einem Teile der Umgebung von $a_{\lambda-1}$. Somit haben wir zwei
nach Potenzen derselben Größe $x - a_\lambda$ fortschreitende Potenzreihen,
die in einem gewissen Teile der Ebene miteinander übereinstimmen;
dies ist nicht anders möglich, als wenn die Koeffizienten der beiden
Reihen dieselben sind, d.h. die Reihen selbst identisch sind. Wenn also der Satz für $\lambda - 1$ bewiesen ist, so folgt er für λ; nun aber ist
er für 1 bewiesen, also gilt er ganz allgemein. Führen wir jetzt für
die in der Umgebung eines Punktes geltende Entwicklung einer Funktion

die Bezeichnung <u>Funktionenelement</u> [171] ein, so ist damit der Satz be- 171
wiesen, daß man alle Funktionenelemente aus einem einzigen erhalten
kann. Hat man nun diese Einsicht gewonnen, so kommt man sofort auf
den Gedanken, die Funktion noch anders zu definieren. Geht man näm-
lich von einer einzigen Potenzreihe $P(x|a)$ aus, so kann man aus ihr
eine Potenzreihe $P(x|a_1)$ "ableiten", wenn a_1 in der Umgebung von a
liegt, aus $P(x|a_1)$ $P(x|a_2)$ usf., wobei man es also mit einer Reihe
begrifflich vollständig definierter Operationen zu tun hat. Aus unserer Deduktion geht nun hervor, daß man in einem Punkte a' immer zu
derselben Reihe kommt, es liegt dies daran, daß die Funktion für den
Bereich, in welchem man immer verbleibt, eindeutig definiert ist, und
daß man nicht von irgendeiner Potenzreihe $P(x|a)$ ausging, sondern von
der auf eine ganz bestimmte Weise für einen bestimmten Bezirk definierten Funktion. [172] Geht man aber von irgendeiner Potenzreihe aus, 172
so kann es sehr wohl geschehen, daß man durch verschiedene Arten der
<u>Fortsetzung</u> in einem Punkte a' zu verschiedenen, ja zu unendlich vie-
len Potenzreihen in der Umgebung von a' kommt. Von letzterem können
wir die Möglichkeit sogar a priori beweisen. Gleichwohl müssen wir
sagen, daß die <u>Gesamtheit der Potenzreihen, die aus einer einzigen</u>
<u>hergeleitet werden können, ein in sich abgeschlossenes, einheitliches</u>
<u>Ganzes</u> bilden. Dazu braucht man nur folgenden Satz zu beweisen: Wenn
$P(x|a_1)$ aus $P(x|a)$ hergeleitet ist, so kann auch $P(x|a)$ abgeleitet
werden aus $P(x|a_1)$, sei es direkt, sei es durch Vermittlung von Zwi-
schenstellen. Ist aa_1 kleiner als die Hälfte des Konvergenzradius von
a, so folgt es sofort; denn dann ist nach einem früheren Satz der
Konvergenzradius von a_1 g r ö ß e r als die Hälfte des Konvergenzradius von a, also a fortiori $> aa_1$. Ist nun dieses bewiesen, so
folgt ganz allgemein, daß $P(x|a)$ aus $P(x|a')$ hergeleitet werden kann,
wenn $P(x|a')$ aus $P(x|a)$ abgeleitet ist. Hieraus ergibt sich ferner,
daß, wenn man von zwei verschiedenen Potenzreihen ausgeht, die aus
derselben dritten hergeleitet sind, man nur zu jenen kommt, die aus
dieser letzteren abgeleitet werden können. Man könnte jetzt nun die
Funktion, von einem einzigen Elemente ausgehend, folgendermaßen defi-
nieren: Es sei x_1 ein beliebiger Punkt; alsdann leite man aus $P(x|a)$
eine oder mehrere Reihen ab, bis in dem Konvergenzkreis einer derselben x_1 liegt; den Wert, den die betreffende Reihe für x_1 annimmt, definieren wir als den Wert der Funktion in x_1. Liegt der Punkt x_1 in
keinem der Konvergenzbezirke, der aus $P(x|a)$ ableitbaren Potenzreihen,
so wäre demnach für x_1 die Funktion überhaupt nicht definiert. Gibt
es in der Umgebung eines Punktes mehrere Reihen, oder, was dasselbe
ist, kann man bewirken, daß x_1 in dem Konvergenzbereich mehrerer voneinander verschiedener Reihen liegt, so hat die Funktion für x_1 meh-

rere Werte, sie ist also mehrdeutig. In diesem Sinne könnte man also
sagen, daß es möglich sei, aus einem Elemente eine eindeutige oder
mehrdeutige Funktion abzuleiten. Indes, was mehrdeutige Funktionen
anlangt, so werden wir im Laufe unserer weiteren Ausführungen ihren
173 Ursprung in einer anderen Weise entwickeln, [173] die nur verlangt, den
Begriff der absolut eindeutigen Funktionen in gehöriger Weise festzustellen, d.h. nicht nur dann eindeutig, wenn man den Bereich des Arguments der Funktion in bestimmter Weise beschränkt. Dann heißt also
eine Funktion eindeutig, wenn man von einer bestimmten Potenzreihe
ausgehend und von dieser alle möglichen ableitend in einem Punkte a'
stets nur eine Potenzreihe erhält. Hier wird also über den Bereich
des Arguments gar keine beschränkende Annahme gemacht.

/Sonnabend,/ 17. 7. 1886

Bei der eben auseinandergesetzten Definition der Funktion einer komplexen Veränderlichen stößt man auf eine Schwierigkeit, die wir zunächst an einem einfachen Beispiel erläutern wollen. Betrachten wir
die Funktion $\sqrt{1+x}$, so kann man sie, wenn man festsetzt, daß dem Wert
x = 0 der Funktionswert 1 entsprechen soll, nach dem binomischen
Lehrsatz in die Potenzreihe $1 + \frac{1}{2}x + \ldots$ verwandeln. Geht man nun
von dieser Potenzreihe aus und leitet aus ihr alle möglichen Potenzreihen ab, so kann man sich leicht überzeugen, daß es möglich ist,
für jeden Wert $x = x_0$ mit Ausnahme des Punktes -1 eine Potenzreihe
herzustellen, ja es ist nicht schwer nachzuweisen, daß man von jener
Reihe ausgehend für jede Stelle beide Werte erhält, die der Ausdruck
$\sqrt{1 + x}$ erhält. Die Funktion hat nun aber auch für x = -1 einen bestimmten Wert und zwar nur einen, nämlich Null. Dieser Wert entgeht
uns, wenn wir die obige Definition der Funktion zugrundelegen. Ähnlich verhält es sich bei jeder algebraischen Funktion von x. Ist a
ein bestimmter Wert von x, so lassen sich im allgemeinen n Potenzreihen von x - a herstellen, welche die n Werte der Funktion in der
Umgebung dieser Stelle liefern. Dies ist aber dann nicht möglich,
wenn für x = a die Diskriminante der y als algebraische Funktion von
x definierenden algebraischen Gleichung verschwindet. Es läßt sich
ferner nachweisen, daß jene Potenzreihen alle aus einer einzigen ableitbar sind; an den Stellen, wo jedoch die Diskriminante verschwindet, gibt es keine oder wenigstens nicht n Potenzreihen. Die Werte,
welche die Funktion in der Umgebung dieser Stellen annimmt, müssen
uns also ganz oder teilweise entgehen, wenn wir von der erwähnten
Definition der Funktion ausgehen. Man hat versucht, sich folgender-

maßen zu helfen. Denken wir uns zu jedem Wert von x die zugehörigen
Werte von y hinzugenommen, so ergeben sich aus einem x mehrere Wertsysteme oder Stellen (x,y); die Gesamtheit dieser Stellen konstituiert ein gewisses <u>Gebilde</u>. Eine <u>Grenzstelle</u> des Gebildes nennen wir
eine Stelle, in deren jeder Nähe es noch Stellen gibt, die zu den definierten gehören. Es tritt nun die Frage auf: <u>Sollen wir diese Grenzstellen dem Gebilde zuzählen oder nicht?</u> [174] Wäre dies stets zulässig, 174
so erhielten wir in der Tat eine allgemeine Definition der Funktion.
Man würde also dann y als Funktion von x folgendermaßen definieren:
Man fasse alle diejenigen Stellen ins Auge, wo x = a ist;die diesen
Werten zugehörigen Werte von y sind die Werte, welche die Funktion
in dem Punkte x = a annimmt, und zwar soll das für einen beliebigen
Wert x = a gelten. Diese Definition erweist sich in der Tat als ausreichend, wenn zwischen x und y eine algebraische Gleichung besteht;
gehen wir von einer Potenzreihe aus, die für y gesetzt die Gleichung
identisch befriedigt, und setzen wir diese auf alle mögliche Weise
fort, so erhalten wir in der Tat alle Wertepaare, die der Gleichung
genügen, bis auf einzelne, die in endlicher Anzahl vorhanden sind und
sich als Grenzstellen erweisen; umgekehrt findet man, daß jede Grenzstelle in der Tat aus einem der Gleichung genügenden Wertepaar besteht. Mit dieser Auffassung scheint man sich längere Zeit begnügt
zu haben, wenn man sie auch gerade nicht in der eben dargelegten
Form aussprach, sondern in der folgenden: Man denke sich, daß x auf
irgendeine Weise sich stetig einer bestimmten Stelle a nähert, so
kann man dies immer so machen, daß y sich stetig ändert. Nähert sich
nun dabei y einem bestimmten Werte b, so wurde (a,b) als Grenzstelle
bezeichnet, und man sagte, b solle einer der Werte sein, die y für
x = a annimmt. Spätere Untersuchungen haben aber gelehrt, daß, wenn
man so verfährt, in vielen Fällen der <u>Begriff der Funktion ganz aufgehoben wird</u>, und daß die Frage, ob man eine solche Grenzstelle dem
Gebilde zuzuzählen habe oder nicht, genauer untersucht werden müsse.
Wir wollen ein Beispiel hierfür anführen, wobei wir die <u>Theorie des
Logarithmus</u> als bekannt voraussetzen. Es sei

$$y = \frac{A}{2\pi i} \log\left(\frac{x - \alpha}{x_0 - \alpha}\right) + \frac{A'}{2\pi i} \log\left(\frac{x - \beta}{x_0 - \beta}\right) + \frac{B}{2\pi} \log\left(\frac{x - \gamma}{x_0 - \gamma}\right)$$

$$+ \frac{B'}{2\pi} \log\left(\frac{x - \delta}{x_0 - \delta}\right);$$

x_0, α, β, γ, δ seien sämtlich voneinander verschieden. Für $x = x_0$ ist
einer der Werte, welche die Funktion annehmen kann, Null. Man kann
nun die Funktion nach Potenzen von $x - x_0$ entwickeln, wenn man von
der Stelle ($x=x_0$, $y=0$) ausgeht. Da

$$\frac{x - \alpha}{x_0 - \alpha} = 1 + \frac{x - x_0}{x_0 - \alpha} \, ,$$

so wird

$$\log \frac{x - \alpha}{x_0 - \alpha} = \frac{x - x_0}{x_0 - \alpha} - \frac{1}{2}\left(\frac{x - x_0}{x_0 - \alpha}\right)^2 + \dots$$

175 Tut man dies für alle Logarithmen, [175] so erhält man eine Entwicklung, die in der Nähe von x_0 gilt. Dadurch wäre eine Funktion definiert; die obige Potenzreihe erhält nun für jeden Wert von x, für den sie konvergiert, einen bestimmten Wert; aus der Theorie des Logarithmus folgt aber, daß man alle Werte, welche die Funktion an einer Stelle annehmen kann, erhält, wenn man zu einem beliebigen Werte ganzzahlige Vielfache von A, A', Bi, B'i hinzufügt, so daß die Formel

$$y = y' + mA + m'A' + nBi + n'B'i,$$

wo y' ein bestimmter Wert der Funktion, alle Werte liefert, die sie überhaupt annimmt. Sind nun A, A', B, B' alle reell, so läßt sich beweisen, daß man für jeden Wert von x aus der vorstehenden Formel einen Wert von y erhalten kann, der jeder beliebig angenommenen komplexen Größe so nahekommt, wie man nur immer will; wir haben also hiermit eine <u>Funktion, die</u> für jeden Wert von x <u>jedem vorgeschriebenen</u>
176 <u>Wert beliebig nahekommen kann</u>; [176] nach der früheren Definition müßte man alle diese als Funktionswerte betrachten. JACOBI hat nämlich gezeigt, daß, wenn $\xi + \xi'i$ eine komplexe Größe ist, die ganzen Zahlen m, m', n, n' immer so bestimmt werden können, daß

$$mA + m'A' = \xi + \varepsilon, \qquad nB + n'B' = \xi' + \varepsilon'$$

ist, wobei nur noch die Voraussetzung zu machen ist, daß A und A' einerseits, B und B' andererseits in keinem rationalen Verhältnis zueinander stehen; ε und ε' sind dabei Größen, die man durch passende Wahl von m und m', n und n' beliebig klein machen kann. Ist nun $y = \eta + \eta'i$ ein Wert, den die Funktion für x annimmt, und verlangt man, sie soll
177 für x auch den Wert $\zeta + \zeta'i$ annehmen, [177] so braucht man nur $\xi = \eta - \zeta$, $\xi' = \eta' - \zeta'$ zu setzen und m, m', n, n' demgemäß zu bestimmen, wodurch die Richtigkeit des oben Gesagten unmittelbar einleuchtet.

Somit ist durch die obige Formel y als <u>unendlich vieldeutige Funktion</u> von x definiert, von der Beschaffenheit, daß y für jeden Wert von x jeder beliebigen Größe beliebig nahekommen kann. Jede Stelle (a,b) ist also hier als Grenzstelle des Gebildes zu betrachten. Wenn man also alle Grenzstellen hinzunähme, so würde man zu einer Funktion
178 kommen, die keine Funktion mehr wäre, [178] die für jeden Wert des Arguments jeden beliebigen Wert annehmen könnte, und es würde zwischen x und y gar kein Abhängigkeitsverhältnis mehr bestehen; es wäre also

zu rechtfertigen, wenn man mit JACOBI eine solche Funktion geradezu
als absurd erklärte. Merkwürdigerweise hat man die Sache nicht so betrachtet, und man hat eine Formel wie die oben aufgestellte doch als
Ausdruck einer Funktion angesehen. Nur hat man beanstandet, x umgekehrt als Funktion von y anzusehen; bei JACOBI geschah dies bei Gelegenheit der Betrachtung des Integrals

$$y = \int \frac{dx}{\sqrt{R(x)}} \, ,$$

wo R(x) eine ganze rationale Funktion von x vom 5ten oder 6ten Grade
bedeutet. Geht man von einem beliebigen Anfangswert $x = x_0$ aus, für
den $R(x_0) \gtrless 0$, so kann man, wenn man einen bestimmten Wert für
$\sqrt{R(x_0)}$ festsetzt, $\dfrac{1}{\sqrt{R(x)}}$ nach Potenzen von $x - x_0$ entwickeln und erhält dann durch mechanische Ausführung der Integration einen Ausdruck
für y. Nun aber kann man, genau so wie oben bei der logarithmischen
Funktion, alle Werte von y aus einem dadurch erhalten, daß man zu einem ⌊Wert⌋ beliebige Vielfache von 4 Größen A, A', Bi, B'i hinzufügt.
Dieses Integral als Funktion von x zu betrachten, ist nun nie beanstandet worden; JACOBI zeigte aber, daß, wenn man daraus x als Funktion von y umkehren wollte, man eine Funktion erhalten würde, die für
jeden beliebigen Wert von y jeden beliebigen Wert annehmen würde. [179] 179
Es findet dies aus genau demselben Grunde statt, wie bei der obigen
Logarithmusfunktion. Der Einfachheit halber wollen wir jetzt auch an
diese anknüpfen. Bezeichnen wir sie der Kürze wegen mit f(x), so können wir also nach Annahme zweier ganz willkürlicher Größen a und b
die Gleichung

$$\varepsilon + b = f(a)$$

erfüllen, wo ε beliebig klein gemacht werden kann. Setzen wir nun
y - b = f(x) - f(a), so können wir, wenn wir y - b hinlänglich klein
annehmen, aus dieser Gleichung x - a nach Potenzen von y - b entwik-
keln. Wenn wir also dem y einen beliebigen Wert b geben, so gibt es
in der Nähe von b solche Werte von y, für welche x einem beliebigen
Wert a so nahekommt, wie man nur will. Jede beliebige Stelle (a,b)
ist somit eine Grenzstelle unseres Gebildes, und wenn wir also diese
jenen hinzurechnen, so haben wir das Resultat, daß der Zusammenhang
von x und y ein derartiger ist, daß aus jedem Wert von y für x jeder
Wert erhalten werden kann. Ähnliche Betrachtungen in bezug auf jenes
Integral, das, wie bemerkt, ganz dieselben Verhältnisse darbietet,
anstellend, wurde JACOBI dazu geführt, x als Funktion von y für etwas
Absurdes zu erklären. Dieser Auffassung liegt aber das Übersehen eines
wesentlichen Umstandes zugrunde. Man hat nämlich bei jeder veränderlichen Größe diejenigen Werte, die sie vermöge der Definition wirklich

annehmen kann, von denen zu unterscheiden, denen sie vermöge derselben beliebig nahekommen kann, ohne sie in Wirklichkeit jemals zu er-
180 reichen. [180] Es ist dies etwas, das in der gewöhnlichen Mathematik
gar nicht übersehen wird, so daß es umso auffälliger erscheinen muß,
daß man es in der Analysis nicht beachtete. Dies ist die große Schwierigkeit, auf die man bei der Definition der Funktion durch Potenzreihen stößt. Offenbar muß man zwar die Werte, die man durch Fortsetzung
der Potenzreihe erhält, als Werte derselben Funktion ansehen; ebenso
evident ist, ein Punkt, auf den wir später zurückkommen werden, daß
die Eigenschaften der Potenzreihen bei allen ihren Fortsetzungen erhalten bleiben; aber zweifelhaft muß bleiben, ob man durch die genannte Definition den Begriff der Funktion erschöpfend dargestellt hat;
ob man durch sie nicht Werte von x ausgeschlossen hat, für welche die
Funktion ganz bestimmt definiert ist, wenn man sie auch durch Fortsetzungen aus der ursprünglichen Potenzreihe nicht erhalten kann, wie
es in der Tat bei dem oben betrachteten Beispiele $\sqrt{1+x}$ für x = -1 der
Fall ist. Der genannten Schwierigkeit kann man nun auf verschiedene
Weise beikommen. Wir wählen dazu den Weg, der uns immer der evidente-
181 ste zu sein schien. [181] Wir verfahren nämlich folgendermaßen:

Wir wählen uns im Innern eines kontinuierlichen Bereiches einer Größe u zwei ⌊eindeutige, s. u.⌋ analytische Funktionen dieser Größe
$f_1(u)$ und $f_2(u)$, die also nach dem, was wir früher gehabt haben,
arithmetisch in ihrer Abhängigkeit von u dargestellt werden können.
Setzen wir jetzt

$$x = f_1(u), \qquad y = f_2(u),$$

so entspricht jedem Wert von u ein Wert von x und y; x, y, u sind im
allgemeinen komplexe Größen. Die Gesamtheit der Stellen (x,y), die
wir durch diese Gleichungen im Gebiete der Größen (x,y) definiert haben, ⌊wollen wir⌋ ein Gebilde im Gebiete der beiden komplexen Größen
x, y nennen. Beschränken wir uns nur auf reelle Werte, so hätten wir
dies Gebilde als ein Gebilde zweiter Stufe im Gebiete der vierfachen
Mannigfaltigkeit zu definieren, die entsteht, wenn man $x = x_1 + ix_2$,
$y = y_1 + iy_2$ setzt. Wir wollen zunächst zeigen, daß, wenn wir von
diesem Gebilde ausgehen, die Abhängigkeit der Größe y von x, die
durch dieselbe definiert ist, im wesentlichen dieselbe ist, wie wenn
wir von vornherein y durch eine Potenzreihe von x definiert hätten.
Es seien dem u alle möglichen Werte innerhalb eines kontinuierlichen
Bereiches beigelegt, innerhalb dessen $f_1(u)$ und $f_2(u)$ vollkommen bestimmte analytische Funktionen sind. Jede der beiden Größen x, y kann
natürlich einen und denselben Wert mehrmals annehmen. Fassen wir nun
alle Werte von u ins Auge, denen ein bestimmter Wert $x = x_0$ zukommt,

so ist deren Zahl entweder $= 1$, oder es gibt mehrere oder sogar unendlich viele, zu denen dann ebenso viele Werte von y gehören, es
gibt also entweder eine Stelle des Gebildes, die zu $x = x_0$ gehört,
oder mehrere oder sogar unendlich viele. Es sei u_0 ein bestimmter
Wert von u, für den $x = x_0$, $y = y_0$ wird, dann kann man $u - u_0 = h$,
$u = u_0 + h$ setzend, entwickeln:

$$x - x_0 = f_1'(u_0)\, h + \frac{f_1''(u_0)}{2!}\, h^2 + \dots;$$

$$y - y_0 = f_2'(u_0)\, h + \frac{f_2''(u_0)}{2!}\, h^2 + \dots$$

Das allgemeine und <u>reguläre</u> ist nun, daß <u>keine der ersten Ableitun-</u>
<u>gen</u> von $f_1(u)$ und $f_2(u)$ für $u = u_0$ <u>verschwindet.</u> [182] Ist nämlich   [182]
$f_1(u)$ so definiert, wie wir es angenommen haben, so ist die Anzahl
der Werte von u, für welche $f_1'(u)$ innerhalb eines abgeschlossenen Bereiches verschwindet, eine endliche. Alsdann kann man, wenn $f_1'(u_0)$
$\gtrless 0$, umgekehrt h als Potenzreihe von $x - x_0$ darstellen:

$$h = q(x - x_0) + \dots, \quad \text{wo} \quad q = \frac{1}{f_1'(u_0)},$$

und wenn wir dies in die Reihe für $y - y_0$ einsetzen, ergibt sich

$$y - y_0 = P(x \mid x_0), \quad \text{wo} \quad P(x_0 \mid x_0) = 0 \text{ ist.}$$

Durch diese Gleichung werden diejenigen Stellen des Gebildes dargestellt, die sich in der Nähe der Stelle (x_0, y_0) befinden. In dieser
Weise läßt sich also das Gebilde darstellen, wenn für den Wert u_0,
der (x_0, y_0) entspricht, $f_1'(u_0) \gtrless 0$ ist. Ebenso stellt uns $x - x_0 =$
$\bar{P}(y \mid y_0)$ die Umgebung der Stelle (x_0, y_0) dar, wenn $f_2'(u_0) \gtrless 0$ ist.
Jetzt ist es ferner nicht schwer, folgendes nachzuweisen: Angenom-
men, wir hätten verschiedene Gleichungen, wie $y - y_0 = P_1(x \mid x_0)$,
$y - y_1 = P_2(x \mid x_1)$, von denen man weiß, daß sie Teile eines und desselben Gebildes darstellen, so sind diese auseinander abgeleitet.
Denn entspricht (x_0, y_0) ein bestimmter Wert u_0, (x_1, y_1) ein solcher
u_1, so können wir von u_0 zu u_1 einen Übergang machen durch vermit-
telnde Werte, die einander beliebig nahekommen können. Stellt man
für alle diese - es wird vorausgesetzt, daß der Übergang so gemacht
wird, daß stets $f_1'(u_\lambda) \gtrless 0$ ist - die Potenzreihen auf, so zeigt man
sehr leicht, daß diese auseinander abgeleitet werden können.

Ist aber u_0 ein solcher Wert, daß $f_1^{(\nu)}(u_0) = 0$, $1 \leqq \nu < \lambda$, so daß
also $x - x_0 = A_\lambda h^\lambda + A_{\lambda+1} h^{\lambda+1} + \dots$ ist $(f_1^{(\lambda)} \gtrless 0)$, so folgt

$$\left(\frac{x - x_0}{A_\lambda}\right)^{\frac{1}{\lambda}} = h\left(1 + \frac{1}{\lambda}\,\frac{A_{\lambda+1}}{A_\lambda}\, h + \dots\right),$$

9 Weierstraß, Kap.

$$h = P\left[\left\{\frac{x - x_0}{A_\lambda}\right\}^{\frac{1}{\lambda}}\right],$$

$$y - y_0 = P_1\left[\left\{\frac{x - x_0}{A_\lambda}\right\}^{\frac{1}{\lambda}}\right].$$

Solche Teile des Gebildes werden also nicht durch gewöhnliche Potenzreihen dargestellt, sondern durch solche, die nach den Potenzen einer
λ-ten Wurzel aus einer linearen Funktion von x fortschreiten; sie
sind dadurch charakterisiert, daß in einer gewissen Umgebung von
(x_0, y_0) nicht zu einem Werte von x einer, sondern λ Werte von y gehören. Da uns die erste Erklärung des Funktionsbegriffes diese Entwicklung nicht lieferte, so erkennen wir somit in der Tat, daß die zweite
183 Erklärung ^{183} bedeutend umfassender ist. Da nun, selbst wenn $f_1'(u_0)$
für unendlich viele Werte von u_0 verschwinden sollte, diese nur eine
184 diskrete Menge ^{184} bilden, so sind auch die zugehörigen Stellen
(x_0, y_0) des Gebildes, in deren Nähe die Entwicklung nach gebrochenen
Potenzen fortschreitet, diskret. Hierbei haben wir uns auf diejenigen
Wertepaare (x, y) beschränkt, die durch die beiden Gleichungen $x =$
$f_1(u)$, $y = f_2(u)$ geliefert werden. Wären diese beiden Funktionen eindeutig im absoluten Sinne des Wortes, so daß durch sie eine Funktion
vollständig dargestellt wird, die einer Fortsetzung nicht mehr bedürf-
tig wäre, so würden wir für x, y eine für alle Werte von u gültige,
185 folglich auch für das Gebilde eine einfache Definition erhalten; ^{185}
es ist dies ein Satz, den Herr POINCARÉ zu beweisen gesucht hat, indes - nach WEIERSTRASS' eigenem Ausspruch - hat letzterer noch nicht
Muße gefunden, den Beweis zu prüfen, um so ein Urteil über seine Kor-
rektheit abgeben zu können; jedoch bezeichnet er den Satz als wahrscheinlich richtig. In diesem Falle könnte man auch jedes Gebilde
durch solche absolut eindeutigen Funktionen definieren. Um aber dieses Theorem nicht anwenden zu brauchen, haben wir von vornherein unter $f_1(u)$ und $f_2(u)$ nur innerhalb eines bestimmten Bereiches eindeutig definierte Funktionen verstanden, und es handelt sich nur darum,
wie wir das so in einem gewissen Bereich definierte Gebilde fortset-
186 zen können. Denken wir uns zwei Gebilde ^{186} definiert durch die beiden Gleichungssysteme:

$$x = f_1(u), \quad y = f_2(u); \qquad x = g_1(v), \quad y = g_2(v).$$

Die beiden Gebilde mögen eine Stelle gemeinsam haben, die zu $u = u_0$
und $v = v_0$ gehören mag, und es möge dies überhaupt in einer gewissen
Umgebung von $u = u_0$, $v = v_0$ der Fall sein. Dadurch zerfällt also die
Gesamtheit der beiden Gebilde in drei Teile; 1) derjenige Teil, in
welchem die beiden Gebilde koinzidieren; 2) der Teil des ersten Ge-

bildes, der keine gemeinschaftlichen Stellen enthält; 3) der Teil
des zweiten Gebildes, der keine gemeinschaftlichen Stellen enthält.
Im Falle, wo u_0, v_0 reell, mithin eine kontinuierliche Folge von
Punkten der Umgebung von u_0, v_0, also auch eine solche von Stellen
(x,y) der Umgebung von (x_0,y_0) reell sind, kann man sich diese Verhältnisse leicht durch eine Kurve veranschaulichen. Es handelt sich
nun darum zu untersuchen, welche Beziehungen zwischen den beiden Gebilden bestehen müssen, damit sie in dem angegebenen Sinne in der
Nähe des Punktes x_0 oder der Stelle (x_0,y_0) miteinander <u>koinzidieren</u>.
Es sei also

$$u = u_0 + s, \qquad v = v_0 + t,$$

dann ist für das erste Gebilde

$$x - x_0 = \alpha s + \alpha' s^2 + \ldots, \qquad y - y_0 = \beta s + \beta' s^2 + \ldots$$

und für das zweite

$$x - x_0 = \gamma t + \gamma' t^2 + \ldots, \qquad y - y_0 = \delta t + \delta' t^2 + \ldots$$

Ist nun $\alpha \gtrless 0$ und $\gamma \gtrless 0$, so kann man aus der ersten Gleichung des er-
sten Systems s als Potenzreihe von $x - x_0$ ermitteln, $s = P(x|x_0)$;
dies in die zweite Gleichung eingesetzt, gibt:

$$y - y_0 = P_1(x|x_0).$$

Tun wir dasselbe mit dem zweiten System, so wird sich hier ergeben:

$$y - y_0 = P_2(x|x_0),$$

und die <u>Bedingung der Koinzidenz</u> der beiden Gebilde besteht einfach
darin, daß $P_1(x|x_0) = P_2(x|x_0)$ identisch sei. Die Beziehung, die zwi-
schen t und s besteht, ergibt sich aus der Gleichung

$$\alpha s + \alpha' s^2 + \ldots = \gamma t + \gamma' t^2 + \ldots,$$

aus der folgt

$$t = \overline{P}(\alpha s + \alpha' s^2 + \ldots) = \overline{P}_1(s)$$

und da auch $\alpha \gtrless 0$, so folgt ebenso:

$$s = \overline{P}_2(t).$$

Bestimmen wir dann die gegenseitige Abhängigkeit von s und t aus der
Gleichung

$$\beta s + \beta' s^2 + \ldots = \delta t + \delta' t^2 + \ldots,$$

so muß die Reihe für t als Funktion von s, die sich aus ihr ergibt,
mit jener ersten identisch sein. Hieraus ergibt sich also eine zweite Formulierung der Beziehungen, die zwischen den beiden Gebilden bestehen müssen; wir erkennen hierbei, daß das Wesentliche ist, daß

sich die beiden Parameter in der Umgebung der betreffenden Stelle
durch Potenzreihen voneinander ausdrücken lassen müssen; hieráus ergibt sich als notwendige Bedingung ohne weiteres die, daß die Koeffizienten der Potenzen des Parameters, die in dem einen System $\gtrless 0$
sind, es auch in dem anderen sein müssen.

Es würde nun die ganze Untersuchung keine Änderung erleiden, wenn α,
β, γ, δ verschwinden würden, was jedoch nur unter Erfüllung der eben
angeführten notwendigen Bedingung geschehen darf, denn alsdann brauchte man einfach die Stelle u_0 durch eine unendlich benachbarte zu ersetzen, für welche die Gebilde gleichfalls koinzidieren und für die
die betreffenden Koeffizienten $\gtrless 0$ sind, was man, wie aus elementaren
Sätzen der Funktionentheorie folgt, stets erreichen kann. Auf das so
geänderte System kann man dann die oben ausgeführten Untersuchungen
unverändert anwenden.

Wir gehen jetzt von dem umgekehrten Gesichtspunkt aus. Es sei

$$x - x_0 = \alpha s + \dots, \qquad y - y_0 = \beta s + \dots$$

Jetzt denken wir uns s durch eine Potenzreihe ersetzt:

$$s = \varepsilon\sigma + \varepsilon_1\sigma^2 + \dots,$$

wo $\varepsilon \gtrless 0$ sein soll. Hieraus erhält man durch Umkehrung

$$\sigma = \varepsilon's + \varepsilon_1's^2 + \dots,$$

wenn man sich auf diejenigen Wertsysteme von s und σ, für welche die
absoluten Beträge beider eine gewisse Grenze nicht überschreiten,
die dadurch bestimmt ist, daß für die Werte von s und σ, die unter
ihr liegen, beide Reihen konvergieren /beschränkt/.

Dieses vorausgesetzt, denkt man sich in unsere Gleichungen für x und
y den Wert von s, ausgedrückt durch σ, eingeführt und erhält alsdann:

$$x - x_0 = \gamma\sigma + \gamma'\sigma^2 + \dots, \qquad y - y_0 = \delta\sigma + \delta'\sigma^2 + \dots$$

Durch dieses Gleichungspaar wird die Umgebung von (x_0, y_0) so gut dargestellt wie durch das ursprüngliche. Kommt es also darauf an, das
Gebilde, welches definiert ist durch die Gleichungen $x = f_1(u)$,
$y = f_2(u)$, nicht in seiner Totalität, sondern nur in einer gewissen
Umgebung der Stelle $u = u_0$ darzustellen, so kann man so verfahren,
daß man $u = u_0 + P(\sigma)$ einführt, wo nur der Koeffizient von σ in
$P(\sigma) \gtrless 0$ sein muß. Die Koinzidenz zweier Gebilde kann man jetzt in
der Weise erklären: Zwei Gebiete koinzidieren, wenn sich für $u = u_0$,
$v = v_0$ dieselbe Stelle (x_0, y_0) in beiden ergibt, und wenn dieses auch
in einer gewissen Umgebung von u_0, v_0 stattfindet; und dies wird stets
eintreten, wenn folgendes der Fall ist: Denken wir uns die beiden Ge-

bilde dadurch umgewandelt, daß wir statt u eine Potenzreihe einer Größe σ setzen, und ebenso anstatt v, was beides nach dem Gesagten auf
unzählige Weisen geschehen kann, so muß durch geeignete Wahl dieser
Potenzreihen erreicht werden können, daß eine vollständige Übereinstimmung beider Gebilde stattfindet. Dieses ist nun im folgenden noch
näher zu begründen.

$\angle$Dienstag,$\angle$ 20. 7. 1886

Es seien die Gleichungen, welche die beiden Gebilde definieren:

$$x = f_1(u), \quad y = f_2(u); \quad x = \phi_1(v), \quad y = \phi_2(v),$$

und es sei u_0, v_0 ein solches Wertsystem, daß

$$f_1(u_0) = \phi_1(v_0), \quad f_2(u_0) = \phi_2(v_0).$$

Um u_0 grenzen wir ein solches Gebiet der Variablen u ab, daß es ganz
innerhalb desjenigen liegt, in welchem u sich bewegen darf; alsdann
gibt es innerhalb desselben sicher nur eine endliche Anzahl von Stellen, für welche die ersten Ableitungen von $f_1(u)$ und $f_2(u)$ verschwinden; ist nun u_1 eine Stelle, so daß $f_1'(u_1)$ und $f_2'(u_1) \gtrless 0$, so ist in
der Umgebung von u_1:

$$x - x_1 = a_1(u - u_1) + \ldots, \quad y - y_1 = b_1(u - u_1) + \ldots .$$

Hieraus folgt:

$$y - y_1 = P_1(x|x_1), \quad x - x_1 = P_2(y|y_1).$$

Um jetzt zu dem zweiten Gebilde überzugehen, so kann hier der Fall
eintreten, daß, wenn v_1 der Wert ist, der in ihm u_1 entspricht, d.h.
der in dem zweiten Gebilde ebenfalls die Stelle (x_1,y_1) liefert,
$\phi_1'(v_1)$ oder $\phi_2'(v_1) = 0$ ist. Diese Schwierigkeit kann man, da der Voraussetzung nach weder $\phi_1'(v)$ noch $\phi_2'(v)$ identisch $= 0$ sind, dadurch
heben, daß man zu einer benachbarten Stelle (u,v) übergeht, für die
alle vier ersten Ableitungen $\gtrless 0$ sind, was man bei den gemachten Voraussetzungen stets als erreichbar betrachten muß. Wir wollen also
voraussetzen, daß wir von vornherein u_1, v_1 dieser Bedingung gemäß
gewählt haben. Dann sei

$$x - x_1 = c_1(v - v_1) + \ldots, \quad y - y_1 = d_1(v - v_1) + \ldots .$$

Durch Umkehrung folgt nun:

$$u - u_1 = \alpha_1(x - x_1) + \alpha_2(x - x_1)^2 + \ldots,$$
$$v - v_1 = \beta_1(x - x_1) + \beta_2(x - x_1)^2 + \ldots,$$

setzt man in die erste dieser $\angle$beiden letztgenannten$\angle$ Gleichungen

$x - x_1 = c_1(v - v_1) + \ldots$ ein, so möge sich ergeben:

$$u - u_1 = \gamma_1(v - v_1) + \ldots;$$

und setzt man in die zweite $x - x_1 = a_1(u - u_1) + \ldots$ ein, so kommt:

$$v - v_1 = \delta_1(u - u_1) + \ldots \ .$$

Diese Gleichung muß man natürlich auch durch Umkehrung von $u - u_1 = \gamma_1(v - v_1) + \ldots$ erhalten können. Jedenfalls sieht man, daß, wenn die beiden Gebilde koinzidieren sollen, man u als Potenzreihe von v und umgekehrt ausdrücken können muß, und zwar dürfen in diesen die ersten Ableitungen nicht verschwinden. Setzt man nun

$$u = u_o + \varepsilon_1 t + \varepsilon_2 t^2 + \ldots,$$

so möge übergehen

$$f_1(u) \text{ in } \psi_1(t), \quad f_2(u) \text{ in } \psi_2(t),$$

und unter dieser Voraussetzung stellt $x = \psi_1(t)$, $y = \psi_2(t)$ ein Gebilde dar, das in der Nähe von $t = 0$ mit dem ersten übereinstimmt. Setzen wir $t = v - v_o$, so erhalten wir $u = u_o + \varepsilon_1(v - v_o) + \ldots$; es ist also diese Substitution ein Spezialfall der vorstehenden; die beiden so erhaltenen Gebilde stimmen in der Nähe von $u = u_o$, $t = 0$ miteinander überein. Wir wollen zwei solche <u>Gebilde</u>, zwischen denen die genannte Beziehung obwaltet, als <u>auseinander abgeleitet</u> bezeichnen. Man leitet somit aus einem Gebilde $x = f_1(u)$, $y = f_2(u)$ in folgender Weise ein neues ab: Man nehme in dem Geltungsbereich der Reihen $f_1(u)$ und $f_2(u)$ eine Stelle $u = u_o$ an, setze

$$u = u_o + \varepsilon_1 t + \varepsilon_2 t^2 + \ldots, \quad \text{wo } \varepsilon_1 \gtreqless 0,$$

alsdann erhält man ein neues Gebilde, dargestellt durch zwei Potenzreihen von t, von dem es feststeht, daß es mit dem alten in einer gewissen Umgebung von $u = u_o$, $t = 0$ übereinstimmt. Diese Operation fortsetzend kann man nun so viele neue Elemente ableiten, wie man will. Dann können wir folgenden Satz aussprechen: <u>Wenn zwei Gebilde an einer bestimmten Stelle koinzidieren, so läßt sich das eine aus dem anderen ableiten</u>. Es folgt dies unmittelbar aus der analytischen Bedingung für die Koinzidenz zweier Gebilde. Da ferner ein <u>Gebilde</u> schon <u>durch Angabe eines seiner Elemente vollständig bestimmt</u> ist und sich die Funktionen $f_1(u)$ und $f_2(u)$, durch welche dieses definiert ist, in einem gewissen Bereiche von u jedenfalls durch Potenzreihen darstellen lassen, so können wir <u>ein für allemal $f_1(u)$ und $f_2(u)$ als durch je eine Potenzreihe gegeben betrachten</u>. In dem Konvergenzbereich nehmen wir einen Punkt u_o an und setzen $u = u_o + P(t)$, wo $P(0) = 0$, $\lim\limits_{t=o} \dfrac{P(t)}{t} \gtreqless 0$ ist. Auf diese Weise können wir aus dem ur-

sprünglichen Element beliebig viele ableiten; stets aber gilt der
Satz, daß zwei Gebilde, die für eine gewisse kontinuierliche Folge
von Werten des u bzw. v koinzidieren, sich auseinander ableiten lassen müssen. Wir denken uns nun eine Reihe von Gebilden g_1, g_2, ...,
wobei der Allgemeinheit kein Abbruch getan ist, wenn wir uns dieselben durch Potenzreihen dargestellt denken. Es möge nun g_2 mit g_1, g_3
mit g_2, ..., allgemein g_n mit g_{n-1} in der Umgebung von ebensoviel
Stellen koinzidieren. Dann ergibt sich ohne weiteres, daß sich alle
diese Elemente auseinander ableiten lassen, wir haben also alle diese
Elemente als etwas Zusammengehöriges zu betrachten, weil sie alle in
einem Element ihren Ursprung haben. Aus diesem können wir vermittelst
des vorher auseinandergesetzten Verfahrens sie alle ableiten. Hieraus
ergibt sich ferner, daß, wenn g_n und g' aus g_1 abgeleitet sind, sie
auseinander ableitbar sind, indem wir z.B. umgekehrt aus g_n g_1 und
aus g_1 g' ableiten können. Demnach würde sich folgende Definition
des Gesamtgebildes ergeben: Man leite aus irgendeinem Funktionenpaar
$f_1(u)$, $f_2(u)$ ein neues $\phi_1(u)$, $\phi_2(u)$ her; so fortfahrend erhalten wir
ein gewisses abgeschlossenes System von Stellen, welches wir als "monogenes" Gebilde erster Stufe im Gebiete der beiden Variablen x und
y bezeichnen. Das Wort "monogen" hat hier den Zweck, anzudeuten, daß
alle Elemente des Gebildes aus einer einzigen Quelle stammen. Daß die
Gesamtheit dieser Stellen als ein in sich abgeschlossenes Ganzes betrachtet werden darf, hat darin seinen Grund, daß zunächst eine Definition sie alle umfaßt. Der Hauptgrund ist aber, allgemein zu reden,
der, daß alle Eigenschaften, die einem Elemente zukommen, auch allen
aus ihm abzuleitenden eignen. Die Definition eines Gebildes in der
Weise, wie wir es getan haben, ist ferner die umfassendste, die sich
geben läßt. Denn nachdem man die eindeutigen Funktionen untersucht
hat, wird man zunächst ein Gebilde dadurch definieren, daß man einer
eindeutigen Funktion von zwei oder mehr Variablen gewisse Bedingungen
auferlegt, z.B. $g(x,y) = 0$ drückt aus, x und y sollen in ihrer gegenseitigen Abhängigkeit so definiert werden, daß die eindeutige Funktion $g(x,y)$ stets verschwindet. Dadurch kommt man zunächst zu den algebraischen Gleichungen. Es werde diese Gleichung nun identisch erfüllt, wenn wir setzen: $x = f_1(u)$, $y = f_2(u)$; wir sehen somit, daß
unsere Definition die eben auseinandergesetzte enthält. Es zeigt sich
nun, wenn $f_1(u)$ und $f_2(u)$ an irgendeiner Stelle die Gleichung $g(x,y)$
$= 0$ zu einer identischen machen, daß dies auch alle ihre Fortsetzungen tun; es zeigt sich ferner, daß genau dasselbe gilt, wenn wir ein
Gebilde erster Stufe im Gebiete von n Veränderlichen

$$x_1 = f_1(u), \quad x_2 = f_2(u), \quad ..., \quad x_n = f_n(u)$$

187 betrachten; es bleiben alle eben abgeleiteten Sätze ungeändert. [187]
Ist eine algebraische Gleichung _irreduktibel_, so gibt es stets in der
Umgebung einer Stelle des Gebildes nur ein Element, das ihr genügt;
sonach ist der Begriff der _Irreduktibilität_, der gewöhnlich nur algebraisch definiert ist, _in unserem allgemeinen Begriff des monogenen_
188 _Gebildes enthalten_, letzterer aber ist der umfassendere. [188]

                                        ⌊Mittwoch,⌋ 21. 7. 1886

Nachdem der Begriff des analytischen Gebildes in allgemeiner Weise
begründet ist, können wir _eine analytische Funktion einer Veränderli-_
chen definieren. Man fasse alle diejenigen Stellen ins Auge, in denen
x einen und denselben Wert hat; solcher Stellen gibt es entweder nur
eine oder mehrere; alsdann gehört also zu einem Wert von x entweder
nur ein Wert von y oder aber mehrere; man erkennt alsdann, wenn man
y als Funktion von x auffaßt, daß eine solche Funktion entweder eindeutig oder mehrdeutig sein kann. Hat man z.B. einen Kegelschnitt und
man betrachtet die Ordinate y als Funktion der Abszisse x, so tut man
eben nichts anderes, als daß man alle Stellen des Gebildes, d.h. alle
Punkte des Kegelschnitts, aufsucht, für welche die Abszisse einen bestimmten Wert hat. Man erkennt in diesem Falle, daß man es mit einer
doppeldeutigen Funktion zu tun hat. Daß man es wirklich nur mit e i -
n e r , nicht etwa mit zwei Funktionen von x zu tun hat, erkennt man
daraus, daß beide Werte von y, die zu einem x gehören, nur auf eine
Art in ihrer Abhängigkeit von x definiert sind, insofern sie nämlich
einem einheitlich erklärten Gebilde, dem Kegelschnitte, angehören
sollen. Diesen Gedanken haben wir nun mit unserer Erklärung der Funktion verallgemeinert, und nun hat es nichts Auffallendes mehr, wenn
zu einem x verschiedene Werte von y gehören können. Es stimmt dies
völlig mit jener Definition überein, von der wir früher ausführlich
gehandelt haben, welche eine Funktion durch eine einzelne Potenzreihe
definiert. Denn gehen wir von irgendeinem Element des Gebildes x =
$f_1(u)$, y = $f_2(u)$ aus, so können wir in der Umgebung einer Stelle u_0,
wofür $f_1'(u_0) \gtrless 0$, folgende Entwicklung machen:

$$x - x_0 = f_1'(u_0)(u - u_0) + \ldots, \qquad y - y_0 = f_2'(u_0)(u - u_0) + \ldots;$$

aus der ersten ergibt sich $u - u_0$ als Potenzreihe von $x - x_0$; dies in
die zweite eingesetzt liefert:

$$y - y_0 = P(x|x_0);$$

somit liefert in der Tat eine Potenzreihe die Stellen des Gebildes,
die in einer gewissen Umgebung einer Stelle (x_0, y_0) liegen. Von die-

ser Potenzreihe sagen wir nun, daß sie ein <u>Element der</u> F u n k -
t i o n [189] darstellt. Jetzt ist offenbar zweierlei zu zeigen: er- **189**
stens, daß man aus dieser Potenzreihe immer neue Potenzreihen ableitend auch immer neue Elemente des Gebildes erhält. Leiten wir also
vermittelst des früher auseinandergesetzten Verfahrens aus $P(x|x_0)$
$P(x|x_1)$, aus $P(x|x_1)$ $P(x|x_2)$ ... endlich aus $P(x|x_{n-1})$ $P(x|x_n)$ ab,
so ist also nachzuweisen, daß alle diese Potenzreihen = y gesetzt,
Elemente des ursprünglich definierten Gebildes, aus dem wir y =
$P(x|x_0)$ abgeleitet hatten, darstellen. Aber dies ist ja von selber
klar. Wir leiteten ja aus einem Element des Gebildes x = $f_1(u)$, y =
$f_2(u)$ neue immer dadurch ab, daß wir setzten: u - u_0 = $\phi(t)$, wo
$\phi(0)$ = 0, und $\phi(t)$ eine Potenzreihe darstellte, so daß $\phi'(0) \gtrless 0$ war.
Setzen wir nun in unserem Falle x - x_0 = t, so haben wir $\phi(t)$ eben so
zu bestimmen, daß die Größe x gerade diese Abhängigkeit von t hat.
Da nun x - x_0 = $f_1'(u_0)(u - u_0)$ + ..., oder t = $f_1'(u_0)(u - u_0)$ + ...,
so können wir in der Tat durch Umkehrung aus dieser Gleichung u - u_0
= $\phi(t)$ erhalten, eine Substitution, die uns eben x - x_0 = t liefert.
Somit stellen uns die Gleichungen x - x_0 = t, y - y_0 = $\psi(t)$, welche
letztere durch Einsetzen von u = u_0 + $\phi(t)$ in y = $f_2(u)$ erhalten
wird, in der Tat ein Element unseres Gebildes dar, dies ist eben
nichts anderes als y - y_0 = $\psi(x-x_0)$; also stellt uns zunächst die für
die Umgebung von (x_0,y_0) geltende Potenzreihe in der Tat einen Teil
unseres Gebildes dar. Nachdem man nun durch die Substitution u - u_0
= $\phi(t)$ das Gebilde in x - x_0 = t, y - y_0 = $\psi(t)$ übergeführt hat, kann
man durch die Substitution t = x_1 - x_0 + t_1 aus diesem Gebilde ein
neues ableiten, wenn x_1 - x_0 noch im Konvergenzbereich von $\psi(t)$ liegt.
Dadurch geht aber y - y_0 = $\psi(t)$ über in

$$y - y_0 = \psi(x_1-x_0+t_1) = \psi(x_1-x_0) + \psi'(x_1-x_0)t_1 + \dots$$

$$= y_1 - y_0 + \overline{\psi}(t_1) = y_1 - y_0 + \overline{\psi}(x-x_1),$$

also

$$y - y_1 = \overline{\psi}(x-x_1).$$

Somit erkennen wir in der Tat, daß auch y - y_1 = $\overline{\psi}(x-x_1)$, eine Potenzreihe, die aus $\psi(x-x_0)$ durch Fortsetzung erhalten wird, einen
Teil unseres Gebildes darstellt. Ganz in derselben Weise erkennt man
nun allgemein, daß alle Potenzreihen, die man durch Fortsetzung aus
einer Potenzreihe y - y_0 = $P(x|x_0)$, die ein Gebilde in der Umgebung
von (x_0,y_0) darstellt, erhalten kann, wieder Teile dieses Gebildes
darstellen, und man erkennt, daß die Definition der gegenseitigen Abhängigkeit zweier Größen dadurch, daß sie demselben Gebilde angehören sollen, jene durch eine einzige Potenzreihe in der Umgebung einer
Stelle (x_0,y_0) umfaßt; bei dieser letzteren zeigt sich die etwaige

Mehrdeutigkeit dadurch, daß man bei verschiedenen Arten der Fortsetzung dieser Potenzreihe in der Umgebung eines Punktes x_n verschiedene Reihenentwicklungen erhält. Das zweite, was nun nachzuweisen ist,
besteht darin zu zeigen, daß, wenn man aus der gegebenen Potenzreihe
immer neue Potenzreihen ableitet, man auf diese Weise alle Elemente
des Gebildes erhält, die sich regulär verhalten, d.h. solche, wofür
$f_1'(u_0) \gtrless 0$ ist. Um dieses zu beweisen, hat man zu zeigen, daß, wenn
man aus einem <u>regulären Element des Gebildes</u> $x = f_1(u)$, $y = f_2(u)$ sukzessive zwei neue reguläre Elemente ableitet, indem man zunächst u_0
im Konvergenzbereich von $f_1(u)$ und $f_2(u)$ annehmend, Entwicklungen nach
Potenzen von $u - u_0$ herstellt, so daß $f_1'(u_0) \gtrless 0$, und aus dieser wieder in derselben Weise Entwicklungen nach Potenzen von $u - u_1$ herlei-
tet, daß man, sage ich, wenn man andererseits aus der ersten dieser
beiden Entwicklungen $y - y_0 = P_1(x|x_0)$, aus der zweiten $y - y_1 =$
$P_2(x|x_1)$ folgert, diese beiden letzteren Entwicklungen durch Fortsetzung auseinander erhalten kann. Damit wäre nämlich die <u>vollständige</u>
<u>Äquivalenz der Fortsetzungen einer Potenzreihe und der Herleitung al-</u>
<u>ler regulären Elemente des Gebildes aus einem einzigen</u> gezeigt. Es
gehöre u_0 zu (x_0, y_0), dann kann man um u_0 einen so kleinen Kreis beschreiben, daß die Stellen (x,y), die durch $x = f_1(u)$, $y = f_2(u)$ dargestellt werden, wenn u innerhalb dieses Kreises sich bewegt, auch
durch $y = P(x|x_0)$ erhalten werden, wozu man nur den Radius desselben
so klein anzunehmen braucht, daß für die Werte von $x - x_0$, die den
Punkten u dieses Kreises entsprechen, $P(x|x_0)$ noch konvergiert, dann
wird durch die Substitution $x = f_1(u)$ $y_0 + P(x|x_0)$ identisch in
$f_2(u)$ übergehen. Setzt man nun $u = u_1 + v$, wo u_1 innerhalb dieses
kleinen Kreises liegt, so möge sein $x = x_1 + \phi_1(v)$, $y = y_1 + \phi_2(v)$.
Nun also ist identisch innerhalb dieses Kreises

$$y - y_0 = P(f_1(u)-x_0) = f_2(u) - y_0,$$

also auch

$$y - y_0 = P(x_1-x_0+\phi_1(v)) = y_1 - y_0 + \phi_2(v)$$

oder

$$y - y_1 = \phi_2(v) = y_0 - y_1 + y_1 + \overline{P}(\phi_1(v)) - y_0$$
$$= \overline{P}(\phi_1(v)) = \overline{P}(x|x_1).$$

Somit erhält man genau durch dieselbe Operation die Fortsetzung des
Gebildes, wie die Fortsetzung der Potenzreihe, womit unsere Behauptung bewiesen ist. Erfüllt der Punkt u_1 nicht alle jene Voraussetzungen, die wir bei der vorstehenden Ableitung des Satzes gemacht haben,
so kann man durch Einschalten einer gewissen Anzahl von Stellen $u^{(1)}$,
$u^{(2)}$, ..., $u^{(n)}$ ganz in derselben Weise, wie wir es schon mehrfach

getan haben, in geeigneter Weise den Beweis für diesen Fall modifizieren. Damit ist also folgendes bewiesen: Wenn man sich beschränkt auf denjenigen Teil des Gebildes, der durch die ursprünglichen Funktionen $f_1(u)$ und $f_2(u)$ gebildet wird, so können wir den Satz aussprechen, daß alle diejenigen Elemente des Gebildes, für die $f_1'(u_0) \gtrless 0$, auch dargestellt werden können durch Gleichungen von der Form $y - y_0 = P(x|x_0)$ [190] und daß alle diese Gleichungen aus einer von ihnen ableitbar sind. Es handelt sich nun darum, diesen Satz auf das gesamte, durch alle aus $x = f_1(u)$, $y = f_2(u)$ durch Fortsetzungen zu erhaltenden Elemente definierte Gebilde auszudehnen. Dazu dient folgende Betrachtung: Wir haben gesehen, daß, wenn zwei Gebilde in der Nähe einer Stelle (u_0, v_0), wo sich u_0 auf das eine, v_0 auf das andere Gebilde bezieht, koinzidieren, man zunächst stets bewirken kann, daß $f_1'(u_0)$ und $\phi_1'(v_0) \gtrless 0$ sind, weil man, wenn dies nicht gleich von vornherein der Fall sein sollte, es durch eine beliebig kleine Variation von u_0, v_0 stets erreichen kann. Daher kann man die in Rede stehenden Elemente in der Nähe von (x_0, y_0) auch durch zwei Potenzreihen $y - y_0 = P(x|x_0)$, wo $P(x_0|x_0) = 0$, darstellen, die aber miteinander identisch sein müssen, weil die Gebilde in der Umgebung von (x_0, y_0) koinzidieren. Da nun $P(x|x_0)$ beiden Gebilden gleichzeitig angehört und nach dem oben bewiesenen Satz alle Potenzreihen, die dem durch ein Gleichungspaar $x = f_1(u)$, $y = f_2(u)$ repräsentierten Teil des Gebildes angehören, aus einer von ihnen, also z.B. $P(x|x_0)$, abgeleitet werden können, so ist hiermit bewiesen, daß alle Potenzreihen, welche Elemente des Gebildes darstellen, die den beiden durch die Gleichungssysteme

$$x = f_1(u), \quad y = f_2(u); \qquad x = \phi_1(v), \quad y = \phi_2(v)$$

definierten und miteinander zusammenhängenden Teilen des Gebildes angehören, aus einer von ihnen ableitbar sind. Da sich nun dieses ohne weiteres auf eine beliebige Anzahl von durch verschiedene Gleichungssysteme definierten Teilen des Gebildes übertragen läßt, so ist hiermit ganz allgemein bewiesen, daß alle Elemente des Gebildes, die dargestellt werden können in der Form $y = P(x|c)$, sich aus einem einzigen dieser Art ableiten lassen durch Fortsetzung der betreffenden Potenzreihe. Fassen wir y als Funktion von x auf, so wollen wir diese Elemente reguläre Elemente der Funktion y von x nennen. Somit ist ganz allgemein gezeigt, daß sich alle regulären Elemente der Funktion aus einem einzigen solchen ableiten lassen.

$\lfloor$Freitag,$\rfloor$ 23. 7. 1886

Wir haben jetzt den <u>Fall zu betrachten, wo die erste Ableitung ver-
schwindet</u>. In diesem Fall ist

$$x - x_0 = c(u-u_0)^\nu + c'(u-u_0)^{\nu+1} + \ldots,$$
$$y - y_0 = d(u-u_0) + d'(u-u_0)^2 + \ldots,$$

wo $\nu > 1$ ist. Auch die Entwicklung von $y - y_0$ könnte möglicherweise
mit einer höheren Potenz von $u - u_0$ beginnen, indes kommt es hier, wo
wir y als Funktion von x betrachten, darauf nicht weiter an. Aus der
ersten Gleichung ergibt sich

$$\left(\frac{x - x_0}{c}\right)^{\frac{1}{\nu}} = u - u_0 + c'(u-u_0)^2 + \ldots,$$

$$u - u_0 = P\left(\left(\frac{x - x_0}{c}\right)^{\frac{1}{\nu}}\right), \quad \text{also auch} \quad y - y_0 = \overline{P}\left(\left(\frac{x - x_0}{c}\right)^{\frac{1}{\nu}}\right).$$

Diese Entwicklung gibt uns alle Stellen, welche der Stelle (x_0,y_0)
benachbart sind und die dem betrachteten Elemente angehören. Verlangen wir aber, die Stellen zu erhalten, für die der absolute Betrag
von $x - x_0$ und $y - y_0$ eine gewisse Grenze nicht überschreitet, so
können wir sicher sein, daß uns diese Gleichung alle derartigen liefert, die in der Nähe von (x_0,y_0) liegen. Setzen wir $\frac{x - x_0}{c} = e^t$, so
entspricht einem sehr kleinen $x - x_0$ ein t mit sehr großem negativen

reellen Teil, und wir erhalten alle Werte von $\left(\frac{x - x_0}{c}\right)^{\frac{1}{\nu}}$, wenn wir t
der Reihe nach um $2\pi i$, $4\pi i$, $\ldots$, $2(\nu-1)\pi i$ vermehren, so daß alle Wer-

te von $\left(\frac{x - x_0}{c}\right)^{\frac{1}{\nu}}$ in dem Ausdruck $e^{\frac{1}{\nu}t+\frac{2h}{\nu}\pi i}$ $(h = 0, 1, \ldots, \nu-1)$ enthalten sind; dadurch erhalten wir ν verschiedene Potenzreihe. Es könn-

te nun auch vorkommen, daß die Reihe für y nach Potenzen von $\left(\frac{x - x_0}{c}\right)^{\frac{1}{\mu}}$
fortschritte, wo $\nu = 0 \pmod{\mu}$, was eintreten würde, wenn die Potenz-
reihe für $y - y_0$ als Funktion von $u - u_0$ als Exponenten nur die Vielfachen von $\frac{\nu}{\mu}$ enthielte, dadurch würde also die Vieldeutigkeit von
$y - y_0$ in der Nähe von (x_0,y_0) verringert werden. Es ist nun klar,
daß die Potenzreihen, durch die y als Funktion von x dargestellt wird,
zusammen mit den Entwicklungen nach gebrochenen Potenzen das ganze Gebilde ausmachen. Verwandelt man nämlich die Potenzreihe $y - y_0 =$
$\overline{P}\left(\left(\frac{x - x_0}{c}\right)^{\frac{1}{\nu}}\right)$ in eine nach Potenzen von $y - y_0$ fortschreitende, wo x_0

im Konvergenzbereich dieser Entwicklung liegt ⌊sic!⌋, [191] so erhält
man ν verschiedene Entwicklungen $P(x|x_0)$, je nach den Werten, die man
der ν-ten Wurzel beilegt, also ν verschiedene Potenzreihen von $x - x_0$,
aus denen man nach Obigem alle regulären Elemente des Gebildes herleiten kann.

Nun können doch auch Entwicklungen auftreten, die <u>negative Potenzen</u>
enthalten. Zu diesen führt die Betrachtung der <u>unendlich fernen Stel-
len unseres Gebildes</u>. [192] Hierzu setzen wir fest, daß $x - \infty$ durch $\frac{1}{x}$,
$y - \infty$ durch $\frac{1}{y}$ ersetzt werden soll. Dies ist sehr berechtigt; denn eine gewöhnliche Potenzreihe von $x - a$ kann aufgefaßt werden als eine
Entwicklung, die nach den Potenzen einer linearen Funktion von x fortschreitet, die für $x = a$ verschwindet. Eine solche ist nämlich $\frac{x - a}{bx + c}$,
wo $c + ab \gtrless 0$; da wir aber $\frac{1}{bx + c}$ wieder in einer gewissen Umgebung
von $x = a$ nach positiven Potenzen von $x - a$ entwickeln können, so sehen wir, daß in der Tat die gewöhnliche Potenzreihe von $x - a$ genau
die charakteristische Eigenschaft hat, die wir eben bemerkten. Eine
lineare Funktion allgemeinster Art, die für $x = \infty$ verschwindet, ist
aber $\frac{1}{ax + b}$, welche wir wieder nach positiven Potenzen von $\frac{1}{x}$ entwik-
keln können, womit also gezeigt ist, daß die Entwicklung nach positi-
ven Potenzen von $\frac{1}{x}$ für die Umgebung von $x = \infty$ das natürliche Analogon
der gewöhnlichen Entwicklung nach - ganzen oder gebrochenen - Poten-
zen von $x - a$ ist. Unter einem unendlich fernen Element verstehen wir
nun ein solches, für welches mindestens eine der Größen x oder y unendlich groß wird. Ist also z.B. $x = \infty$ für ein solches, so wird $\frac{1}{x}$
nach positiven Potenzen einer Größe t fortschreiten, die betreffende
Potenzreihe wird $= 0$ mit $t = 0$ werden; ist $y = b$ der entsprechende
Wert von y, so wird $y - b$ nach positiven Potenzen von t oder nach negativen Potenzen von x in der Umgebung von $(x = \infty, y = b)$ fortschreiten. Da wir also $\frac{1}{x}$ und $y - b$ in der Nähe von $t = 0$ durch gewöhnliche
Potenzreihen dieser Größe darstellen können, so erkennt man, daß alle Definitionen und Sätze in betreff der Koinzidenz zweier Elemente
auch im Fall, daß dieselben unendlich fern sein sollten, ihre Gültigkeit bewahren. Beginnt ferner die Entwicklung von $\frac{1}{x}$ mit einer höheren
Potenz von t als der ersten, so wird also $\frac{1}{x} = c_\nu t^\nu + c_{\nu+1} t^{\nu+1} + \ldots$
sein, wo $\nu > 1$, also

$$x = t^{-\nu}(\frac{1}{c_\nu} + d_1 t + \ldots + d_\nu t^\nu + d_{\nu+1} t^{\nu+1} + \ldots),$$

d.h., die Entwicklung von x nach Potenzen von t wird in diesem Falle
auch negative Potenzen in endlicher Anzahl enthalten; und, wie man
sieht, schreitet $y - b$ in diesem Falle nach gebrochenen Potenzen von
$\frac{1}{x}$ fort. Wird umgekehrt y für $x = x_0$ unendlich, so ist in der Umge-

bung von (x_0, ∞):

$$x - x_0 = c_\nu t^\nu + c_{\nu+1} t^{\nu+1} + \ldots, \qquad \frac{1}{y} = d_\mu t^\mu + d_{\mu+1} t^{\mu+1} + \ldots,$$

also

$$t = P_1\left[\left(\frac{x - x_0}{c}\right)^{\frac{1}{\nu}}\right],$$

$$y = t^{-\mu}\left(\frac{1}{d_\mu} + \ldots + e_\mu t^\mu + e_{\mu+1} t^{\mu+1} + \ldots\right)$$

oder

$$y = \frac{1}{d_\mu}\left(\frac{x - x_0}{c_\nu}\right)^{\frac{-\mu}{\nu}} + e_1\left(\frac{x - x_0}{c_\nu}\right)^{\frac{-\mu-1}{\nu}} + \ldots + e_\mu + e_{\mu+1}\left(\frac{x - x_0}{c_\nu}\right)^{\frac{1}{\nu}} + \ldots$$

Man sieht also hier den allgemeinen Charakter der Entwicklung in der
Nähe des Punktes (x_0, ∞). Wird sowohl x als auch y an einer Stelle des
Gebildes unendlich, so ist in deren Umgebung

$$\frac{1}{y} = d_\mu\left(\frac{1}{x}\right)^{\frac{\mu}{\nu}} + d_{\mu+1}\left(\frac{1}{x}\right)^{\frac{\mu+1}{\nu}} + \ldots$$

oder

$$y = \frac{1}{d_\mu}x^{\frac{\mu}{\nu}} + e_1 x^{\frac{\mu-1}{\nu}} + \ldots + e_\mu + e_{\mu+1}x^{-\frac{1}{\nu}} + e_{\mu+2}x^{-\frac{2}{\nu}} + \ldots.$$

Bei unseren bisherigen Entwicklungen traten als Exponenten immer rationale Zahlen auf. Da entsteht denn nun die Frage: Welche Bewandtnis
hat es mit den Reihen, deren Exponenten keine rationalen Zahlen sind?
Hier tritt der Begriff der Grenzstelle ein; es kann (a,b) eine solche
Stelle sein, in deren jeder Nähe sich Stellen befinden, die als dem
Gebilde angehörig definiert sind, während es (a,b) nicht mehr ist.
Dann ist y als Funktion von x betrachtet für x = a nicht mehr definiert; und in der Nähe einer solchen Stelle kann y als Funktion von
x betrachtet durch eine solche Reihe von x - a dargestellt werden,
deren Exponenten irrationale Größen sind. Daß dieser Punkt in der
Theorie der linearen Differentialgleichungen eine wesentliche Rolle
spielt, ist bekannt. Hier sind nämlich die Stellen, für die x einer der
Werte ist, für den einer der Koeffizienten der Differentialgleichung
unendlich wird, singuläre Stellen, und in der Regel sind diese auch
Grenzstellen für die Funktion. Es läßt sich im allgemeinen die Funktion in der Nähe einer solchen Stelle x = a darstellen in der Form
$(x-a)^k P(x|a)$, und es hängt von der Beschaffenheit von k ab, ob wir es
mit einer Grenzstelle zu tun haben oder nicht.

Auch Logarithmen können auftreten, und zwar erhält man ganze Funktionen von $\log(x-a)$. Treten in einer Entwicklung negative Potenzen von
x - a in unendlicher Anzahl auf, so ist x = a eine Grenzstelle der
Funktion, und hieraus erkennen wir, daß schon eindeutige Funktionen
Grenzstellen haben können, z.B. $\sin(\frac{1}{x-a})$ für x = a. In der Nähe einer

solchen Stelle kann y jedem beliebigen Werte beliebig nahekommen.[193] [193]
Es kommt also darauf an, das Verhalten einer Funktion in der Nähe einer Grenzstelle zu untersuchen; denn <u>eine Funktion, die keine algebraische ist, hat sicherlich Grenzstellen; denn darin besteht eben
der Unterschied zwischen algebraischen und transzendenten Funktionen.</u>

Nachdem wir so den Begriff der Funktionen einer Variablen festgestellt
haben, ergibt sich, daß eine solche Funktion zunächst eindeutig sein
kann, wenn nämlich zu einem Werte von x nur eine Stelle des Gebildes
gehört. Ferner kann es vorkommen, daß zu einem Werte von x mehrere,
ja sogar unendlich viele Stellen des Gebildes gehören, alsdann ist
die Funktion mehrdeutig, resp. unendlich vieldeutig. Man kann aber
dadurch die Entwicklungen einer solchen mehrdeutigen Funktion näher
bestimmen, daß man aus einem Funktionenelement auf bestimmten Wegen
andere ableitet. Denken wir uns von a aus eine Strecke gezogen, so
kann man diese analytisch durch eine Variable t ausdrücken. Machen
wir die Fortsetzung längs einer Kurve, so können wir jedenfalls auf
mannigfaltige Weise x so durch $\phi(t)$ ausdrücken, daß $\phi(0) = a$, $\phi(1)$
$= a'$ ist; man kann die Gesamtheit der Werte, die x annimmt, wenn t
von 0 bis 1 anwächst, als eine die Punkte a und a' verbindende Strek-
ke bezeichnen. Man kann nun z.B. festsetzen, daß man von dem in der
Umgebung von a geltenden Funktionenelement auf dieser Strecke fort-
schreitend zu dem in der Umgebung von a' geltenden gelange. Diese
Fortsetzung muß man nun so machen, daß man auf der Strecke aa' eine
Reihe von Punkten $a_1,\ldots,a_n$ so annimmt, daß aa_1 ganz innerhalb des
Konvergenzbezirkes von $P(x|a)$, a_1a_2 ganz innerhalb des Bezirks von
$P(x|a_1)$ usf., a_na' ganz innerhalb des Bezirks von $P(x|a_n)$ liegt. Als-
dann wird $P(x|a')$ von der speziellen Wahl der Punkte $a_1,\ldots,a_n$ unab-
hängig sein, wenn nur diese die auseinandergesetzten Bedingungen erfüllen, und man erkennt daher, daß man den ursprünglich durch eine
krumme Linie bezeichneten Weg durch einen Zug von gebrochenen Linien
ersetzen kann; liegt aber auf der Kurve, längs der man integrieren
⌊sic!⌋ will, ein <u>singulärer Punkt</u>, und bleibt man stets mit den "Mit-
telpunkten" der Fortsetzungskreise auf dieser Kurve, so wird man über
diesen Punkt nie herauskommen können, weil die Radien der Konvergenz-
kreise in der Nähe dieses Punktes immer kleiner, schließlich ver-
schwindend klein werden. Da die singulären Punkte, wenn sie auch im
allgemeinen nicht in endlicher Anzahl vorhanden sind, jedenfalls kein
zweifach ausgedehntes Kontinuum bilden, [194] so wird man jedenfalls   [194]
immer um einen gegebenen nicht singulären Punkt ein Flächenstück so
abgrenzen können, daß innerhalb desselben die Funktion eindeutig ist,
d.h. daß, wenn man bei den Fortsetzungen immer innerhalb dieses Flä-
chenstückes bleibt, man in einem Punkt desselben immer eine und die-

selbe Entwicklung erhält. Insbesondere, wenn y eine algebraische
Funktion von x ist, ist es stets möglich, im Gebiet von x solche Flä-
chenstücke abzugrenzen, daß die Funktion, innerhalb eines solchen
fortgesetzt, einen <u>eindeutigen Zweig</u> derselben darstellt. Setzt man
aber die Funktion um gewisse - nur in endlicher Anzahl vertretene -
Punkte der Ebene fort, so wird man nach einem Umlauf um ihn einen anderen Zweig der Funktion erhalten, nach einer gewissen Anzahl von Um-
läufen wird man aber wieder zu dem ursprünglichen Zweige der Funktion
zurückkommen. Hieran knüpft sich die Vorstellung von der R i e -
m a n n s c h e n F l ä c h e , d i e w i r a b e r n i c h t
u n t e r d i e e i g e n t l i c h e n G r u n d l a g e n d e r
F u n k t i o n e n t h e o r i e a u f n e h m e n w o l l e n .
Diese Vorstellung der <u>n-blättrigen Fläche</u> reicht allerdings aus,
solange man es mit einer algebraischen Funktion einer Variablen zu
tun hat; einigermaßen schwierig wird es schon, wenn man es mit unendlich vieldeutigen Funktionen zu tun hat, weil man nun ungern eine <u>un-</u>
195 <u>endlichblättrige Fläche</u> einführen wird. [195] Wie man aber diese Versinnlichungsmittel auf Funktionen mehrerer Variablen übertragen will,
ist schwer zu sagen. Selbst RIEMANN, der sich zuerst dieses Mittels
bediente, und dem - nach WEIERSTRASS' wörtlichem Ausspruch - eine <u>ma-</u>
<u>thematische Phantasie</u> zu Gebote stand, wie er sie noch bei keinem an-
dern kennengelernt habe, hatte, wie er WEIERSTRASS persönlich mit-
196 teilte, [196] Mühe, den Gebrauch dieses Hilfsmittels in allgemeinen
Fällen durchzuführen; bei seiner Bemühung, es für die Untersuchung
von mehrfachen ⎣mehrdimensionalen⎦ Mannigfaltigkeiten nutzbar zu ma-
197 chen, stieß er auf ganz unüberwindliche Schwierigkeiten. [197] Wir haben daher jene geometrische Vorstellung durch rein analytische Hilfs-
mittel ersetzt.

§ 14. Ausdehnung der vorhergehenden Betrachtungen auf höhere Mannigfaltigkeiten

Wir betrachten jetzt ein Größengebiet von n Veränderlichen $(x_1, x_2, \ldots$
198 $\ldots, x_n)$ und definieren in ihm ein <u>Gebilde erster Stufe</u> [198] durch die
Gleichungen:

$$x_\lambda = f_\lambda(u) \qquad (\lambda = 1, \ldots, n),$$

wo die $f_\lambda(u)$ als eindeutige analytische Funktionen von u in irgendeinem kontinuierlichen Bereich dieser Größe definiert seien, weshalb wir
uns nach dem früher Auseinandergesetzten auf den Fall beschränken kön-

nen, wo die $f_\lambda(u)$ Potenzreihen von u sind. Denn es wird zunächst auch
folgende Definition hier gelten: Angenommen, es sei $x_\lambda = \phi_\lambda(v)$ ($\lambda =$
1, ..., n) ein zweites Gebilde, und es sei nicht nur $\phi_\lambda(v_0) = f_\lambda(u_0)$
($\lambda = 1$, ..., n), sondern es gelte dies auch für alle in einer gewissen Umgebung von u_0 resp. v_0 gelegenen Werte von u resp. v, so koinzidieren die beiden Gebilde in der Nähe von $(x_{01}, x_{02}, \ldots, x_{on})$; und
da gilt auch jetzt folgender Satz: Es muß in der Umgebung von u_0 resp.
v_0 $f_\lambda(u)$ durch eine Substitution $u - u_0 = c_1(v-v_0) + \ldots$ übergehen
in $\phi_\lambda(v)$ und $\phi_\lambda(v)$ durch die Substitution $v - v_0 = \frac{1}{c_1}(u - u_0) + \ldots$
in $f_\lambda(u)$. Nachdem dies also festgestellt ist, können wir uns auf die
Betrachtung solcher Elemente des Gebildes beschränken, die durch Potenzreihen dargestellt werden. Setzen wir $u = u_0 + t$, so erhalten wir
ein zweites System von Potenzreihen in t, das nach dem eben Ausgeführten einen Teil des Gebildes ausmacht. Setzen wir $t = t_0 + s$, so
leiten wir hieraus einen neuen Teil des Gebildes ab. Also können alle Potenzreihen, die Teile des Gebildes darstellen, auseinander abgeleitet werden. Demnach können wir ein Gebilde erster Stufe im Gebiete
von n Veränderlichen folgendermaßen definieren: Man setze x_1, x_2, ...
..., x_n gleich gegebenen Potenzreihen einer bestimmten Variablen u.
Aus diesen Potenzreihen leiten wir nun auf die angegebene Weise andere ab, indem wir $u - u_0$ gleich einer Potenzreihe einer neuen Größe
v setzen, so daß in einer gewissen Umgebung von u_0 resp. v_0 einem
Werte von u nur ein Wert von v und einem Werte von v nur ein Wert von
u entspricht. Indem wir nun weiter $v - v_0 = P(w)$ setzen und so beliebig oft fortfahren, erhalten wir beliebig viele Teile des Gebildes.
Es können also alle Elemente des monogenen Gebildes aus einem einzigen abgeleitet werden auf die eben auseinandergesetzte Weise.

Nachdem so der Begriff eines Gebildes erster Stufe im Gebiete von n
Veränderlichen festgestellt ist, können wir nunmehr dazu übergehen,
ein <u>System von Funktionen einer komplexen Variablen</u> zu definieren. Da
als selbstverständlich natürlich vorausgesetzt werden muß, daß die
Funktionen $f_\lambda(u)$ nicht sämtlich Konstanten gleich sind, so können wir
eines der x_λ, welche variabel sind, herausgreifen, also z.B. x_1, indem wir voraussetzen, daß dies nicht konstant sei, und alle Stellen
des Gebildes ins Auge fassen, wo x_1 einen bestimmten Wert hat, und
die Werte der x_2, ..., x_n an diesen Stellen als Funktionen des Wertes
von x_1 auffassen. Jede einzelne Stelle wird durch einen bestimmten
Wert von u bestimmt, und dadurch, daß einem und demselben x_1 mehrere
oder sogar unendlich viele u entsprechen, erkennt man die Möglichkeit
einer Mehrdeutigkeit der Funktionen x_2, ..., x_n von x_1. Es liefert
uns also unsere Definition des Funktionensystems ohne weiteres immer
die zusammengehörigen Werte von x_2, ..., x_n als Funktionen von x_1,

10 Weierstraß, Kap.

indem es die sind, für die $(x_1, x_2, \ldots, x_n)$ eine Stelle des Gebildes ist. Wird ein Gebilde, wie wir es betrachten, und durch dieses
ein Funktionensystem, z.B. durch ein System von $(n - 1)$ algebraischen
Gleichungen zwischen den n Größen $x_1, \ldots, x_n$, definiert, so können in
dieser Beziehung Schwierigkeiten eintreten. Im allgemeinen wird allerdings eine richtig durchgeführte Elimination ein Gleichungssystem
zum Resultat haben, das etwa aus einer algebraischen Gleichung zwischen x_2 und x_1 und $(n - 2)$ anderen Gleichungen besteht, die $x_3, \ldots$
$\ldots, x_n$ als rationale Funktionen von x_1 und x_2 liefern. Ist alsdann
ein bestimmtes x_1 gegeben, so gehört zu diesem eine Anzahl von Werten
x_2; wie man diesen $x_3, \ldots, x_n$ zuordnen soll, darüber lassen jene
$n - 2$ letzteren Gleichungen keinen Zweifel mehr. Aber nicht immer ist
dies der Fall, unter Umständen erhält man für einige der $x_3, \ldots, x_n$
auch nach der Elimination algebraische Gleichungen, die diese als
Funktionen von x_1 und x_2 definieren. Indes beweist man von einem solchen System von algebraischen Gleichungen folgendes: Es ist immer möglich, für $x_1, \ldots, x_n$ lineare Funktionen von n anderen Größen $\xi_1, \ldots$
$\ldots, \xi_n$ einzuführen, daß man zwischen x_1 und ξ_1 eine algebraische
Gleichung erhält und daß sich $\xi_2, \ldots, \xi_n$ als rationale Funktionen
von ξ_1 und x_1 darstellen. Hierdurch wäre also die Zusammengehörigkeit
der verschiedenen Variablen ebenfalls ganz unzweideutig erklärt; aber
im Grunde ist diese Darstellung ja völlig identisch mit der Definition des Gebildes durch n Gleichungen

$$x_\lambda = f_\lambda(u) \qquad (\lambda = 1, \ldots, n),$$

indem hier ξ_1 als Parameter u aufgefaßt werden kann; entwickelt man
in der Umgebung irgendeiner Stelle x_1 als Funktion von ξ_1 in eine Potenzreihe, so ergeben sich daraus wegen der folgenden Gleichungen für
$\xi_2, \ldots, \xi_n$ mithin auch für $x_2, \ldots, x_n$ solche. Um nun noch die letzte Schwierigkeit zu beseitigen, daß unter Umständen die Gleichung zwischen x_1 und ξ_1 <u>reduktibel</u> sein kann, das Gebilde also kein monogenes
mehr ist, sondern in mehrere zerfällt, kann man von vornherein das
<u>algebraische Gebilde</u> folgendermaßen definieren: Man nehme eine irre-
duktible Gleichung zwischen x_1 und ξ_1 an und setze $x_2, \ldots, x_n$ rationalen Funktionen dieser Größen gleich; die Gesamtheit der auf diese
Weise als zusammengehörig definierten Stellen $(x_1, \ldots, x_n)$ bildet
dann ein <u>monogenes algebraisches Gebilde</u>. [199]

199 Wir kehren jetzt wieder zu unserem allgemeinen Gebilde zurück. Wir
gehen aus von dem System von Potenzreihen:

$$x_\nu = P_\nu(x_1 | a_1) \qquad (\nu = 2, \ldots, n),$$

welches uns natürlich auch einen Teil des Gebildes darstellt, indem durch die Substitution $x_1 - a_1 = u$ das System die frühere Form $x_\nu = f_\nu(u)$ $(\nu = 1, \ldots, n)$ wieder annimmt. Nimmt man nun eine Stelle a_2 in dem Konvergenzbereich der Reihen $P_\nu(x_1|a_1)$ an und wandelt $P_\nu(x_1|a_1)$ in eine Potenzreihe von $x_1 - a_2$ um, so erhält man ein neues System von Potenzreihen, das uns nicht allein eine Fortsetzung des Funktionensystems, sondern auch des Gebildes darstellt. Denn setzt man $x_1 - a_2 = v$, so ist $x_1 - a_1 = u = a_2 - a_1 + v$, oder das neue Gebilde geht durch eine Substitution von der Form $u = u_o + \phi(v)$ aus demselben hervor, d.h., es ist eine Fortsetzung des Elements des Gebildes, stellt also einen Teil des Gebildes dar. Dies Verfahren läßt sich nun beliebig oft fortsetzen; dadurch daß man die Potenzreihen fortsetzt, erhält man beliebig viele Elemente des Gebildes. Auf diese Weise ist der Begriff der Zusammengehörigkeit der in Frage kommenden Werte der Variablen $(x_1, x_2, \ldots, x_n)$ in neuer Weise begründet. Denn bei dieser Art der Definition des Gebildes durch eine Anzahl von in einem gewissen Bereich eindeutigen Potenzreihen ist es ohne weiteres klar, welche Werte von $(x_1, \ldots, x_n)$ wir immer einander zuordnen müssen. Denn es gehören nur immer diejenigen Wertsysteme $(x_2, \ldots, x_n)$ zusammen, die sich aus Potenzreihen ergeben, die aus einem System durch Fortsetzung auf demselben Wege entstehen. Dieser Begriff der Zusammengehörigkeit hängt mit wichtigen Betrachtungen zusammen, welche wir hier nur andeuten wollen. Setzt man nämlich, von der in der Nähe irgendeines Punktes a_1 geltenden Potenzreihe ausgehend, die Potenzreihe $x_2 = P(x_1|a_1)$ fort - wo x_2 hier einfach eine Funktion von x_1 ohne Beziehung auf das oben behandelte Gebilde erster Stufe im Gebiete der n Größen $x_1, \ldots, x_n$ bedeuten soll -, so ist es keineswegs gesagt, daß man durch sukzessive Fortsetzung zu jedem Wert von x_1 gelangt. Zunächst hat man dies erkannt für einzelne Werte von x_1. RIEMANN [200] setzt nun $x_1 = u + vi$ und definiert die endliche Funktion von x_1 in der Form $f = \phi + i\psi$, die der Differentialgleichung $\frac{\partial f}{\partial v} = i\frac{\partial f}{\partial u}$ genügen muß. Er nimmt nun an, es sei irgendeine solche Funktion in einem Teile der Ebene gegeben. Setzt man $\phi + i\psi$ in die vorstehende Gleichung ein, so folgt daraus:

$$\frac{\partial \phi}{\partial v} = - \frac{\partial \psi}{\partial u}, \qquad \frac{\partial \psi}{\partial v} = \frac{\partial \phi}{\partial u}.$$

Die diesen Gleichungen genügenden Funktionen ϕ und ψ, die in dem genannten Teile der Ebene gleichzeitig mit f definiert sind, setzen wir nun mit RIEMANN weiter diesen Differentialgleichungen gemäß fort. Dies ist folgendermaßen zu verstehen. Man denke sich außer dem Kontinuum, für das die Funktionen ursprünglich definiert waren, ein zweites im Gebilde der (u,v), das mit dem ersten teilweise zusammenfällt. Sollen nun die in dem ursprünglichen Kontinuum definierten Funktionen

φ und ψ in das zweite Kontinuum fortgesetzt werden, so heißt das
nichts anderes als es soll ein zweites Funktionensystem von u und v
für das zweite Kontinuum definiert werden, welche ebenfalls den vorstehenden Differentialgleichungen genügen und in dem gemeinsamen
Teil der beiden Kontinua mit den ersten Funktionen übereinstimmen.
Daß dies überhaupt möglich ist und daß man in φ + iψ überhaupt eine
Funktion von u + iv erhält, sieht man a priori nicht ein, wenn es
auch richtig ist. Man kann es unter der <u>Voraussetzung von Sätzen über
bestimmte Integrale</u> dadurch beweisen, daß man zeigt, daß eine der
obigen Differentialgleichung genügende Funktion in der Tat <u>als Po-
tenzreihe</u> von u + iv <u>dargestellt</u> werden kann; nachdem dies einmal
dargetan ist, kann man auch definieren, was es heißt, jener <u>Differen-
201 tialgleichung gemäß fortsetzen.</u> [201] Solange sich nun die Funktion regulär verhält, ist zwischen beiden Definitionen, der Riemannschen und
der im Vorstehenden auseinandergesetzten, kein Unterschied; ein solcher macht sich erst fühlbar, wenn man zu den <u>singulären Stellen der
Funktion</u> gelangen will. Man hat nämlich schon früher die Bemerkung
gemacht, daß man zu gewissen Stellen bei dieser Art der Fortsetzung
nicht gelangen kann, daß in der Umgebung solcher Stellen die Funktion
eben durch eine eindeutige Potenzreihe nicht darstellbar ist. Aber
man hat früher geglaubt, daß, wenn man eine Funktion einmal für einen
Teil der Ebene definiert hat, sie für die ganze unendliche Ebene mit
Ausnahme einzelner, wenn auch unendlich vieler, Punkte und Linien definiert ist, welche letztere aber keinen zusammenhängenden Teil der
Ebene bilden dürften. Erst WEIERSTRASS hat in den sechziger Jahren
202 die Unhaltbarkeit dieser Ansicht nachgewiesen, [202] indem er wirklich
eindeutig definierte Funktionen aufstellte, die nur für einen Teil
der Ebene existierten, z.B. in einem den Nullpunkt umgebenden Kreis
mit dem Halbmesser 1. Besonders interessant ist in dieser Hinsicht
203 ein Beispiel, [203] wo die betreffende Funktion nicht /nur/ für alle
Punkte des Innern des genannten Kreises, sondern sogar für alle Punkte der Begrenzung, also für ein abgeschlossenes Kontinuum, definiert
ist und wo man trotzdem auf keine Weise aus demselben hinausgelangen
kann; indem nämlich der Konvergenzradius der Entwicklung nach Potenzen von $x - x_0$, wo x_0 im Innern des genannten Kreises liegt, stets
204 nur seinen Minimalwert $1 - |x_0|$ hat. In einem zweiten Beispiel [204]
liegt der Grund der Nichtfortsetzbarkeit darin, daß die Funktion bei
der Annäherung an die Peripherie des Kreises überall unendlich groß
wird. In diesen Fällen ist also die Funktion für einen kontinuierlichen Teil der Ebene nicht definiert, d.h., die singulären Stellen erfüllen ein Kontinuum. Dies vorausgeschickt, erkennt man die <u>Vorzüge
unserer Definition.</u> Ist nämlich z.B. x_2 definiert durch eine Potenz-

reihe der eben beschriebenen Art, die also für einen kontinuierlichen
Teil der x_1-Ebene gar nicht existiert, während x_3 beispielshalber
durch eine beständig konvergierende Potenzreihe von x_1 definiert sei,
so existiert das Funktionensystem $(x_2 x_3)$ also doch nur für solche
Werte von x_1, für welche beide Funktionen definiert sind. Handelt es
sich um Funktionen einer Variablen, und zwar analytische, so muß man
im allgemeinen annehmen, daß das Gebiet der Variablen ein begrenztes
ist, und zwar kann die Grenze einen einzigen Punkt oder mehrere oder
sogar unendlich viele diskrete Punkte enthalten, oder sie kann aus
einer oder mehreren oder sogar unendlich vielen Linien bestehen, oder
endlich kann sie einen kontinuierlichen Teil der Ebene ausmachen.
(Unter <u>Grenze</u> verstehen wir hier die Gesamtheit der Punkte, für welche die Funktion nicht definiert ist.) In erhöhtem Maße kann solches
eintreten, wenn es sich um <u>Funktionensysteme</u> handelt. Das Gebiet, für
welches dann das Funktionensystem definiert ist, kann dann sehr oft
ganz verschieden sein von demjenigen, für welches die einzelnen Funktionen existieren. Aber über alle Schwierigkeiten, die dadurch entstehen könnten, hilft uns der von uns aufgestellte Begriff der Zusammengehörigkeit weg. Wir haben gesehen, daß, wenn man von einem System
von n - 1 Potenzreihen von x_1 - a_1 ausgeht, man dadurch ein Gebilde
erhält, das durch die Gesamtheit aller Potenzreihen, die man aus dem
ursprünglichen ableiten kann, repräsentiert wird. Es fragt sich aber,
erhält man durch sukzessive Fortsetzung der n - 1 ursprünglichen Potenzreihen alle Elemente des Gebildes, die sich regulär verhalten?
Daß man unendlich viele erhält,* ist unmittelbar klar. Denn es sei

$$x_\nu = f_\nu(u) \qquad (\nu = 1, \ldots, n)$$

ein Element des Gebildes, und zwar sei u_0 eine Stelle des Bereichs,
für den $f_1(u)$ definiert ist, so daß $f_1'(u_0) \gtrless 0$; alsdann ist

$$x_1 = a_1 + a_1'(u-u_0) + \ldots, \qquad a_1' \gtrless 0,$$

also auch

$$u - u_0 = b_1'(x_1-a_1) + \ldots,$$

somit, wenn man dies in die n - 1 anderen Funktionen einsetzt,

$$x_\nu = P_\nu(x_1 | a_1) \qquad (\nu = 2, \ldots, n).$$

Da man nun in dem Bereich, für den die Funktionen definiert sind, beliebig viele solche Stellen u_0 annehmen kann, so leuchtet die Richtigkeit unserer vorstehenden Behauptung in der Tat ein. Ehe wir nun
dazu übergehen nachzuweisen, daß sich alle regulären Elemente aus jenen n - 1 Potenzreihen herleiten lassen, wollen wir den <u>Begriff der</u>

---

*welche durch ein System von n-1 solchen Potenzreihen definiert sind,

<u>singulären Elemente</u> aufstellen. Ist nämlich $f_1'(u_0) = 0$, so sei

$$x_1 = a_1 + c_1(u-u_0)^\nu + \ldots, \qquad \nu > 1,$$

also

$$u - u_0 = P\left[\left(\frac{x_1 - a_1}{c_1}\right)^{\frac{1}{\nu}}\right],$$

somit

$$x_\mu = P_\mu\left[\left(\frac{x_1 - a_1}{c_1}\right)^{\frac{1}{\nu}}\right] \qquad (\mu = 2, \ldots, n).$$

Durch ein solches System von Potenzreihen, die nach Potenzen einer
Wurzel aus einer linearen Funktion von x_1 fortschreiten, wird nun
ein singuläres Element dargestellt. Zusammengehörig sind jetzt die
Werte der Variablen, die hervorgehen, wenn man der Wurzel aus
$\frac{x_1 - a_1}{c_1}$ denselben Wert beilegt; dies ist auch der Grund, aus welchem

wir unsere Funktionen als Potenzreihen von $\left(\frac{x_1 - a_1}{c_1}\right)^{\frac{1}{\nu}}$, nicht von

$(x_1 - a_1)^{\frac{1}{\nu}}$ aufgestellt haben. Es kann natürlich auch eine Reduktion
205 der Nenner in den Brüchen $\lfloor$d.h. in den Exponenten$\rfloor$ 205 derart eintreten, daß eine oder die andere der Potenzreihen nach Potenzen von

$\left(\frac{x_1 - a_1}{c_1}\right)^{\frac{1}{m}}$, wo $\nu = 0 \pmod{m}$ fortschreitet, indes ändert dies an un-

seren allgemeinen Betrachtungen nichts.

Es ist nun zu beweisen, daß alle Funktionensysteme aus einem sich ableiten lassen. Stände dies nämlich fest, so wäre damit zugleich gezeigt, daß sich alle regulären Elemente des Gebildes durch die aus
jenen n - 1 Potenzreihen von $x_1 - a_1$ ableitbaren Potenzreihen darstellen lassen. <u>Nehmen wir dann noch die Systeme von Potenzreihen</u>
<u>hinzu, die nach gebrochenen Potenzen fortschreiten, und außerdem die</u>
<u>Unendlichkeitsstellen, so hätten wir dann die Gesamtheit der Funktio-</u>
<u>nensysteme umfaßt, die das Gebilde darstellen.</u> Der Beweis des in Re-
de stehenden Satzes ist genau derselbe wie im Falle von zwei Größen
x_1 und x_2, nur daß man hier die Beschränkungen, die man dort zu machen hatte, bei allen Funktionen machen muß. Man geht von irgendeinem Element des Gebildes $x_\nu = f_\nu(u)$ $(\nu = 1, 2, \ldots, n)$ aus; ist dann
u_0 ein Wert von u, für den $f_1'(u_0) \gtrless 0$, und nimmt man einen zweiten
Wert u' und schaltet nun zwischen u_0 und u' eine Reihe von Werten u_1,
$u_2, \ldots, u_m$ ein, so daß für alle diese die erste Ableitung von $f_1(u)$
von 0 verschieden ist, so kann man die u_λ einander so nahe annehmen,
daß die entsprechenden Systeme von Potenzreihen von $x_1 - a_1$ ineinan-

der greifen. Nimmt man also tatsächlich die u_λ in dieser Weise an, so
stellen die Potenzreihen, die zu zwei aufeinanderfolgenden u gehören,
in dem Bereiche von x_1, der ihnen gemeinschaftlich ist, dasselbe Element dar, sie müssen sich folglich auseinander ableiten lassen. Dies
ist der Satz, auf dem der Beweis des folgenden allgemeinen Theorems
hauptsächlich beruht. Wenn man irgendein Element des Gebildes $x_\nu =$
$f_\nu(u)$ $(\nu = 1, \ldots, n)$ annimmt, und man leitet aus ihm ein System von
Potenzreihen $x_\nu = P_\nu(x_1|a_1)$ $(\nu = 2, \ldots, n)$ ab, wo $a_1 = f_1(u_0)$,
$f_1'(u_0) \gtrless 0$, so erhält man durch sukzessive Fortsetzung dieses Systems
von Potenzreihen alle regulären Elemente des Gebildes und des Funktionensystems. (Der Begriff "Element des Funktionensystems" ist etwas
anderes als der des Elementes des Gebildes, indem ihm die Bevorzugung
einer Variablen x_1 zu Grunde liegt.) [206] Ihnen hat man zuzuzählen al- [206]
le Elemente, in deren Umgebung die Potenzreihen nach gebrochenen Potenzen einer linearen Funktion von x_1 fortschreiten, und die Elemente, die im Unendlichen liegen. Davon wollen wir nunmehr eine Anwendung machen, um den Begriff des Differentialquotienten zu definieren.
Es sei f(x) eine eindeutig definierte Funktion von x; ich betrachte
die Differenz f(x+h) - f(x), wo h eine kleine Größe; läßt sich diese
Differenz zerlegen in einen Teil c·h und einen h proportionalen Teil,
der außerdem mit einem Faktor multipliziert ist, der mit h verschwindet, so sagt man, c·h stelle die Differentialänderung von f(x) dar,
und die Größe c, die von h unabhängig ist, bezeichnet man als den
Differentialkoeffizienten. [207] Existiert nun eine Funktion von x, die [207]
für jeden Wert von x die Größe c liefert - denn diese ist offenbar
von x abhängig -, so nennen wir diese Funktion die Ableitung von f(x).
Unbefriedigend ist hierbei, daß die Definition nur bedingungsweise
gestellt ist; aber das liegt in der Natur der Sache; denn selbst die
Stetigkeit ist noch nicht hinreichend für die Existenz eines Differentialquotienten. Angenommen nun, man konnte beweisen, daß die Funktion f(x) an jeder Stelle einen Differentialquotienten besitzt, so
sagt man ohne weiteres, dieser Differentialquotient ist wieder eine
Funktion von x und nennt diese Funktion die Ableitung. Dies ist allerdings richtig, solange man sich auf den Standpunkt stellt, wo man den
Funktionsbegriff in der allgemeinen Weise faßt, daß jedem Werte der
unabhängigen Variablen ein bestimmter Wert einer andern Größe entspricht. Aber in den Lehrbüchern macht man gewöhnlich einen ungeheuren
Sprung. Von der Annahme ausgehend, daß f(x) eine Funktion sei, die
für jeden Wert von x, einzelne Punkte ausgenommen, definiert sei, und
die für sämtliche Werte von x, nur mit Ausschluß spezieller Werte,
einen Differentialquotienten habe, nimmt man ohne weiteres an, daß
die Gesamtheit der Werte, die dieser Differentialquotient für stetig

sich änderndes x erhält, eine Funktion von derselben Beschaffenheit
wie f(x) selbst konstituiere, d.h. daß auch sie differenzierbar sei.
Aber eine genaue Prüfung zeigt, daß, solange man sich selbst auf stetige Funktionen reeller Variablen beschränkt, man von dem Differentialquotienten gar nichts aussagen kann. Alle diese Schwierigkeiten
verschwinden mit einem Schlage, sobald man Funktionen __komplexer__ Variablen ins Auge faßt. Es sei x_2 als Funktion von x_1 gegeben durch
die Gleichungen

$$x_1 = a_1 + P_1(t), \quad x_2 = a_2 + P_2(t)$$

mit der Bedingung, daß die Potenzreihen $P_1(t)$ und $P_2(t)$ für $t = 0$
verschwinden. Wir setzen voraus, daß für diese Potenzreihen der Begriff der Ableitung definiert sei. Man erkennt dann sofort, daß die
Potenzreihen, die man aus den vorstehenden durch Differentiation der
einzelnen Glieder erhält, denselben Konvergenzbereich haben wie die
ursprünglichen. Daraus folgt sodann, daß auch eine zweite Ableitung
existiert, die ihrerseits wieder durch eine Potenzreihe derselben
Art wie die früheren dargestellt wird. Aus der Existenz der Ableitungen der Potenzreihen P_1 und P_2 folgt demnach die Existenz der Ableitung von x_2 als Funktion von x_1, weiter ergibt sich, daß die genannte Ableitung, als Funktion von x_1, ihrerseits eine Ableitung besitzt, usf., und daß der __Taylorsche Satz__ in seiner vollen Allgemeinheit gilt. Ist der Koeffizient von t in $P_1(t)$ von Null verschieden,
so kann man x_2 als Funktion von x_1 darstellen in folgender Form:

$$x_2 = a_2 + a_2'(x_1-a_1) + \ldots = a_2 + P(x_1|a_1);$$

a_2' ist hierin nichts anderes als der Wert des Differentialquotienten
von x_2 für den Spezialwert $x_1 = a_1$. Ferner ergibt sich, daß im allgemeinen nur reguläre Elemente der Funktion Differentialquotienten haben; denn bei singulären Elementen werden nicht alle Ableitungen für
$x_1 = a_1$ einen bestimmten Wert haben. Differenzieren wir nun die Reihe für x_2 in der Umgebung von x_1 gliedweise, so kommt:

$$x_2' = a_2' + 2a_3'(x_1-a_1) + \ldots = P'(x_1|a_1),$$

eine Reihe, welche denselben Konvergenzbezirk wie $P(x_1|a_1)$ hat, die
also für alle Werte von x_1, für welche sie konvergiert, wirklich die
Ableitung von x_2 nach x_1 darstellt. In derselben Weise kann man alle
höheren Ableitungen bilden; die Potenzreihen, durch welche diese dargestellt werden, konvergieren sämtlich innerhalb desselben Bereiches
wie $P(x_1|a_1)$; dies ist eben der Grund, warum sie wirklich die Ablei-
tungen von x_2 darstellen. Indem wir nun alle Ableitungen zu dem ursprünglichen nur aus x_2 bestehenden Funktionensystem uns hinzugenommen denken, erhalten wir ein neues Funktionensystem, welches wir über

die Umgebung von a_1 hinaus, für die es ursprünglich definiert ist,
fortsetzen können; dabei überzeugt man sich leicht von folgendem: Die
Fortsetzungen der Potenzreihen für x_2, x_2' usf. stellen wirklich die
Ableitungen der Fortsetzungen von $P(x_1|a_1)$ dar, so daß wir die zu der
für x_2 in der Umgebung von $x_1 = a_1^{(\lambda)}$ geltenden Potenzreihe
$P(x_1|a_1^{(\lambda)})$ gehörigen Ableitungen auf doppelte Weise erhalten können,
einmal, indem wir einfach x_2 fortsetzen und indem wir dann durch
gliedweise Differentiation von den so erhaltenen Potenzreihen die Ableitungen bilden, sodann, indem wir jede der Ableitungen, die wir in
der Umgebung von a_1 durch Potenzreihen dargestellt hatten, unabhängig für sich nur auf demselben Wege in die Umgebung von $x_1 = a_1^{(\lambda)}$
fortsetzen. Bei dieser Art der Erklärung erkennt man auch ohne weiteres, welche Werte von x_2, x_2', ... immer zusammengehören.

Denn im allgemeinen ist x_2 ja eine mehrdeutige Funktion von x_1, aber
jetzt ist unmittelbar ersichtlich, daß die Werte von x_2 und seinen
Ableitungen immer zusammengehören, die durch Potenzreihen erhalten
werden, welche durch Fortsetzung des die Umgebung von a_1 darstellen-
den Funktionensystems auf demselben Wege erhalten werden. Dies können wir übrigens auch aus der ursprünglichen Definition entnehmen.
Es sei $x_1 = f_1(u)$, $x_2 = f_2(u)$; lassen wir u um h wachsen, so gehe
x_1 über in $x_1 + \xi_1$, x_2 in $x_2 + \xi_2$, wo also

$$f_1(u+h) - f_1(u) = \xi_1, \qquad f_2(u+h) - f_2(u) = \xi_2$$

ist. Es ist nun

$$\frac{dx_2}{dx_1} = \lim_{h=o} \frac{\xi_2}{\xi_1} = \lim_{h=o} \frac{f_2(u+h) - f_2(u)}{f_1(u+h) - f_1(u)} = \frac{f_2'(u)}{f_1'(u)},$$

also existiert der Differentialquotient an jeder Stelle, wo dieser
Quotient einen endlichen Wert hat. Jetzt können wir $x_2' = \frac{f_2'(u)}{f_1'(u)}$ zum
Gebilde hinzunehmen, wo nur die Werte auszuschließen sind, für wel-
che der Quotient unendlich groß wird. Nun kann man x_2 und x_2' als Potenzreihen von x_1 ausdrücken, indem man aus $x_1 = f_1(u)$ u als Potenzreihe von x_1 entnimmt und dies in die anderen Gleichungen einsetzt.
Wendet man auf das so definierte System die oben über die Fortsetzung
eines Elementes eines Gebildes entwickelten Sätze an, so erkennt man
in der Tat, daß die Fortsetzung der Potenzreihe für x_2' stets die Ableitung von x_2 darstellt. Genau dieselben Betrachtungen gelten unverändert für die höheren Ableitungen.

$\lfloor$Montag,$\rfloor$ 26. 7. 1886

Das betrachtete Gebilde kann nun möglicherweise auch unendlich ferne
Elemente enthalten; es sind dies solche, wo mindestens eine der n
Größen x_1, x_2, ..., x_n ∞ wird. Unsere Betrachtungen erleiden dadurch
keine Modifikationen; nur ist $x_\lambda - x_{o\lambda}$ durch $\frac{1}{x_\lambda}$ zu ersetzen, wenn $x_{o\lambda}$
∞ wird.

Wir gehen jetzt über zu <u>Gebilden höherer Stufe</u> $\lfloor$mehrdimensionale Ge-
bilde$\rfloor$, wo es sich also um <u>Funktionen von mehr als einer Veränderli-</u>
208 <u>chen</u> handelt. [208] Wir haben früher bewiesen, daß eine innerhalb eines
unabgeschlossenen Kontinuums im Gebiete von n Dimensionen eindeutig
definierte Funktion sich darstellen läßt in Form einer unendlichen
Reihe, deren einzelne Glieder ganze $\lfloor$rationale$\rfloor$ Funktionen der n unabhängigen Veränderlichen sind, die wir zunächst als reell voraussetz-
209 ten. [209] Dieser Satz ist eine Folge folgenden Satzes: Wenn man innerhalb eines abgeschlossenen Kontinuums im Gebiete der unabhängigen
Veränderlichen eine Funktion definiert, so kann man immer auf beliebig viele Arten eine ganze Funktion so bestimmen, daß der Unterschied
der Funktion von den Werten, welche diese ganze Funktion für dasselbe
Wertsystem der unabhängigen Variablen annimmt, kleiner ist als eine
beliebig klein vorzuschreibende Größe δ. Es seien nun jetzt x_1, x_2,
..., x_m komplexe Veränderliche, also $x_\lambda = \xi_\lambda + i\xi_\lambda'$ ($\lambda = 1$, ..., m),
wo die ξ ihrerseits reelle Größen sind. Es seien nun φ und ψ kontinu-
ierliche Funktionen dieser ξ, definiert in einem kontinuierlichen Gebiet der auseinandergesetzten Beschaffenheit. Stellen wir uns nun die
Aufgabe, eine ganze Funktion $G(\xi_1, ..., \xi_m, \xi_1', ..., \xi_m')$ so zu finden, daß

$$|\phi + i\psi - G| < \delta,$$

wo δ > 0, so brauchen wir nur zwei ganze Funktionen G_1 und G_2 so zu
bestimmen, daß

$$|\phi - G_1(\xi_1,...,\xi_m, \xi_1',...,\xi_m')| < \delta_1,$$
$$|\psi - G_2(\xi_1,...,\xi_m, \xi_1',...,\xi_m')| < \delta_2,$$

wo $\delta_1 + \delta_2 = \delta$, $\delta_1 > 0$, $\delta_2 > 0$, dann ist

$$|\phi + i\psi - G_1 - iG_2| < \sqrt{\delta_1^2 + \delta_2^2} < \delta_1 + \delta_2 = \delta;$$

wir brauchen also nur $G = G_1 + iG_2$ zu nehmen, um unserer Forderung
210 Genüge zu leisten. Angenommen nun, [210] es sei

$$G(\xi_1,...,\xi_m, \xi_1',...,\xi_m') = G_1 + iG_2 = \overline{G}(\xi_1 + i\xi_1',...,\xi_m + i\xi_m'),$$

und es ließe sich G in dieser Weise bestimmen, wie klein man auch δ
annehmen mag, so nennen wir $\phi + i\psi$ eine Funktion der komplexen Varia-
blen $x_\lambda = \xi_\lambda + i\xi'_\lambda$ $(\lambda = 1, \ldots, m)$. Hieraus leiten wir nun den Satz
her, daß es möglich sei, für alle Stellen $(x_1, \ldots, x_m)$, für welche
die Funktion definiert ist, die Funktion $f(x_1,\ldots,x_m) = \phi + i\psi$ darzustellen in der Form

$$f(x_1, \ldots, x_m) = \sum_{\nu=1}^{\infty} g_\nu(x_1, \ldots, x_m),$$

wo $g_\nu(x_1, \ldots, x_m)$ ganze rationale Funktionen von $(x_1, x_2, \ldots, x_m)$
sind; man weist nach, daß diese Reihe in dem genannten Bereich der
Veränderlichen absolut und gleichmäßig konvergiert. Der Beweis dieses
Satzes ist völlig analog dem Beweis des entsprechenden Satzes für
Funktionen einer komplexen Variablen. Während sich nun, was nicht genug betont werden kann, aus dieser Darstellung für den Fall, daß die
Variablen sämtlich reell sind, außerordentlich wenig Schlüsse ziehen
lassen, lassen sich jetzt, wo es sich um komplexe Veränderliche handelt, sofort aus den angeführten Eigenschaften der in Rede stehenden
Darstellung die wichtigsten Schlüsse ziehen. Namentlich gilt folgendes: [211] Man nehme eine bestimmte Stelle $(a_1, a_2, \ldots, a_m)$ willkür- **211**
lich an, so kann man jede einzelne unserer ganzen Funktionen in eine
ganze Funktion von $x_1 - a_1, \ldots, x_m - a_m$ umwandeln. Faßt man alle
Glieder zusammen, wo das System der Exponenten von $x_1 - a_1, \ldots, x_m$
$- a_m$ dasselbe ist, so entsteht eine Potenzreihe der Veränderlichen
$x_1 - a_1, \ldots, x_m - a_m$, von der man beweist, daß erstens jeder Koeffizient, selbst wenn er aus unendlich vielen Gliedern bestehen sollte,
einen endlichen Wert hat, zweitens, daß sie in einer gewissen Umgebung der Stelle $(a_1, a_2, \ldots, a_m)$ unbedingt konvergiert und der ursprünglichen Funktion gleich ist, d.h.

$$f(x_1, \ldots, x_m) = \sum_{\nu_1 \nu_2 \ldots \nu_m} c_{\nu_1 \nu_2 \ldots \nu_m} (x_1-a_1)^{\nu_1} (x_2-a_2)^{\nu_2} \ldots (x_m-a_m)^{\nu_m}$$

$$= P(x_1, \ldots, x_m | a_1, \ldots, a_m).$$

Es ist dies ein Satz, der in der <u>einleitenden Vorlesung über die Theorie der analytischen Funktionen</u> eingehend begründet zu werden pflegt.
Über die Konvergenz einer solchen Reihe läßt sich folgendes aussagen:
Konvergiert die Reihe für solche Werte von $(x_1, x_2, \ldots, x_m)$, für die
$|x_\lambda| = r_\lambda$ ist $(\lambda = 1, 2, \ldots, m)$, so konvergiert sie auch für jedes
Wertsystem der x, für welches $|x_\lambda| < r_\lambda$ $(\lambda = 1, \ldots, m)$. Die Gesamt-
heit der Werte r_λ $(\lambda = 1, \ldots, m)$ [212] wollen wir einen <u>Konvergenzbe-</u> **212**
<u>zirk</u> der Potenzreihe nennen, indem wir dem Worte <u>Bezirk</u> eine <u>engere</u>
<u>Bedeutung als</u> dem Worte <u>Bereich</u> beilegen. In diesem Sinne können wir

sagen, der Konvergenzbereich unserer Reihe sei ein die Stelle
$(a_1, a_2, \ldots, a_m)$ umgebender Bezirk. Es ist nun ferner leicht zu beweisen, daß die Potenzreihe $P(x_1,\ldots,x_m \mid a_1,\ldots,a_m)$ jedenfalls konvergiert in jedem die Stelle $(a_1,\ldots,a_m)$ umgebenden Bezirk, der ganz
innerhalb des Bereiches liegt, für den die Funktion ursprünglich definiert gewesen war. Es folgt dies sehr leicht aus einem Satz, der
in der Vorlesung über Funktionentheorie über die Konvergenz solcher
Potenzreihen bewiesen wird. Der Einfachheit halber werde $(a_1,\ldots,a_m)$
$= (0,0,\ldots,0)$ angenommen. Dann beweist man folgendes: Angenommen,
man wisse von der Potenzreihe $P(x_1,\ldots,x_m)$, daß sie sicher konver-
giert, wenn $|x_\lambda| < r_\lambda$ $(\lambda = 1, 2, \ldots, m)$, und man weiß ferner, daß,
wenn $|x'_\lambda| = r_\lambda$ $(\lambda = 1, \ldots, m)$, die aus der ursprünglichen Reihe ab-
geleitete Potenzreihe von $x_\lambda - x'_\lambda$ $(\lambda = 1, \ldots, m)$ für diejenigen
Werte von x, die sicher dem Konvergenzbezirk der ersten angehören,
mit der ursprünglichen Reihe übereinstimmt, so konvergiert letztere
noch weiter. Dies ist also der Satz, aus dem der oben angeführte sehr
leicht folgt. Man kann dem Satz auch folgende Fassung geben: Wenn man
$(x'_1, \ldots, x'_m)$ so annimmt, daß $|x'_\lambda| < r_\lambda$ $(\lambda = 1, \ldots, m)$, und man
wandelt die gegebene Potenzreihe um in eine, die nach Potenzen von
$x_\lambda - x'_\lambda$ fortschreitet, und man findet, daß der Konvergenzbezirk oder
die kleinste der Größen $|x_\lambda - x'_\lambda|$ $(\lambda = 1, \ldots, m)$, für welche diese
Reihe noch konvergiert, nirgend unendlich klein wird, wie klein man
auch die Differenz $r_\lambda - |x'_\lambda|$ annehmen möge, so kann man sicher sein,
daß sich der Konvergenzbezirk der ursprünglichen Reihe noch weiter
erstreckt als bis $|x_\lambda| = r_\lambda$ $(\lambda = 1, \ldots, m)$. Jede solche Potenzreihe
nennt man nun ein Element der Funktion. Es wird sich dann noch zei-
gen, daß man es noch besonders als <u>reguläres Element der Funktion</u> bezeichnen muß. Jetzt wird auch die Fortsetzung so definiert, wie es
früher geschehen ist. Man nimmt nämlich im Konvergenzbereich der ersten Potenzreihe eine Stelle $(b_1, \ldots, b_m)$ an und wandelt sie um in
eine Potenzreihe von $x_1-b_1, \ldots, x_m-b_m$. Der Konvergenzbereich dieser
zweiten Potenzreihe deckt sich teilweise mit dem der ersten; im allgemeinen wird er sich über letzteren hinauserstrecken. Denn es läßt
sich leicht zeigen, daß, wenn man um $(b_1, \ldots, b_m)$ einen Bezirk ab-
grenzt, der ganz im Innern des Bereiches der ursprünglichen Potenzreihe liegt, die zweite Reihe für diesen sicher konvergiert.

So fährt man nun fort; man nimmt im Konvergenzbereich der Reihe
$P(x_1,\ldots,x_m|b_1,\ldots,b_m)$ eine Stelle $(c_1, \ldots, c_m)$ an und leitet eine
Reihe ab, die in einer gewissen Umgebung dieser Stelle gilt usw. Auf
diese Weise kann man aus jeder gegebenen Potenzreihe unendlich viele
andere ableiten; man beweist ferner, daß, wenn man aus einer ersten
Potenzreihe eine zweite ableitete, man auch umgekehrt die erste aus

der zweiten ableiten kann, was man stets durch Einschalten vermittelnder Stellen erreichen kann. Daraus folgt, daß die Gesamtheit der Elemente, die man aus einem einzigen ableiten kann, ein in sich abgeschlossenes Ganzes bildet. Dies führt uns wiederum zum Begriff der eindeutigen Funktionen. Es sind dies solche Funktionen, für die sich aus einer gegebenen Potenzreihe durch welche sie definiert ist, für die Umgebung einer Stelle nie mehr als eine einzige Potenzreihe ableiten läßt. Hierbei ist die Möglichkeit nicht ausgeschlossen, daß es Stellen gibt, für deren Umgebung sich überhaupt keine Potenzreihe aufstellen läßt.

/Mittwoch,/ 28. 7. 1886

Nachdem wir dies über die Funktionen von m unabhängigen veränderlichen Größen vorausgeschickt haben, wenden wir uns nunmehr zu der Betrachtung von Funktionensystemen mit m unabhängigen Variablen, oder anders ausgedrückt, zu der Untersuchung von <u>Gebilden m-ter Stufe in n-fach ausgedehnten Größengebieten.</u> [213] Es sei also gegeben ein Funktionensystem durch die Gleichungen $x_\lambda = f_\lambda(u_1,\ldots,u_m)$ $(\lambda = 1,\ldots,n)$. Hierbei wird vorausgesetzt, erstens, daß sämtliche f_λ in einem unabgeschlossenen Kontinuum der $(u_1, \ldots, u_m)$ eindeutig definierte und stetige Funktionen seien, zweitens, daß $n > m$, drittens, daß sich aus den n Funktionen mindestens einmal m solche auswählen lassen, daß ihre <u>Funktionaldeterminante</u> in Beziehung auf $u_1, \ldots, u_m$ nicht identisch verschwindet. Wir setzen voraus, daß $x_1, \ldots, x_n$ sowie $u_1, \ldots$ $\ldots, u_m$ komplexe Größen seien, so daß wir uns auch durch das vorstehende System ein Gebilde (2m)-ter Stufe im Gebiete von 2n reellen Veränderlichen definiert denken können. Geben wir aber ausdrücklich an, daß wir unter unseren Variablen komplexe Veränderliche verstehen wollen, so können wir unsere frühere Ausdrucksweise beibehalten. Warum die angeführte Bedingung betreffs der Funktionaldeterminante erfüllt sein muß, ergibt sich aus dem, was wir bei den analogen, die Funktionen reeller Variablen betreffenden Untersuchungen ermittelt haben. Wenn dort nämlich $\xi_1, \ldots, \xi_\nu$ reelle und stetige Funktionen von μ reellen Veränderlichen $v_1, v_2, \ldots, v_\mu$ $(\nu > \mu)$ /sind/, so müßte, damit uns das System dieser Funktionen wirklich ein Gebilde μ-ter Stufe im Gebiete von ν Veränderlichen darstelle, mindestens eine der Funktionaldeterminanten μ-ter Ordnung $\gtrless 0$ sein. Es war dies deshalb erforderlich, damit nicht nur verschiedenen Wertsystemen der ν verschiedene Wertsysteme der ξ entsprechen, sondern auch durch die Angabe der Werte von μ der ξ die übrigen $\nu - \mu$ bestimmt würden. Für den

Fall, daß die Funktion differenzierbar war, war eben an jene Forderung betreffs der Funktionaldeterminante die Erfüllung dieser Forderung geknüpft. - Daß nun dieselbe Bedingung auch hier erfüllt sein
muß, würde sich einmal ergeben, indem man durch Trennung der reellen
und imaginären Teile sich ein Gebilde (2m)-ter Stufe im Gebiete von
2n Variablen herstellte und die Bedingungen dafür aufsuchte, daß man
es wirklich mit einem solchen zu tun habe; unmittelbar zeigt es sich
aber auf folgende Weise: Es sei gerade $(x_1, \ldots, x_m)$ ein System von
m jener n Funktionen, für welches die in Rede stehende Funktionaldeterminante nicht identisch $= 0$ ist. $(a_1, \ldots, a_m)$ sei eine Stelle,
wofür sie ebenfalls $\gtrless 0$ ist - denn für spezielle Wertsysteme konnte
sie ja verschwinden - , dann ist, wenn $(b_1, \ldots, b_n)$ $(a_1, \ldots, a_m)$
214 entspricht: [214]

$$x_\lambda - b_\lambda = \sum_{\mu=1}^{m} \left(\frac{\partial f_\lambda}{\partial u_\mu}\right)_{u_\mu = a_\mu} (u_\mu - a_\mu) + (\quad)_2 + \ldots \quad (\lambda = 1, 2, \ldots, n).$$

Sondern wir hiervon die m ersten Gleichungen ab, und setzen wir zur
Abkürzung $\left(\frac{\partial f_\lambda}{\partial u_\mu}\right)_{u_\mu = a_\mu} = A_{\lambda\mu}$, so kommt

$$x_1 - b_1 = A_{11}(u_1 - a_1) + A_{12}(u_2 - a_2) + \ldots + A_{1m}(u_m - a_m) + \ldots$$

$$x_2 - b_2 = A_{21}(u_1 - a_1) + A_{22}(u_2 - a_2) + \ldots + A_{2m}(u_m - a_m) + \ldots$$

$$\vdots \qquad\qquad \vdots \qquad\qquad \vdots \qquad\qquad \vdots$$

$$x_m - b_m = A_{m1}(u_1 - a_1) + A_{m2}(u_2 - a_2) + \ldots + A_{mm}(u_m - a_m) + \ldots$$

Aus diesem System kann man sich $u_\lambda - a_\lambda$ nur dann als Funktionen von
215 $x_\mu - b_\mu$ darstellen, wenn $|A_{\lambda\mu}| \gtrless 0$ $(\lambda = 1, \ldots, m)$; [215] diese Bedin-
gung ist aber hier erfüllt, und wenn sie erfüllt ist, ist es auch
stets möglich. Substituieren wir die so erhaltenen Potenzreihen in
die Ausdrücke für $x_{m+1}, \ldots, x_n$, so erhalten wir diese dargestellt
in Form von Potenzreihen von $x_1 - b_1, \ldots, x_m - b_m$. Führen wir jetzt die
Bezeichnung <u>"Element des Gebildes"</u> ein, indem wir darunter die ur-
216 sprüngliche Darstellung der n Größen x durch die m Funktionen f [216]
verstehen, so haben wir also jetzt den Satz gewonnen, daß wir, falls
nur die Funktionaldeterminante m-ter Ordnung in Beziehung auf die u_λ
nicht identisch verschwindet, beliebig viele Stellen unseres Gebildes
angeben können, deren Umgebung dadurch dargestellt wird, daß n - m
der n Größen $x_1, x_2, \ldots, x_n$ durch Potenzreihen der m übrigbleibenden ausgedrückt sind.

Wir wollen jetzt annehmen, daß alle Funktionaldeterminanten m-ter
Ordnung identisch verschwinden, daß aber unter jenen (m-1)-ter Ordnung mindestens eine nicht identisch $= 0$ sei. Alsdann kann man aus

den (m - 1) zugehörigen Gleichungen u_1-a_1, ..., u_{m-1}-a_{m-1} als Potenzreihen von x_1-b_1, ..., x_{m-1}-b_{m-1}, $u_m - a_m$ entnehmen; setzt man dies
in die n - m + 1 folgenden Gleichungen ein, so erhält man diese ausgedrückt durch Potenzreihen von x_1-b_1, ..., x_{m-1}-b_{m-1} und scheinbar
auch von u_m-a_m, aber genau so, wie wir es bei Funktionen reeller Variablen gesehen haben, beweist man auch hier, daß diese Abhängigkeit
nur eine scheinbare ist, eben weil die Funktionaldeterminante identisch = 0 ist. In der Tat enthält jener Beweis nichts, was nicht ohne
weiteres auf analytische Funktionen komplexer Variablen übertragbar
wäre. Hieraus geht also hervor, daß wir es in dem in Rede stehenden
Falle mit einem Gebilde von nur (m-1)-ter Stufe zu tun haben.

Wir wollen nun voraussetzen, daß wir in der Tat ein Gebilde m-ter
Stufe vor uns haben, daß also mindestens eine der Funktionaldeterminanten m-ter Ordnung nicht identisch = 0 sei, wodurch dem eben Auseinandergesetzten zufolge der Allgemeinheit kein Abbruch getan wird.
Dann können wir ohne weiteres einige der für Gebilde erster Stufe
geltenden Definitionen auf Gebilde höherer Stufe übertragen, zunächst
den Begriff der <u>Koinzidenz</u> zweier Elemente zweier Gebilde. Wir wollen
vorausschicken, daß ein und dasselbe Element eines Gebildes auf mannigfaltige Art ausgedrückt werden kann. Ist nämlich gegeben x_λ =
$f_\lambda(u_1,...,u_m)$ (λ = 1,...,n), so setzen wir u_λ = a_λ + t_λ (λ = 1,...
..., m); dadurch geht das System über in x_λ = $P_\lambda(t_1, ..., t_m)$ (λ =
1, 2, ..., n), wo $P_\lambda(0, 0, ..., 0)$ = b_λ ist, wenn b_λ = $f_\lambda(a_1,...,a_m)$.
Durch das neue Gleichungssystem wird das Element des Gebildes darge-
stellt, das die Stelle (a_1, ..., a_m) umgibt. Führen wir jetzt statt
der t neue Variable ein durch die Gleichungen:

$$t_\mu = \overline{P}_\mu(s_1,...,s_m) = c_{\mu 1}s_1 + c_{\mu 2}s_2 + ... + c_{\mu m}s_m + ...$$

$$(\mu = 1, 2, ..., m),$$

so erhalten wir, wenn wir dies in die früheren Gleichungen einsetzen,
das Element durch die Variablen s_μ ausgedrückt, und zwar stellt dann
das neue System in einer gewissen Umgebung von x_λ = b_λ (λ = 1,...,n)
das Gebilde dar, falls die c der Bedingung $|c_{\mu\mu'}| \gtrless 0$ (μ,μ' = 1,...,m)
genügen; denn dann und nur dann entspricht in einer gewissen Umgebung von
(t_1, ..., t_m) = 0 und (s_1, ..., s_m) = 0 einem Wertsystem der t eines
der s und umgekehrt. Beschränken wir uns also auf einen hinlänglich
kleinen Bereich in der Umgebung von (a_1, ..., a_m), so kann man das
betrachtete Element darstellen sowohl in der Form neuer Potenzreihen
von t wie auch von s, und das kann auf beliebig viele Weisen geschehen. Es seien nun zwei Gebilde gegeben:

$$x_\lambda = f_\lambda(u_1,...,u_m), \quad x_\lambda = \phi_\lambda(v_1,...,v_m), \quad (\lambda = 1, 2, ..., n);$$

wir wollen annehmen, daß diese in der Nähe von $(u_1, \ldots, u_m) =$
$(a_1, \ldots, a_m)$ und $(v_1, \ldots, v_m) = (a_1', \ldots, a_m')$ koinzidieren, d. h.
daß $f_\lambda(a_1, \ldots, a_m) = \phi_\lambda(a_1', \ldots, a_m')$ sei und daß sich auch zu jedem
Wertsystem der u , das in einer gewissen Umgebung von $(a_1, \ldots, a_m)$
liegt, ein Wertsystem der v in einer gewissen Umgebung der
$(a_1', \ldots, a_m')$ angeben läßt, das den ϕ_λ denselben Wert verleiht, wie
jenes Wertsystem den f_λ. Als Bedingung für das Stattfinden dieser Koinzidenz ergibt sich dann genau so wie früher, daß zwischen $u_1, \ldots, u_m$
und $v_1, \ldots, v_m$ die Beziehungen

$$u_\mu - a_\mu = c_{\mu 1}(v_1 - a_1') + \ldots + c_{\mu m}(v_m - a_m') + \ldots \qquad (\mu = 1, \ldots, m)$$

stattfinden müssen, wo $|c_{\mu\mu'}| \gtrless 0$ $(\mu, \mu' = 1, 2, \ldots, m)$, d.h., wenn
man diesen Gleichungen gemäß die u_μ in $x_\lambda = f_\lambda(u_1, \ldots, u_m)$ durch v_μ
ersetzt, so muß man dadurch identisch das System der Potenzreihen
erhalten, das man bekommt, indem man $x_\lambda = \phi_\lambda(v_1, \ldots, v_m)$ in der Umgebung von $(a_1', \ldots, a_m')$ entwickelt. Eine Schwierigkeit entsteht nur,
wenn an der Stelle $(a_1, \ldots, a_m)$ resp. $(a_1', \ldots, a_m')$ alle Funktionaldeterminanten m-ter Ordnung des Systems der $f_\lambda(u)$ resp. $\phi_\lambda(v)$ oder
sogar der beiden verschwinden sollten. Da aber die beiden Gebilde
nicht nur für die Stelle $(a_1, \ldots, a_m)$ resp. $(a_1', \ldots, a_m')$, sondern
auch an allen benachbarten zusammenfallen sollen, und da der Voraussetzung nach die Funktionaldeterminanten nicht identisch verschwinden sollen, so wird man immer in beliebiger Nähe der Stelle
$(a_1, \ldots, a_m)$ eine solche finden können, wofür die Funktionaldeterminanten der m-ten Ordnung des Systems der $f_\lambda(u)$ nicht sämtlich verschwinden und für die sich ein solches Wertsystem $(x_1, \ldots, x_n)$ ergibt, welches man auch erhalten kann, indem man in $x_\lambda = \phi_\lambda(v)$ den v
ein in der Nähe von $(a_1', \ldots, a_m')$ gelegenes Wertsystem beilegt, so
daß auch die zu diesem gehörigen Funktionaldeterminanten m-ter Ordnung nicht sämtlich verschwinden, ja, daß sogar in beiden Systemen
sich zwei nicht verschwindende Funktionaldeterminanten m-ter Ordnung
bestimmen lassen, die zu denselben m von den n /Veränderlichen/ x
gehören. Es folgt dies aus einem in der einleitenden funktionentheo-
retischen Vorlesung über Funktionen mehrerer Variablen bewiesenen
Satz. Nachdem dies nun festgestellt ist, ist die erwähnte Schwierigkeit vollkommen beseitigt und die allgemeine Gültigkeit unseres Theorems erwiesen, indem wir unserer Deduktion einfach statt der alten
die so verschobenen Stellen zu Grunde zu legen brauchen.

/Freitag,/ 30. 7. 1886

Aus der Bedingung, die wir im Vorstehenden für die Koinzidenz zweier
Gebilde in der Umgebung einer Stelle hergeleitet haben, folgt unmittelbar, daß man alle Elemente beider Gebilde aus einem einzigen eines
von ihnen ableiten kann, so daß wir es in Wirklichkeit nur mit einem
Gebilde zu tun haben. Denn da ein spezieller Fall der Substitution,
durch die, wie wir gesehen haben, zwei in der Umgebung einer gewissen
Stelle koinzidierende Gebilde auseinander erhalten werden können, die
Substitution $u_\lambda = a_\lambda + (u_\lambda - a_\lambda) = a_\lambda + s_\lambda$ ist, so folgt zunächst,
daß, wenn wir von der Umgebung irgendeiner Stelle $(a_1, \ldots, a_m)$ aus
die das erste Gebilde definierenden Funktionen $f_\lambda(u_1, \ldots, u_m)$ so
fortsetzen, wie es die vorstehende Substitution verlangt, wir stets
zu neuen Stellen gelangen, die dem Gebilde angehören, also auch auf
diese Weise zu der Stelle $(u_1', \ldots, u_m')$ gelangen müssen, wo die beiden Gebilde koinzidieren; das betreffende Element ist nun beiden Gebilden gemeinschaftlich, also alle Elemente, die wir durch Fortsetzung desselben erhalten können, sind als sowohl dem einen als auch
dem anderen Gebilde angehörig zu betrachten, d.h., beide Gebilde sind
in Wirklichkeit nur ein einziges Gebilde. Hieraus ergibt sich weiter,
daß wir die Gesamtheit der Stellen, die ein <u>monogenes Gebilde</u> ausmachen, aus einem einzigen Element durch Fortsetzung erhalten können,
so daß wir die Funktionen, durch die wir das Gebilde uns definiert
dachten, spezialisieren können in der Weise, daß wir sie uns in der
Form von in einem gewissen Bereich unbedingt konvergierenden Potenzreihen gegeben denken. Aus diesen leiten wir immer neue Elemente ab
durch Substitutionen von der Form

$$t_\lambda = a_\lambda + P_\lambda(s_1, \ldots, s_m) \qquad (\lambda = 1, 2, \ldots, m),$$

wo $P_\lambda(0, 0, \ldots, 0) = 0$ ist und

$$|P_{\lambda\mu}(0, 0, \ldots, 0)| \gtrless 0$$

sein muß, wenn

$$\frac{\partial P_\lambda}{\partial s_\mu} = P_{\lambda\mu}$$

ist.

Unter einem <u>unendlich fernen Element des Gebildes</u> verstehen wir die
Gesamtheit aller Stellen des Gebildes, die in der Umgebung einer Stelle liegen, wo mindestens eine der n Koordinaten $x_1, \ldots, x_n$ ∞ wird.
Es gelten für ein solches alle unsere Definitionen und Sätze unverän-
dert, wenn wir festsetzen, daß $x_\lambda - x_\lambda'$ durch $\frac{1}{x_\lambda}$ ersetzt werden soll,

11 Weierstraß, Kap.

wenn x'_λ unendlich groß ist.

Nachdem wir so ganz allgemein ein Gebilde m-ter Stufe im Größengebiet von n Veränderlichen definiert haben, handelt es sich nun darum, auf das Verhältnis derselben zueinander näher einzugehen, d.h. ihre gegenseitige Abhängigkeit darzustellen. Es fragt sich also, <u>welche von den n Veränderlichen können wir als unabhängige Variable ansehen?</u> Zunächst haben wir schon gesehen, daß, wenn wir es überhaupt mit einem Gebilde m-ter Stufe zu tun haben sollen, sich unter den jenes definierenden Funktionen mindestens m finden, deren Funktionaldeterminante m-ter Ordnung nicht identisch = 0 ist. $x_\lambda = c_\lambda + \phi_\lambda(\tau_1,\ldots,\tau_m)$ (λ = 1, ..., n) sei das System der Potenzreihen, die das Gebilde in der Umgebung der Stelle $(c_1, \ldots, c_n)$ darstellen, und zwar sei dasselbe so gewählt, daß für $\tau_1 = \tau_2 = \ldots = \tau_m = 0$ die Funktionaldeterminante der ersten m Funktionen nicht verschwindet; dann - da dies nur eine Sache der Bezeichnung ist - können wir ohne Beschränkung der Allgemeinheit voraussetzen, daß die Funktionaldeterminante m-ter Ordnung der ersten m Funktionen nicht identisch verschwinde. Demnach können wir uns den ersten m Gleichungen $\tau_1, \ldots, \tau_m$ in der Form von Potenzreihen der m Größen x_1-c_1, x_2-c_2, $\ldots$, x_m-c_m entnehmen, und wenn wir alsdann diese Ausdrücke für die Größen $\tau_1, \ldots, \tau_m$ in die letzten n - m Gleichungen einsetzen, so erhalten wir $x_{m+1}, \ldots, x_n$ als Potenzreihen von $x_1-c_1, \ldots, x_m-c_m$. Dann ist doch klar, daß wir innerhalb gewisser Grenzen $x_1, \ldots, x_m$ willkürlich annehmen dürfen. Ist nämlich $(c_1, \ldots, c_n)$ eine Stelle des Gebildes, deren Umgebung wir durch n-m Potenzreihen der m Größen $x_1-c_1, \ldots, x_m-c_m$ darstellen können, so sagen wir, daß sich in der Nähe von dieser Stelle $x_1, x_2, \ldots, x_m$ unabhängig ändern können. Wir können somit $x_1, \ldots, x_m$ in diesem Falle als <u>unabhängige Veränderliche</u> ansehen. Ist diese Auffassung für keine Stelle des Gebildes möglich, so müssen notwendig alle Funktionaldeterminanten m-ter Ordnung identisch verschwinden. Ist dies nicht der Fall, so hat man zunächst, um in der Umgebung einer Stelle das Funktionensystem darzustellen, diejenigen der n Größen aufzusuchen, die sich in der Umgebung dieser Stelle unabhängig ändern können, was wesentlich von den Funktionaldeterminanten abhängt. Es seien nun $x_1,\ldots$ $\ldots, x_m$ die Variablen, die sich in der Umgebung der betreffenden Stelle auf diese Weise als unabhängig veränderlich herausgestellt haben. Fassen wir jetzt sämtliche Stellen des Gebildes ins Auge, wo $x_1, \ldots$ $\ldots, x_m$ vorgeschriebene Werte haben, so kann es nur eine oder mehrere oder gar unendlich viele Stellen des Gebildes geben, wo $x_1,\ldots,x_m$ eben diese Werte haben. Wie dem aber auch sei, fest steht jetzt, was es heißt, $x_{m+1}, \ldots, x_n$ als Funktionen von $x_1, \ldots, x_m$ zu betrachten. Daß man <u>nicht immer m beliebige</u> der n Veränderlichen <u>als unabhängige</u>

<u>Variable ansehen</u> kann, erkennt man schon aus den einfachsten geome-
trischen Beispielen. Bei den Gebilden erster Stufe im Gebiet von zwei
Größen (Linien) sind die Verhältnisse zu einfach, als daß wir auf sie
einzugehen brauchten; aber schon im Größengebiet von drei Dimensionen
treten bei den Flächen (zweistufigen Gebilden) und Raumkurven (ein-
stufigen Gebilden) Verhältnisse auf, die recht gute Beispiele für das
im Vorstehenden Auseinandergesetzte abgeben. Wenn z.B. eine Gerade
auf einer Fläche liegt, die bei der getroffenen Wahl des Koordinaten-
systems parallel der z-Achse ist, so gehören zu den Werten von x und
y, die dem Schnittpunkt dieser Geraden mit der (xy)-Ebene entsprechen,
unendlich viele, stetig sich aneinanderschließende Werte von z, in
einem solchen Falle wird man nicht z in der Umgebung dieses bestimmten (x'y') als Potenzreihe von x-x', y-y' darstellen können; ebensowenig wird man bei einer Raumkurve eine Koordinate als unabhängige
Variable wählen können, die bei der getroffenen Wahl des Koordinaten-
systems konstant ist.

/Sonnabend,/ 31. 7. 1886

Nach diesem Exkurs kehren wir wieder zu unserem Gegenstand zurück.
Zunächst ist noch eine Lücke auszufüllen, die in den obigen Betrachtungen geblieben ist. Denn wenn auch in der Form, wie das Gebilde ursprünglich definiert war, vorausgesetzt werden konnte, daß die Funktionaldeterminanten m-ter Ordnung nicht sämtlich identisch verschwinden, so könnte es doch eintreten, daß diese Forderung bei einem Elemente, das aus dem ursprünglichen durch Fortsetzung abgeleitet ist,
nicht mehr erfüllt ist. Über dieses Bedenken hilft uns aber sofort
<u>ein Satz aus den Elementen der Determinantentheorie</u> hinweg. Denn aus
diesen ist bekannt, daß, wenn man statt der m alten Variablen m neue
einführt, die Funktionaldeterminante m-ter Ordnung in bezug auf die
neuen unabhängigen Variablen gleich dem Produkte der alten Funktio-
naldeterminance in die /d.h.: mit der/ Funktionaldeterminante der alten unabhängigen Variablen in bezug auf die neuen ist; 218 nun ist   **218**
aber die Möglichkeit, daß wir durch eine Substitution neuer Variablen
in unserem alten Gebilde verbleiben, an die Forderung geknüpft, daß
die letztere Funktionaldeterminante nicht identisch gleich Null ist
(ja, sie darf nicht einmal = 0 sein für die Nullwerte der neuen Variablen); da nun ferner die ursprüngliche Funktionaldeterminante jedenfalls nicht identisch verschwindet in dem Elemente, wodurch das
Gebilde überhaupt definiert ist, so folgt unter Zuziehung des soeben
Angeführten, daß sie auch nicht identisch verschwinden könne bei al-

len Elementen, die aus dem ursprünglichen durch Fortsetzung erhalten werden können. Hieraus folgt, daß sich diejenigen der Größen x_1, x_2, ..., x_n, die sich aus der Betrachtung eines Elementes des Gebildes als mögliche unabhängige Variable ergeben, aus der Betrachtung jedes anderen Elementes als möglich ergeben müssen. Es seien die unabhängigen Variablen wieder mit x_1, x_2, ..., x_m bezeichnet; dann bilden x_1, ..., x_m ein <u>Kontinuum, aber nicht ein solches, wie wir früher erklärt</u> 219 <u>haben</u>,[219] wie es z.B. t_1, ..., t_m bilden. Diese haben wir uns gedacht als in dem Gebiete von m komplexen Größen einem unabgeschlossenen Kontinuum angehörig, ein Kontinuum, das dadurch charakterisiert war, daß <u>jede Stelle nur einmal gezählt wurde</u> und alle Stellen, die in der Umgebung einer Stelle des Kontinuums liegen, ebenfalls diesem angehören. Hier kann es nun vorkommen, daß zu mehreren Wertsystemen der $(t_1, ..., t_m)$ nur ein Wertsystem der $(x_1, ..., x_m)$ gehört; denn dies ist es ja gerade, was die Mehrdeutigkeit hervorruft, indem an verschiedenen Stellen des Gebildes, d.h. wo $(t_1, ..., t_m)$ verschiedene Werte haben, $x_1, ..., x_m$ dieselben, aber $x_{m+1}, ..., x_n$ verschiedene Werte haben, so daß das Funktionensystem $(x_{m+1}, ..., x_n)$ als Funktion von $(x_1, ..., x_m)$ betrachtet, mehrdeutig ist. Im Größengebiet zweier veränderlicher Größen (x_1, x_2), wo es sich also nur um Gebilde erster Stufe handeln kann, hat man die Sache <u>anschaulich zu machen</u> <u>gesucht</u>. Man denke sich zunächst x_1 durch eine komplexe Zahlenebene geometrisch repräsentiert, denke sich auf dieser alle x_1-Punkte dargestellt, die in dem Gebilde überhaupt vorkommen; diese bestimmen in der Konstruktionsebene eine Fläche, die so beschaffen sein kann, daß sie durch ein und denselben Punkt mehrmals hindurchgeht. Wird z.B. das Gebilde definiert durch die Gleichungen $x_1 = t^2$, $x_2 = \phi(t)$, wo $\phi(t)$ eine rationale Funktion von t sein mag, so wird derselbe Wert von x_1 durch t und $-t$ hervorgebracht, während verschiedene Werte von x_2 im allgemeinen zu ihm gehören werden; daher ist in diesem Falle jeder Punkt x_1 mit Ausnahme des zu $t = 0$ gehörigen Punktes $x_1 = 0$ doppelt zu nehmen. So erhält man also als die Gesamtheit der dem Gebilde angehörigen Punkte x_1 eine die x_1-Ebene <u>doppelt bedeckende Flä-</u> <u>che</u>. An und für sich hätte nun die Betrachtung solcher Flächen geringe Bedeutung; einen gewissen Vorteil gewährt sie insofern, als man alsdann x_2 als eindeutige Funktion der Punkte dieser Doppelebene betrachten kann, indem man jeden Punkt der x_1-Fläche doppelt zählt, insofern er zu den Werten t und $-t$ gehört; und da zu einem t immer nur ein x_2 gehört, so gehört dann auch zu jedem der beiden Punkte die man sich in x_1 vereinigt denkt, nur ein x_2, d.h., x_2 ist in der Tat eine eindeutige Funktion der Punkte unserer Doppelfläche. E s   i s t d i e s   e i n e   A n s c h a u u n g s w e i s e ,   d i e   i n

v i e l e n   F ä l l e n   s e h r   b r a u c h b a r   i s t ,
a b e r   k e i n e s w e g s   z u r   B e g r ü n d u n g   d e r
F u n k t i o n e n t h e o r i e   n o t w e n d i g . Es ist nun
nicht anders, wenn es sich um Gebilde in höheren Mannigfaltigkeiten
handelt; z.B. haben wir es mit einem Gebilde zweiter Stufe in einer
dreifachen Mannigfaltigkeit zu tun, so werden (x_1,x_2) in der Regel
nicht ein nur einmal zu zählendes Kontinuum einer zweifachen Mannigfaltigkeit bilden, sondern sie werden dem Gebilde insofern mehrfach
angehören, als es zu diesem (x_1,x_2) verschiedene x_3 gibt. Hier <u>reicht</u>
nun schon die <u>geometrische Vorstellungskraft nicht mehr aus</u>; denn
(x_1,x_2) bilden, wenn man sich die reellen und die imaginären Teile
sondert, eine vierfache Mannigfaltigkeit. Aber man sieht, daß die
analytische Darstellung vollkommen ausreicht.

Wir haben nun schon oben darauf hingewiesen, wie wichtig es ist, diejenigen Werte x_{m+1}, ..., x_n, die zu einem System $(x_1$, ..., $x_m)$ gehören, richtig anzuordnen. Denken wir uns gesetzt:

$$x_1 = \mathrm{Rat}(t_1,t_2), \quad x_2 = \mathrm{Rat}'(t_1,t_2), \quad x_3 = \mathrm{Rat}''(t_1,t_2),$$

so haben wir ein Gebilde, wo x_1 und x_2 unbeschränkt veränderlich sind,
x_3 aber eine mehrdeutige Funktion von x_1 und x_2 ist. Somit ist es ein
Gebilde, zu dem die gesamte zweifache Mannigfaltigkeit der x_1, x_2 gehört. Zu dem vorstehenden System werde nun hinzugefügt die Gleichung
$x_4 = \phi(t_1)$, so daß wir es jetzt mit einem Gebilde zweiter Stufe im
Gebiete von vier Veränderlichen zu tun haben. $\phi(t_1)$ sei eine eindeutige Funktion von t_1, von der Art, wie wir sie früher einmal charakterisiert haben; [220] sie sei nämlich auf das Innere eines Kreises in   220
der t_1-Ebene beschränkt; in dem neuen Gebilde darf man dann dem t_1
auch in den Ausdrücken für x_1, x_2, x_3 nur die Werte beilegen, die dem
Innern dieses Kreises angehören, so daß also x_1 und x_2 nicht mehr alle Werte annehmen können, also nicht mehr unbeschränkt veränderlich
sind, und es gehören nicht mehr alle (x_1,x_2,x_3), die früher dem Gebilde zweiter Stufe im Gebiete dieser drei Veränderlichen angehörten,
dem Gebilde zweiter Stufe im Gebiete der (x_1,x_2,x_3,x_4) an. Es sind
dies Umstände, die man früher gar nicht beachtet hat, sei es, daß man
Funktionen der eben gekennzeichneten Art nicht kannte, sei es, daß
man sie nur für Ausnahmefälle hielt. Dies ist nun keineswegs der Fall;
es ist besonders neuerdings durch die Untersuchungen des Herrn POIN-
CARÉ hervorgetreten. Diese beziehen sich auf <u>lineare Differentialglei-</u>
<u>chungen mit algebraischen Koeffizienten</u>. [221] Denkt man sich den Wert   221
y für einen bestimmten Wert von x und ebenso sämtliche Ableitungen
bis zur (n-1)-ten für eben jenen Spezialwert von x vorgeschrieben, so
ist dadurch aus jener linearen Differentialgleichung n-ter Ordnung y

als Funktion von x völlig bestimmt. POINCARÉ zeigt nun, daß sich die
genannte Differentialgleichung auch befriedigen läßt, indem man x =
$f_1(t)$, y = $f_2(t)$ setzt, wo $f_1(t)$ und $f_2(t)$ zwei eindeutige Funktionen
222 einer <u>Hilfsvariablen</u> t sind, und zwar <u>absolut eindeutig</u> [222] in dem
früher erklärten Sinne. Diese Funktionen $f_1(t)$ und $f_2(t)$ sind nun
solche, die wir oben im Auge gehabt haben, d.h., sie sind nicht für
jeden Wert von t definiert, sondern existieren nur für einen gewissen
Bereich der Variablen. Mit anderen Worten: Die in Rede stehende Differentialgleichung definiert ein Gebilde der oben charakterisierten
Art. Herr POINCARÉ geht - wie wir schon oben einmal zu erwähnen Gelegenheit gehabt haben - sogar noch weiter, indem er zu beweisen
sucht (indes scheint uns seine Begründung bislang noch nicht über jeden Einwand erhaben), daß sich j e d e funktionale Abhängigkeit
zwischen x und y durch ein Gebilde x = $f_1(t)$, y = $f_2(t)$ darstellen
läßt, wo $f_1(t)$ und $f_2(t)$ solche absolut eindeutigen Funktionen sind.
Bewahrheitet sich POINCARÉs Satz, so hätte man in der Tat eine außerordentlich einfache Definition des Gebildes, indem man überhaupt nur
absolut eindeutige Funktionen zu definieren brauchte, d.h. durch Potenzreihen ohne singuläre Elemente. Was speziell algebraische Gleichungen anlangt, so behauptet POINCARÉ, daß hier $f_1(t)$ und $f_2(t)$ solche Funktionen sind, die bei /gebrochen/ linearen Transformationen
223 $\frac{\alpha t + \beta}{\gamma t + \delta}$ ungeändert bleiben. [223] Um solches nun zeigen zu können, muß
er spezielle Werte von x ausschließen (y als Funktion von x betrach-
tet), nämlich die singulären Werte von x. Er betrachtet also nur sol-
che Stellen, in deren Umgebung $y - y_0 = P(x|x_0)$ ist, und er richtet
es so ein, daß die Grenzstellen der Funktionen $f_1(t)$ und $f_2(t)$ mit
den singulären Werten von x koinzidieren. So z.B. erhält er für das
Gebiet von t einen Kreis, in dessen Innern nur $f_1(t)$ und $f_2(t)$ existieren, wohingegen sie auf seiner Peripherie keine Bedeutung mehr
haben. Insofern wird also das Gebilde nicht vollständig durch jenes
Funktionenpaar dargestellt. Daß dies auch gar nicht der Fall sein
kann, wird schon folgende Überlegung zeigen: Betrachten wir x als
Funktion von y, so sind hier andere singuläre Stellen y vorhanden als
solche, die den bei der früheren Auffassung singulären Stellen x ent-
224 sprechen. [224] Das ist also eine Inkonvenienz, die beseitigt werden
muß. Es wäre weiter zu untersuchen, ob der Poincarésche Satz an die
225 oben gekennzeichneten bestimmten Funktionen geknüpft ist; [225] man
hätte alsdann eine allgemeinere Definition und eine größere Freiheit
betreffs der auszuschließenden Wertepaare; in diesem Falle wäre das
in Rede stehende Theorem sehr fruchtbar. Die Frage ist also keineswegs als erledigt zu betrachten; in jedem Falle aber zeigen die Untersuchungen des Herrn POINCARÉ - und dies ist es ja gerade, was uns

auf den in Rede stehenden Gegenstand geführt hat -, wie man im Verfolg analytischer Untersuchungen auf die Betrachtung solcher nicht
für den ganzen Bereich der Variablen definierten Funktionen mit Notwendigkeit geführt wird. Man erkennt zugleich, wie wichtig es ist,
schon die Theorie der eindeutigen Funktionen bis in die kleinsten Details auszubilden. Bei dieser Gelegenheit sei es uns gestattet, noch
einmal den Begriff der eindeutigen Funktion von mehreren, sagen wir
m unabhängigen Veränderlichen, zu definieren. Ist ein Gebilde m-ter
Stufe im Gebiete von m + 1 Veränderlichen so beschaffen, daß die ersten m Koordinaten $(x_1, x_2, \ldots, x_m)$ einen und denselben Wert nur an
einer Stelle $(x_1, \ldots, x_m, x_{m+1})$ des Gebildes annehmen, so nennen wir
x_{m+1} eine eindeutige Funktion der Variablen $x_1, \ldots, x_m$. Hierbei hat
sich nun der Begriff der singulären Stelle als für die ganze Theorie
von der größten Bedeutung herausgestellt. [226] Zunächst bezeichnen wir [226]
nämlich solche Stellen als regulär, in deren Nähe sich - wenn wir
jetzt wieder der Einfachheit halber m = 1 annehmen - y als gewöhnliche Potenzreihe von x - a darstellen läßt; hierbei ist eingeschlos-
sen der Fall, wo a = ∞ ist, wenn man x - a durch $\frac{1}{x}$ ersetzt. Nun ist
klar, daß die Gesamtheit der regulären Stellen ein Kontinuum bildet
und daß dieses notwendig begrenzt ist. (Vgl. Weierstraß, Abhandlungen zur Funktionenlehre. Berlin: Springer 1886.I). [227] In der bezeich- [227]
neten Abhandlung ist ausdrücklich gezeigt, daß, wenn man von einer
Größe, die anscheinend von einer Größe x abhängig ist, nachweisen
kann, daß sie überall definiert ist, also überall [228] regulär sich   [228]
verhält, dieselbe konstant ist. Daraus folgt, daß es für jede wirkliche Funktion singuläre Stellen geben muß, und dies sind eben die
Grenzen des Kontinuums, innerhalb dessen x unbeschränkt veränderlich
ist. Es sei nun a' ein Punkt, welcher der Grenze eines solchen Kontinuums angehört; alsdann kann zweierlei eintreten: Entweder läßt sich
die Funktion durch Multiplikation mit einer positiven Potenz $(x - a')^n$
in eine solche verwandeln, die sich in der Nähe von a' regulär verhält, dann ist sie in der Nähe von a' darstellbar in der Form
$\frac{1}{(x - a')^n} P(x - a')$, solche Stellen a' bezeichnen wir als außerwesentlich singuläre Stellen, weil die Singularität durch eine einfache Operation weggeschafft werden kann; und man faßt die Gesamtheit der Stellen, an denen sich die Funktion regulär verhält, und die Gesamtheit
der außerwesentlich singulären Stellen in eines zusammen. Man beweist
von letzteren, daß sich in ihrer Nähe die Funktion verhält wie eine
rationale Funktion und daß sie nie eine kontinuierliche Folge bilden
können, [229] und man beweist ferner, daß, wenn eine eindeutige Funktion [229]
nur außerwesentlich singuläre Stellen hat, [230] sie notwendig ratio- [230]
nal ist.

Der zweite Fall ist also, daß a' <u>eine wesentlich singuläre Stelle</u>
ist. Zunächst folgt aus dem eben angeführten Satze, daß jede eindeutige, nicht rationale Funktion notwendig wesentlich singuläre Stellen besitzen muß. Es sind das die Grenzstellen desjenigen Gebietes,
innerhalb dessen sich die Funktion wie eine rationale verhält. Sobald
die Funktion transzendent, also n i c h t rational, aber eindeutig
231 ist, muß es solche notwendig geben. [231] Ist a eine solche Stelle, so
gibt es zwar in jeder Nähe von ihr Stellen, wo sich die Funktion regulär verhält, also durch eine Potenzreihe dargestellt werden kann,
aber in der Umgebung von a läßt sich die Funktion weder als Potenz-
232 reihe von x - a darstellen noch auch als Quotient einer solchen. [232]
Die Anzahl und die Art der Verteilung der wesentlich singulären Stel-
233 len liefert nun ein <u>wichtiges Einteilungsprinzip</u> [233] der eindeutigen
<u>transzendenten analytischen Funktionen</u>. Wir können z.B. als eine Klas-
se diejenigen betrachten, für welche die wesentlich singulären Stellen dieselben sind. Eine wie große Mannigfaltigkeit in der Anzahl und
Verteilung der wesentlich singulären Punkte schon bei den eindeutigen
Funktionen möglich ist, ist erst in der neuesten Zeit erkannt worden.
Bei den gewöhnlichen Funktionen, die man lange Zeit in der Analysis
betrachtet hat, war die Anzahl der wesentlich singulären Stellen in
der Regel eine endliche, oder, wenn sie unendlich groß war, bildeten
234 sie eine <u>diskrete Mannigfaltigkeit</u>; [234] neuerdings erst hat man Funktionen kennengelernt, wo sie kontinuierliche Folgen bilden, also z.B.
Linien; ja sogar hat man Funktionen teils schon vorgefunden, teils
hergestellt, wo das ganze Gebiet der Variablen durch die wesentlich
singulären Stellen in Teile zerlegt wird, indem man von einem Punkt
x_o zu einem anderen x_1 auf einem stetigen Wege gelangen kann, wenn
beide demselben Teile angehören, oder auch nicht, indem man notwendig
einen singulären Punkt dazu passieren müßte, und die Gesamtheit der
letzteren Klasse bildet dann wieder ein Kontinuum und konstituiert
einen zweiten Teil des Gebildes.

Also: Das Gebiet der Variablen x, in welchem sich die Funktion wie
235 eine rationale, eindeutige verhält, [235] besteht entweder aus der ganzen Ebene, dann haben wir es mit einer rationalen Funktion zu tun;
oder es kann das Gebiet bestehen aus der ganzen Ebene mit Ausschluß
einzelner Punkte oder aber aus der ganzen Ebene mit Ausschluß einzelner Punkte und Linien oder endlich, es kann dargestellt werden, durch
die Ebene mit Ausschluß ganzer Stücke derselben. Grenzen wir irgendein Stück der Ebene ab, so kann dieses immer den Bereich einer bestimmten eindeutigen Funktion darstellen in der Art, daß diese für
keinen Punkt außerhalb desselben definiert ist. Die allgemeinste Begrenzung einer Figur in der Ebene erhält man offenbar, wenn man in

der Ebene irgendein Punktsystem, das aus einer endlichen oder unendlichen Anzahl von Individuen besteht, annimmt, ebenso dann Linien in
endlicher oder unendlicher Zahl. Nehmen wir nun dann irgendeinen Punkt
an, der nicht zu den angeführten gehört, so ist von jedem anderen
Punkt x_1 bestimmt, ob er mit x_0 verbunden werden kann durch eine Linie, die durch keinen der ausgeschlossenen Punkte geht, oder ob dies
nicht möglich ist. Ein jedes so begrenzte Stück der Ebene kann dann
wirklich den Bereich einer eindeutigen Funktion darstellen. [236] -   [236]
Bei eindeutigen Funktionen mehrerer Veränderlichen behalten dieselben
Begriffe Geltung. (Vgl. die Abhandlung: "Einige Sätze zur Theorie der
eindeutigen Funktionen mehrerer Veränderlichen", die ebenfalls in den
gesammelten Abhandlungen reproduziert ist.) [237]   [237]

Wenn wir ein Gebilde m-ter Stufe im Gebiete einer n-fachen Mannigfaltigkeit definieren, dadurch daß wir x_1, x_2, ..., x_n gleich n Potenzreihen von m Veränderlichen t_1, t_2, ..., t_m setzen, so können wir
durch Hinzufügen von n' Potenzreihen x_{n+1}, ..., $x_{n+n'}$ eben dieser
Größen ein Gebilde m-ter Stufe im Gebiete einer (n+n')-fachen Mannigfaltigkeit definieren; alsdann wird aber, wie schon oben des weiteren
ausgeführt, das Gebiet der unabhängigen Veränderlichen, als die wir
wieder x_1, ..., x_m voraussetzen wollen, im allgemeinen in dem neuen
Gebilde nicht mehr dasselbe sein, wie in dem alten. Um so bemerkens-
werter sind die Fälle, wo man a priori beweisen kann, daß durch Hin-
zuziehung neuer Veränderlichen der Spielraum der unabhängigen Variablen nicht geändert wird. Hierbei kommt insbesondere der Fall in Betracht, wo die neuen Variablen, nachdem x_1, ..., x_m als unabhängige
Variable festgestellt sind, partielle Ableitungen von x_{m+1}, ..., x_n
in bezug auf irgendwelche dieser Variablen sind. Ableitungen aller
Ordnungen existieren nur an solchen Stellen, in deren Umgebung sich
die betreffende Funktion als Potenzreihe von x_1-a_1, x_2-a_2, ..., x_m-a_m
darstellen läßt; will man daher die Ableitungen eines Funktionensystems definieren, so muß man von irgendwelchen regulären Elementen
des Gebildes ausgehen. Sind uns nun ohne weiteres x_{m+1}, ..., x_n als
Potenzreihen von x_1, ..., x_m gegeben, so kann man die Ableitungen
durch gliedweise Differentiation erhalten; es gilt dann der Satz, daß
die differenzierten Potenzreihen in demselben Bereich der unabhängigen Variablen gelten als die ursprünglichen. Ist uns aber das Funktionensystem nur durch das Gebilde definiert, so kann man folgender-
maßen verfahren: Es sei also $x_\lambda = f_\lambda(t_1,...,t_m)$ $(\lambda = 1, ..., n)$, wo
die f_λ Potenzreihen seien. x_1, x_2, ..., x_m seien die unabhängigen Variablen. Hieraus folgt:

$$dx_\lambda = \sum_{\mu=1}^{m} \frac{\partial f_\lambda}{\partial t_\mu} dt_\mu \quad (\lambda = 1, ..., n).$$

Da $\left|\dfrac{\partial f_\lambda}{\partial t_\mu}\right| \gtrless 0$ ist ($\lambda, \mu = 1, \ldots, m$), so können wir aus den ersten m Gleichungen $dt_1, \ldots, dt_m$ als Funktionen von dx_λ ($\lambda = 1, 2, \ldots, m$) entnehmen und erhalten, wenn wir dies in die letzten n - m Gleichunten einsetzen:

$$dx_{m+\nu} = \sum_{\mu=1}^{m} \phi_{\nu\mu}(t_1,\ldots,t_m)dx_\mu \qquad (\nu = 1, 2, \ldots, n-m).$$

Aus dieser Gleichung ersieht man, daß

$$\frac{\partial x_{m+\nu}}{x_\mu} = \phi_{\nu\mu}(t_1, \ldots, t_m) \qquad (\nu = 1, 2, \ldots, n-m; \ \mu = 1, \ldots, m)$$

ist. Alle diese Ableitungen können wir unserem Gebilde hinzufügen. Da im Nenner von $\phi_{\nu\mu}$ die nicht verschwindende Funktionaldeterminante $\left|\dfrac{\partial f_\lambda}{\partial t_\mu}\right|$ auftritt, so kann man auch $\phi_{\nu\mu}$ wieder als Potenzreihe von t_1, $\ldots, t_m$ darstellen; man sieht daraus, daß durch die Hinzufügung der neuen Elemente der Gültigkeitsbereich von ($x_1, \ldots, x_m$) nicht alteriert wird. Durch die Angabe eines bestimmten Wertsystemes ($x_1, \ldots \ldots, x_m$) wird also den Größen ($x_1, x_2, \ldots, x_n$) ein ganz bestimmtes Wertsystem der partiellen Ableitungen nach $x_1, \ldots, x_m$ zugeordnet. Es gilt dies natürlich auch für die Ableitungen höherer Ordnung; immer erhält man sie durch Potenzreihen von $t_1, \ldots, t_m$ dargestellt, die denselben Geltungsbereich wie die ursprünglichen haben, so daß also auch $x_1. \ldots, x_m$ in demselben Bereich sich unbeschränkt ändern.

$\lfloor$Dienstag,$\rfloor$ 3. 8. 1886

Schluß

Zum Schluß der vorstehenden Erörterungen wollen wir noch auf einige allgemeinere Punkte eingehen. Zunächst wollen wir noch einiges über unsere Fassung des Begriffs der <u>Monogeneität</u> hinzusetzen. Den Namen haben wir von CAUCHY entlehnt, der, wie schon oben einmal bemerkt, einen ganz andern Begriff damit verbindet. CAUCHY bezeichnet als <u>monogen</u> jede komplexe Funktion von x und y, welche die Eigenschaft hat, als Funktion des neuen Arguments x + iy dargestellt werden zu können [238] und eine Ableitung zu besitzen. Es liegt nun kein Grund vor, eine so allgemeine Klasse von Funktionen durch einen besonderen Namen auszuzeichnen. Dagegen bezeichnet der Name sehr gut den Begriff, den <u>wir</u> mit dem Worte verbinden, indem er ausdrückt, daß das Gebilde resp. die Funktion <u>aus einer Quelle</u> abgeleitet werden kann, indem durch die

Kenntnis eines einzigen Elementes der Funktion resp. des Gebildes
dieselbe resp. dasselbe in ihrer ganzen Totalität vollständig bestimmt
sind. Nun kann man aber fragen: Worin liegt eigentlich der Grund, daß
man gerade eine bestimmte Stelle zum Gebilde rechnet? [239] Darauf kann
man nun zunächst mit GAUSS antworten, daß man nicht fragen müsse,
w i e man verfahren müsse, sondern wie es aus allgemeinen wissenschaftlichen Gründen zweckmäßig sei, zu verfahren. Aber wir wollen
der Sache genauer auf den Grund gehen und eine Eigenschaft ins Auge
fassen, die ein monogenes Gebilde vor anderen Gebilden auszeichnet.
Solange man nur von Funktionen reeller Variablen handelte, war kein
Grund vorhanden, den in Rede stehenden Begriff einzuführen; in der
Tat haben wir erkannt, daß man ganz verschieden definierte Funktionen
reeller Variablen unter einem analytischen Ausdruck zusammenfassen
konnte, und derartige Funktionen liefert uns besonders die <u>mathemati-
sche Physik</u>, selbst wenn wir nur stetige Funktionen betrachten. Deswegen ist es, solange man sich auf Funktionen reeller Veränderlichen
beschränkt, auch unmöglich, aus Eigenschaften, welche die Funktion
in einem gewissen Bereich des oder der Argumente besitzt, auf Eigenschaften zu schließen, die ihr außerhalb desselben zukommen. Gleichwohl ist es, wovon wir im ersten Abschnitt unserer Untersuchungen
ausführlich gehandelt haben, für solche sogenannten willkürlichen
Funktionen, von denen man weiter nichts weiß, als daß jedem Wert des
Arguments ein bestimmter Wert der Funktion entspricht und daß sie
sich stetig mit dem Argument ändert, analytische Ausdrücke aufzustellen möglich, die sie in ihrer Totalität darstellen. Aber von einer
Fortsetzung oder dgl. kann hier die Rede nicht sein. Ganz anders verhält es sich nun mit Funktionen komplexer Veränderlichen, vorausgesetzt, daß man sich nur mit solchen beschäftigt, die durch ein monogenes Gebilde definiert sind. Wir wollen von einer <u>algebraischen Glei-
chung</u> ausgehen. In der Algebra wird gezeigt, daß durch eine <u>irreduk-
tible Gleichung ein monogenes Gebilde</u> als Gesamtheit derjenigen Wertepaare (x,y) definiert wird, /die/ dieser Gleichung genügen. Nehmen wir
dagegen eine <u>reduktible Gleichung</u> an, so werden durch sie <u>verschie-
dene monogene Gebilde</u> definiert. [240] Es sei nun die Gleichung zwischen
x und y irreduktibel; ist dann (a,b) ein Wertepaar, das der Gleichung
genügt, so beweist man, daß man alle Stellen in der Nähe von (a,b),
die gleichfalls der Gleichung genügen, erhalten kann, indem man x
gleich einer Potenzreihe einer Größe t setzt, die für t = 0 in a übergeht, und y gleich einer Potenzreihe derselben Größe, die für t = 0
in b übergeht. In gewissen Fällen brauchen wir mehr als ein Potenzrei-
henpaar, um sämtliche in der Nähe von (a,b) gelegenen Wertepaare darzustellen, welche der Gleichung genügen, stets aber beweist man, daß

ihre Zahl endlich ist. Setzt man das Funktionenpaar in die Gleichung
ein, so wird letztere dadurch identisch befriedigt, und mit Hilfe
der elementarsten Sätze über Potenzreihen beweist man, daß jedes
Funktionenpaar, welches aus dem ersten durch Fortsetzung erhalten
werden kann, die Gleichung ebenfalls zu einer identischen macht. Man
sieht also, daß durch die algebraische Gleichung eines oder mehrere
Gebilde definiert werden, die in unserem Sinne monogen sind; ist die
Gleichung irreduktibel, so läßt sich zeigen, daß sie nur ein einziges Gebilde definiert und daß dieses wirklich alle Stellen liefert,
die der algebraischen Gleichung genügen. Es ist sehr zweckmäßig, den
Begriff der Monogeneität zuerst an solchen algebraischen Beispielen
deutlich zu machen. Es gilt dieses <u>auch noch für Gleichungen mit meh-</u>
241 <u>reren Variablen.</u> [241] Bei einer einzigen Gleichung zwischen n Variablen läßt sich der Begriff der Irreduktibilität noch sehr einfach
feststellen; es läßt sich ebenfalls beweisen, daß man nur ein einziges Element zu kennen braucht, um daraus alle übrigen ableiten zu
können. Liegt nämlich eine solche Gleichung vor und ist $(a_1, a_2, \ldots$
$\ldots, a_n)$ ein Wertsystem, das ihr genügt, so erhält man alle in der
Nähe dieser Stelle die Gleichung befriedigenden Wertsysteme, indem
man $x_1, \ldots, x_n$ als Potenzreihen von n - 1 Variablen $t_1, \ldots, t_{n-1}$
ausdrückt, die für $t_1 = \cdots t_{n-1} = 0$ resp. in $a_1, \ldots, a_n$ übergehen.
Da läßt sich nun mit Leichtigkeit beweisen, daß, wenn man aus dem System dieser Potenzreihen neue ableitet, diese in die gegebene Gleichung eingesetzt dieselbe ebenfalls zu einer Identität machen. Schwe-
rer ist es aber zu beweisen, daß man auf diese Weise a l l e Stellen des durch die ursprüngliche Gleichung definierten Gebildes erhält, daß also beide Gebilde, das eben genannte und das durch Fortsetzung aus jenen Potenzreihen zu erhaltende, miteinander identisch
sind. Genau dasselbe gilt noch, wenn ein System von n - m algebraischen Gleichungen zwischen n Variablen $x_1, \ldots, x_n$ vorliegt. Allgemein gilt überhaupt folgendes: Die gewöhnlichste Art, <u>Eigenschaften</u>
einer gewissen Anzahl miteinander verbundener Größen <u>auszudrücken,</u>
besteht darin, daß man zeigt, daß zwischen ihnen eine für alle Werte
der Variablen gültige <u>Gleichung besteht</u>. Es kann natürlich hier nicht
der Ort sein, alle möglichen Formen der dazu geeigneten Gleichungen
genau zu definieren, nur soviel sei hier bemerkt, daß im Grunde genommen alles immer auf den folgenden Fall zurückkommt: Die Größen x_1,
$\ldots, x_n$, die irgendein Gebilde konstituieren, sind so miteinander verbunden, daß $F(x_1, \ldots, x_n) = 0$ ist, wo F eine eindeutige Funktion dieser Variablen bezeichnet. Ein <u>besonderer Fall</u> davon ist, daß eine Funktion einer oder mehrerer Variablen einer <u>Differentialgleichung</u> genügt,
namentlich einer algebraischen. Ist z.B. ein Gebilde zweier Größen

x_1, x_2 gegeben, so kann man diesem assoziieren $x_3 = \dfrac{dx_2}{dx_1}$, $x_4 = \dfrac{d^2 x_2}{dx_1^2}$ usw., wie dies oben näher ausgeführt wurde; insofern sind alsdann die Differentialgleichungen in jener allgemeinen Form der Beziehung zwischen veränderlichen Größen enthalten. Wird allgemeiner ein monogenes Gebilde m-ter Stufe im Gebiete von n Veränderlichen betrachtet, so können wir n - m derselben als Funktionen der m übrigen ansehen; diesem Gebilde können wir alsdann andere Größen $x_{n+1}\ldots$ so assoziieren, daß zu jedem Wertesystem x_1, x_2, ..., x_n bestimmte Werte dieser neuen Größen gehören. So z.B. kann man diese neuen Größen als die Ableitungen der n - m Funktionen nach den m unabhängigen Veränderlichen definieren. Nun kann eine Eigenschaft der Funktion dadurch ausgedrückt werden, daß eine gewisse Differentialgleichung gegeben ist. In dieser Beziehung gilt nun folgender ganz allgemeiner Satz: Es sei, wie oben, eine Gleichung $F(x_1,\ldots,x_n) = 0$ gegeben, wo F /eine/ eindeutige Funktion der Variablen sei, die für jedes endliche Wertsystem x_1, ..., x_n Geltung hat, so daß sie dargestellt werden kann in Form einer beständig konvergierenden Potenzreihe. Angenommen nun, wir könnten beweisen, daß, wenn wir für x_1, ..., x_n das Element irgendeines analytischen Gebildes /setzen/ - das natürlich monogen sein muß -, die Gleichung identisch befriedigt wird, so wird sie auch befriedigt durch jedes aus dem genannten Elemente abzuleitende Element. Es sei ein bestimmtes im Endlichen liegendes Element des Gebildes dargestellt durch $x_\lambda = f_\lambda(t_1,\ldots,t_{n-1})$; dann müssen, wenn man dies in $F(x_1,\ldots,x_n)$ einsetzt, die Koeffizienten der Potenzen von t_1, ..., t_{n-1} einzeln verschwinden. Ist nun $x_\lambda = \phi_\lambda(\tau_1,\ldots,\tau_{n-1})$ eine Fortsetzung jenes ersten, d.h., ist $t_\mu = P_\mu(\tau_1,\ldots,\tau_{n-1})$ und geht durch diese Substitution $f_\lambda(t)$ identisch in $\phi_\lambda(\tau)$ über, und setzen wir die ϕ_λ für die entsprechenden x_λ in F ein, so geht letzteres in eine Funktion der τ über; da wir nun aber F in diese auch so überführen können, daß wir in die in eine Funktion von den t verwandelte Funktion F $t_\mu = P_\mu(\tau_1,\ldots,\tau_{n-1})$ einsetzen und da alle Koeffizienten von F als Funktion von t identisch verschwinden, so folgt, daß solches auch mit F als Funktion von τ betrachtet der Fall sein muß, d.h., auch die Fortsetzung des Gebildes stellt einen Teil des durch die G l e i c h u n g definierten Gebildes dar. Dasselbe gilt natürlich von jeder weiteren Fortsetzung. Ist $F(x_1,\ldots,x_n)$ eine solche eindeutite transzendente Funktion, die n i c h t alle Werte annehmen kann, so bedarf der Satz einer Modifikation; er gilt natürlich nur für solche Elemente, die Werte von den x_λ liefern, für die F eine Bedeutung hat. Diese letzteren Fälle kommen indes sehr selten vor. Es

liegt dies daran, daß im letzten Grunde alle transzendenten Funktionen nur durch algebraische Relationen definiert werden können, weil
243 man eben nur diese vor jenen hat; [243] algebraische Relationen sind
ihrerseits aber wieder durch ganze $\lfloor$rationale$\rfloor$ Funktionen ausdrückbar.
Wir erkennen hier auch die **große Bedeutung der Potenzreihen**; wüßten
wir weiter nichts, als daß das Element eine stetige Funktion seiner
Variablen sei, so könnten wir einen Beweis wie den obigen gar nicht
liefern; aber daraus, daß jede Fortsetzung des Gebildes durch die
Fortsetzung der Potenzreihen erhalten wird, wurde es uns so leicht,
jenen umfassenden Satz zu beweisen. Man überzeugt sich ferner leicht,
daß ein Element, das einem anderen Gebilde angehört, im allgemeinen
jene Gleichung nicht befriedigt. Es führt uns dies wieder auf den Begriff der Irreduktibilität einer solchen Funktion $F(x_1,\ldots,x_n)$, die
doch selbst aus einem Elemente entspringt; man sieht hier, daß der
Begriff der Irreduktibilität auch noch erhalten bleibt, wenn F eine
244 **transzendente Funktion ist.** [244] Indes wollen wir auf den letzteren
Fall hier nicht weiter eingehen. Ist aber $F(x_1,\ldots,x_n)$ eine rationale
Funktion, so kann man in aller Strenge beweisen: ist $F(x_1,\ldots,x_n)$
nicht zerlegbar, so befriedigt kein einem anderen Gebilde angehöri-
ges Element die Gleichung $F = 0$; durch $F = 0$ wird also dann stets ein
und nur ein monogenes analytisches Gebilde definiert. - Es mögen diese Bemerkungen genügen, um den **Begriff der Monogeneität, der den der
Irreduktibilität in sich faßt**, in seiner ganzen Bedeutung hinzustellen.

Der zweite Punkt, den wir zum Schluß noch erörtern wollten, betrifft
die Formulierung verschiedener Aufgaben, mit denen man sich in neuerer Zeit in der Funktionentheorie beschäftigt hat, deren Erledigung
aber großenteils der Zukunft vorbehalten bleibt. Es handelt sich zunächst um die **Theorie der eindeutigen Funktionen** einer oder mehrerer
Größen. Eine der Aufgaben, die in der Theorie der eindeutigen Funktionen einer Veränderlichen zu lösen war, besteht in der Ermittlung
bestimmter **analytischer Formen**, in denen jede solche Funktion enthalten ist. Denn wenn z.B. in diesen Vorlesungen von uns der Satz begründet worden ist, daß sich jede eindeutig definierte stetige Funktion mehrerer Veränderlicher in dem unabgeschlossenen Bereich, für
den sie definiert ist, als Summe einer unendlichen Anzahl von ganzen
rationalen Funktionen darstellen läßt, so ist dies keine **allgemeine**
245 **analytische Form.** [245]

Bei der in Rede stehenden Untersuchung kommen wesentlich in Betracht
die singulären und besonders die wesentlich singulären Stellen der
Funktion. Die Aufgabe nun, die allgemeine analytische Form derjenigen

eindeutigen Funktionen zu ermitteln, die nur eine endliche Anzahl von
wesentlich singulären Stellen haben, während über die Zahl der außerwesentlich singulären Stellen keine Beschränkung getroffen wird, ist
in der ersten Abhandlung der gesammelten Abhandlungen aus der Funktionenlehre vollständig erledigt worden. [246] Die erste Form, die   **246**
sich für eine solche Funktion ergab, ist die einer <u>beständig konvergierenden Potenzreihe</u>; eine solche hat nur im Unendlichen eine wesentlich singuläre Stelle. Der Fall, wo die Funktion im Endlichen eine einzige wesentlich singuläre Stelle a hat, läßt sich auf den vorigen durch die Substitution $\frac{1}{x-a}$ als Argument der Funktion zurückführen. Bezeichnen wir eine beständig konvergierende Potenzreihe, die
nur im Unendlichen eine wesentlich singuläre Stelle hat, als ganze
(transzendente) Funktion mit G(x), so wird weiter bewiesen, daß

$$\prod_{\nu=1}^{n} G_\nu\left(\frac{1}{x - a_\nu}\right)$$ die <u>allgemeine Form einer eindeutigen Funktion</u> ist, die
die n wesentlich singulären Stellen a_1, ..., a_n hat, aber keine außer-
wesentlich singuläre. Hat sie aber auch außerwesentlich singuläre
Stellen, so läßt sie sich als ein Quotient solcher Produkte darstellen. Es ist dies aber nicht die einzige Form, unter welcher eine solche Funktion dargestellt werden kann, so z.B. läßt sie sich darstellen als Summe von unendlich vielen rationalen Funktionen, deren jede
an einer der wesentlich singulären Stellen unendlich wird. Hieran haben sich weitere Untersuchungen angeknüpft über Funktionen mit unendlich vielen wesentlich singulären Stellen und solche, wo der Bereich
der Variablen ein begrenzter ist; in dieser Beziehung haben namentlich MITTAG-LEFFLER und RUNGE gezeigt, [247] daß dieselbe analytische **247**
Form bestehen bleibt, nämlich eine Summe, deren einzelne Glieder rationale Funktionen sind, so zwar, daß der Bereich der gleichmäßigen
Konvergenz der Reihe identisch ist mit dem Geltungsbereich der Funktion. Wenn ein analytischer Ausdruck die <u>wirkliche Darstellung</u> einer
analytischen Funktion sein soll, so muß der Geltungsbereich dieses
Ausdrucks identisch sein mit dem Geltungsbereich der Funktion; also
ist jene Darstellung in der Tat eine <u>vollständige Repräsentation</u> der
Funktion. Es läßt indessen diese Form der Darstellung insofern etwas zu wünschen übrig, als sie <u>nicht auf Funktionen mehrerer Variablen übertragbar</u> ist. Denn wenn man sich auch Funktionen mehrerer Variablen bilden kann,so daß diese gewisse Eigenschaften haben sollen,
so ist es doch nicht umgekehrt möglich, alle eindeutigen Funktionen
mehrerer Variablen unter eine allgemeine Form zu bringen; jedenfalls
ist nach dieser Hinsicht die Untersuchung noch weiter zu führen. [248] **248**

Eine eindeutige Funktion einer Variablen kann, wie wir sahen, immer
als Quotient zweier Funktionen dargestellt werden, die an keiner Stel-

le des Bereiches unendlich werden - denn die wesentlich singulären
Stellen sind vom Bereich der Funktion auszuscheiden; der Zähler und
Nenner sind also solche Funktionen, die dort, wo sie definiert sind,
endliche Werte haben, insofern ist der Name "ganze" Funktionen ganz
zutreffend. Verstehen wir nun überhaupt unter einer ganzen Funktion
von x eine solche, die innerhalb des Bereiches, für den sie definiert
ist, mit Ausnahme der wesentlich singulären Stellen, überall definiert ist, so kann man zeigen, daß jede eindeutige Funktion einer
Veränderlichen sich als Quotient zweier anderer darstellen läßt, so
zwar, daß Zähler und Nenner niemals für denselben Wert verschwinden.
Dies ist nun ein Satz, der sich wohl auf Funktionen mehrerer Variablen ausdehnen läßt; [249] es ist dies zwar eine schwierige, aber doch
immerhin lösbare Aufgabe. POINCARÉ hat den ersten Anfang zur Begründung dieses Satzes in bezug auf mehrere Variable gemacht, indem er
ihn für Funktionen zweier Variablen unter der Voraussetzung beweist,
daß im Endlichen wesentlich singuläre Stellen nicht vorhanden sind.

Der Zweck der vorstehenden Vorlesungen war zunächst, den Begriff der
analytische Abhängigkeit gehörig festzustellen; daran knüpfte sich
die Aufgabe, die analytischen Formen zu ermitteln, in denen Funktionen von bestimmten Eigenschaften dargestellt werden können; in dieser Hinsicht liefert die Einführung der wesentlich singulären Stellen ein äußerst wichtiges Einteilungs- und Darstellungsprinzip, denn
die Darstellung einer Funktion ist mit der Erforschung ihrer Eigenschaften aufs innigste verknüpft, wenn es auch interessant und nützlich sein mag, Eigenschaften der Funktion aufzufinden, ohne auf ihre
Darstellung Rücksicht zu nehmen. Das l e t z t e Ziel bildet immer
die Darstellung einer Funktion.

Zum Schluß sei es uns gestattet, noch einige allgemeine Bemerkungen
über den Nutzen solcher Untersuchungen, wie sie im Vorstehenden vor-
geführt wurden, hinzuzufügen. Es ist dies umsomehr gerechtfertigt,
als es in der Tat noch heute solche gibt, die auf Untersuchungen dieser Art wenig Gewicht legen, und es ist in der Tat nicht wünschenswert,
daß namentlich j ü n g e r e Mathematiker sich a u s s c h l i e ß -
l i c h mit solchen Problemen beschäftigen, da erst die Beschäftigung mit k o n k r e t e n Problemen überhaupt uns die Gegenstände solcher allgemeineren Untersuchungen liefern kann. Aber es läßt
sich doch historisch nachweisen, daß es Probleme gegeben hat, die
ohne voraufgegangene allgemeine Untersuchungen über die Form der Funktionen nicht hätten eine Erledigung finden können. Hierher gehört namentlich das Problem der Umkehrung der hyperelliptischen Integrale, [250]
"ein Problem, das, von JACOBI aufgestellt, ich mich schon frühzeitig

zu erledigen bemühte. Dieses Problem war es, das zum ersten Male
b e s t i m m t e Funktionen mehrerer Veränderlichen in die Analysis einführte. [251] Man hat früher geglaubt, daß die Funktionen meh-   251
rerer Veränderlichen keiner gesonderten Behandlung bedürften, indem
sie sich dadurch, daß man eine Anzahl der Variablen als konstant betrachtet, auf Funktionen einer Veränderlichen zurückführen ließen.
Dies war natürlich ein Irrtum. Bei jenem Problem handelte es sich
nun um folgendes: es sind bestimmte Funktionen x_1, ..., x_ρ von ebensoviel Veränderlichen u_1, ..., u_ρ in bestimmter Weise definiert;
bei der Untersuchung des analytischen Zusammenhanges dieser Größen
ergab sich nun, daß u_1, ..., u_ρ als Funktionen von x_1, ...,x_ρ betrachtet unendlich vieldeutig sind, daß aber zu einem System der
u_1, ..., u_ρ nur ein System der x_1, ..., x_ρ gehört, so daß die
s y m m e t r i s c h e n Funktionen eindeutige Funktionen der u_1,
..., u_ρ sind. Es ließ sich ferner nachweisen, daß sich diese symme-
trischen Funktionen als Quotienten von b e s t ä n d i g konvergenten Potenzreihen der u_1, ..., u_ρ darstellen lassen; um d i e s e n
Nachweis zu erbringen, l a g e n H i l f s m i t t e l ü b e r -
h a u p t n i c h t v o r , es mußte dazu eben erst auf allgemeine funktionentheoretische Untersuchungen eingegangen werden, und da
zeigte sich dann, daß Zähler und Nenner durch bestimmte Differentialgleichungen definiert wurden und daß die den Zähler und Nenner bildenden Funktionen eigentlich nur verschiedene Formen einer und derselben Funktion seien. Es gelang auch, mit Hilfe der sogenannten
<u>Theta-Reihen</u> eine allgemeine Darstellung der in Rede stehenden Funk-
tionen zu leisten, und es ließen sich auch die Koeffizienten mit
Leichtigkeit bestimmen.

Dieses ist also ein Beispiel für Untersuchungen, wo wirklich allgemeine analytische Probleme zur Darstellung der verlangten Funktionen
geführt haben. Daß man schließlich, nachdem die Resultate einmal gefunden waren, auch auf anderen, vielleicht einfacheren Wegen zu ihnen hat vordringen können, ist eine Sache für sich; wir möchten aber
bezweifeln, ob man auf letzteren Wegen die Aufgabe jemals hätte zum
Abschluß bringen können, wenn sie nicht schon vorher behandelt worden wäre."

Ende der Vorlesung

12 Weierstraß, Kap.

Karl Weierstrass (1815–1897)

MATHEMATISCHE WERKE

VON

KARL WEIERSTRASS.

HERAUSGEGEBEN
UNTER MITWIRKUNG EINER VON DER KÖNIGLICH PREUSSISCHEN AKADEMIE
DER WISSENSCHAFTEN EINGESETZTEN COMMISSION.

ERSTER BAND.

ABHANDLUNGEN I.

BERLIN.
MAYER & MÜLLER.
1894.

AKADEMISCHE ANTRITTSREDE,

gehalten in der öffentlichen Sitzung der Berliner Akademie am 9. Juli 1857.

Unsere heutige öffentliche Sitzung ist die erste, in welcher ich mich freue, eine Pflicht erfüllen zu können, der ich schon längst gern nachgekommen wäre.

Indem die Akademie mich der Ehre würdig gehalten, als Mitglied in Sie aufgenommen zu werden, hat Sie meinen wissenschaftlichen Bestrebungen eine Anerkennung zu Theil werden lassen, für die ich mich gedrungen fühle, Ihr meinen aufrichtigsten und wärmsten Dank auszudrücken. Wohl wissend indess, wie weit meine unter Hemmungen mannigfaltiger Art entstandenen Arbeiten von dem einst in der Begeisterung der Jugend etwas weit gesteckten Ziele, zu dem ich sie hätte führen mögen, entfernt geblieben sind, täusche ich mich nicht darüber, dass nicht sowohl meine bisherigen Leistungen, sondern hauptsächlich nur die von wohlwollenden Beurtheilern daran geknüpften Erwartungen die Akademie bei Ihrer Wahl haben leiten können. Dem Vertrauen, welches Sie mir dadurch bewiesen, einigermassen zu entsprechen, wird für mich keine leichte Aufgabe sein; ich kann nur die Versicherung geben, dass ich an ihre Lösung meine ganze Kraft setzen werde.

Ich habe nun in wenigen Worten den Gang meiner bisherigen Studien anzudeuten, und die Richtung zu bezeichnen, in welcher ich auch fernerhin fortzuschreiten mich bemühen werde.

Ein verhältnissmässig noch junger Zweig der mathematischen Analysis, die Theorie der elliptischen Functionen, hatte von der Zeit an, wo ich unter der Leitung meines hochverehrten Lehrers Gudermann, dem ich stets eine dankbare Erinnerung bewahren werde, die erste Bekanntschaft mit derselben machte, eine mächtige Anziehungskraft auf mich geübt, die auf den ganzen Gang meiner mathematischen Ausbildung von bestimmendem Einflusse geblieben ist. Die von Euler begründete und von Legendre mit Eifer und Erfolg, aber in zu einseitiger Richtung weitergeförderte Disciplin hatte damals seit etwa einem Decennium eine gänzliche Umgestaltung erfahren durch die Einführung der von Abel und Jacobi entdeckten doppelt-periodischen Functionen, in denen die Analysis eine neue, durch höchst merkwürdige Eigenschaften ausgezeichnete Gattung von Grössen gewonnen, welche alsbald auch auf dem Gebiete der Geometrie und Mechanik die vielfältigsten Anwendungen fanden, und auch dadurch den Beweis lieferten, dass sie die gesunde Frucht einer naturgemässen Fortentwicklung der Wissenschaft seien. Nun hatte aber Abel, der gewohnt war, überall den höchsten Standpunkt zu nehmen, ein Theorem hingestellt, welches alle aus der Integration algebraischer Differentiale entspringenden Transcendenten umfassend, für diese dieselbe Bedeutung hatte wie das Euler'sche für die elliptischen. In der Blüthe seines Lebens dahingerafft, hatte er selbst seine grosse Entdeckung nicht verfolgen können; es war aber Jacobi gelungen, eine nicht minder wichtige daran zu knüpfen, indem er die Existenz periodischer Functionen mehrerer Argumente nachwies, deren Fundamental-Eigenschaften in dem Abel'schen Theorem begründet sind, wodurch zugleich der wahre Sinn und das eigentliche Wesen desselben aufgeschlossen wurden. Diese Grössen einer ganz neuen Art, für welche die Analysis noch kein Beispiel hatte, wirklich darzustellen und ihre Eigenschaften näher zu ergründen, ward von nun an eine der Hauptaufgaben der Mathematik, an der auch ich mich zu versuchen entschlossen war, sobald ich den Sinn und die Bedeutung derselben klar erkannt hatte. Freilich wäre es thöricht gewesen, wenn ich an die Lösung eines solchen Problems auch nur hätte denken wollen, ohne mich durch ein gründliches Studium der vorhandenen Hülfsmittel und durch Beschäftigung mit minder schweren Aufgaben dazu vorbereitet zu haben. So sind Jahre verflossen, ehe ich an die eigentliche Arbeit gehen konnte, die ich, gehemmt durch die Ungunst der Verhältnisse, auch seitdem nur langsam zu fördern vermocht habe. Wenn ich aber gleichwohl so glücklich war, zu einigen Resultaten zu gelangen, welche die Akademie mit Ihrem Beifall geehrt hat, obgleich ich sie erst in unvollkommener Gestalt habe veröffentlichen können, so brauche ich wohl nicht ausdrücklich anzugeben, in welcher Richtung das Ziel liegt, wohin sich zunächst nun meine Bestrebungen werden richten müssen.

Glücklich aber würde ich mich schätzen, wenn ich späterhin aus meinen Studien auch für die Anwendungen der Mathematik, namentlich auf Physik, einigen Gewinn ziehen könnte. Ich habe schon angedeutet, dass es mir keineswegs gleichgültig ist, ob eine Theorie sich für solche Anwendungen eigne oder nicht. Dabei fürchte ich nicht, dass man mir vorwerfe, es werde die Bedeutung, welche die Mathematik als reine Wissenschaft mit vollstem Rechte beansprucht, herabgesetzt, wenn ich sie ganz besonders auch darum hochstelle, weil durch sie allein ein wahrhaft befriedigendes Verständniss der Naturerscheinungen vermittelt wird. Niemand zwar kann bereitwilliger als ich es anerkennen, dass man den Zweck einer Wissenschaft nicht ausserhalb derselben suchen darf, und dass es nicht nur ihre Würde beeinträchtigen, nein, dass es geradezu an ihr sich versündigen heisst, wenn man, statt sich ihr mit vollster Liebe und Hingebung zu widmen, nur Dienste von ihr verlangt, nur sie brauchen will für irgend eine andre Disciplin oder für die Bedürfnisse des Lebens, und darum wohl gar sich vermisst, der weiter-schreitenden Forschung ihren Weg vorzeichnen zu wollen, und jede Richtung verwirft, die nicht sofort zu practisch verwerthbaren Resultaten zu führen scheint. Ich meine aber, es muss das Verhältniss zwischen Mathematik und Naturforschung etwas tiefer aufgefasst werden, als es geschehen würde, wenn etwa der Physiker in der Mathematik nur eine wenn auch unentbehrliche Hülfsdisciplin achten, oder der Mathematiker die Fragen, die jener ihm stellt, nur als eine reiche Beispiel-Sammlung für seine Methoden ansehen wollte. Ich darf jedoch heute diesen Gegenstand, der mir allerdings sehr am Herzen liegt, nicht weiter verfolgen. Auf die Frage aber, die ich schon vernommen, ob es denn wirklich möglich sei, aus den abstracten Theorien, welchen sich die heutige Mathematik mit Vorliebe zuzuwenden scheine, auch etwas un-mittelbar Brauchbares zu gewinnen, möchte ich entgegnen, dass doch auch nur auf rein speculativem Wege griechische Mathematiker die Eigenschaften der Kegelschnitte ergründet hatten, lange bevor irgend wer ahnte, dass sie die Bahnen seien, in welchen die Planeten wandeln, und dass ich allerdings der Hoffnung lebe, es werde noch mehr Functionen geben mit Eigenschaften, wie sie Jacobi an seiner θ-Function rühmt, die lehrt, in wie viel Quadrate sich jede Zahl zerlegen lässt, wie man den Bogen einer Ellipse rectificirt, und dennoch, setze ich hinzu, im Stande ist, und zwar sie allein, das wahre Gesetz darzustellen, nach welchem das Pendel schwingt.

ÜBER DAS SOGENANNTE DIRICHLET'SCHE PRINCIP.

(Gelesen in der Königl. Akademie der Wissenschaften am 14. Juli 1870.)

In seinen Vorlesungen über die Kräfte, welche nach dem Newton'schen Gesetz wirken, hat sich Lejeune Dirichlet zur Begründung eines Hauptsatzes der Potentialtheorie einer eigenthümlichen Schlussweise bedient, welche später auch von anderen Mathematikern, namentlich von Riemann, vielfach angewandt worden ist und den Namen »Dirichlet'sches Princip« erhalten hat.

Über die Zulässigkeit dieses »Princips« haben sich seitdem manche Zweifel geltend gemacht, welche, wie ich im Folgenden zeigen werde, durchaus begründet sind. Ehe ich aber darauf eingehe, will ich, da Dirichlet über den in Rede stehenden Gegenstand nichts veröffentlicht hat, aus einer von Dirichlet im Sommer-Semester 1856 gehaltenen Vorlesung, welche mir in einer von Herrn Dedekind angefertigten sorgfältigen Nachschrift vorliegt, die folgende Stelle mittheilen, aus welcher mit voller Bestimmtheit hervorgeht, was Dirichlet gemeint und wie er sein Beweisverfahren zu rechtfertigen versucht hat:

»Ist irgend eine endliche Fläche gegeben, so kann man dieselbe stets, aber nur auf eine Weise, so mit Masse belegen, dass das Potential in jedem Punkte der Fläche einen beliebig vorgeschriebenen (nach der Stetigkeit sich ändernden) Werth hat.«

»Zum Beweise schicken wir den folgenden Satz voraus:

»Ist irgend ein endlicher zusammenhängender Raum t gegeben, so giebt es stets eine, aber nur eine einzige Function w, welche sich nebst ihren ersten Derivirten überall in t stetig ändert, auf der Begrenzung von t überall

beliebig vorgeschriebene (stetig veränderliche) Werthe annimmt und innerhalb t überall der Gleichung

$$\frac{\partial^2 w}{\partial x^2} + \frac{\partial^2 w}{\partial y^2} + \frac{\partial^2 w}{\partial z^2} = 0$$

Genüge leistet. — Dieser Satz ist eigentlich identisch mit einem anderen aus
der Wärmelehre, der dort Jedem unmittelbar evident erscheint, dass nämlich,
wenn die Begrenzung von t auf einer überall beliebig vorgeschriebenen Temperatur constant erhalten wird, es stets eine, aber auch nur eine Temperatur-
vertheilung im Inneren giebt, bei welcher Gleichgewicht stattfindet; oder dass,
wie man auch sagen kann, wenn die ursprüngliche Temperatur im Inneren
eine beliebige war, diese sich einem Finalzustande nähert, bei welchem Gleichgewicht stattfinden würde.«

»Wir beweisen den Satz, indem wir von einer rein mathematischen Evidenz
ausgehen. Es ist in der That einleuchtend, dass unter allen Functionen u,
welche überall nebst ihren ersten Derivirten sich stetig in t ändern und auf
der Begrenzung von t die vorgeschriebenen Werthe annehmen, es eine (oder
mehrere) geben muss, für welche das durch den ganzen Raum t ausgedehnte
Integral

$$U = \int \left\{ \left(\frac{\partial u}{\partial x} \right)^2 + \left(\frac{\partial u}{\partial y} \right)^2 + \left(\frac{\partial u}{\partial z} \right)^2 \right\} dt$$

seinen kleinsten Werth erhält. Wir wollen eine solche Function gerade
mit u und das Minimum des Integrals mit U bezeichnen. Sei nun u' irgend
eine andere Function, welche dieselben Grenz- und Stetigkeitsbedingungen
wie u erfüllt, und U' der entsprechende Werth des Integrals, so kann $U'-U$
nie negativ sein. Setzen wir nun

$$u + hw = u',$$

wo h einen unbestimmten constanten Factor bezeichnet, so ist w eine Function, welche dieselben Stetigkeitsbedingungen wie u und u' erfüllt und auf
der Begrenzung von t überall gleich Null wird, sonst aber ganz willkürlich
ist. Dann findet man leicht

$$U'-U = 2hM + h^2 N,$$

wo

$$M = \int \left\{ \frac{\partial u}{\partial x}\,\frac{\partial w}{\partial x} + \frac{\partial u}{\partial y}\,\frac{\partial w}{\partial y} + \frac{\partial u}{\partial z}\,\frac{\partial w}{\partial z} \right\} dt,$$

$$N = \int \left\{ \left(\frac{\partial w}{\partial x}\right)^2 + \left(\frac{\partial w}{\partial y}\right)^2 + \left(\frac{\partial w}{\partial z}\right)^2 \right\} dt$$

ist. Durch theilweise Integration mit Rücksicht auf die Grenz- und Stetigkeitsbedingungen für w und die Stetigkeitsbedingungen für die ersten Derivirten von u findet man leicht

$$M = -\int w \left\{ \frac{\partial^2 u}{\partial x^2} + \frac{\partial^2 u}{\partial y^2} + \frac{\partial^2 u}{\partial z^2} \right\} dt.$$

Da nun $U'-U$ für jedes auch noch so kleine h niemals negativ sein kann, und N eine endliche positive Grösse ist, so folgt, dass M nothwendig gleich Null ist; und da dies der Fall sein muss, wie auch w beschaffen sein mag, so müssen wir schliessen, dass überall innerhalb t (höchstens mit Ausnahme einzelner Flächen, Linien, Punkte)

$$\frac{\partial^2 u}{\partial x^2} + \frac{\partial^2 u}{\partial y^2} + \frac{\partial^2 u}{\partial z^2} = 0$$

sein muss; denn wäre dies Trinom in einem körperlichen Raume von Null verschieden, so brauchte man nur w überall dasselbe Zeichen wie jenem Trinom zu geben, um einen von Null verschiedenen Werth für M zu erhalten.«

»Es giebt also jedenfalls eine solche Function u, welche die angegebenen Grenz- und Stetigkeitsbedingungen erfüllt und der partiellen Differentialgleichung genügt. Aber es giebt auch nur eine einzige solche Function u. Denn ist $u' = u + w$ irgend eine andere Function, welche dieselben Grenz- und Stetigkeitsbedingungen erfüllt, so ist das entsprechende Integral

$$U' = U + \int \left\{ \left(\frac{\partial w}{\partial x}\right)^2 + \left(\frac{\partial w}{\partial y}\right)^2 + \left(\frac{\partial w}{\partial z}\right)^2 \right\} dt,$$

und folglich ist U wirklich ein **a b s o l u t e s M i n i m u m**; und sollte etwa $U' = U$ sein, so müsste, wie leicht zu sehen, im ganzen Raume t

$$\left(\frac{\partial w}{\partial x}\right)^2 + \left(\frac{\partial w}{\partial y}\right)^2 + \left(\frac{\partial w}{\partial z}\right)^2 = 0$$

sein. Daraus würde folgen, dass w constant ist; und da es stetig und auf

7*

der Begrenzung von t Null ist, so muss es überall Null sein, d. h. u' muss mit u identisch sein.«

»Es wird später gezeigt werden, dass dieses u, welches die Grenz- und Stetigkeitsbedingungen erfüllt, und von welchem wir wissen, dass es der partiellen Differentialgleichung höchstens in einzelnen Punkten, Linien oder Flächen innerhalb t widerspricht, überall, d. h. in jedem Punkte ihr genügen muss, dass also solche Ausnahmestellen unmöglich sind.«

Unter der Voraussetzung, dass es für den Raum t überhaupt eine den festgesetzten Grenz- und Stetigkeitsbedingungen genügende Function gebe, soll hiernach das im Vorstehenden auseinandergesetzte Dirichlet'sche Verfahren dazu dienen, die Existenz einer Function von x, y, z nachzuweisen, welche der Differentialgleichung

$$\frac{\partial^2 u}{\partial x^2} + \frac{\partial^2 u}{\partial y^2} + \frac{\partial^2 u}{\partial z^2} = 0$$

und zugleich den angegebenen Nebenbedingungen genügt. Das letztere ist in jedem bestimmten Falle leicht zu beweisen; das andere aber gilt nur in dem Falle, wo sich zeigen lässt, dass es eine Function u giebt, für welche der Werth des Ausdrucks

$$\int \left\{ \left(\frac{\partial u}{\partial x}\right)^2 + \left(\frac{\partial u}{\partial y}\right)^2 + \left(\frac{\partial u}{\partial z}\right)^2 \right\} dt,$$

ein (absolutes) Minimum ist. Dieses lässt sich aber aus den von Dirichlet gemachten Voraussetzungen keineswegs folgern, sondern es kann nur behauptet werden, dass es für den in Rede stehenden Ausdruck eine bestimmte untere Grenze giebt, welcher er beliebig nahe kommen kann, ohne sie wirklich erreichen zu müssen. Hiernach erweist sich Dirichlet's Schlussweise als hinfällig.

Ich will schliesslich das Vorstehende noch an einem einfachen Beispiel erläutern, durch welches die Unzulässigkeit der Dirichlet'schen Schlussweise evident dargethan wird.

Es bezeichne nämlich $\varphi(x)$ eine reelle eindeutige Function der reellen Veränderlichen x von der Beschaffenheit, dass erstens $\varphi(x)$ und $\frac{d\varphi(x)}{dx}$ im Intervall $(-1 \cdots +1)$ stetige Functionen von x sind, und dass zweitens $\varphi(x)$ an der Grenze -1 des Intervalls den vorgeschriebenen Werth a, an der

Grenze $+1$ den vorgeschriebenen Werth b hat. Dabei sollen die beiden Constanten a und b zwei von einander verschiedene Grössen sein. Wenn nun die Dirichlet'sche Schlussweise zulässig wäre, so müsste sich unter den betrachteten Functionen $\varphi(x)$ eine solche specielle Function befinden, für welche der Werth des Integrals

$$J = \int_{-1}^{+1}\left(x\,\frac{d\varphi(x)}{dx}\right)^2 dx$$

gleich der unteren Grenze aller derjenigen Werthe ist, die dieses Integral für die verschiedenen der betrachteten Gesammtheit angehörenden Functionen $\varphi(x)$ annehmen kann.

Die erwähnte untere Grenze ist aber in dem vorliegenden Falle nothwendig gleich Null. Denn setzt man z. B.

$$\varphi(x) = \frac{a+b}{2} + \frac{b-a}{2}\,\frac{\operatorname{arctg}\dfrac{x}{\varepsilon}}{\operatorname{arctg}\dfrac{1}{\varepsilon}},$$

wo ε eine willkürlich anzunehmende positive Grösse bezeichnet, so erfüllt diese Function die beiden ersten Bedingungen; und da

$$J < \int_{-1}^{+1}(x^2 + \varepsilon^2)\left(\frac{d\varphi(x)}{dx}\right)^2 dx$$

und

$$\frac{d\varphi(x)}{dx} = \frac{b-a}{2\operatorname{arctg}\dfrac{1}{\varepsilon}}\cdot\frac{\varepsilon}{x^2 + \varepsilon^2},$$

so ist für diese specielle Function

$$J < \varepsilon\,\frac{(b-a)^2}{\left(2\operatorname{arctg}\dfrac{1}{\varepsilon}\right)^2}\int_{-1}^{+1}\frac{\varepsilon\,dx}{x^2 + \varepsilon^2}$$

und somit

$$J < \frac{\varepsilon}{2}\,\frac{(b-a)^2}{\operatorname{arctg}\dfrac{1}{\varepsilon}}.$$

Daraus erhellt, da man ε beliebig klein annehmen kann, dass die untere Grenze des Werthes von J gleich Null ist, denn negative Werthe kann J überhaupt nicht annehmen.

Diese Grenze kann aber der Werth von J nicht erreichen, wie man auch den obigen beiden Bedingungen gemäss die Function $\varphi(x)$ wählen möge. Denn da $\varphi(x)$ und $\frac{d\varphi(x)}{dx}$ stetige Functionen von x sein sollen, so wäre hierzu erforderlich, dass

$$\frac{d\varphi(x)}{dx}$$

für jeden dem Intervall $(-1 \cdots +1)$ angehörenden Werth von x verschwinde, dass also $\varphi(x)$ eine Constante sei. Dies ist aber mit der Annahme, dass a und b von einander verschieden sind, unverträglich.

Die Dirichlet'sche Schlussweise führt also in dem betrachteten Falle offenbar zu einem falschen Resultat.

ÜBER CONTINUIRLICHE FUNCTIONEN EINES REELLEN ARGUMENTS,
DIE FÜR KEINEN WERTH DES LETZTEREN EINEN BESTIMMTEN
DIFFERENTIALQUOTIENTEN BESITZEN.

(Gelesen in der Königl. Akademie der Wissenschaften am 18. Juli 1872.)

Bis auf die neueste Zeit hat man allgemein angenommen, dass eine eindeutige und continuirliche Function einer reellen Veränderlichen auch stets eine erste Ableitung habe, deren Werth nur an einzelnen Stellen unbestimmt oder unendlich gross werden könne. Selbst in den Schriften von Gauss, Cauchy, Dirichlet findet sich meines Wissens keine Äusserung, aus der unzweifelhaft hervorginge, dass diese Mathematiker, welche in ihrer Wissenschaft die strengste Kritik überall zu üben gewohnt waren, anderer Ansicht gewesen seien. Erst Riemann hat, wie ich von einigen seiner Zuhörer erfahren, mit Bestimmtheit ausgesprochen (i. J. 1861, oder vielleicht auch schon früher), dass jene Annahme unzulässig sei und z. B. bei der durch die unendliche Reihe

$$\sum_{n=1}^{\infty} \frac{\sin(n^2 x)}{n^2}$$

dargestellten Function sich nicht bewahrheite. Leider ist der Beweis hierfür von Riemann nicht veröffentlicht worden und scheint sich auch nicht in seinen Papieren oder durch mündliche Überlieferung erhalten zu haben. Dieses ist um so mehr zu bedauern, als ich nicht einmal mit Sicherheit habe erfahren können, wie Riemann seinen Zuhörern gegenüber sich ausgedrückt hat. Die Mathematiker, welche sich, nachdem die Riemann'sche Behauptung in weiteren Kreisen bekannt geworden war, mit dem Gegenstande beschäftigt haben, scheinen (wenigstens in ihrer Mehrzahl) der Ansicht gewesen zu sein, es genüge, die Existenz von Functionen nachzuweisen, welche in jedem noch so kleinen Intervalle ihres Arguments Stellen darbieten, wo sie nicht differentiirbar sind. Dass es Functionen dieser Art giebt, lässt sich ausserordentlich leicht nachweisen, und ich glaube daher, dass Riemann nur solche Functionen im Auge gehabt hat, die für keinen Werth ihres Arguments einen bestimmten Differentialquotienten besitzen. Der Beweis dafür, dass die angegebene trigonometrische Reihe eine Function dieser Art darstelle, scheint mir indessen einigermassen schwierig zu sein; man kann aber leicht continuirliche Functionen eines reellen Arguments x bilden, für welche sich mit den einfachsten Mitteln nachweisen lässt, dass sie für keinen Werth von x einen bestimmten Differentialquotienten besitzen.

Dies kann z. B. folgendermassen geschehen.

Es sei x eine reelle Veränderliche, a eine ungrade ganze Zahl, b eine positive Constante, kleiner als 1, und

$$f(x) = \sum_{n=0}^{\infty} b^n \cos\left(a^n x \pi\right);$$

so ist $f(x)$ eine stetige Function, von der sich zeigen lässt, dass sie, sobald der Werth des Products ab eine gewisse Grenze übersteigt, an keiner Stelle einen bestimmten Differentialquotienten besitzt.

Es sei x_0 irgend ein bestimmter Werth von x, und m eine beliebig angenommene ganze positive Zahl; so giebt es eine bestimmte ganze Zahl α_m, für welche die Differenz

$$a^m x_0 - \alpha_m,$$

die mit x_{m+1} bezeichnet werde, $> -\frac{1}{2}$, aber $\leq \frac{1}{2}$ ist.

Setzt man dann

$$x' = \frac{\alpha_m - 1}{a^m}, \qquad x'' = \frac{\alpha_m + 1}{a^m},$$

so hat man

$$x' - x_0 = -\frac{1 + x_{m+1}}{a^m}, \qquad x'' - x_0 = \frac{1 - x_{m+1}}{a^m};$$

es ist also

$$x' < x_0 < x''.$$

Man kann aber m so gross annehmen, dass x', x'' beide der Grösse x_0 so nahe kommen, wie man will.

Nun ist

$$\frac{f(x') - f(x_0)}{x' - x_0} = \sum_{n=0}^{\infty} \left(b^n \cdot \frac{\cos(a^n x'\pi) - \cos(a^n x_0 \pi)}{x' - x_0} \right)$$

$$= \sum_{n=0}^{m-1} \left((ab)^n \cdot \frac{\cos(a^n x'\pi) - \cos(a^n x_0 \pi)}{a^n(x' - x_0)} \right)$$

$$+ \sum_{n=0}^{\infty} \left(b^{m+n} \cdot \frac{\cos(a^{m+n} x'\pi) - \cos(a^{m+n} x_0 \pi)}{x' - x_0} \right).$$

Der erste Theil dieses Ausdruckes ist, da

$$\frac{\cos(a^n x'\pi) - \cos(a^n x_0 \pi)}{a^n(x' - x_0)} = -\pi \sin\left(a^n \frac{x' + x_0}{2} \pi\right) \cdot \frac{\sin\left(a^n \frac{x' - x_0}{2} \pi\right)}{a^n \frac{x' - x_0}{2} \pi}$$

und der Werth von

$$\frac{\sin\left(a^n \frac{x' - x_0}{2} \pi\right)}{a^n \frac{x' - x_0}{2} \pi}$$

stets zwischen -1 und $+1$ liegt, dem absoluten Betrage nach kleiner als

$$\pi \sum_{n=0}^{m-1} (ab)^n,$$

also auch kleiner als

$$\frac{\pi}{ab - 1} (ab)^m.$$

Ferner hat man, weil a eine ungrade Zahl ist:

$$\cos(a^{m+n} x'\pi) = \cos(a^n(\alpha_m - 1)\pi) = -(-1)^{\alpha_m},$$

$$\cos(a^{m+n} x_0 \pi) = \cos(a^n \alpha_m \pi + a^n x_{m+1}\pi) = (-1)^{\alpha_m} \cos(a^n x_{m+1}\pi),$$

also

$$\sum_{n=0}^{\infty} b^{m+n} \cdot \left(\frac{\cos(a^{m+n} x'\pi) - \cos(a^{m+n} x_0 \pi)}{x' - x_0} \right) = (-1)^{\alpha_m} (ab)^m \sum_{n=0}^{\infty} \frac{1 + \cos(a^n x_{m+1}\pi)}{1 + x_{m+1}} b^n.$$

Alle Glieder der Summe

$$\sum_{n=0}^{\infty} \frac{1 + \cos(a^n x_{m+1}\pi)}{1 + x_{m+1}} b^n$$

sind positiv, und das erste, da $\cos(x_{m+1}\pi)$ nicht negativ ist, $1 + x_{m+1}$ aber zwischen $\frac{1}{2}$ und $\frac{3}{2}$ liegt, nicht kleiner als $\frac{2}{3}$.

II   10

Hiernach hat man

$$\frac{f(x')-f(x_0)}{x'-x_0} = (-1)^{\alpha_m}(ab)^m . \eta\left(\frac{2}{3} + \varepsilon\,\frac{\pi}{ab-1}\right),$$

wo η eine positive Grösse, die >1, bezeichnet, während ε zwischen -1 und $+1$ enthalten ist.

Ebenso ergiebt sich

$$\frac{f(x'')-f(x_0)}{x''-x_0} = -(-1)^{\alpha_m}(ab)^m . \eta_1\left(\frac{2}{3} + \varepsilon_1\,\frac{\pi}{ab-1}\right),$$

wo η_1 ebenso wie η positiv und >1 ist, ε_1 aber zwischen -1 und $+1$ liegt.

Nimmt man nun a, b so an, dass $ab > 1 + \frac{3}{2}\pi$, also

$$\frac{2}{3} > \frac{\pi}{ab-1}$$

ist, so haben

$$\frac{f(x')-f(x_0)}{x'-x_0}, \qquad \frac{f(x'')-f(x_0)}{x''-x_0}$$

stets entgegengesetzte Zeichen, werden aber beide, wenn m ohne Ende wächst, unendlich gross.

Hieraus ergiebt sich unmittelbar, dass $f(x)$ an der Stelle $(x = x_0)$ weder einen bestimmten endlichen, noch auch einen bestimmten unendlich grossen Differentialquotienten besitzt.

-----

13 Weierstraß, Kap.

ZUR FUNCTIONENLEHRE.

(Aus dem Monatsbericht der Königl. Akademie der Wissenschaften
vom 12. August 1880.)

———

Im Nachstehenden theile ich einige auf unendliche Reihen, deren Glieder rationale Functionen einer Veränderlichen sind, sich beziehende Untersuchungen mit, welche hauptsächlich den Zweck haben, gewisse, bisher — so viel ich weiss — nicht beachtete Eigenthümlichkeiten, die solche Reihen darbieten können und deren Kenntniss für die Functionenlehre von Wichtigkeit ist, klar zu stellen.

1.

Es seien unendlich viele rationale Functionen einer Veränderlichen x in bestimmter Aufeinanderfolge gegeben:

$$f_0(x),\ f_1(x),\ f_2(x),\ \ldots.$$

Die Gesammtheit derjenigen Werthe von x, für welche die Reihe

$$\sum_{\nu=0}^{\infty} f_\nu(x)$$

einen endlichen Werth hat, nenne ich den Convergenzbereich dieser Reihe. Lässt sich ferner für eine bestimmte Stelle a dieses Bereichs eine positive Grösse ϱ so annehmen, dass die Reihe für die der Bedingung

$$|x-a| \leqq \varrho$$

entsprechenden Werthe von x gleichmässig*) convergirt, so will ich sagen,
die Reihe convergire gleichmässig in der Nähe der Stelle a. Die Grösse ϱ
hat dann eine obere Grenze; ist diese R, so möge — in Beziehung auf die
betrachtete Reihe — die Gesammtheit derjenigen Werthe von x, für welche

$$|x-a| < R$$

ist, die Umgebung von a, und R deren Halbmesser genannt werden. Nimmt
man in dieser Umgebung eine Stelle beliebig an, so ist klar, dass auch in
der Nähe der letzteren die Reihe gleichmässig convergirt. Daraus ergiebt
sich, dass, falls überhaupt Stellen vorhanden sind, in deren Nähe die Reihe
gleichmässig convergirt, die Gesammtheit dieser Stellen in der Ebene der
Veränderlichen x durch eine zweifach ausgedehnte Fläche repräsentirt wird,
welche aber aus mehreren, von einander getrennten Stücken bestehen kann.

---

*) Eine unendliche Reihe

$$\sum_{\nu=0}^{\infty} f_\nu,$$

deren Glieder Functionen beliebig vieler Veränderlichen sind, convergirt in einem gegebenen Theile (B)
ihres Convergenzbereichs gleichmässig, wenn sich nach Annahme einer beliebig kleinen positiven Grösse δ
stets eine ganze positive Zahl m so bestimmen lässt, dass der absolute Betrag der Summe

$$\sum_{\nu=n}^{\infty} f_\nu,$$

für jeden Werth von n, der $\geq m$, und für jedes dem Bereiche B angehörige Werthsystem der Veränderlichen kleiner als δ ist. Soll die Reihe in demselben Bereiche zugleich unbedingt convergent sein, d. h.
bei jeder Anordnung ihrer Glieder denselben Werth haben, so muss es, wie man auch δ annehmen möge,
stets möglich sein, aus der Reihe eine endliche Anzahl von Gliedern so auszusondern, dass die Summe
von beliebig vielen der übrigbleibenden für jedes der betrachteten Werthsysteme der Veränderlichen kleiner
als δ ist. Diese Bedingung ist sicher erfüllt, wenn es eine Reihe bestimmter positiver Grössen

$$g_0, g_1, g_2, \ldots$$

giebt, für die sich feststellen lässt, dass an jeder Stelle des Bereichs B

$$|f_\nu| \leqq g_\nu, \qquad\qquad (\nu = 0, \ldots \infty)$$

und die Summe

$$\sum_{\nu=0}^{\infty} g_\nu$$

einen endlichen Werth hat. — Aus der gegebenen Definition der gleichmässigen Convergenz folgt u. A.
unmittelbar, dass, wenn die betrachtete Reihe in mehreren Theilen ihres Convergenzbereichs gleichmässig
convergirt, dasselbe auch für den aus diesen Theilen zusammengesetzten Bereich gilt.

Angenommen nämlich, es gebe überhaupt Stellen der in Rede stehenden Art, deren Gesammtheit mit A bezeichnet werde, so denke man sich eine von ihnen willkürlich angenommen, in der Umgebung derselben eine beliebige zweite, in der Umgebung dieser eine dritte, u. s. w. Die Gesammtheit der Stellen von A, zu denen man auf diese Weise gelangen kann, ist dann ein in der Ebene der Grösse x durch ein zusammenhängendes Stück derselben repräsentirtes Continuum (A_1), dessen Begrenzung aus einzelnen Punkten, aus einer oder aus mehreren Linien, und auch aus einzelnen Punkten und Linien zugleich bestehen kann. Möglicherweise existiren nun ausserhalb A_1 noch Stellen von A, dann giebt es mindestens noch ein zweites Continuum (A_2) von derselben Beschaffenheit wie A_1, das ebenfalls ein Bestandtheil von A ist und mit A_1 keine Stelle gemeinschaftlich hat — was jedoch nicht ausschliesst, dass die Begrenzungen von A_1 und A_2 theilweise oder ganz zusammenfallen. Existiren ferner noch Stellen von A, die weder in A_1 noch in A_2 liegen, so giebt es mindestens noch ein drittes Continuum (A_3) von derselben Beschaffenheit wie A_1, A_2, das gleichfalls ein Bestandtheil von A ist und mit den beiden ersten keine Stelle gemein hat. U. s. w.

Nachdem so festgestellt ist, wie der Bereich A möglicherweise gestaltet ist, kann leicht an Beispielen gezeigt werden, dass die angegebenen verschiedenen Fälle auch wirklich vorkommen. Es genügt hier die beiden Reihen

$$\sum_{\nu=0}^{\infty} x^{\nu}, \quad \sum_{\nu=0}^{\infty} \left(\frac{1}{x^{\nu} + x^{-\nu}} \right)$$

anzuführen. Für die erstere bilden den Bereich A alle diejenigen Werthe von x, die ihrem absoluten Betrage nach kleiner als 1 sind, für die andere ausser denselben Werthen auch alle diejenigen, die ihrem absoluten Betrage nach grösser als 1 sind; es besteht also A in dem ersten Falle aus einem zusammenhangenden Stücke, in dem anderen aus zwei solchen Stücken, die keine Stelle gemein haben. Beispiele von Reihen der hier betrachteten Art, für welche der Bereich A aus mehr als zwei Stücken besteht, werden später vorkommen.

Es ist ferner noch Folgendes nachzuweisen.

Angenommen, es convergire die betrachtete Reihe gleichmässig in der Nähe jeder Stelle, die im Innern oder an der Grenze eines gegebenen zu-

26*

sammenhangenden Bereichs (B) liegt, so convergirt sie auch in dem ganzen Bereiche gleichmässig.

Sind a, a' irgend zwei Stellen des Bereichs A, von denen a' in der Umgebung von a liegt, und ist R der Halbmesser der letzteren, $D = |a'-a|$ der Abstand der beiden Stellen, so folgt aus den gegebenen Definitionen unmittelbar, dass der Halbmesser (R') der Umgebung von a' nicht kleiner als $R-D$ sein kann. Ist $D < \frac{1}{2}R$, so ist also $R' > \frac{1}{2}R$, und es liegt a in der Umgebung von a'; mithin muss $R \geqq R'-D$ sein, R' also zwischen

$$R-D \quad \text{und} \quad R+D$$

liegen. Wenn daher die Stelle a in A ihre Lage stetig ändert, so ändert sich auch der zugehörige Werth von R stetig. Daraus folgt weiter, dass die untere Grenze R_0 derjenigen Werthe von R, die diese Grösse im Bereiche B annehmen kann, mindestens an einer im Innern oder an der Grenze dieses Bereiches liegenden Stelle wirklich erreicht wird, und dass daher R_0 nicht gleich Null ist. Deshalb kann B in eine endliche Anzahl von Theilen dergestalt zerlegt werden, dass in jedem einzelnen Theile der grösste Abstand zweier Stellen kleiner als R_0 ist. Jeder solcher Theil liegt dann ganz in der Umgebung einer in ihm willkürlich angenommenen Stelle; für die demselben angehörigen Werthe von x convergirt also die betrachtete Reihe gleichmässig, woraus nach dem oben Bemerkten die Richtigkeit des ausgesprochenen Satzes sich unmittelbar ergiebt.

Eine Reihe der in Rede stehenden Art kann so beschaffen sein, dass sie in der Nähe jeder im Innern ihres Convergenzbereichs liegenden Stelle gleichmässig convergirt. Im Folgenden werde ich ausschliesslich Reihen von dieser Beschaffenheit untersuchen. Wenn man nämlich von der Reihe

$$\sum_{\nu=0}^{\infty} f_\nu(x)$$

nur weiss, dass es im Gebiete der Veränderlichen x einen zusammenhangenden Bereich giebt, in welchem die Reihe convergirt, so lässt sich daraus allein nicht einmal folgern, dass ihr Werth in demselben Bereiche eine stetige Function von x sei. Macht man aber die angegebene Voraussetzung, so lässt sich zeigen, dass die Reihe in jedem der im Vorstehenden definirten Stücke $(A_1, \ldots)$ ihres Convergenzbereiches im Allgemeinen einen eindeutigen Zweig einer monogenen analytischen Function von x, und in besondern Fällen eine solche Function vollständig darstellt.

Hierzu ist ein Hülfssatz erforderlich, den ich zunächst anführen und beweisen will.

2.

»Es seien unendlich viele Potenzreihen einer Veränderlichen x, welche Potenzen dieser Grösse mit ganzen, positiven und negativen Exponenten in beliebiger Anzahl enthalten, in bestimmter Aufeinanderfolge gegeben:

$$P_0(x),\ P_1(x),\ P_2(x),\ \ldots;$$

und es sei möglich, zwei reelle Grössen $R,\ R'$, von denen $R' > R,\ R \geqq 0$ ist, so anzunehmen, dass für die der Bedingung

$$R < |x| < R'$$

entsprechenden Werthe von x nicht nur jede einzelne der gegebenen Reihen, sondern auch die Summe

$$\sum_{\nu=0}^{\infty} P_\nu(x)$$

convergirt, und zwar die letztere für alle diejenigen Werthe der Veränderlichen, die denselben absoluten Betrag haben, gleichmässig. Dann hat, wenn

$$A_\mu^{(\nu)}$$

der Coefficient von x^μ in $P_\nu(x)$ ist, die Summe

$$\sum_{\nu=0}^{\infty} A_\mu^{(\nu)}$$

für jeden Werth von μ einen bestimmten endlichen Werth, der mit A_μ bezeichnet werde, und es lässt sich zeigen, dass für jeden Werth von x, dessen absoluter Betrag grösser als R und kleiner als R' ist, die Reihe

$$\sum_\mu A_\mu x^\mu$$

convergirt und die Gleichung

$$\sum_{\nu=0}^{\infty} P_\nu(x) = \sum_\mu A_\mu x^\mu$$

besteht.«

Es sei r irgend eine bestimmte, zwischen R und R' enthaltene positive Grösse, und k eine beliebige andere, so kann in Folge der hinsichtlich der Convergenz der Reihe

$$\sum_{\nu=0}^{\infty} P_\nu(x)$$

gemachten Voraussetzung eine ganze positive Zahl m so angenommen werden, dass für jeden Werth von x, dessen absoluter Betrag gleich r ist, und für jede ganze Zahl n, die $\geqq m$, der absolute Betrag der Summe

$$\sum_{\nu=n}^{\infty} P_\nu(x)$$

kleiner als $\tfrac{1}{2}k$, und deshalb für jede Zahl n', die $\geqq n$,

$$\left| \sum_{\nu=n}^{n'} P_\nu(x) \right| < k$$

ist. Man hat aber

$$\sum_{\nu=n}^{n'} P_\nu(x) = \sum_{\mu} \left\{ \sum_{\nu=n}^{n'} A_\mu^{(\nu)} . x^\mu \right\},$$

und es ist deshalb nach einem bekannten Satze*) für jeden ganzzahligen Werth von μ

$$\left| \sum_{\nu=n}^{n'} A_\mu^{(\nu)} \right| < k r^{-\mu}.$$

Demgemäss hat die Summe

$$\sum_{\nu=0}^{\infty} A_\mu^{(\nu)}$$

einen bestimmten endlichen Werth, der mit A_μ bezeichnet werde.

Nun nehme man zwei positive Grössen r_1, r_2 so an, dass

$$R < r_1 < r < r_2 < R',$$

so kann man der Zahl n einen solchen Werth geben, dass

$$\left| \sum_{\nu=n}^{n'} A_\mu^{(\nu)} \right|$$

auch kleiner als jede der beiden Grössen

$$k r_1^{-\mu}, \; k r_2^{-\mu}$$

---

*) [S. Anmerkung 1, S. 224 dieses Bandes.]

ist; woraus folgt:

$$\left| \sum_{\nu=n}^{\infty} A_{\mu}^{(\nu)} \right| \leqq k r_1^{-\mu},$$

$$\left| \sum_{\nu=n}^{\infty} A_{\mu}^{(\nu)} \right| \leqq k r_2^{-\mu}.$$

Hiernach hat man, wenn

$$\sum_{\nu=0}^{n-1} A_{\mu}^{(\nu)} = A_{\mu}', \qquad \sum_{\nu=n}^{\infty} A_{\mu}^{(\nu)} = A_{\mu}''$$

gesetzt, und der Veränderlichen x ein Werth, dessen absoluter Betrag gleich r ist, beigelegt wird,

$$\sum_{\mu=-1}^{-\infty} \left| A_{\mu}'' x^{\mu} \right| \leqq k \sum_{\mu=-1}^{-\infty} \left(\frac{r}{r_1} \right)^{\mu},$$

$$\sum_{\mu=0}^{+\infty} \left| A_{\mu}'' x^{\mu} \right| \leqq k \sum_{\mu=0}^{+\infty} \left(\frac{r}{r_2} \right)^{\mu},$$

und somit

$$\sum_{\mu=-\infty}^{+\infty} \left| A_{\mu}'' x^{\mu} \right| \leqq k \left(\frac{r_1}{r-r_1} + \frac{r_2}{r_2-r} \right).$$

Die Reihe

$$\sum_{\mu} A_{\mu}'' x^{\mu}$$

ist also unbedingt convergent, und da

$$\sum_{\mu} A_{\mu}' x^{\mu} = \sum_{\nu=0}^{n-1} P_{\nu}(x),$$

so gilt dasselbe auch von der Reihe

$$\sum_{\mu} A_{\mu} x^{\mu}.$$

Man hat ferner

$$\sum_{\nu=0}^{\infty} P_{\nu}(x) - \sum_{\mu} A_{\mu} x^{\mu} = \sum_{\nu=n}^{\infty} P_{\nu}(x) - \sum_{\mu} A_{\mu}'' x^{\mu},$$

und somit

$$\left| \sum_{\nu=0}^{\infty} P_{\nu}(x) - \sum_{\mu} A_u x^{\mu} \right| \leqq k + k \left(\frac{r_1}{r-r_1} + \frac{r_2}{r_2-r} \right).$$

Da man nun für jeden bestimmten Werth von x, dessen absoluter Betrag (r) zwischen R und R' enthalten ist, zunächst r_1, r_2 der angegebenen Bedingung gemäss, und dann k so annehmen kann, dass

$$k + k \left(\frac{r_1}{r-r_1} + \frac{r_2}{r_2-r} \right)$$

kleiner ist als eine beliebige gegebene Grösse, so folgt, dass für jeden der
Bedingung

$$R < |x| < R'$$

entsprechenden Werth von x nicht nur die Reihe

$$\sum_\mu A_\mu x^\mu$$

convergirt, sondern auch die Gleichung

$$\sum_\mu A_\mu x^\mu = \sum_{\nu=0}^{\infty} P_\nu(x)$$

besteht; w. z. b. w.

3.

Es sei jetzt

$$F(x) = \sum_{\nu=0}^{\infty} f_\nu(x)$$

irgend eine Reihe von der am Schlusse des § 1 angegebenen Beschaffenheit,
und es werde mit A' eines der Stücke bezeichnet, aus denen nach der vorangegangenen Auseinandersetzung der Convergenzbereich der Reihe besteht.

Nimmt man dann in A' eine Stelle a_0 willkürlich an, und beschränkt
die Veränderliche x auf die Umgebung von a_0, so lässt sich nicht nur jede
der Functionen $f_\nu(x)$, sondern nach dem vorhergehenden Satze auch die Summe
derselben durch eine gewöhnliche Potenzreihe von $x-a_0$, die mit

$$\mathfrak{P}_0(x-a_0)$$

bezeichnet werde, und die ich ein »Element« der Function $F(x)$ nenne, ausdrücken. *)

Nimmt man ferner in der Umgebung von a_0 eine zweite Stelle (a_1) an,
und ist $\mathfrak{P}_1(x-a_1)$ das zu dieser gehörige Element von $F(x)$, so hat man für

---

*) Hierzu bemerke ich, dass nach dem Satze des § 2 der Coefficient von $(x-a_0)^\mu$ gleich

$$\frac{1}{\mu!} \sum_{\nu=0}^{\infty} \left[\frac{d^\mu f_\nu(x)}{dx^\mu} \right]_{(x=a_0)}$$

ist. Die Function $F(x)$ hat also in A' Ableitungen jeder Ordnung, und es ist

$$\frac{d^\mu F(x)}{dx^\mu} = \sum_{\nu=0}^{\infty} \frac{d^\mu f_\nu(x)}{dx^\mu}.$$

Es ist ferner leicht zu zeigen, dass auch die Reihe auf der rechten Seite dieser Gleichung in der Nähe
jeder Stelle von A' gleichmässig convergirt, und somit dieselbe Beschaffenheit wie die gegebene hat.

diejenigen Werthe von x, die in der Umgebung von a_0 sowohl als von a_1 liegen,

$$\mathfrak{P}_1(x-a_1) = \mathfrak{P}_0(x-a_0), \quad \mathfrak{P}_0(x-a_0) = \sum_{\mu=0}^{\infty} \mathfrak{P}_0^{(\mu)}(a_1-a_0)\frac{(x-a_1)^\mu}{\mu!},$$

wo

$$\mathfrak{P}_0^{(\mu)}(x-a_0) = \frac{d^\mu \mathfrak{P}_0(x-a_0)}{dx^\mu}.$$

Daraus folgt, dass der Coefficient von $(x-a_1)^\mu$ in $\mathfrak{P}_1(x-a_1)$ mit dem entsprechenden Coefficienten der Entwicklung von $\mathfrak{P}_0(x-a_0)$ nach Potenzen von $(x-a_1)$ übereinstimmen muss.

Nun kann man, wenn a eine beliebige Stelle in A' ist, zwischen a_0 und a eine Reihe von Stellen

$$a_1,\ a_2,\ \ldots a_n$$

so einschalten, dass a_1 in der Umgebung von a_0, a_2 in der Umgebung von a_1, u. s. w., und schliesslich a in der Umgebung von a_n liegt.

Dann hat man, wenn

$$\mathfrak{P}_1(x-a_1),\ \mathfrak{P}_2(x-a_2),\ \ldots \mathfrak{P}_n(x-a_n),\ \mathfrak{P}(x-a)$$

die zu den Stellen $a_1, a_2, \ldots a_n, a$ gehörigen Elemente der Function $F(x)$ sind,

$$\mathfrak{P}_1(x-a_1) = \sum_{\mu=0}^{\infty} \mathfrak{P}_0^{(\mu)}(a_1-a_0)\frac{(x-a_1)^\mu}{\mu!},$$

$$\mathfrak{P}_2(x-a_2) = \sum_{\mu=0}^{\infty} \mathfrak{P}_1^{(\mu)}(a_2-a_1)\frac{(x-a_2)^\mu}{\mu!},$$

u. s. w.,

$$\mathfrak{P}(x-a) = \sum_{\mu=0}^{\infty} \mathfrak{P}_n^{(\mu)}(a-a_n)\frac{(x-a)^\mu}{\mu!}.$$

Es besteht also in dem Bereich A' zwischen den Elementen der betrachteten Function ein solcher Zusammenhang, dass aus einem beliebig angenommenen Elemente jedes andere durch ein bestimmtes Rechnungsverfahren abgeleitet werden kann. Für die dem genannten Bereich angehörigen Werthe von x ist also die Function völlig bestimmt, sobald irgend eines ihrer Elemente gegeben ist.

Möglicherweise erstreckt sich, wenn die Stelle a der Begrenzung von A' hinlänglich nahe angenommen wird, der Convergenzbezirk der Reihe $\mathfrak{P}(x-a)$ über A' hinaus. In diesem Falle (der sogar der gewöhnliche ist) existiren unendlich viele, aus $\mathfrak{P}_0(x-a_0)$ durch das beschriebene Verfahren ableitbare Potenzreihen $\mathfrak{P}'(x-a')$, deren Convergenzbezirke ganz oder theilweise ausserhalb A' liegen, und aus diesen können dann möglicherweise durch dasselbe Verfahren wieder andere sich ergeben, welche in ihrem Convergenzbezirk auch Stellen von A' enthalten, aber an diesen andere Werthe als $F(x)$ haben. Alle diese Reihen stellen Fortsetzungen der durch die gegebene Reihe $F(x)$ zunächst für die dem Bezirk A' angehörigen Werthe von x definirten Function dar; sie sind, nach der in meinen Vorlesungen über die Anfangsgründe der allgemeinen Functionenlehre eingeführten Terminologie, sämmtlich Elemente einer monogenen analytischen Function, die eindeutig oder mehrdeutig sein kann, aber als vollständig definirt zu betrachten ist, sobald irgend eines ihrer Elemente gegeben ist.

Wenn der Convergenzbereich der Reihe $\mathfrak{P}(x-a)$, wie man auch a annehmen möge, stets ganz in A' enthalten ist, so kann die durch den Ausdruck $F(x)$ für den Bereich A' definirte Function über die Grenzen dieses Bereichs nicht fortgesetzt werden. Es stellt also in diesem Falle — der wirklich vorkommt, wie weiter unten wird gezeigt werden — die Reihe, wenn die Veränderliche x auf den Bereich A' beschränkt wird, eine eindeutige monogene Function von x vollständig dar.

Hiernach lässt sich das im Vorstehenden Auseinandergesetzte kurz so, wie am Schlusse von § 1 geschehen ist, zusammenfassen.

Hieran knüpft sich nun eine für die Functionenlehre wichtige Frage.

Angenommen, der Convergenzbereich der betrachteten Reihe bestehe aus mehreren Stücken $(A_1, A_2, \ldots)$, so ist es möglich, dass sie in denselben Zweige einer und derselben monogenen Function darstellt. Es fragt sich nun, ob sich dies in allen Fällen so verhält. Muss diese Frage verneint werden, wie dies wirklich der Fall ist, so ist damit bewiesen, **dass der Begriff einer monogenen Function einer complexen Veränderlichen mit dem Begriff einer durch (arithmetische) Grössenoperationen ausdrückbaren Abhängigkeit sich nicht vollständig deckt.***) Daraus aber folgt dann, dass mehrere der wichtigsten Sätze der

---

*) Das Gegentheil ist von Riemann ausgesprochen worden (Grundlagen für eine allgemeine Theorie der Functionen einer veränderlichen complexen Grösse, § 20, am Schluss), wobei ich bemerke, dass eine Function eines complexen Arguments, wie sie Riemann definirt, stets eine monogene Function ist.

neueren Functionenlehre nicht ohne Weiteres auf Ausdrücke, welche im Sinne der älteren Analysten (Euler, Lagrange u. A.) Functionen einer complexen Veränderlichen sind, dürfen angewandt werden.*)

Ich habe bereits vor Jahren gefunden — und in meinen Vorlesungen mitgetheilt —, dass die oben angeführte Reihe

$$F(x) = \sum_{\nu=0}^{\infty} \left(\frac{1}{x^\nu + x^{-\nu}} \right),$$

deren Convergenzbereich aus zwei Stücken besteht, zwei verschiedene monogene Functionen, und zwar eine jede vollständig darstellt.

Ist nämlich x_0 irgend ein Werth von x, der den absoluten Betrag 1 hat, so lässt sich — mit Hülfe von Sätzen, welche die Theorie der linearen Transformation der elliptischen ϑ-Functionen liefert — zeigen, dass sich sowohl unter denjenigen Werthen von x, für die $|x| < 1$, als auch unter denen, für die $|x| > 1$, in jeder noch so kleinen Umgebung von x_0 solche finden, für die der absolute Betrag von $F(x)$ jede beliebig angenommene Grösse übertrifft.**) Daraus folgt sofort, dass die Reihe in jedem der beiden Stücke ihres Convergenzbereichs eine Function darstellt, die über die Begrenzung des Stückes hinaus nicht fortgesetzt werden kann.

Es blieb indessen, obwohl dies eine Beispiel zur Erledigung der in Rede stehenden Frage ausreichte, noch ein Bedenken übrig.

Die beiden durch die angeführte Reihe ausgedrückten Functionen stehen in einer sehr einfachen Beziehung zu einander, indem

$$F(x^{-1}) = F(x)$$

---

*) Wenn z. B. zwei Ausdrücke

$$\sum_{\nu=0}^{\infty} f_\nu(x), \quad \sum_{\nu=0}^{\infty} \bar{f}_\nu(x)$$

der hier betrachteten Art gegeben sind, und sich zeigen lässt, dass es in der Nähe einer bestimmten, im Innern des Convergenzbereichs sowohl des einen als des andern liegenden Stelle unendlich viele Werthe von x giebt, für welche die Ausdrücke gleiche Werthe haben, so ist damit festgestellt, dass innerhalb eines bestimmten zusammenhängenden Bereichs der Veränderlichen x die Gleichung

$$\sum_{\nu=0}^{\infty} f_\nu(x) = \sum_{\nu=0}^{\infty} \bar{f}_\nu(x)$$

besteht; es lässt sich aber nicht behaupten, dass dieselbe an allen Stellen des gemeinschaftlichen Convergenzbereichs der beiden Reihen gelte, wofern nicht der Nachweis geführt werden kann, dass beide Ausdrücke in dem genannten Bereich monogene Functionen sind.

**) [S. Anmerkung 2, S. 226 dieses Bandes.]

27*

ist. Es war daher der Gedanke nicht abzuweisen, ob nicht überhaupt in dem Falle, wo ein arithmetischer Ausdruck $F(x)$ in verschiedenen Theilen seines Geltungsbereichs verschiedene monogene Functionen der complexen Veränderlichen x darstellt, unter diesen ein nothwendiger Zusammenhang bestehe, der bewirke, dass durch die Eigenschaften der einen auch die Eigenschaften der andern bestimmt seien. Wäre dies der Fall, so würde daraus folgen, dass der Begriff der monogenen Function erweitert werden müsste.

Um jeden Zweifel über diesen Punkt zu beseitigen, habe ich mir die Aufgabe gestellt, einen Ausdruck

$$F(x) = \sum_{\nu=0}^{\infty} f_\nu(x)$$

von der hier angenommenen Beschaffenheit, der den folgenden Bedingungen genüge, zu bilden: Der Convergenzbereich der Reihe soll aus n Stücken $(A_1, A_2, \ldots A_n)$, wie sie oben definirt worden sind, bestehen, und es soll $F(x)$ in A_1 gleich $F_1(x)$, in A_2 gleich $F_2(x)$, ... in A_n gleich $F_n(x)$ sein, wo $F_1(x)$, $F_2(x)$, ... $F_n(x)$ willkürlich anzunehmende, für das ganze Gebiet der Veränderlichen x, mit Ausnahme von einzelnen Stellen, definirte eindeutige und monogene Functionen bedeuten.

Zur Lösung dieser Aufgabe stelle ich zunächst einen Ausdruck von der angegebenen Form her, welcher in der Nähe jeder Stelle, wo der reelle Theil von x nicht gleich Null ist, gleichmässig convergirt und den Werth

$$+1 \text{ oder } -1$$

hat, jenachdem der reelle Theil von x positiv oder negativ ist. Formeln, die in der Theorie der elliptischen Functionen vorkommen, führen zu einem solchen Ausdruck. Bei der nachstehenden Herleitung desselben habe ich jedoch absichtlich aus der genannten Theorie nichts vorausgesetzt.

4.

Nimmt man zwei endliche und von Null verschiedene complexe Grössen (ω, ω') so an, dass der reelle Theil des Quotienten

$$\frac{\omega'}{\omega i}$$

nicht gleich Null ist, und versteht unter v, v' unbeschränkt veränderliche ganze Zahlen, so hat bekanntlich die Summe

$$\sum_{v,v'}' | 2v\omega + 2v'\omega' |^{-3}$$

einen endlichen Werth, wenn bei der Summation dasjenige Glied, in welchem v, v' beide gleich Null sind, fortgelassen wird.*) Es stellt deshalb — wie in § 2 meiner Abhandlung »Zur Theorie der eindeutigen analytischen Functionen«**) gezeigt worden ist — die Reihe

$$\frac{1}{u} + \sum_{v,v'}' \left\{ \frac{1}{u - 2v\omega - 2v'\omega'} \left(\frac{u}{2v\omega + 2v'\omega'} \right)^2 \right\},$$

die bei jeder Anordnung ihrer Glieder denselben Werth hat, eine eindeutige analytische Function der Veränderlichen u — mit der einen wesentlichen singulären Stelle ∞ — dar, welche Function hier mit

$$\psi(u, \omega, \omega')$$

bezeichnet werden möge.

Mit Hülfe der bekannten Gleichungen

$$\pi \operatorname{ctg} u\pi = \frac{1}{u} + \sum_{v}' \left(\frac{1}{u - v} + \frac{1}{v} \right),$$

$$\pi \left(\operatorname{ctg} u\pi - \operatorname{ctg} a\pi \right) = \sum_{v} \left(\frac{1}{u - v} - \frac{1}{a - v} \right), \text{ wenn } a \text{ keine ganze Zahl,}$$

$$\left(\frac{\pi}{\sin u\pi} \right)^2 = \sum_{v} \frac{1}{(u - v)^2},$$

$$\frac{\pi^2}{3} = \sum_{v}' \frac{1}{v^2}$$

lässt sich der vorstehende Ausdruck von $\psi(u, \omega, \omega')$ folgendermassen umgestalten.

Es ist

$$\psi(u, \omega, \omega') = \frac{1}{u} + \sum_{v,v'}' \left(\frac{1}{u - 2v\omega - 2v'\omega'} + \frac{1}{2v\omega + 2v'\omega'} + \frac{u}{(2v\omega + 2v'\omega')^2} \right).$$

---

*) Durch das dem Σ beigefügte Zeichen (') soll hier und im Folgenden darauf hingewiesen werden, dass unter den Werthen, die der Ausdruck unter dem Summenzeichen annehmen kann, sich einer findet, der $= \infty$ ist und bei der Summation fortgelassen werden muss.

**) [S. 92 dieses Bandes.]

Die Summe aller Glieder dieser Reihe, in denen ν' den Werth Null hat, ist

$$\frac{1}{2\omega}\left\{\frac{2\omega}{u}+\sum_{\nu}'\left(\frac{1}{\dfrac{u}{2\omega}-\nu}+\frac{1}{\nu}\right)\right\}+\frac{u}{4\omega^2}\sum_{\nu}'\frac{1}{\nu^2}\;=\;\frac{\pi}{2\omega}\,\mathrm{ctg}\,\frac{u\pi}{2\omega}+\frac{\pi^2}{12\omega^2}\,u.$$

Ferner die Summe aller Glieder, in denen ν' einen bestimmten, von Null verschiedenen Werth hat,

$$\frac{1}{2\omega}\sum_{\nu}\left(\frac{1}{\dfrac{u-2\nu'\omega'}{2\omega}-\nu}-\frac{1}{\dfrac{-\nu'\omega'}{\omega}-\nu}\right)+\frac{u}{4\omega^2}\sum_{\nu}\left(\frac{1}{\dfrac{\nu'\omega'}{\omega}+\nu}\right)^2$$

$$=\;\frac{\pi}{2\omega}\left(\mathrm{ctg}\,\frac{u-2\nu'\omega'}{2\omega}\,\pi+\mathrm{ctg}\,\frac{\nu'\omega'}{\omega}\,\pi\right)+\frac{\pi^2 u}{4\omega^2\sin^2\!\left(\dfrac{\nu'\omega'}{\omega}\,\pi\right)}.$$

Man hat also

$$\psi(u,\omega,\omega')\;=\;\frac{\pi}{2\omega}\,\mathrm{ctg}\,\frac{u\pi}{2\omega}+\frac{\pi}{2\omega}\sum_{\nu'}'\left(\mathrm{ctg}\,\frac{u-2\nu'\omega'}{2\omega}\,\pi+\mathrm{ctg}\,\frac{\nu'\omega'}{\omega}\,\pi\right)$$

$$+\left(\frac{1}{3}+\sum_{\nu'}'\sin^{-2}\!\left(\frac{\nu'\omega'}{\omega}\,\pi\right)\right)\cdot\frac{u\pi^2}{4\omega^2},$$

oder auch, wenn man, unter n eine ganze positive Zahl verstehend,

$$\eta\;=\;\frac{\pi^2}{\omega}\left(\frac{1}{12}+\frac{1}{2}\sum_{n=1}^{\infty}\sin^{-2}\!\left(\frac{n\omega'}{\omega}\,\pi\right)\right)$$

setzt,

$$\psi(u,\omega,\omega')\;=\;\frac{\eta u}{\omega}+\frac{\pi}{2\omega}\,\mathrm{ctg}\,\frac{u\pi}{2\omega}+\frac{\pi}{2\omega}\sum_{n=1}^{\infty}\left(\mathrm{ctg}\,\frac{u-2n\omega'}{2\omega}\,\pi+\mathrm{ctg}\,\frac{u+2n\omega'}{2\omega}\,\pi\right).$$

Aus dieser Gleichung ergiebt sich

$$\psi(u+2\omega,\omega,\omega')\;=\;\psi(u,\omega,\omega')+2\eta,$$

und hieraus, wenn man $u=-\omega$ setzt und bemerkt, dass $\psi(u,\omega,\omega')$ eine ungrade Function von u ist,

$$\eta\;=\;\psi(\omega,\omega,\omega').$$

Man erhält also aus dem vorhergehenden Ausdruck von $\psi(u,\omega,\omega')$, wenn man in demselben

$$u=\omega'$$

nimmt,

$$\omega'\psi(\omega,\omega,\omega')-\omega\psi(\omega',\omega,\omega')$$

$$=\;-\frac{\pi}{2}\,\mathrm{ctg}\,\frac{\omega'\pi}{2\omega}+\frac{\pi}{2}\sum_{n=1}^{\infty}\left(\mathrm{ctg}\,\frac{(2n-1)\omega'}{2\omega}\,\pi-\mathrm{ctg}\,\frac{(2n+1)\omega'}{2\omega}\,\pi\right).$$

Man hat aber, wenn m eine beliebige positive ganze Zahl ist,

$$-\frac{\pi}{2}\operatorname{ctg}\frac{\omega'\pi}{2\omega} + \frac{\pi}{2}\sum_{n=1}^{m}\left(\operatorname{ctg}\frac{(2n-1)\omega'}{2\omega}\pi - \operatorname{ctg}\frac{(2n+1)\omega'}{2\omega}\pi\right) = -\frac{\pi}{2}\operatorname{ctg}\frac{(2m+1)\omega'}{2\omega}\pi;$$

es ist also der Ausdruck auf der rechten Seite der vorhergehenden Gleichung gleich der Grenze, der sich

$$-\frac{\pi}{2}\operatorname{ctg}\frac{(2m+1)\omega'}{2\omega}\pi = \frac{e^{\frac{(2m+1)\omega'}{2\omega i}\pi} + e^{-\frac{(2m+1)\omega'}{2\omega i}\pi}}{e^{\frac{(2m+1)\omega'}{2\omega i}\pi} - e^{-\frac{(2m+1)\omega'}{2\omega i}\pi}} \cdot \frac{\pi i}{2}$$

nähert, wenn m unendlich gross wird. Diese Grenze aber hat den Werth

$$\frac{\pi i}{2} \text{ oder } -\frac{\pi i}{2},$$

jenachdem der reelle Theil von $\frac{\omega'}{\omega i}$ positiv oder negativ ist.

Es geht ferner aus dem ursprünglichen Ausdruck von $\psi(u, \omega, \omega')$, da derselbe sich nicht ändert, wenn man gleichzeitig

$$\nu' \text{ für } \nu, \text{ und } -\nu \text{ für } \nu'$$

setzt, die Gleichung

$$\psi(u, \omega, \omega') = \psi(u, \omega', -\omega)$$

hervor. Man hat also

$$\omega'\psi(\omega, \omega, \omega') - \omega\psi(\omega', \omega', -\omega) = \pm\frac{\pi i}{2},$$

wo das obere oder das untere Zeichen gilt, jenachdem der reelle Theil von $\frac{\omega'}{\omega i}$ positiv oder negativ ist.

Es gilt ferner, wenn c eine beliebige Grösse ist, die Gleichung

$$\psi(u, \omega, \omega') = c\psi(cu, c\omega, c\omega'),$$

woraus sich, wenn $c = \frac{1}{\omega}$ gesetzt wird,

$$\psi(\omega, \omega, \omega') = \frac{1}{\omega}\psi\left(1, 1, \frac{\omega'}{\omega}\right)$$

ergiebt. Ebenso ist

$$\psi(\omega', \omega', -\omega) = \frac{1}{\omega'}\psi\left(1, 1, -\frac{\omega}{\omega'}\right),$$

und man hat also

$$\frac{\omega'}{\omega i}\,\psi\left(1,1,\frac{\omega'}{\omega}\right) + \frac{\omega i}{\omega'}\,\psi\left(1,1,-\frac{\omega}{\omega'}\right) = \pm\frac{\pi}{2}.$$

Setzt man nun

$$\frac{\omega'}{\omega i} = x,$$

so dass x eine complexe Grösse ist, welche jeden Werth, dessen reeller Theil nicht gleich Null ist, annehmen kann, und

$$\chi(x) = \frac{2x}{\pi}\,\psi(1,1,xi) + \frac{2}{\pi x}\,\psi\left(1,1,\frac{i}{x}\right),$$

so ist

$$\chi(x) = \frac{2}{\pi}(x+x^{-1}) + \frac{2}{\pi}\sum_{\nu,\nu'}{}'\left(\frac{x}{(1-2\nu-2\nu'xi)(2\nu+2\nu'xi)^2}\right)$$
$$+ \frac{2}{\pi}\sum_{\nu,\nu'}{}'\left(\frac{x^{-1}}{(1-2\nu-2\nu'x^{-1}i)(2\nu+2\nu'x^{-1}i)^2}\right)$$

ein in der Form einer unendlichen Reihe, deren Glieder sämmtlich rationale Functionen von x sind, dargestellter Ausdruck und hat den Werth

$$+1 \text{ oder } -1,$$

jenachdem der reelle Theil von x positiv oder negativ ist.

Man nehme nun im Gebiet der Grösse x einen ganz im Endlichen liegenden Bereich (X) so an, dass weder im Innern noch an der Grenze desselben der reelle Theil von x gleich Null wird; so lässt sich leicht zeigen, dass die vorstehende Reihe innerhalb dieses Bereiches unbedingt und gleichmässig convergirt.

Man setze

$$w = 2\nu + 2\nu'xi,$$

so dass

$$\psi(1,1,xi) = 1 + \sum_{\nu,\nu'}{}'\frac{1}{(1-w)w^2}$$

ist. Versteht man nun unter k den kleinsten Werth, den der absolute Betrag der Grösse

$$\varepsilon + \varepsilon'(\xi + \xi'i)i$$

für reelle Werthe der Veränderlichen ε, ε', ξ, ξ' unter der Bedingung, dass

$$\varepsilon\varepsilon + \varepsilon'\varepsilon' = 1$$

14 Weierstraß, Kap.

sein und $\xi+\xi'i$ im Innern oder an der Grenze von X liegen soll, annehmen kann; so ist k nicht gleich Null, und man hat

$$|w| \geqq 2k\sqrt{vv+v'v'}$$
$$|1-w| \geqq k\sqrt{(2v-1)^2+4v'v'}$$

für jeden nicht ausserhalb des Bereichs X liegenden Werth von x. Es ist aber für jede ganze Zahl v

$$(2v-1)^2 \geqq v^2,$$

also

$$(2v-1)^2+4v'v' \geqq vv+v'v',$$

und somit

$$\left|\frac{1}{(1-w)\,w^2}\right| \leqq \frac{(vv+v'v')^{-\frac{3}{2}}}{4k^3}.$$

Hiernach ist jedes Glied der Reihe, durch welche $\psi(1,1,xi)$ dargestellt wird, seinem absoluten Betrage nach kleiner oder höchstens eben so gross als das entsprechende Glied der Reihe

$$1+\sum_{v,v}'\frac{(vv+v'v')^{-\frac{3}{2}}}{4k^3},$$

welche bekanntlich eine endliche Summe hat. Damit ist bewiesen, dass die erstgenannte Reihe für die dem Bereiche X angehörigen Werthe von x unbedingt und gleichmässig convergirt.

Es ist aber, wenn x in X angenommen wird, der Bereich der Grösse $\frac{1}{x}$ ebenfalls so beschaffen, dass weder im Innern noch an der Grenze desselben der reelle Theil von $\frac{1}{x}$ gleich Null wird. Daher convergirt auch der Ausdruck von $\psi\left(1,1,\frac{i}{x}\right)$ für die dem betrachteten Bereiche angehörigen Werthe von x unbedingt und gleichmässig. Dasselbe gilt also auch für die Reihe, durch welche $\chi(x)$ dargestellt ist.

Es möge noch bemerkt werden, dass man in der Reihe $\psi(1,1,xi)$, weil dieselbe unbedingt convergent ist, je zwei Glieder, in denen v denselben, v' aber entgegengesetzte Werthe hat, in eines zusammenziehen kann, wodurch man, wenn unter n eine ganze positive Zahl verstanden wird,

$$\psi(1,1,xi) = 1+\sum_{v}'\frac{1}{4v^2(1-2v)} + \frac{1}{2}\sum_{n,v}\left\{\frac{(6v-1)\,n^2x^2-(2v-1)\,v^2}{(4n^2x^2+(2v-1)^2)(n^2x^2+v^2)^2}\right\}$$

erhält. Die Glieder der so umgeformten Reihe sind rationale Functionen von x, welche rationale Coefficienten haben und nur für solche Werthe von x, deren reeller Theil gleich Null ist, unendlich gross werden. Als Summe von ebenso beschaffenen Gliedern lässt sich also auch $\chi(x)$ ausdrücken.

5.

Nun sei x' eine beliebige rationale Function von x, und es werde

$$\chi_1(x) = \chi(x')$$

gesetzt, so dass $\chi_1(x)$ ebenfalls eine Summe von unendlich vielen rationalen Functionen der Veränderlichen x ist. In der Ebene der letzteren Grösse werden dann diejenigen Werthe derselben, für welche der reelle Theil von x' verschwindet, durch eine reelle algebraische Curve repräsentirt, welche die Ebene dergestalt in mehrere Stücke zerlegt, dass der reelle Theil von x' in einigen Stücken überall positiv, in den andern überall negativ ist. In den ersteren hat also $\chi_1(x)$ überall den Werth $+1$, in den andern überall den Werth -1.

Nimmt man beispielsweise

$$x' = \frac{\alpha x + \beta}{\gamma x + \delta}$$

an, wo α, β, γ, δ Constanten bedeuten, deren Wahl keiner andern Beschränkung unterliegt, als dass $\alpha\delta - \beta\gamma$ nicht gleich Null sein darf, so ist die genannte Curve bekanntlich ein Kreis,*) und es können α, β, γ, δ so bestimmt werden, dass dieser Kreis ein gegebener wird und der reelle Theil von x' für einen gegebenen Punkt ein vorgeschriebenes Zeichen hat.

Nun seien $F_1(x)$, $F_2(x)$ irgend zwei eindeutige Functionen von x mit einer endlichen Anzahl wesentlicher singulärer Stellen. Dann lässt sich, wenn

$$\chi_1(x) = \chi\left(\frac{\alpha x + \beta}{\gamma x + \delta}\right),$$

$$\mathfrak{F}_0(x) = \frac{F_1(x) + F_2(x)}{2}, \qquad \mathfrak{F}_1(x) = \frac{F_1(x) - F_2(x)}{2}$$

gesetzt wird, der Ausdruck

$$\mathfrak{F}_0(x) + \mathfrak{F}_1(x)\,\chi_1(x)$$

---

*) Dies gilt allgemein, wenn man eine unbegrenzte Gerade als einen Kreis mit unendlich grossem Radius betrachtet.

in eine unendliche Reihe, deren Glieder rationale Functionen von x sind, umformen, und diese stellt in dem einen der beiden Theile, in welche das Gebiet der Veränderlichen x durch den genannten Kreis zerlegt wird, die Function $F_1(x)$, in dem andern Theile dagegen die Function $F_2(x)$ dar.

Nimmt man ferner in der Ebene der Grösse x beliebig viele Kreise (oder unbegrenzte Geraden)

$$K', K'', \ldots K^{(r)}$$

willkürlich an, und bestimmt r lineare Functionen von x

$$x', x'', \ldots x^{(r)}$$

so, dass der reelle Theil von $x^{(\lambda)}$ in der Linie $K^{(\lambda)}$ verschwindet, so wird die Ebene durch die genannten Linien in eine gewisse Anzahl von Stücken dergestalt zerlegt, dass der reelle Theil einer jeden Function $x^{(\lambda)}$ innerhalb eines solchen Stückes überall dasselbe Zeichen hat. Sind dann

$$\mathfrak{F}_0'(x), \ \mathfrak{F}_1(x), \ \ldots \mathfrak{F}_r(x)$$

eindeutige Functionen von x mit einer endlichen Anzahl wesentlicher singulärer Stellen, und setzt man

$$\chi_\lambda(x) = \chi(x^{(\lambda)}), \qquad\qquad (\lambda = 1, \ldots r)$$

so kann der Ausdruck

$$\mathfrak{F}_0(x) + \mathfrak{F}_1(x)\,\chi_1(x) + \mathfrak{F}_2(x)\,\chi_2(x) + \cdots + \mathfrak{F}_r(x)\,\chi_r(x)$$

ebenfalls in eine unendliche Reihe, deren Glieder rationale Functionen von x sind, umgeformt werden, und diese Reihe hat dann die Eigenthümlichkeit dass sie zwar innerhalb eines jeden der Stücke, in welche die Ebene zerlegt ist, einen Zweig einer bestimmten monogenen Function darstellt, in verschiedenen Stücken aber Zweige verschiedener Functionen.

Sind z. B. $K', K'', \ldots K^{(r)}$ Kreise, von denen keiner einen andern umschliesst, so wird durch dieselbe die Ebene in $(r+1)$ Stücke zerlegt; und wenn man die Function $x^{(\lambda)}$ so bestimmt,*) dass ihr reeller Theil im Mittel-

---

*) Ist r_λ der Radius des Kreises $K^{(\lambda)}$, und a_λ der Werth von x im Mittelpunkt desselben, so kann man

$$x^{(\lambda)} = \frac{r_\lambda - a_\lambda + x}{r_\lambda + a_\lambda - x}$$

setzen.

28 *

punkt von $K^{(\lambda)}$ positiv ist, so liefert der Ausdruck

$$F_{r+1}(x) + \frac{1}{2} \sum_{\lambda=1}^{r} (1 + \chi_\lambda(x))(F_\lambda(x) - F_{r+1}(x)),$$

der mit dem vorstehenden übereinstimmt, wenn unter $F_1(x)$, $F_2(x)$, ... $F_{r+1}(x)$ ebenfalls eindeutige Functionen mit einer endlichen Anzahl wesentlicher singulärer Stellen verstanden werden, eine Reihe von der in Rede stehenden Eigenthümlichkeit, indem dieselbe, wenn x innerhalb der von $K^{(\lambda)}$ begrenzten Kreisfläche angenommen wird, gleich $F_\lambda(x)$, und wenn x ausserhalb aller dieser Flächen liegt, gleich $F_{r+1}(x)$ ist, also innerhalb eines jeden der $(r+1)$ Stücke, worin die Ebene zerlegt ist, einen Zweig einer willkürlich anzunehmenden Function von der hier vorausgesetzten Beschaffenheit darstellt.

Ein anderes Beispiel erhält man, wenn die Kreise K', K'', ... $K^{(r)}$ so angenommen werden, dass jeder der $(r-1)$ ersten von dem folgenden umschlossen, und somit die Ebene durch sie gleichfalls in $(r+1)$ Stücke zerlegt wird. Dann hat nämlich der Ausdruck

$$\frac{1}{2}(F_1(x) + F_{r+1}(x)) + \frac{1}{2} \sum_{\lambda=1}^{r} (F_\lambda(x) - F_{\lambda+1}(x)) \chi_\lambda(x)$$

die Eigenschaft, dass er innerhalb eines jeden der genannten Stücke gleich einer der Functionen $F_1(x)$, $F_2(x)$, ... $F_{r+1}(x)$ ist. (Ein besonderer Fall ist der, wo an die Stelle der r Kreise r einander parallele gerade Linien treten.) Scheidet man ferner aus dem Gebiete der Veränderlichen x alle negativen Werthe (mit Einschluss von 0) aus, so existiren bekanntlich*) unendliche, aus rationalen Functionen von x zusammengesetzte Reihen, welche einwerthige Zweige gewisser mehrdeutiger Functionen, wie z. B. $\log x$, x^m (wo m eine beliebige Constante bedeutet) darstellen und in der Nähe jeder Stelle, die nicht zu den ausgeschlossenen gehört, gleichmässig convergiren. Es können nun in dem Ausdruck

$$\mathfrak{F}_0(x) + \mathfrak{F}_1(x)\chi_1(x) + \mathfrak{F}_2(x)\chi_2(x) + \cdots + \mathfrak{F}_r(x)\chi_r(x)$$

$\mathfrak{F}_0(x)$, $\mathfrak{F}_1(x)$, $\mathfrak{F}_2(x)$, ... $\mathfrak{F}_r(x)$ auch solche Reihen sein, und man erhält dann aus ihm eine gleichfalls aus rationalen Functionen gebildete Reihe, welche in

---

*) S. die auf die Gauss'schen Kettenbrüche und die nach Kugelfunctionen fortschreitenden Reihen sich beziehenden Abhandlungen von Thomé im 66. und 67. Bande des Borchardt'schen Journals.

jedem der Stücke, in die das Gebiet von x durch die Linien $K^{(\lambda)}$ und die Strecke der negativen Werthe zerlegt wird, einen einwerthigen Zweig einer mehrdeutigen monogenen Function darstellt, in verschiedenen Stücken aber im Allgemeinen Zweige verschiedener Functionen.

Aus diesen Beispielen erhellt zur Genüge, dass die am Schlusse des § 3 aufgeworfene Frage folgendermassen zu beantworten ist:

> Wenn der Convergenzbereich einer Reihe, deren Glieder rationale Functionen einer Veränderlichen x sind, in der Art in mehrere Stücke zerlegt werden kann, dass in der Nähe jeder im Innern eines solchen Stückes gelegenen Stelle die Reihe gleichmässig convergirt; so stellt dieselbe in jedem einzelnen Stücke einen einwerthigen Zweig einer monogenen Function von x dar, in verschiedenen Stücken aber nicht nothwendig Zweige einer und derselben Function.

6.

Ich habe in meinen Vorlesungen über die Elemente der Functionenlehre von Anfang an zwei mit den gewöhnlichen Ansichten nicht übereinstimmende Sätze hervorgehoben, nämlich:

1) dass man bei einer Function eines reellen Arguments aus der Stetigkeit derselben nicht folgern könne, dass sie auch nur an einer einzigen Stelle einen bestimmten Differentialquotienten, geschweige denn eine — wenigstens in Intervallen — ebenfalls stetige Ableitung besitze;

2) dass eine Function eines complexen Arguments, welche für einen beschränkten Bereich des letzteren definirt ist, sich nicht immer über die Grenzen dieses Bereichs hinaus fortsetzen lasse; und dass die Stellen, für welche die Function nicht definirbar ist, nicht bloss einzelne Punkte, sondern auch Linien und Flächen bilden können.

Da im Vorhergehenden von Functionen einer complexen Veränderlichen, denen die unter 2) genannte Eigenthümlichkeit zukommt, die Rede gewesen ist, so will ich bei dieser Gelegenheit ein leicht zu behandelndes Beispiel einer solchen Function beibringen.

Angenommen, der Halbmesser des Convergenzbezirks einer gewöhnlichen Potenzreihe

$$\sum_{\nu=0}^{\infty} A_\nu x^\nu$$

sei gleich 1, die Reihe convergire aber auch unbedingt und gleichmässig für alle Werthe von x, deren absoluter Betrag gleich 1 ist, so dass, wenn unter t eine reelle Veränderliche verstanden wird,

$$\sum_{\nu=0}^{\infty} A_\nu e^{\nu t i}$$

eine stetige Function von t ist.

Im Innern des Convergenzbezirks der Reihe nehme man eine Stelle x_0 beliebig an und forme die gegebene Reihe in eine Potenzreihe $\mathfrak{P}(x-x_0)$ um. Ist r_0 der absolute Betrag von x_0, so kann der Halbmesser des Convergenzbezirks der Reihe $\mathfrak{P}(x-x_0)$ nicht kleiner als $1-r_0$, wohl aber grösser sein. Ist das Letztere der Fall, so liegt ein Theil der Begrenzung des Convergenzbezirks der gegebenen Reihe ganz im Convergenzbezirke von $\mathfrak{P}(x-x_0)$, und es besteht, wenn

$$\frac{x_0}{r_0} = e^{t_0 i} \quad \text{ist und} \quad x_t = e^{ti}$$

gesetzt wird, für alle Werthe von t zwischen zwei bestimmten Grenzen $(t_0-\tau,\ t_0+\tau)$ die Gleichung

$$\sum_{\nu=0}^{\infty} A_\nu e^{\nu t i} = \mathfrak{P}(x_t-x_0).$$

Nun hat aber $\mathfrak{P}(x-x_0)$, als Function von x betrachtet, Ableitungen jeder Ordnung, dasselbe gilt also auch von $\mathfrak{P}(x_t-x_0)$, als Function von t betrachtet, für die zwischen $t_0-\tau$ und $t_0+\tau$ liegenden Werthe dieser Grösse. Hieraus folgt nun: Wenn sich in einem bestimmten Falle beweisen lässt, dass die Function

$$\sum_{\nu=0}^{\infty} A_\nu e^{\nu t i}$$

in keinem Intervalle der Veränderlichen t Ableitungen jeder Ordnung besitzt, so ist daraus zu schliessen, dass der Convergenzbezirk der Reihe $\mathfrak{P}(x-x_0)$, wie man auch x_0 annehmen möge, ganz in dem Convergenzbezirk der gegebenen Reihe enthalten ist, die Function also, welche durch diese letztere dargestellt wird, über deren Convergenzbezirk hinaus nicht fortgesetzt werden kann.

Nun sei a eine ungrade positive ganze Zahl, b eine positive Grösse, die < 1, und $a_\nu = a^\nu$. Dann erfüllt die Reihe

$$\sum_{\nu=0}^{\infty} b^\nu x^{a_\nu}$$

die oben für die betrachtete Reihe gestellten Bedingungen. Es ist aber von mir der Beweis*) geführt worden, dass die Function

$$\sum_{\nu=0}^{\infty} b^\nu \cos a_\nu t,$$

sobald $ab > 1 + \tfrac{3}{2}\pi$ ist, für keinen Werth von t einen bestimmten Differential-quotienten besitzt. Durch die Reihe

$$\sum_{\nu=0}^{\infty} b^\nu x^{a_\nu}$$

wird also, wenn $ab > 1 + \tfrac{3}{2}\pi$, eine Function definirt, die nicht über den Convergenzbereich der Reihe hinaus fortgesetzt werden kann, und also ausschliesslich für solche Werthe von x, deren absoluter Betrag die Einheit nicht überschreitet, existirt.

Es ist leicht, unzählige andere Potenzreihen von derselben Beschaffenheit wie die vorstehende anzugeben, und selbst für einen beliebig begrenzten Bereich der Veränderlichen x die Existenz von Functionen derselben, die über diesen Bereich hinaus nicht fortgesetzt werden können, nachzuweisen; worauf ich jedoch hier nicht eingehe.

Schliesslich möge noch bemerkt werden, dass sich auch in Beziehung auf zusammengesetztere arithmetische Formen, welche eindeutige monogene Functionen einer und mehrerer Veränderlichen oder einwerthige Zweige solcher Functionen auszudrücken geeignet sind, Untersuchungen anstellen lassen, welche der hier für eine der einfachsten Formen durchgeführten analog sind und zu ähnlichen Resultaten führen.

---

*) Dieser Beweis ist von Herrn P. du Bois-Reymond, dem ich ihn brieflich mitgetheilt hatte, im 79. Bande von Borchardt's Journal (S. 30) veröffentlicht. (Ich berichtige bei dieser Gelegenheit zwei a. a. O. sich findende Druckfehler. Z. 10 v. o. muss es »x_0« statt »a_0«, und Z. 4 v. u. »auch« statt »nicht« heissen.) [S. Anmerkung 3, S. 228 dieses Bandes.]

ANMERKUNGEN.

1. Zu S. 206, Z. 13. [*]

Den hier angeführten wichtigen Satz beweise ich in meinen Vorlesungen in sehr einfacher Weise.

Ich betrachte zunächst eine Potenzreihe $P(x)$, welche nur eine endliche Anzahl von Gliedern enthält, also die Form

$$P(x) = \sum_{\nu=-m}^{\nu=+m} A_\nu x^\nu$$

hat, wo m eine ganze positive Zahl bedeutet.

Es sei ξ eine bestimmte Grösse, deren absoluter Betrag gleich 1 ist, und deren Wahl nur der Beschränkung unterliegt, dass ξ^ν, wenn ν eine der Zahlen $0, \pm 1, \pm 2, \ldots \pm m$ ist, nicht gleich 1 sein darf. Ferner bedeute r eine beliebig anzunehmende positive Grösse, so existirt für den absoluten Betrag von $P(x)$, wenn man der Veränderlichen x nur solche Werthe beilegt, deren absoluter Betrag gleich r ist, eine endliche obere Grenze, die mit G bezeichnet werden möge. Dann ist, wenn unter l eine beliebige ganze Zahl verstanden wird,

$$\left| \frac{1}{l} \sum_{\lambda=0}^{l-1} P(r\xi^\lambda) \right| \leqq G.$$

Man hat aber

$$\frac{1}{l} \sum_{\lambda=0}^{l-1} P(r\xi^\lambda) = \sum_{\nu=-m}^{\nu=+m} \sum_{\lambda=0}^{l-1} \left(\frac{1}{l} A_\nu r^\nu \xi^{\lambda\nu} \right)$$

$$= A_0 + \frac{1}{l} \sum_\nu{}' A_\nu \frac{1-\xi^{l\nu}}{1-\xi^\nu} r^\nu,$$

---

*) [Vgl. auch die Abhandlung „Zur Theorie der Potenzreihen“, Bd. I, S. 67 dieser Ausgabe.]

wo bei der durch das Zeichen $\sum'$ angedeuteten Summation der Zahl ν alle Werthe von $-m$ bis $+m$, mit Ausschluss der Null, zu geben sind. Nun kann man aber, nach Annahme einer beliebig kleinen positiven Grösse δ, der Zahl l einen so grossen Werth geben, dass der absolute Betrag von

$$\frac{1}{l}\sum_{\nu}' A_\nu \frac{1-\xi^{l\nu}}{1-\xi^\nu} r^\nu$$

kleiner als δ wird; dann hat man

$$|A_0| < G + \delta,$$

also

$$|A_0| \leqq G.$$

Jetzt sei

$$P(x) = \sum_{\nu=-\infty}^{\nu=+\infty} A_\nu x^\nu$$

eine beliebige Potenzreihe, welche convergent ist für jeden Werth von x, dessen absoluter Betrag zwischen zwei bestimmten Grenzen R, R' liegt. Ist dann r eine zwischen R und R' enthaltene, im Übrigen willkürlich anzunehmende positive Grösse, so giebt es wieder für den absoluten Betrag von $P(x)$, wenn man der Veränderlichen x nur solche Werthe beilegt, deren absoluter Betrag gleich r ist, eine endliche obere Grenze, die mit g bezeichnet werden möge. Man kann ferner, nach Annahme einer beliebig kleinen positiven Grösse δ, eine ganze positive Zahl m so bestimmen, dass für jeden Werth von x, für den $|x| = r$,

$$\left|\sum_{\nu=-m-1}^{\nu=-\infty} A_\nu x^\nu\right| < \frac{1}{2}\delta, \qquad \left|\sum_{\nu=m+1}^{\nu=\infty} A_\nu x^\nu\right| < \frac{1}{2}\delta$$

ist; dann hat man

$$\left|\sum_{\nu=-m}^{\nu=+m} A_\nu x^\nu\right| < g + \delta,$$

also nach dem Bewiesenen

$$|A_0| < g + \delta$$

und somit

$$|A_0| \leqq g.$$

Lässt man ferner die Reihe $x^{-\mu} P(x)$, wo μ eine beliebige ganze Zahl bedeutet, an die Stelle von $P(x)$ treten, so ist $g r^{-\mu}$ die obere Grenze für den absoluten Betrag von $x^{-\mu} P(x)$, wenn man der Grösse x nur solche Werthe giebt, deren

II. 29

absoluter Betrag gleich r ist; man hat also

$$|A_\mu| \leqq g r^{-\mu},$$

was zu beweisen war.

Für Potenzreihen von mehreren Veränderlichen gilt ein analoger Satz, der sich ebenso elementar wie der vorstehende beweisen lässt.

2. Zu S. 211, Z. 15.

Sind ω, ω' zwei complexe Grössen, für welche der reelle Bestandtheil von $\frac{\omega'}{\omega i}$ positiv ist, und bezeichnet man die Werthe, welche die Function $\wp(u\,|\,\omega, \omega')$ für $u = \omega$, $\omega + \omega'$, ω' annimmt, beziehlich mit e_1, e_2, e_3, so hat man*)

$$\left(\frac{2\omega}{\pi}\right)^{2} \cdot (e_1 - e_3) = (1 + 2h + 2h^4 + 2h^9 + \cdots)^4,$$

wo

$$h = e^{-\frac{\omega'\pi}{\omega i}}$$

ist. Nimmt man ferner vier ganze, von Null verschiedene Zahlen p, q, p', q' so an, dass unter ihnen die Relation

$$pq' - p'q = 1$$

besteht, und setzt

$$\tilde{\omega} = p\omega + q\omega', \qquad \tilde{\omega}' = p'\omega + q'\omega', \qquad h_1 = e^{-\frac{\tilde{\omega}'\pi}{\tilde{\omega} i}},$$

so ist, wenn p', q beide grade, p, q' also beide ungrade Zahlen sind, auch

$$\wp(\tilde{\omega}\,|\,\omega, \omega') = e_1, \qquad \wp(\tilde{\omega} + \tilde{\omega}'\,|\,\omega, \omega') = e_2, \qquad \wp(\tilde{\omega}'\,|\,\omega, \omega') = e_3,$$

und es gilt die Gleichung

$$\left(\frac{2\tilde{\omega}}{\pi}\right)^{2} \cdot (e_1 - e_3) = (1 + 2h_1 + 2h_1^4 + 2h_1^9 + \cdots)^4;$$

man hat also

$$\left(1 + 2\sum_{\nu=1}^{\infty} h_1^{\nu^2}\right)^4 = \left(p + q\,\frac{\omega'}{\omega}\right)^{2} \cdot \left(1 + 2\sum_{\nu=1}^{\infty} h^{\nu^2}\right)^4.$$

Nun sei t eine positive Grösse, und

$$\omega = \frac{1}{2}, \qquad \omega' = \frac{1}{2}ti,$$

<hr>

*) S. die »Formeln und Lehrsätze zum Gebrauche der elliptischen Functionen, herausgegeben von H. A. Schwarz«, S. 43.

so ist

$$\operatorname*{Lim}_{t=\infty} h = \operatorname*{Lim}_{t=\infty} e^{-t\pi} = 0,$$

$$\operatorname*{Lim}_{t=\infty} h_1 = \operatorname*{Lim}_{t=\infty} e^{\frac{p'+q'ti}{p+qti}\pi i} = e^{\frac{q'}{q}\pi i};$$

es ergiebt sich also, wenn unter x eine Veränderliche, deren absoluter Betrag kleiner als 1 ist, verstanden wird, aus der vorstehenden Gleichung, dass der absolute Betrag der Summe

$$1 + 2\sum_{\nu=1}^{\infty} x^{1\nu}$$

unendlich gross wird, wenn sich x auf einem bestimmten Wege dem Grenzwerthe

$$e^{\frac{q'}{q}\pi i}$$

nähert. Nun kann man aber, wenn x_0 irgend eine bestimmte Grösse vom absoluten Betrage 1 ist, die Zahlen p, q, p', q' so annehmen, dass dieselben den angegebenen Bedingungen genügen und überdies der absolute Betrag der Differenz

$$e^{\frac{q'}{q}\pi i} - x_0$$

so klein wird, wie man will; es giebt also in jeder noch so kleinen Umgebung von x_0 Werthe der Veränderlichen x, für welche der absolute Betrag von

$$1 + 2\sum_{\nu=1}^{\infty} x^{\nu\nu}$$

grösser ist als jede beliebig angenommene positive Grösse.

Hieraus ergiebt sich nun ohne Weiteres das, was im Texte bereits von dem Ausdrucke

$$F(x) = \sum_{\nu=1}^{\infty} \left(\frac{1}{x^\nu + x^{-\nu}} \right)$$

gesagt worden ist, indem für diejenigen Werthe von x, deren absoluter Betrag kleiner als 1 ist, die Gleichung

$$1 + 4F(x) = \left(1 + 2\sum_{\nu=1}^{\infty} x^{\nu\nu} \right)^2$$

gilt.*)

____

*) C. G. J. Jacobi, Fund. nova § 40, Gl. (4.) und § 65, Gl. (6.).

Dazu bemerke ich noch Folgendes:

Setzt man, unter τ eine Grösse verstehend, deren zweite Coordinate nicht gleich Null sein soll,

$$x = e^{\tau\pi i}, \qquad 1 + 4F(x) = \varphi(\tau),$$

so hat man, wenn die zweite Coordinate von τ positiv ist,

$$\varphi(\tau) = \vartheta_3^2(0\,|\,\tau),$$

woraus sich die Relation

$$\varphi(\tau) = \frac{i}{\tau}\,\varphi\!\left(-\frac{1}{\tau}\right)$$

ergiebt. Ist dagegen die zweite Coordinate von τ negativ, so hat man

$$\varphi(\tau) = \varphi(-\tau) = \frac{i}{-\tau}\,\varphi\!\left(\frac{1}{\tau}\right),$$

also

$$\varphi(\tau) = -\frac{i}{\tau}\,\varphi\!\left(-\frac{1}{\tau}\right).$$

Hiernach ist also der Ausdruck

$$\frac{i\varphi\!\left(-\dfrac{1}{\tau}\right)}{\varphi(\tau)}$$

in dem einen Theile seines Geltungsbereichs gleich τ, in dem andern aber gleich $-\tau$; er ist also nicht eine monogene Function von τ, und demzufolge auch $F(x)$ nicht eine monogene Function von x.

3. Zu S. 223, Z. 5.

(Der Beweis befindet sich auf S. 71—74 dieses Bandes.)

Im 13. Bande des »Jahrbuchs über die Fortschritte der Mathematik« finde ich auf S. 335 in einem Referate über Herrn Wiener's im 90. Bande des Borchardt'schen Journals erschienene, auf die im Vorstehenden betrachtete Function $f(x)$ sich beziehende Abhandlung die Bemerkung, es sei Herr Wiener durch eine gründliche geometrische und analytische Untersuchung der in Rede stehenden Function zu dem Resultate gelangt, dass die Behauptung, es besitze diese Function an keiner Stelle einen bestimmten Differentialquotienten, nicht durchweg aufrecht erhalten werden könne. Ich entnehme daraus, dass ich im Glauben, Jedermann wisse, was erforderlich ist, wenn eine stetige Function an einer bestimmten Stelle einen bestimmten Differentialquotienten besitzen soll, am Schlusse des obigen Beweises mich doch zu kurz gefasst haben muss, weswegen ich die folgenden Erläuterungen hinzufüge, welche freilich für die meisten Leser überflüssig sein werden.

Wenn eine stetige Function $F(x)$ der reellen Veränderlichen x an einer bestimmten Stelle $(x = x_0)$ einen bestimmten endlichen Differentialquotienten besitzen soll, so ist dazu nothwendig — selbstverständlich aber nicht hinreichend — dass alle Werthe, welche der Quotient

$$\frac{F(x) - F(x_0)}{x - x_0}$$

nach Festsetzung einer oberen Grenze für den absoluten Betrag der Differenz $x - x_0$ annehmen kann, zwischen endlichen Grenzen enthalten seien. Diese Bedingung ist für die von mir angegebene Function $f(x)$ niemals erfüllt, wie man auch x_0 annehmen möge.

Soll ferner $F(x)$ für $x = x_0$ einen bestimmten unendlich grossen Differentialquotienten $(+\infty$ oder $-\infty)$ haben, so muss nach Annahme einer beliebigen positiven Grösse g für den absoluten Betrag von $x - x_0$ eine obere Grenze sich so festsetzen lassen, dass jeder Werth, den der Quotient

$$\frac{F(x) - F(x_0)}{x - x_0}$$

alsdann erhalten kann, im ersten Falle zwischen g und $+\infty$, im zweiten dagegen zwischen $-g$ und $-\infty$ liegt. Eine nothwendige Bedingung für die Existenz eines bestimmten unendlich grossen Differentialquotienten der Function an der Stelle $(x = x_0)$ ist also, dass der Quotient

$$\frac{F(x) - F(x_0)}{x - x_0}$$

für alle einer hinlänglich klein angenommenen Umgebung der Stelle x_0 angehörigen Werthe von x dasselbe Zeichen habe. Auch diese Bedingung ist für die in Rede stehende Function $f(x)$, wie gezeigt worden, niemals erfüllt. Ich muss also den Satz, dass die von mir aufgestellte Function an

keiner Stelle einen bestimmten Differentialquotienten besitze,
als unbedingt gültig aufrecht erhalten. Die dagegen erhobenen Einwen-
dungen beruhen übrigens auf einem leicht aufzuklärenden Missverständnisse.
Es ist mit dem Satze gar wohl vereinbar, dass für gewisse Werthe x_0 sich
eine unendliche Reihe von Werthen $x_1, x_2, x_3, \ldots$ so bestimmen lässt, dass
$\underset{n=\infty}{\mathrm{Lim}}\, x_n = x_0$ ist und zugleich

$$\underset{n=\infty}{\mathrm{Lim}}\, \frac{f(x_n) - f(x_0)}{x_n - x_0}$$

einen bestimmten Werth erhält. Daraus aber zu schliessen, dass in einem
solchen Falle $f(x)$ an der Stelle $(x = x_0)$ einen bestimmten Differentialquotienten besitze, ist ebenso unzulässig, wie es sein würde, wenn man z. B.
von der Function

$$F(x) = x \sin\left(x + \frac{1}{x}\right)$$

behaupten wollte, sie besitze an der Stelle $(x = 0)$ den Differentialquotienten
Null, weil sich, wenn man $x_n = \dfrac{1}{n\pi}$ setzt,

$$\underset{n=\infty}{\mathrm{Lim}}\, x_n = 0 \quad \text{und} \quad \underset{n=\infty}{\mathrm{Lim}}\, \frac{F(x_n)}{x_n} = 0$$

ergiebt.

ZUR FUNCTIONENLEHRE.

Nachtrag.

(Aus dem Monatsbericht der Königl. Akademie der Wissenschaften
vom 21. Februar 1881.)

———

In der am 12. August 1880 der Akademie vorgelegten Abhandlung »Zur
Functionenlehre« habe ich (in § 4) eine aus rationalen Functionen einer
Veränderlichen x gebildete unendliche Reihe aufgestellt, welche die Eigen-
thümlichkeit besitzt, dass sie den Werth

$$+1 \text{ oder } -1$$

hat, jenachdem der reelle Theil von x positiv oder negativ ist.

Obwohl diese Reihe an sich einfach genug ist und für den Gebrauch,
den ich von ihr zum Beweise des in § 5 d. g. Abhdlg. gegebenen Hauptsatzes
gemacht habe, durchaus geeignet sich erweist, so ist doch ihre Herleitung
einigermassen umständlich und setzt mehrere Sätze aus der Theorie der trigo-
nometrischen Functionen voraus. Um so interessanter war es mir, kürzlich
durch eine briefliche Mittheilung von Herrn J. Tannery, Professor an der
Faculté des sciences zu Paris, der meine Abhandlung in's Französische über-
setzt hat, zu erfahren, dass es höchst einfache Reihen ähnlicher Art giebt,
welche nicht nur für den angegebenen Zweck dasselbe leisten wie die
meinige, sondern vor dieser zugleich den wesentlichen Vorzug haben, dass zu
ihrer Aufstellung und zum Nachweis ihrer charakteristischen Eigenschaft nur
die elementarsten Sätze der Functionenlehre erforderlich sind.

Ich erlaube mir, aus Herrn Tannery's Briefe das Nachstehende mit-
zutheilen.

»Man nehme eine unendliche Reihe positiver ganzer Zahlen

$$m_0, m_1, m_2, \ldots$$

so an, dass

$$\operatorname*{Lim}_{n=\infty} m_n = \infty,$$

so ist

$$\operatorname*{Lim}_{n=\infty} \frac{1+x^{m_n}}{1-x^{m_n}} = \begin{cases} +1, \text{ wenn } |x| < 1, \\ -1, \text{ wenn } |x| > 1. \end{cases}$$

Man hat aber

$$\frac{1+x^{m_n}}{1-x^{m_n}} = \frac{1+x^{m_0}}{1-x^{m_0}} + \sum_{\nu=1}^{n} \left\{ \frac{1+x^{m_\nu}}{1-x^{m_\nu}} - \frac{1+x^{m_{\nu-1}}}{1-x^{m_{\nu-1}}} \right\}$$

$$= \frac{1+x^{m_0}}{1-x^{m_0}} + \sum_{\nu=1}^{n} \frac{2x^{m_{\nu-1}}(x^{m_\nu - m_{\nu-1}} - 1)}{(x^{m_\nu}-1)(x^{m_{\nu-1}}-1)};$$

setzt man also

$$\psi(x) = \frac{1+x^{m_0}}{1-x^{m_0}} + \sum_{\nu=1}^{\infty} \frac{2x^{m_{\nu-1}}(x^{m_\nu - m_{\nu-1}} - 1)}{(x^{m_\nu}-1)(x^{m_{\nu-1}}-1)},$$

so convergirt die Reihe auf der rechten Seite dieser Gleichung für jeden
Werth von x, dessen absoluter Betrag von 1 verschieden ist, und hat den
Werth

$$+1 \text{ oder } -1,$$

jenachdem der absolute Betrag von x kleiner oder grösser als 1 ist.

Nimmt man in dem vorstehenden Ausdrucke von $\psi(x)$

$$m_\nu = 2^\nu,$$

so erhält derselbe eine besonders einfache Gestalt; es ist dann

$$\psi(x) = \frac{1+x}{1-x} + \frac{2x}{x^2-1} + \frac{2x^2}{x^4-1} + \frac{2x^4}{x^8-1} + \cdots \text{«}^*)$$

---

*) Ich bin vor nicht langer Zeit darauf aufmerksam gemacht worden, dass sich in einer Abhand-
lung des Herrn E. Schröder a. d. J. 1876 (Schlömilch's Zeitschrift für Math. u. Phys., 22. Jahrg.
S. 184) die Formel

$$\frac{1}{x-x^{-1}} + \frac{1}{x^2-x^{-2}} + \frac{1}{x^4-x^{-4}} + \frac{1}{x^8-x^{-8}} + \cdots = \begin{cases} \dfrac{x}{x-1}, \text{ wenn } |x| < 1, \\ \dfrac{1}{x-1}, \text{ wenn } |x| > 1, \end{cases}$$

findet, woraus sich die im Texte nachgewiesene Eigenschaft der Function $\psi(x)$ in dem Falle, wo $m_\nu = 2^\nu$
ist, unmittelbar ergiebt.

15 Weierstraß, Kap.

Dazu bemerke ich noch Folgendes.

Es ist unmittelbar ersichtlich, dass die von Herrn Tannery gegebene Reihe in der Nähe jedes Werthes von x, dessen absoluter Betrag nicht gleich 1 ist, gleichförmig convergirt.

Ist ferner x' eine beliebige rationale Function von x, so werden in der Ebene der letzteren Grösse diejenigen Werthe derselben, für die der absolute Betrag von x' gleich 1 ist, durch eine algebraische Curve repräsentirt, welche die Ebene dergestalt in mehrere Stücke zerlegt, dass der absolute Betrag von x' in einigen Stücken kleiner als 1, in den andern grösser als 1 ist. Setzt man also

$$\psi(x') = \chi_1(x),$$

so ist $\chi_1(x)$ ein Ausdruck von derselben Beschaffenheit wie der von mir im Anfang des § 5 d. g. Abhdlg. ebenso bezeichnete. Nimmt man insbesondere

$$x' = \frac{1-x}{1+x},$$

so erhält man einen Ausdruck, der gleich dem von mir mit $\chi(x)$ bezeichneten den Werth

$$+1 \text{ oder } -1$$

hat, jenachdem der reelle Theil von x positiv oder negativ ist.

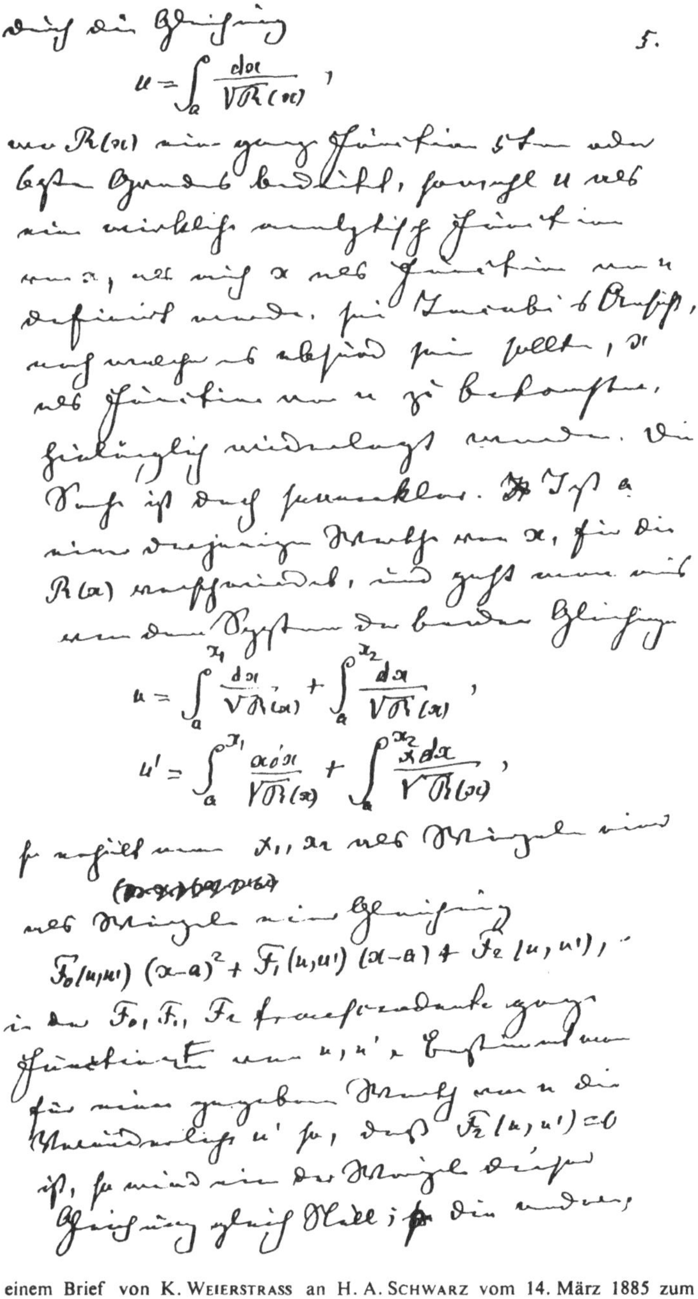

durch die Gleichung 5.

$$u = \int_a \frac{dx}{\sqrt{R(x)}},$$

wo $R(x)$ eine ganze Function 5ten oder 6ten Grades bedeutet, sowohl u als eine wirkliche analytische Function von x, als auch x als Function von u definirt werde, sei Jacobi's Ansicht, nach welcher es absurd sein sollte, x als Function von u zu betrachten, hinlänglich widerlegt worden. Die Sache ist doch sonnenklar. Ist a einer derjenigen Werthe von x, für die $R(a)$ verschwindet, und geht man aus von dem System der beiden Gleichungen

$$u = \int_a^{x_1} \frac{dx}{\sqrt{R(x)}} + \int_a^{x_2} \frac{dx}{\sqrt{R(x)}},$$

$$u' = \int_a^{x_1} \frac{x\,dx}{\sqrt{R(x)}} + \int_a^{x_2} \frac{x\,dx}{\sqrt{R(x)}},$$

so erhält man x_1, x_2 als Wurzeln einer ~~[illegible]~~ als Wurzeln einer Gleichung

$$F_0(u,u')(x-a)^2 + F_1(u,u')(x-a) + F_2(u,u') = 0,$$

in der F_0, F_1, F_2 transcendente ganze Functionen von u, u'; bestimmt man für einen gegebenen Werth von u die Veränderliche u' so, daß $F_2(u,u') = 0$ ist, so wird eine der Wurzeln dieser Gleichung gleich Null; für die andere,

Aus einem Brief von K. WEIERSTRASS an H. A. SCHWARZ vom 14. März 1885 zum „Jacobischen Paradoxon“

Montreux, 15. 5. 86

Mein lieber Freund!

322.

Aus einem Brief von K. WEIERSTRASS an H. A. SCHWARZ vom 15. Mai 1886 mit der Ankündigung, nun doch im Sommer eine Vorlesung zu halten

Kommentierender Anhang

Kommentar zur Vorlesung vom Sommersemester 1886

1. W.s Schüler G. Mittag-Leffler (1846–1927), der in dem von ihm gegründeten Institut in Djursholm (Schweden) eine große Anzahl von Ausarbeitungen W.scher Vorlesungen gesammelt hat, bemerkt [52, S. 193], daß keine verwendungsfähige Ausarbeitung der Vorlesung von 1884/85, der letzten detaillierten Darlegung der allgemeinen Funktionentheorie durch W., zu existieren scheine.

2. W.s lebhaftes Interesse an der Geschichte seines Fachs ist bekannt. In einem Brief [78, S. 212] an P. du Bois-Reymond (1831–1889) schreibt er kritisch über einen von diesem beim Crelle-Journal eingereichten Artikel:

„Kann ein Urteil wie das von Ihnen ausgesprochene nicht dazu führen, einem unserer jetzigen Anfänger das Studium der alten Werke als überflüssig erscheinen zu lassen? ... ich denke aber; Sie sind der letzte, der zur Verbreitung einer solchen Verkehrtheit beitragen möchte."

Die folgenden historischen Bemerkungen W.s werden in ihrer Grundtendenz, wenn auch nicht durchweg im Detail, durch die Untersuchungen von Juškevič [35] bestätigt. Das Wort „functio" erscheint erstmals in Leibniz' Manuskripten von 1673. Juškevič [35, S. 64 ff.] bestätigt auch, daß der Einfluß der Physik, insbesondere des Problems der schwingenden Saite, u. a. Euler, den Schüler Johann (= Jean) Bernoullis, dazu führte, „diskontinuierliche" (d. h. nicht durch einen geschlossenen analytischen Ausdruck dargestellte, im allgemeinen stückweise differenzierbare, insbesondere also im heutigen Sinne „stetige") Funktionen in die Betrachtung einzubeziehen. Vor diesem Hintergrund muß Eulers bekannte allgemeine Definition des Funktionsbegriffs von 1755 gesehen werden, in der von analytischer Darstellbarkeit nicht die Rede ist. (W. spricht von einer entsprechenden Definition J. Bernoullis.) Die von A. L. Cauchy (1789–1857) eingeführte neue („lokale") Definition der „Stetigkeit" entsprach schließlich der Dominanz der Klasse der stetigen Funktionen in der Theorie der Funktionen reeller Variablen im 19. Jahrhundert. Auch P. G. L. Dirichlet (1805–1859) versteht in seiner berühmten Definition des Funktionsbegriffs von 1837 unter „ganz willkürlichen" Funktionen letztlich in erster Linie stetige Funktionen [35, S. 78]. Dieser Begriff der „willkürlichen" Funktion wird auch von W., der die Bezeichnung übrigens für „nicht gut gewählt" hält (s. u.), in seiner Vorlesung zugrunde gelegt, wenn er auch am Ende des § 12 auf Verallgemeinerungen für unstetige Funktionen (im heutigen Sinne) eingeht.

3. L. Euler: „Introductio in analysin infinitorum" (1748); J. L. Lagrange: „Theorie des fonctions analytiques" (1797).

4. In seiner Vorlesung „Einleitung in die Theorie der analytischen Functionen" vom Sommersemester 1878 nahm W. zu der „J. Bernoullischen Definition" (d. h. im wesentlichen der Eulerschen Definition von 1755) noch einen ganz anderen Standpunkt ein. Dugac [20, S. 116] zitiert eine Ausarbeitung von A. Hurwitz, wo es heißt: „Sie ist aber überhaupt völlig unhaltbar und unfruchtbar. Es ist unmöglich, aus ihr irgendwelche allgemeine Eigenschaften der Funktionen abzuleiten und wenn dennoch in neuerer Zeit die Analysten, welche die Bern. Definition adoptierten, die Funktionentheorie erfolgreich

behandelten, so war dies die Folge davon, daß sie stillschweigend noch andere Eigenschaften der Funktionen voraussetzen, als die, welche aus der Bern. Definition folgen. So z. B. folgt aus der besondern Definition durchaus nicht, daß jede Funktion einen Differenzialquotienten hat …".

Die Ausarbeitung derselben Vorlesung durch Rudio [62, S. 123–125] bestätigt diese Position W.s von 1878. In Hettners Ausarbeitung [29] der Vorlesung von 1874 heißt es (S. 2/3), daß man aus der Stetigkeit einer Funktion nicht ihre Differenzierbarkeit schlußfolgern könne, selbst wenn man hätte zeigen können (was sich als unmöglich herausgestellt habe), daß jede stetige Funktion durch eine trigonometrische Reihe darstellbar ist (S. 3):

„Es fällt also das wichtigste Hülfsmittel zur Erkenntniß der Eigenschaften der Functionen weg."

Sogar in einer Ausarbeitung der Weierstraßschen Vorlesung von 1882/83 heißt es noch [74, S. 2]:

„Gewöhnlich pflegte man den allgemeinen Begriff der Abhängigkeit fallen zu lassen und die continuierliche Änderung der beiden Variablen als notwendiges Erfordernis aufzustellen. Aber selbst hiermit ist, wie ein tieferes Eingehen zeigt, nur wenig gewonnen. Was man auf dieser Grundlage von allgemeinen Eigenschaften der Functionen herleiten kann, ist ein Minimum."

Bemerkenswert ist, daß W. selbst 1882/83 noch nicht die Eigenschaft der Stetigkeit (im heutigen Sinne) als schon außerordentlich folgenreich hervorhebt. Hierzu kontrastiert aufs schärfste die ganze Tendenz der Vorlesung von 1886, und dies kennzeichnet den inzwischen durch den Beweis des Approximationssatzes [75] erzielten Erkenntnisgewinn. In seiner Vorlesung vom 9. 7. 1886 polemisiert W. z. B. dagegen, daß stetige Funktionen früher als „Funktionen ohne Eigenschaften" bezeichnet worden seien. Damit rückte er von zuvor selbst vertretenen Positionen ab. Vgl. auch die „Einführung" des Herausgebers.

5. Die Vorlesungsnachschrift verwendet des öfteren die Bezeichnung „ganze Funktion" im Sinne von „ganze rationale Funktion". Diese Wortwahl wird unter anderem durch W.s Brief an Schwarz vom 14. 3. 1885 autorisiert (vgl. Faksimile auf Seite 227).

6. Für W. hatte ein „arithmetischer Ausdruck" im eigentlichen Sinne *rationale* Koeffizienten, gemäß der W.schen Forderung der schrittweisen Erzeugung des Funktionsbegriffs aus dem Begriff der ganzen Zahl. W. zeigt weiter unten, daß dies keine eigentliche Einschränkung bedeutet.

7. 1873 hatte P. du Bois-Reymond die Existenz stetiger Funktionen gezeigt, deren Fourierreihe an einzelnen Stellen des Definitionsbereichs divergiert. 1876 zeigte er (wohl auf Anregung eines Briefes von W. vom 15. 12. 1874, vgl. [78, S. 204–207]), daß die Fourierreihe einer stetigen Funktion auch auf einer im Intervall dichten Menge divergieren kann. Vgl. dazu den Brief von du Bois-Reymond an G. Halphen vom 16. 1. 1883, abgedruckt bei Dugac [20, S. 168/169]. Bei GG, S. 3, wird du Bois in diesem Zusammenhang namentlich erwähnt. Vgl. auch [81].

8. Vgl. unten § 12.

9. Vgl. Anm. 2.

10. Die Formulierung erinnert an eine analoge Integrierbarkeitsforderung bei der De-

finition der Fourierkoeffizienten durch die „Euler-Fourierschen Formeln". Im folgenden Beweis des „Weierstraßschen Approximationssatzes" (WAS) spielt die Integrierbarkeit der Funktion ähnlich wie in den parallelen Entwicklungen in der Fourieranalysis
eine größere Rolle als ihre Stetigkeit. Dies wird von W. ausdrücklich betont und führt
ihn schließlich am Ende von § 12 zum Versuch der Verallgemeinerung des Integralbegriffs. Vgl. Anm. 141 und [81].

11. Der folgende Beweis des WAS für Funktionen *einer* reellen Variablen entspricht
bis in die Wahl der Symbolik hinein dem ersten Teil von W.s Veröffentlichung [75] von
1885. Die „singulären Integrale", die W. beim Beweis benutzte, sind seitdem mit seinem
Namen verknüpft. Vgl. [13] und [23]. W.s Arbeit ist auch eine wesentliche Quelle der
modernen Theorie des Faltungsprodukts. Vgl. [12, S. 273]. Der einzige wesentliche
Unterschied des Beweises in der Vorlesung gegenüber dem in der Veröffentlichung [75]
von 1885 besteht darin, daß W. in der Vorlesung lediglich die *Existenz* beliebig genau
approximierender Polynome nachweist, während er in [75] den Weg beschreibt, auf dem
eine wirkliche Darstellung der stetigen Funktion erhalten werden kann. Vgl. Anm. 20, 21.
Im Band 3 der Werkausgabe [69] ist eine erweiterte Fassung [76] der Veröffentlichung [75]
von 1885 enthalten, die eine Verallgemeinerung des WAS auf Funktionen von mehreren
reellen Variablen umfaßt. Da diese Darstellung weitgehend mit derjenigen in § 12 der
vorliegenden Vorlesung übereinstimmt, hat man ein weiteres Indiz für die Authentizität
dieser Ausarbeitung, wenn auch im Vorwort des Bandes 3 der Werkausgabe von 1903
nichts über die Verwendung von entsprechenden Nachschriften ausgesagt wird. Im selben
Jahr 1885 gab übrigens W.s Schüler C. RUNGE einen von W. unabhängigen Beweis des
WAS [64].

12. In der Berliner Abschrift B (S. 8) wird hier mit Bleistift folgender Zusatz gemacht:
„FOURIER I, p. 432 (i)". Tatsächlich steht in dem erst 1888 erschienenen Band I der
zweibändigen Werkausgabe FOURIERS „Théorie analytique de la chaleur" (ursprünglich
veröffentlicht 1822) auf S. 432 als Formel (i):

$$v = \frac{1}{2\sqrt{\pi t}} \int\limits_{-\infty}^{+\infty} e^{-\frac{(\alpha - x)^2}{4t}} f(\alpha)\, d\alpha.$$

Das entspricht für $\alpha = u$, $2\sqrt{t} = k$ der in der Vorlesung angegebenen Formel. v ist
bei FOURIER der Anfangszustand der variablen Temperatur $\varphi(x, y, z, t)$ eines erhitzten
Stabes zum Zeitpunkt $t = 0$.

13. Unter „Intervall" wird im folgenden im allgemeinen „abgeschlossenes Intervall"
verstanden, symbolisiert durch (a ... b), vgl. [75].

14. Es folgt noch die Forderung der uneigentlichen Integrierbarkeit von ψ, schließlich
setzt W. der Einfachheit halber $\psi \geqq 0$ voraus. In § 4 wird zusätzlich gefordert, daß ψ
im Definitionsbereich nach Potenzen von x entwickelbar ist. Als Beispiel hätte e^{-x^2} genügt, der Parameter k soll an dieser Stelle vielleicht auf die Vielfalt der möglichen ψ
hinweisen, so daß von vornherein deutlich wird, daß eine Darstellung von $f(x)$, falls
sie existiert, auf keinen Fall eindeutig sein wird.

15. W. schwankt in der Wortzahl zwischen „gleichförmig" und „gleichmäßig".

16. Vgl. Anm. 10.

17. W. führt im folgenden den Begriff des uneigentlichen Integrals ein, ohne diese Bezeichnung zu verwenden.

18. Vgl. Anm. 14.

19. In L steht hier statt „auf folgende Weise" fälschlich „auch folgendermaßen". Die Stelle wurde gemäß D, S. 17, korrigiert. Im folgenden wird offensichtlich die *gleichmäßige Stetigkeit* von $f(x)$ im abgeschlossenen Intervall $(x_1 \ldots x_2)$ benutzt. Dieselbe Schlußweise findet sich in W.s Veröffentlichung (vgl. [76, S. 3/4]), ebenfalls ohne ausdrücklichen Hinweis auf die Verwendung der gleichmäßigen Stetigkeit. In der Vorlesung ist das Fehlen eines solchen Hinweises erstaunlich, da die gleichmäßige Stetigkeit in § 7 ausführlich diskutiert wird. Vgl. besonders auch Anm. 107.

20. Der größere Teil des Beweises des WAS (vgl. [76, S. 8–17]) ist gerade diesem Problem gewidmet, das in der Vorlesung nicht behandelt wird.

21. W. stützt sich dabei in [75] bzw. [76] auf Resultate von C. Neumann und W. Thomé.

22. Aus der allgemeinen Voraussetzung der Entwickelbarkeit von $\psi(x)$ nach Potenzen von x schließt W. durch Vertauschung von Summation und Integration (gleichmäßige Konvergenz) auf die Entwickelbarkeit des auf endliche Grenzen reduzierten Integrals $F_1(x, k)$ nach Potenzen von x.

23. Vgl. Anm. 6.

24. An wenigen Stellen sind in L Passagen in Anführungszeichen gesetzt. Vielleicht sollte damit zum Ausdruck gebracht werden, daß W. wörtlich zitiert würde.

25. Im folgenden wird in heute sehr elementar erscheinender Weise lediglich bewiesen, daß die gleichmäßige Approximierbarkeit durch Polynome die gleichmäßige Approximierbarkeit durch *Reihen* über Polynome nach sich zieht. Das deutet darauf hin, daß für W. die Reihendarstellung das letzte Ziel war. Auch in [76] führt W. diesen Nachweis über zwei Druckseiten (S. 5/6).

26. Hier und an einigen anderen Stellen scheint W. andeuten zu wollen, daß er in seinem „arithmetischen Aufbau" der Funktionentheorie zugleich einen „anwendungskonformen" Aufbau erblickte, da in der Praxis in der Regel rationale Zahlen Verwendung finden. Vgl. Anm. 6, 28.

27. An manchen Stellen der Vorlesung wird die mißverständliche Formulierung „eindeutig definierte Funktion" im Sinne von „eindeutige Funktion" verwendet. Derselbe Wortgebrauch findet sich auch in der Ausarbeitung GG, z. B. auf S. 15. Eine exakte Definition der „eindeutigen Funktion" wird zu Beginn von § 7 gegeben.

28. Die folgenden wichtigen Reflexionen zeugen davon, daß W. die selbständige Bedeutung des Approximationssatzes und seine Relevanz für die Anwendungen bewußt waren. Diese Äußerungen zur Anwendungsproblematik sind wesentlich detaillierter als diejenigen, die z. B. aus W.s akademischer Antrittsrede von 1857 bekannt sind (vgl. Reprint). Die Hervorhebung des Wortes „Argument" in dem Zitat stammt vom Herausgeber.

29. W. weist an dieser Stelle darauf hin, daß eine strenge Behandlung unendlicher Reihen von Funktionen ohne vorherige Einführung des Begriffs der reellen Zahl, die in § 5 erfolgt, nicht möglich ist.

30. Die folgenden, ausdrücklich als „Übersicht" bezeichneten Ausführungen zu den Grundlagen der Arithmetik müssen vor dem Hintergrund der entsprechenden Abschnitte in W.s mehrfach wiederholter und überarbeiteter Vorlesung „Einführung in die Theorie der analytischen Functionen" gesehen werden. Vgl. Anm. 1. In diesen Vorlesungen wurden die technischen Details im allgemeinen viel ausführlicher dargestellt; in den Handschriften von HETTNER [29] und RUDIO [62] umfaßt der entsprechende Abschnitt 135 bzw. 120 Seiten. In der vorliegenden Vorlesung werden W.s Resultate über die algebraischen Grundlagen der Theorie der komplexen Zahlen nur gestreift, die über hyperkomplexe Zahlen werden nicht erwähnt. Vgl. Anm. 56. Dagegen wird in der vorliegenden Vorlesung methodologischen Betrachtungen breiterer Raum gegeben. Über die sonst bei W. übliche Einführungsweise des Begriffs der reellen (insbesondere irrationalen) Zahl geht anscheinend auch die Berücksichtigung des Cauchy-Kriteriums und – damit im Zusammenhang – die Verallgemeinerung des Begriffs der endlichen Zahlgröße (= reelle Zahl) auf nichtabsolutkonvergente Reihen rationaler Zahlen mittels eines „Tricks" von H. A. SCHWARZ hinaus. Vgl. Anm. 60. Bezüglich der W.schen Betrachtungen über die logischen und psychologischen Grundlagen des Anzahlbegriffs und damit des Begriffs der natürlichen Zahl sei auf G. FREGES Kritik verwiesen. Vgl. DUGAC [20, S. 83/84]. KOPFERMANN [42, S. 77] bemerkt, daß W.s Behandlung der natürlichen Zahl einen „fast mystischen Charakter" trägt.

31. Gemeint ist der Rechenkünstler ZACHARIAS DASE (1824–1861). Vgl. dazu [6].

32. W. unterscheidet im folgenden streng zwischen zwei Arten von „Größen": der geometrischen Größe (zuweilen bloß „Größe" genannt), die z. B. durch den „Begriff der Geraden" repräsentiert wird, und der (arithmetischen) „Zahlgröße" (manchmal bloß „Zahl" genannt), die W. mit dem Begriff des „Aggregats" verbindet. Ebenso wie sein Vorläufer B. BOLZANO und der auch in Berlin lehrende M. OHM (1792–1872) strebt W. nach einer strengen Trennung zwischen Geometrie und Arithmetik und leitet so insbesondere den Begriff der Irrationalzahl rein arithmetisch aus dem des Aggregats rationaler „Elemente" her. Anders als BOLZANO (vgl. Anm. 67–69) scheint aber OHM W. nicht direkt beeinflußt zu haben. Vgl. [4]. Auch Ansätze für eine Theorie der Irrationalzahlen finden sich bei OHM nicht.

33. W. verwendet hier zunächst den Begriff der „komplexen Zahl" noch in dem weiten Sinne eines „Aggregates von verschiedenen Einheiten" (vgl. [20, S. 96]), wobei diese Einheiten durchaus in dieselbe „Haupteinheit" überführbar sein können. Erst weiter unten spricht W. von „ganz bestimmten komplexen Zahlgrößen", d. h. „komplexen Zahlen" im heutigen Sinne. „Hyperkomplexe" Zahlen heißen bei W. „aus n Haupteinheiten gebildete komplexe Größen" (vgl. Anm. 56). Zu W.s Theorie der komplexen Zahlen vgl. die Darstellung bei KOPFERMANN [42, S. 82ff.].

34. OHM [56, S. 23] bemerkt 1842 in bezug auf die „Anwendungen der mathematischen Analysis zur ‚Vergleichung der Größen' ": „Die Benennung oder die Einheit ist bei den benannten Zahlen allemal im Voraus festgesetzt, und es kommt nur jedesmal noch darauf an, die zugehörigen unbenannten Zahlen zu betrachten, miteinander zu vergleichen, oder zu finden."
Es handelt sich bei den „unbenannten Zahlen" (bei GG, S. 25, „abstrakte oder unbenannte Zahlen") um maßeinheitslose Zahlen, die den Gegenstand der „reinen Arithmetik" bilden. In den 70er und 80er Jahren des 19. Jahrhunderts wurden u. a. in

Anknüpfung an H. Grassmanns „Lineale Ausdehnungslehre" (1844) zahlreiche Arbeiten zu den axiomatischen Grundlagen des Zahlbegriffs (E. Schröder, L. Kronecker, G. Peano) veröffentlicht. Das Verhältnis des mathematischen Zahlbegriffs zum physikalischen Größenbegriff, das im folgenden von W. andiskutiert wird, wurde u. a. in der berühmten Abhandlung von H. v. Helmholtz „Zählen und Messen, erkenntnistheoretisch betrachtet" aus dem Jahr 1887 erörtert. Dort heißt es u. a. (zitiert nach Helmholtz, H. v.: Philosophische Vorträge und Aufsätze. Berlin: Akademie-Verlag 1971, S. 301–335, 319):

„Objekte oder Attribute von Objekten, die, mit ähnlichen verglichen, den Unterschied des größer, gleich oder kleiner zulassen, nennen wir *Größen*. Können wir sie durch eine benannte Zahl ausdrücken, so nennen wir diese den *Wert* der Größe, das Verfahren, wodurch wir die benannte Zahl finden, *Messung* der Größe."

35. In der Vorlesungsausarbeitung steht an manchen Stellen statt „Teil" irrtümlich „Teiler". Letztere sind aber bei W. offensichtlich die natürlichen Zahlen, die, multipliziert mit den „genauen Teilen", die Haupteinheit ergeben. Diese originale Wortwahl W.s, der die Edition folgt, wird durch GG, S. 28, und andere Vorlesungsmitschriften bestätigt. Vgl. [20, z. B. S. 98].

36. Die zulässigen „Transformationen" (nach einer Ausarbeitung der Vorlesung von 1878 durch A. Hurwitz, zitiert bei Dugac [20, S. 98]), mit deren Hilfe die durch verschiedene „Aggregate" definierten Zahlgrößen ineinander überführt und somit als „gleichwertig" bzw. „äquivalent" bezeichnet werden dürfen, werden gewöhnlich von W. viel ausführlicher behandelt. Die Notwendigkeit der Verallgemeinerung des Begriffs der Gleichheit zu dem der „Äquivalenz" wird vor allem bei der Betrachtung von Zahlgrößen deutlich, die durch „Aggregate" aus unendlich vielen Elementen definiert sind, da hier zwei Zahlgrößen a und b nur indirekt verglichen werden können (s. u.), durch Bezug auf unendlich viele in beiden „enthaltene" dritte Zahlgrößen c.

37. Während W. bis zu dieser Stelle der Vorlesung nur die aus endlich vielen (positiven rationalen) Elementen bestehenden „Aggregate" betrachtet hat, letztlich also nur positive rationale Zahlen, geht er jetzt zu den aus unendlich vielen Elementen gebildeten Aggregaten über. Diese definieren entweder unendliche oder endliche Zahlgrößen. Zu den letzteren gehören die irrationalen Zahlen, die W. auf diese Weise spätestens seit dem Wintersemester 1865/66 einführte. W. *identifiziert* also den Begriff der (positiven) reellen Zahl mit dem Begriff der Äquivalenzklasse beschränkter, monotoner *Folgen* von positiven rationalen Zahlen, ohne daß er zunächst etwas über die geometrische Existenz der so definierten reellen Zahlen aussagt. Die letztgenannte Vorlesung diente E. Kossak [43] zur Grundlage für die erste Veröffentlichung der W.schen Theorie der Irrationalzahlen im Jahre 1872. Der Franzose Ch. Méray (1869), W.s Schüler G. Cantor (1872) und R. Dedekind (1872) gaben unabhängig von W. eigene Begründungen der Theorie der Irrationalzahlen. Cantor und Méray benutzten „Fundamentalreihen", vervollständigten also die Menge der rationalen Zahlen durch das spätestens 1821 von Cauchy im „Cours d'analyse" als Prinzip benutzte, aber noch nicht exakt begründete Kriterium. Dedekind definierte die irrationalen Zahlen durch „Schnitte" im Bereich der rationalen Zahlen. Die Besonderheit der W.schen gegenüber der Cantor/Mérayschen und noch mehr der Dedekindschen Art der Einführung irrationaler Zahlen besteht offenbar in der schrittweisen Konstruktion derselben aus dem Anzahlbegriff und damit letzt-

lich aus dem Begriff der natürlichen Zahl. So bemerkt GERICKE [24, S. 114/115] zutreffend:

„Mit CANTORS Vereinfachung scheint mir nun aber ein grundsätzlich wichtiger Gesichtspunkt von WEIERSTRASS' Theorie verlorengegangen zu sein, nämlich der, daß jede Art von Zahlen als Zusammenfassung von Einheiten aufgefaßt werden kann ... und mir scheint, daß er gerade aus dieser Deutung das Recht herleitete, alle diese Gegenstände Zahlen zu nennen."

Dennoch erreichte natürlich auch die W.sche Definition einen solchen Abstraktionsgrad, daß z. B. E. ILLIGENS [32] sie gemeinsam mit der ihr an anderer Hinsicht (bezüglich der erklärten Rechenoperationen) ähnlichen Cantorschen Definition dafür tadelte, daß die definierten Irrationalzahlen keine „Vielheit oder Quantität" ausdrückten, „vielmehr ... bloße Zeichen für das Gegebensein einer Zahlreihe" seien. CANTOR entgegnete ILLIGENS im selben Annalen-Band (S. 476):

„Als abstracte Gedankendinge sind sie nur Größen im uneigentlichen oder übertragenen Sinne des Wortes."

Aus der Sicht CANTORS [14, S. 183–190] werden die Unterschiede, Vorzüge und Nachteile der drei gleichermaßen strengen Definitionen der Irrationalzahlen im Jahre 1883 ausführlich erörtert.

38. W. verzichtet also ausdrücklich auf Hypothesen, wie sie G. CANTOR aufstellte, der die Existenz „aktual-unendlicher Mengen" auch in der Natur vermutete ([50, S. 115] und [14, S. 276]). Wenn W., wie weiter unten, von „absolut bestimmter Existenz" spricht, so meint er „geistige Existenz" in dem hier definierten Sinne.

39. Der Nachweis dieser Tatsache erfordert die Verwendung des „zweiten (Cantorschen) Stetigkeitsaxioms". Vgl. Anm. 68–70.

40. Vgl. Anm. 36.

41. Nämlich die reellen Zahlen. Vgl. Anm. 37.

42. Diese offenbar nicht falsche, aber in ihrer Funktion hier nicht verständliche „Definition" der endlichen Zahlgröße wird bei GG und in B unterdrückt.

43. DANTSCHER [16, S. 18], der sich auf Vorlesungen W.s von 1872 und 1884 stützt, bemerkt: „WEIERSTRASS nennt diese Eigenschaft eines Aggregates das Kriterium der Endlichkeit." Vgl. Anm. 37.

44. Falls hier die in Anm. 42 angemerkte Definition gemeint sein sollte, fehlt die Bezugnahme auf unendlich viele Vergleichsgrößen.

45. Das notwendige Kriterium für Reihenkonvergenz $\lim a_n = 0$.

46. Das hier für den Spezialfall von Reihen mit positiven rationalen Gliedern dargelegte Cauchysche Konvergenzkriterium betrachtete W. zunächst in seinen Vorlesungen nur als *Folgerung* des Endlichkeitskriteriums, nachdem durch letzteres der Begriff der positiven irrationalen Zahl bereits streng definiert worden war. Dies geht auch aus DANTSCHER [16, § 5, S. 19] „Eine wichtige Folgerung aus der Erklärung der Konvergenz" hervor. Vgl. Anm. 47 sowie [20, S. 72 u. 126].

47. Für den betrachteten Spezialfall monotoner Folgen von Partialsummen folgt die Umkehrung bereits ohne Häufungsstellensatz. Vgl. Anm. 60. Im zugrunde gelegten

Original L (vgl. Faksimile von S. 34 auf Seite 6) steht hier mißverständlich $r > 0$, statt $n > v$. Die Edition folgt hier D, S. 50.

48. In B, S. 34, steht hier in Klammern: „vgl. Weierstrass, analytische Funktionen" – offenbar ein Hinweis auf W.s Einführungsvorlesung. Vgl. Anm. 30.

49. Bei GG, S. 46, steht hier: „Es ist (z. B. auch aus pädagogischen Rücksichten) nicht gut, mit Größen zu rechnen, denen eine reale Bedeutung nicht zukommt."

50. W. dehnt jetzt den Begriff der (endlichen) Zahlgröße zunächst auf den Fall aus, daß jeweils die Aggregate der (unendlich vielen) positiven und der negativen Glieder endliche Zahlen definieren, so daß sich der Wert der Zahlgröße als Differenz jener Werte ergibt. In der Vorlesung vom 8. 6. 1886 betrachtete W. dann auch Zahlgrößen, die durch konvergente Reihen mit beliebigen (rationalen) Gliedern definiert sind. Vgl. Anm. 60.

51. Vgl. Anm. 34. Die ganze folgende Passage bis „Was endlich die Division anbetrifft" fehlt in der „Berliner Abschrift" B.

52. Das heißt „komplexer Zahlen" im heutigen Sinne. Vgl. Anm. 33.

53. Hier ist u. a. an die Beiträge von C. Wessel (1745–1818) und C. F. Gauss (1777 bis 1855) zur geometrischen Interpretation der komplexen Zahlen zu denken, insbesondere die Einführung der „Gaußschen Zahlenebene" (1831). W. suchte sich allerdings „von der geometrischen Betrachtung frei zu machen" (s. u.). Vgl. auch Anm. 49.

54. Der Sinn dieses durch Abstandsetzungen ausgedrückten Gesetzes ist nicht ganz klar. Sollte $(ab) c = (ac) b$ gemeint sein, so ergibt sich zusammen mit der zuvor geforderten Kommutativität die Assoziativität der Multiplikation. Bei GG, S. 51, steht statt dessen $ab c = a bc$.

55. Mit dem Symbol $\geqq 0$, das offenbar auch im Falle komplexer Größen verwendet wird, wo keine Ordnungsbeziehungen vorliegen, ist nichts anderes als $\neq 0$ gemeint.

56. Gemeint ist hiermit die Arbeit „Zur Theorie der aus n Haupteinheiten gebildeten komplexen Größen", Nachrichten von der Königl. Gesellschaft der Wissenschaften zu Göttingen 1884, S. 395–414, wiederabgedruckt 1895 in W.s Werken [69, Band 2, S. 311 bis 332]. In der Berliner Abschrift B steht an dieser Stelle etwas deutlicher (S. 42): „Es zeigt sich nun, wie Weierstrass in einer in den Göttinger Nachrichten publizierten Abhandlung bewiesen hat, daß wir in der gesamten Analysis mit diesen beiden Einheiten e und i vollkommen auskommen, in dem Sinne, daß jedes Problem der Analysis auf Größen führt, die diesem Zahlgebiet angehören."
Allerdings macht auch diese Konkretisierung nicht richtig deutlich, worum es in der zitierten Arbeit wirklich geht. W. führte dort die „Existenz der ‚Theiler der Null', welche nicht gleich Null sind" (S. 315) in kommutativen Algebren über den reellen Zahlen vom Rang > 2 als Ursache für die Sonderstellung der reellen und komplexen Zahlen in der Analysis an und legte zugleich einen Grundstein für die axiomatische Theorie hyperkomplexer Systeme. Vgl. auch [42, S. 83/84].

57. Dugac [20, S. 86] weist darauf hin, daß dieser Kernpunkt der W.schen Definitionsweise der irrationalen Zahl von W. in der Vorlesung von 1886 erstmals so klar hervorgehoben wird. Cantor [14, S. 185] bemerkt 1883, es müsse „als *wesentlich* hervorgehoben werden, daß … nicht etwa von vornherein die zu definierende Zahl b als die

Summe $\sum a_\nu$ der unendlichen Reihe (a_ν) gesetzt wird ... Ich glaube, daß dieser erst von Herrn WEIERSTRASS vermiedene logische Fehler in früheren Zeiten fast allgemein begangen und aus dem Grunde nicht bemerkt worden ist, weil er zu den seltenen Fällen gehört, in welchen wirkliche Fehler keinen bedeutenden Schaden im Kalkül anrichten können. – Trotzdem hängen, meiner Überzeugung nach, mit dem bezeichneten Fehler alle Schwierigkeiten zusammen, welche in dem Begriff des Irrationalen gefunden worden sind, wogegen bei Vermeidung dieses Fehlers die irrationale Zahl mit derselben Bestimmtheit, Deutlichkeit und Klarheit sich in unserm Geiste festsetzt, wie die rationale Zahl."

58. In B, S. 44, wird hier das Beispiel $1 - \dfrac{1}{2} + \dfrac{1}{3} - \dfrac{1}{4} + ... = \dfrac{1}{1 \cdot 2} + \dfrac{1}{3 \cdot 4} + ...$ angegeben.

59. KOPFERMANN [42, S. 82] bemerkt:

„WEIERSTRASS legt in seinem Konstruktionsprozeß ... die besondere Betonung auf die absolute Konvergenz. Es sieht so aus, als ob er in seinen Vorlesungen nie das Bedürfnis gehabt hat, Ergebnisse über beliebige Reihen zu bringen. Erst in sehr viel späteren Vorlesungen bringt er, und dann auch nur am Rande, einen Trick, der von H. A. SCHWARZ stammt, mit dem man das Rechnen mit beliebigen Reihen auf das Rechnen mit absolut konvergenten Reihen zurückführen kann."

Interessant ist in diesem Zusammenhang folgende Bemerkung CANTORS [14, S. 190] aus dem Jahre 1883 über W.s ursprüngliche Definition der Irrationalzahl:

„Die ... Definitionsform scheint mir allerdings nicht so leicht brauchbar zu sein, wenn es sich um die präzise Definition der Summen von Reihen handelt, die nicht unbedingt konvergieren."

Vielleicht ist die in der vorliegenden Vorlesung folgende „Erweiterung des Begriffs der Zahlgröße", die den unmittelbaren Zusammenhang zwischen W.s ursprünglicher Definition und CANTORS Definition mittels Fundamentalreihen herstellt, vor dem Hintergrund jener Bemerkung CANTORS zu sehen. Aus Vorlesungen vor 1886 ist jedenfalls eine solche Verallgemeinerung der Definition durch W. nicht bekannt. Vgl. Anm. 60.

60. Im folgenden handelt es sich offenbar um das, was KOPFERMANN als „Trick von H. A. SCHWARZ" bezeichnet. Vgl. Anm. 59. W. zeigt auf diese Weise, daß eine das Cauchy-Kriterium erfüllende Reihe mit beliebigen Gliedern durch Zusammenfassung von aufeinanderfolgenden Gliedern auf beliebig viele Weisen in eine absolut konvergente Reihe umgewandelt werden kann, deren Wert als Differenz der Summen der positiven und (absolut genommenen) negativen Glieder eindeutig bestimmt ist und dann als Summe der Reihe mit beliebigen Gliedern *bezeichnet* werden kann. W. will dagegen hier gar nicht zeigen, daß die Folge der Partialsummen der Reihe mit beliebigen Gliedern gegen diesen Wert konvergiert. Dies folgt erst mit Hilfe seines Häufungsstellensatzes, den W. im folgenden § 6 beweist. Erst dann wird also das Cauchy-Kriterium zum gleichwertigen Endlichkeitskriterium für Zahlgrößen. Vgl. Anm. 47.

61. L, D und B setzen im Gegensatz zu GG in der folgenden Ungleichung den Betrag über die Summe der b_l an. Das ist zwar nicht falsch, zeigt aber nicht die absolute Konvergenz der Reihe, um die es zunächst geht. Die Edition folgt deshalb GG.

62. Das heißt ohne Voraussetzung der Existenz der erst zu definierenden endlichen Zahlgröße im erweiterten Sinne. Es werden vielmehr stets nur endliche Teilsummen von Reihen betrachtet. Vgl. Anm. 57.

63. Im folgenden wird in L mehrfach die Bezeichnung „Konstruktionsebene" verwendet, die in B zu „Zahlenebene" korrigiert wird.

64. Den Begriff der „Grenze" oder „Grenzstelle" (bei Günther/Gutzmer auch „Grenzwert") verwendete W. [20, S. 397] zufolge bereits 1865/66 in seinen Vorlesungen (vgl. auch [36, S. 57]). Im Unterschied zu Cantors [14, S. 97] Definition von 1872 und zum modernen Begriff des „Häufungspunktes" durfte die „Grenzstelle" nicht zur Punktmenge selbst gehören. Dies hängt möglicherweise mit W.s Anwendung des Begriffs bei der Diskussion des „Stetigkeitsbereichs" analytischer Funktionen zusammen (s. u.). In der vorliegenden Vorlesungsausarbeitung ist der Gebrauch dieses Begriffs nicht ganz einheitlich. Vgl. Anm. 77.

65. Es ist erstaunlich, daß W. im folgenden das „schwere Geschütz" des Transzendenzbeweises (1873) von e durch Charles Hermite (1822–1901) auffährt. Selbst wenn man in Rechnung stellt, daß W. als Beispiel einer irrationalen Zahl ein typisches und einfaches „Aggregat" aus positiven rationalen Zahlen anführen wollte, hätte doch andererseits z. B. die binomische Reihe ähnlich einfache Ausdrücke für algebraische(!) Irrationalzahlen liefern können, die zudem einfacher geometrischer Veranschaulichung fähig gewesen wären. Aber vielleicht wollte W. mit diesem Beispiel gerade die prinzipiell gleichartige, weil „rein arithmetische" (s. o.) Natur der algebraischen und transzendenten Zahlen unterstreichen. In B, S. 49, wird Hermite namentlich an dieser Stelle erwähnt.

66. Bekanntlich bewies Cantor [14, S. 115–118] im Jahre 1874 die „Überabzählbarkeit" der Menge der reellen Zahlen, während ihm bereits spätestens 1873 die „Abzählbarkeit" der Menge der rationalen Zahlen bekannt war (vgl. [50, S. 26]).

67. Die obige Passage mit den Reihen g und h fehlt bei GG. Im folgenden handelt es sich um den „Häufungsstellensatz von Bolzano/Weierstrass", der hier in einer Form ausgesprochen und bewiesen wird, die auch $\pm \infty$ als mögliche „Grenzstellen" einschließt. Die folgenden Betrachtungen zeigen, daß der Satz zu Recht die Namen beider Mathematiker trägt. W.s Schüler H. A. Schwarz bemerkte bereits in einem Brief an Cantor vom 1. April 1870 [50, S. 228] über die zugrunde liegende Schlußweise:
„Auch ich bekenne mich mit Dir zu der von Herrn Weierstrass in seinen Vorlesungen verfochtenen Meinung, daß man ohne die Schlußweise, welche von Herrn W. auf Bolzanoschen Principien weiter ausgebildet ist, bei vielen Untersuchungen nicht zum Ziel gelangen könne."
In diesem Zusammenhang verweist Schwarz ausdrücklich auf die entscheidende Arbeit Bolzanos [11] von 1817. Vgl. auch [14, S. 149], [67] sowie Anm. 68.

68. Bolzano [11] bewies den Zwischenwertsatz für stetige Funktionen und benötigte dafür den Satz über die obere Grenze einer beschränkten Punktmenge, den er folgendermaßen formuliert (S. 41): „Wenn eine Eigenschaft M nicht allen Werten einer veränderlichen Größe x, wohl aber allen, die kleiner sind, als ein gewisser u zukommt: so gibt es allemal eine Größe U, welche die größte derjenigen ist, von denen behauptet werden kann, daß alle kleineren x die Eigenschaft M besitzen."
W. benutzte Bolzanos Beweis bei der Herleitung des Häufungsstellensatzes, wobei die Ähnlichkeit der Beweise bis in die Bezeichnungen der Glieder der konstruierten Reihendarstellung für die Grenzstelle reicht. Nicht der Häufungsstellensatz selbst, wohl aber die entscheidende Schlußweise ist also schon von Bolzano selbst veröffentlicht

worden. BOLZANOS Beweis ist völlig streng, wenn man nicht etwa den Strengestandard des mathematischen Intuitionismus fordert. W.s Kritik an BOLZANOS Beweis zielt offenbar auf die Tatsache, daß bei BOLZANO das Verhältnis zwischen geometrischem und arithmetischem Größenbegriff noch ungeklärt ist. Vgl. Anm. 70. Die folgende geometrische Plausibilitätsbetrachtung ist bei BOLZANO [11] nicht zu finden.

69. W.s aus Formulierung und Originalbeweis des Bolzanoschen Satzes nicht ohne weiteres zu erschließende Behauptung, daß die in Betracht gezogenen Punkte „eine stetige Folge bilden", läßt m. E. zwei Deutungen zu: Entweder, W. unterstellt BOLZANO, daß dieser gemäß den speziellen Bedürfnissen des „Zwischenwertsatzes" nur „frey veränderliche Größen" (in BOLZANOS Sprechweise), d. h. solche, die alle möglichen Werte zwischen zwei gegebenen annehmen können, im Auge gehabt hat, was aber m. E. durch den Text von BOLZANO [11] nicht gestützt wird. Oder, und das ist wahrscheinlicher, W. meint mit der „stetigen Folge" die durch möglicherweise auch diskret verteilte „Punkte" erzeugte Folge von „Strecken", die den Zwischenraum von A und C kontinuierlich erfüllen. Diese Deutung wird auch durch eine weiter unten folgende Bemerkung W.s über „den uns angeborenen Grenzbegriff" nahegelegt.

70. Das heißt die versteckte Behauptung, daß jeder Zahlgröße auch ein Punkt entspricht, also das „zweite (Cantorsche) Stetigkeitsaxiom". Vgl. Anm. 39, 68.

71. Das folgende ist lediglich eine Wiederholung der weiter oben schon angestellten geometrischen Plausibilitätsbetrachtungen und wird bei GG unterdrückt.

72. Bereits C. F. GAUSS sprach 1831 in seiner Selbstanzeige zur zweiten Abhandlung über die biquadratischen Reste im allgemein arithmetischen Sinne von „Relationen zwischen Dingen, die eine Mannigfaltigkeit von mehr als zwei Dimensionen darbieten" (Werke II, S. 178). H. GRASSMANN (1809–1877) untersuchte 1844 in seiner „Linealen Ausdehnungslehre" sog. „Ausdehnungsgrößen". B. RIEMANN (1826–1866) diskutierte 1854 in seinem berühmten Vortrag „Über die Hypothesen, welche der Geometrie zu Grunde liegen" [61, S. 272ff.] den „allgemeinen Begriff der mehrfach ausgedehnten Größen", die er auch „n-fach ausgedehnte Mannigfaltigkeiten" nannte. G. CANTOR [14, S. 119] gebrauchte die Bezeichnung „Mannigfaltigkeit" seit 1878 im Sinne des allgemeinen Mengenbegriffs. 1884 entwickelte CANTOR [14, S. 210] seinen Inhaltsbegriff für den „nach n Dimensionen ausgedehnten, stetigen ebenen Raum G_n" und meinte damit letztlich den R^n im heutigen Sinne. In diesem engeren Sinne faßt offenbar auch W. den Begriff der „n-fachen Mannigfaltigkeit von reellen Größen" auf, wie aus der weiter unten angeführten Metrik hervorgeht. W. betonte aber stets den rein arithmetischen Charakter seines Begriffs der Mannigfaltigkeit. So heißt es bei GG, S. 73: „Dies hat gar nichts zu tun mit Annahmen über mehrdimensionale Räume, sondern ist eine rein arithmetische Betrachtung." Vgl. auch [66].

73. W. gibt weiter unten eine zweite, auf dem Abstandsbegriff begründete Definition der (kugelförmigen) „Umgebung". Auch bei GG, S. 73, werden beide Umgebungsbegriffe eingeführt, wobei an einigen Stellen die Bezeichnung „Nähe" dafür verwendet wird. 1861 verwendete W. in seiner von H. A. SCHWARZ mitgeschriebenen Vorlesung für eindimensionale Umgebungen die Bezeichnung „Nachbarschaft" [20, S. 120].

74. W.s Begriff des „Kontinuums" ist für sein Prinzip der analytischen Fortsetzung grundlegend, wie im folgenden deutlich wird. VERLEY [68, S. 160] bemerkt, daß W. seit

1874 jenes Prinzip in seinen Vorlesungen ausdrücklich auf dem topologischen Begriff des Zusammenhangs begründet habe. Unter „Kontinuum" versteht W. im folgenden eine offene und zusammenhängende Punktmenge im R^n, was dem heutigen Begriff des Gebiets entspricht. Weiter unten verwendet W. auch die Bezeichnungen „unabgeschlossenes" und „abgeschlossenes Kontinuum" (= Bereich). Bereits Pringsheim [59, S. 45/46] hat darauf hingewiesen, daß W.s Begriff des Kontinuums enger als der Cantorsche und insbesondere dimensionsgebunden ist. Cantor [14, S. 194] gab dagegen bereits 1883 eine Definition des Kontinuums, die mit der heutigen im wesentlichen übereinstimmt und die (von Cantor noch nicht so genannte) Eigenschaft der „ε-Verkettung" als Zusammenhangsbedingung benutzt. Auf diese Weise wurden u. a. auch stetige Kurven im Raum als Kontinua eingeordnet. Interessant sind die Anmerkungen, die Cantor [14] bei Einführung seines Begriffes machte (S. 207/208):

„Man beachte, daß diese Definition eines Kontinuums frei ist von jedem Hinweis auf das, was man die *Dimension* eines stetigen Gebildes nennt ... Ich weiß sehr wohl, daß das Wort ‚Kontinuum' in der Mathematik eine feste Bedeutung bisher nicht angenommen hat; es wird daher meine Definition desselben von einigen als eng, von anderen als zu weit beurteilt werden; hoffentlich ist es mir gelungen, dabei die richtige Mitte zu finden."

75. Hier ist natürlich an das W.sche „Kreiskettenverfahren" bei der Definition komplexer analytischer Funktionen zu denken. Vgl. Anm. 74.

76. Die Definition der „Abgeschlossenheit" einer Punktmenge findet sich anscheinend erstmals 1883 bei Cantor [14, S. 226]. Cantor bemerkt an dieser Stelle: „Zu dieser Art von Mengen gehören beispielsweise die Mengen der singulären Punkte analytischer Funktionen einer komplexen Veränderlichen." Auch W. scheint im folgenden zumindest im Fall der Ebene bei den betrachteten abgeschlossenen Mengen die Definition analytischer Funktionen ausgehend von ihren Ausnahmestellen im Auge zu haben. Dabei ist der Terminus „definierte Menge" doppeldeutig: im allgemeinen wird im folgenden darunter die durch die abgeschlossene Menge *ausgesonderte* offene Menge verstanden. Die Bezeichnung „offene Menge" findet sich auch bei Cantor noch nicht.

77. Nach der vorangegangenen Definition der „Grenzstelle" (Häufungspunkt) dürfte diese eigentlich nicht zur Menge der „definierten Punkte" gehören. Vgl. Anm. 64. Bei GG wird an dieser Stelle statt dessen die Bezeichnung „Grenzpunkt" verwendet. Zur Menge der Grenzpunkte heißt es dort (S. 77), daß man sie „auch wohl als die abgeleitete Menge bezeichnet"; diese Bezeichnung stammt bekanntlich von Cantor. Übrigens ist der in der Vorlesung folgende Nebensatz nicht ganz logisch, da er nur begründet, daß die Kreisfläche „abgeschlossen" ist. Es scheint sich in dieser unklaren Formulierung eine Konfusion des Autors der Nachschrift hinsichtlich der Begriffe „Grenzstelle" und „Grenze" (Menge der Randpunkte) anzudeuten.

78. Der vorige Satz bedarf eigentlich keiner Begründung, da er nur die Definition der Abgeschlossenheit wiederholt. Im folgenden wird anscheinend nur der Wortsinn von „abgeschlossen" dadurch erläutert, daß die Menge durch „Ableitungsbildung" nicht mehr vergrößerbar ist.

79. Vgl. Anm. 76.

80. W. zeigt im folgenden zunächst für die Ebene (danach im R^n), daß die Definition des Kontinuums durch die Zusammenhangsbedingung eindeutig und unabhängig von der Wahl eines bestimmten Ausgangspunktes ist.

81. Es wird hier die Abgeschlossenheit der Menge der Punkte auf der „gebrochenen Linie" (Polygonzug) zwischen A und B benutzt, woraus die angegebene Eigenschaft mittels der Kompaktheit (Häufungsstellensatz) folgt. Bei GÜNTHER/GUTZMER fehlt dieses Argument. Vgl. die ähnliche Argumentation in [73, S. 204] (Reprintteil).

82. Die Bezeichnung „Grenzstelle" ist hier wieder im Sinne von „Begrenzung" gebraucht. Vgl. Anm. 77.

83. Es handelt sich im folgenden eigentlich nicht um „einen anderen Beweis", sondern um eine triviale Fortsetzung des eben gegebenen Beweises, die die Möglichkeit zeigt, von A_n zu A_1 zurückzugelangen.

84. Hier zeigt es sich, daß auch W. nicht auf die Vorteile der „Sprache der Geometrie" verzichten möchte. In GG, S. 75, steht an dieser Stelle: „man kann sich ... der geometrischen Sprache hier ohne Bedenken bedienen, solange man bei jedem Schritt (z. B. in einem Beweis) die demselben eigentlich zu Grunde liegenden arithmetischen Operationen anzugeben im Stande ist."

85. Die bekannte „Dreiecksungleichung" im R^n.

86. Nämlich durch partielle Differentiation nach x_λ.

87. Im Sinne von Begrenzung (Randpunkte). Vgl. Anm. 77.

88. Gemeint ist offenbar der Fall, daß alle Punkte der Mannigfaltigkeit zum Kontinuum gehören.

89. Natürlich nicht im Sinne der Zugehörigkeit zum Kontinuum.

90. „Definiert" im Sinne der Aussonderung. Vgl. Anm. 76.

91. Gemeint ist offenbar ein Punkt auf der „Grenze" ($=$ Begrenzung). Vgl. Anm. 77.

92. $=$ „Bereich". Vgl. Anm. 74.

93. In L und in der Djursholmer Abschrift D steht hier irrtümlich „§ 6". Eine nähere Inhaltsbezeichnung wird nicht gegeben. Es wird im folgenden die „gleichmäßige Stetigkeit" einer im abgeschlossenen Intervall (bzw. in einem beschränkten Bereich des R^n) stetigen Funktion mit Hilfe des „Häufungsstellensatzes" aus § 6 bewiesen. Ein Beweis dieses Satzes wurde erstmals von E. HEINE [28, S. 188] im Jahre 1872 publiziert. In derselben Veröffentlichung bemerkte HEINE zuvor (S. 182):
„Den allgemeinen Gang des Beweises einiger Sätze in § 3 nach den Principien des Herrn WEIERSTRASS kenne ich durch mündliche Mitteilungen von ihm selbst, von Herrn SCHWARZ und CANTOR, so daß bei diesen Beweisen nur die Durchführung im Einzelnen von mir herrührt." Vgl. auch [21, S. 383/384]. Die Ausführlichkeit der Darstellung in der Vorlesung kontrastiert recht stark mit dem Mangel an Betonung einiger entscheidender Beweisvoraussetzungen (Abgeschlossenheit und Beschränktheit des Definitionsbereichs).

94. Vgl. Anm. 27.

95. Bei GG, S. 84/85, steht genauer: „auch für einige oder alle Grenzpunkte des Kontinuums definiert ist".

96. Vgl. Anm. 107.

16 Weierstraß, Kap.

97. Das durch μ und n bestimmte Intervall ist also hier eigentlich als halboffenes zu verstehen, was durch die Symbolik nicht ausgedrückt wird. Vgl. Anm. 13. Weiter unten im n-dimensionalen Fall wird durch dieses Bezeichnungsproblem sogar die Klarheit der Argumentation beeinträchtigt. Vgl. Anm. 103.

98. Durch diese Einschränkung wird die Betrachtung wieder auf das abgeschlossene Intervall $(a \dots b)$ reduziert.

99. In GG, S. 90/91, steht hier noch:
„Gegen diesen Beweis könnte man den Einwand erheben, daß man ... ja gar nicht ermitteln könne, in welchem Bereiche ... die größte Wertschwankung der Funktion ihren Maximalwert erreicht. Dies ist an sich ganz richtig, aber die logische Existenz eines solchen Bereiches ... bleibt nichtsdestoweniger unanfechtbar, und für jede *gegebene* Funktion, deren Eigenschaften man kennt, muß es immer möglich sein, diesen Bereich ausfindig zu machen." W. nimmt also hier Einwände des „mathematischen Intuitionismus" vorweg und reagiert vielleicht auch – nicht ganz überzeugend – auf Kritiken Kroneckers.

100. Daß die Stelle u_0 zum Definitionsintervall gehört, da dieses abgeschlossen ist, wird hier nicht ausdrücklich erwähnt.

101. Die Argumentation ändert sich nicht, wenn u_0 ein Randpunkt des Definitionsintervalls ist. Wichtig ist nur die Stetigkeit der Funktion an der Stelle u_0.

102. Hier werden die Bezeichnungen „Gebiet" und „Bereich" im heutigen Sinne verwendet. Vgl. Anm. 74.

103. Für die Randpunkte dieser Bereiche gilt dies offenbar nicht. Die prinzipielle Richtigkeit der nachfolgenden Argumentation wird aber durch diesen Verzicht auf die Zerlegung des Definitionsbereichs in halboffene Intervalle nicht in Frage gestellt. Vgl. Anm. 97.

104. Hier wird die Beschränktheit des Definitionsbereiches nachträglich gefordert. Vgl. Anm. 93.

105. Vgl. Anm. 100.

106. Vgl. Anm. 101.

107. Hier handelt es sich offenbar um einen Fehlschluß, da der Beweis des WAS die gleichmäßige Stetigkeit implizit voraussetzte. Vgl. Anm. 19. Auch bei Günther/Gutzmer wird diese Behauptung gemacht (GG, S. 91). Hat also etwa W. selbst beim Beweis des WAS die gleichmäßige Stetigkeit unbewußt angewendet? Dem widerspricht beispielsweise folgendes Zitat bei GG, S. 85:
„Man hat früher diesen Begriff der gleichmäßigen Stetigkeit nicht vorausgesetzt; erst Prof. Weierstrass hat darauf aufmerksam gemacht, daß diese Eigenschaft für den Begriff eines bestimmten Integrals vorausgesetzt werden muß, während man bei den früheren Beweisen der darauf sich beziehenden Sätze die gleichmäßige Stetigkeit stillschweigend vorausgesetzt hatte."

108. Die angeführte Ungleichung zielt offenbar darauf, die gleichmäßige Stetigkeit von Polynomen auszunutzen, die leicht nachzuweisen ist. Allerdings ist die sich an die Ungleichung anschließende Formulierung offensichtlich fehlerhaft. Hier müßte stehen,

daß für *beliebige* einander hinreichend nahe x und x' jene Differenz kleiner als die beliebig kleine Größe ε_2 gemacht werden kann. Derlei Unkorrektheiten sind gewiß nicht W., sondern dem Bearbeiter anzulasten.

109. Vgl. im Zusammenhang hiermit W.s Diskussion des sog. „Jacobischen Paradoxons" in § 13. Vgl. Anm. 179, 180.

110. Das ist das bereits in der Einführung des Herausgebers beschriebene „Grundanliegen" der Vorlesung. Der WAS wird zu diesem Zwecke auf Funktionen mehrerer reeller Variablen verallgemeinert.

111. Ziele dieser „Untersuchung" sind offenbar eine streng analytische Theorie der Abbildung n-dimensionaler Bereiche und – damit im Zusammenhang – eine Betrachtung von Teilmannigfaltigkeiten („Gebilden") innerhalb der bereits in § 6 eingeführten „n-fachen Mannigfaltigkeiten". Vgl. Anm. 72. W. begründet im folgenden mit seinen kritischen Reflexionen über die Grundlagen der Geometrie zunächst die Notwendigkeit einer solchen strengen Fassung der fundamentalen Begriffe. W. ordnet sich damit zugleich in den aus verschiedensten Quellen (H. GRASSMANN, M. PASCH, F. KLEIN u. a.) gespeisten Strom in Richtung auf eine logische Durchdringung und Axiomatisierung der Geometrie im 19. Jahrhundert ein. W. hatte übrigens in Einlösung eines Versprechens gegenüber seinem verstorbenen Kollegen J. STEINER bis 1873 auch Vorlesungen über synthetische Geometrie an der Berliner Universität gehalten, obwohl diese „wenig Interesse" für ihn hatten. Vgl. [8].

112. Der W.sche Begriff des Kontinuums ist, wie bereits hervorgehoben wurde, dimensionsgebunden. Vgl. Anm. 74.

113. W. erblickt also in der Verallgemeinerung der Betrachtung auf den n-dimensionalen Fall zugleich Möglichkeiten der vertieften Behandlung der Ausgangsprobleme für $n = 3$.

114. Exakter heißt es bei GG, S. 97: „ferner, wenn man eine Ebene hat, kann man die Gesamtheit aller Punkte in dieser Ebene, welche von zwei in ihr gelegenen Punkten gleichen Abstand haben, als eine gerade Linie bezeichnen".

115. Der beschriebene Aufbau der Grundbegriffe der Geometrie über den Abstandsbegriff hat zunächst nichts mit der Frage zu tun, ob die Geometrie euklidisch oder nichteuklidisch ist. Es ist unklar, auf welche Arbeit von N. I. LOBAČEVSKIJ (1792–1856), des Mitbegründers der Theorie der nichteuklidischen Geometrien, sich W. bezieht. Interessant ist allein die Tatsache, daß er ihn namentlich erwähnt.

116. Der Beweis setzt eine hinreichend allgemeine Begründung der Begriffe der Kurve und der Kurvenlänge voraus.

117. Hier ist an ein Beispiel in der Art der Peanoschen Kurve zu denken, die allerdings erst 1890 bekannt wurde. Auch eine Verallgemeinerung auf den Raum (s. u.) bereitet keine Schwierigkeiten.

118. Dieses Beispiel scheint unverständlich, da die angeführte Abbildung offenbar durchaus im wesentlichen regulär und die Bildmenge ein Kontinuum (offene, zusammenhängende Punktmenge) im R^2 im oben erklärten Sinne ist. Es ist höchstens denkbar,

daß hier auf die Mehrfachbedeckung des Quadrats $(-1, +1) \times (-1, +1)$ angespielt werden soll. Weiter unten (bei Anm. 219) wird von dem Kontinuum gesprochen „wie wir früher erklärt haben, ... das dadurch charakterisiert war, daß jede Stelle nur einmal gezählt wurde ...".

119. Der hier entwickelte Begriff des „analytischen Gebildes m-ter Stufe in einer n-fachen Mannigfaltigkeit", d. h. m-dimensionaler Teilmannigfaltigkeiten im R^n, wird von W. in § 13 wesentlich verallgemeinert, indem er dort von der globalen Darstellung des Gebildes durch eindeutige Funktionen reeller Variablen zur lokalen Definition durch „Elemente des Gebildes" übergeht, wobei das Gebilde durch Fortsetzung erzeugt wird.

120. Bei GG, S. 101, steht der erläuternde Zusatz: „d. h. nicht jeder Punkt unendlich oft dargestellt werde". Die im folgenden angegebene Determinante wird dort (S. 105) ausdrücklich als „Jacobische Funktionaldeterminante" bezeichnet. Vgl. auch [34].

121. Die folgenden Bemerkungen bis zum § 9 fehlen bei Günther/Gutzmer (GG).

122. Genauer: nur für diejenigen Punkte (u_1, u_2) einer eindimensionalen Teilmannigfaltigkeit, die den Bildpunkt $(x_1, x_2) = 0$ erzeugen.

123. Anscheinend muß hier sinnvollerweise noch die Beschränktheit des Bereiches gefordert werden. Die offenbar eng mit dem Häufungsstellensatz (Überdeckungssatz) zusammenhängende Aussage wird in der Vorlesung nicht bewiesen und in § 11, wo sie eigentlich inhaltlich hingehört, nicht wiederholt.

124. In der Leipziger Version L und den verschiedenen Abschriften fehlt hier das Wort „keine".

125. Setzt man $0 = f_\lambda(x_1, x_2, ..., \dot{x_n}) - u_\lambda = F(x_1, ..., x_n; u_1, ..., u_m)$, wobei $\lambda = 1, 2, ..., n, n \leq m$, so wird deutlich, daß dieser Satz ein Spezialfall des bekannten Satzes über implizite Funktionen ist, den Cauchy für $n = 1$ im Jahre 1831 bewiesen hat. Vgl. [42, S. 92ff.]. An sich wäre aus den Voraussetzungen noch zu schließen, daß die Auflösung wieder analytisch ist. Da W. dies aber an dieser Stelle offenbar nicht tut, handelt es sich wirklich um einen Spezialfall des Auflösungssatzes.

126. In GG, S. 108, steht: „die Unterdeterminanten".

127. Bei GG, S. 107, wird die hier zwar verwendete, aber nicht erwähnte Voraussetzung, daß die absoluten Glieder der Potenzreihen verschwinden sollen, ausdrücklich genannt.

128. $(G_{\lambda\mu})$ ist offenbar die „adjungierte Matrix" (Adjunktenmatrix) zu $(F_{\lambda\mu})$.

129. Die Ausführungen des folgenden Paragraphen müssen in engem Zusammenhang mit den Bemerkungen am Ende von § 8 gesehen werden. Vgl. Anm. 123.

130. Der folgende Paragraph stimmt weitgehend mit [76, S. 27ff.], d. h. der Veröffentlichung des WAS in der Werkausgabe, überein. An einigen Stellen ist die Darstellung der Vorlesung ausführlicher. Hauptziel der Verallgemeinerung des WAS ist für W. der Fall $n = 2$, womit er seine in der Vorlesung vorgeschlagene neue Definition der analytischen Funktion einer komplexen Variablen begründet. Vgl. Anm. 11 und 110 sowie die „Einführung" (s. o.).

131. Der folgende Beweis der gleichmäßigen Konvergenz für abgeschlossene Bereiche wird in der Veröffentlichung [76, S. 31] nicht näher ausgeführt. Aber auch in der Vorlesung wird, wie im Fall $n = 1$, die benutzte gleichmäßige Stetigkeit nicht hervorgehoben. Vgl. Anm. 19, 107.

132. Die „Zeichnung" ist in der Leipziger Version L nicht enthalten. Möglicherweise spricht dies dafür, daß diese dem Wortlaut der Vorlesung recht unmittelbar folgt und der Überarbeitungsaufwand bei L gering ist. Bei GG dagegen wird jene „Zeichnung" nicht erwähnt.

133. In der Veröffentlichung [76, S. 32] fehlen die folgenden Erörterungen. Es steht hier bloß, in diesem Falle ließe „sich die Bestimmung des Grenzwertes ... nicht in voller Allgemeinheit durchführen".

134. Bei GG, S. 124, steht hier, man könne „von $(n - 1)$-fachen, $(n - 2)$-fachen, ... zweifachen Begrenzungen und Ecken reden".

135. Vgl. Anm. 14.

136. Vgl. Anm. 25.

137. Es handelt sich hier gerade um das bekannte „Weierstraßsche Kriterium" für gleichmäßige Konvergenz.

138. Vgl. Anm. 26, 28.

139. Vgl. Anm. 10.

140. Vgl. hierzu die „Einführung in die Edition" (s. o.) und Anm. 2, 4.

141. Der folgende Schluß des § 12 ist der Ausdehnung des WAS auf unstetige Funktionen, die eine Verallgemeinerung des Integralbegriffs erforderlich macht, gewidmet. W. hatte 1885 in Briefen an DU BOIS-REYMOND [78, S. 219], KOVALEVSKAJA [52, S. 195] und SCHWARZ [20, S. 141] von seinen mit dem Beweis des WAS zusammenhängenden Versuchen der schrittweisen Verallgemeinerung des Riemannschen Integralbegriffs berichtet. In seinem Brief an SCHWARZ [20, S. 141] vom 25. Mai 1885 schrieb W. schließlich über die „Riemannsche Definition": „Sie muß vielleicht durch eine ganz andere ersetzt werden, bei deren Begründung mir CANTORS neuere Untersuchungen (nicht die auf die transfiniten Zahlen bezüglichen) wesentliche Dienste geleistet haben." Vgl. auch [81].

W. begründete also seinen neuen Integralbegriff auf dem von CANTOR [14, S. 229] im Jahre 1884 eingeführten (äußeren) Inhaltsbegriff, wodurch jeder beschränkten Funktion ein bestimmtes Integral zugeordnet werden kann. Bei SCHLESINGER und PLESSNER [65, S. III] heißt es mit ausdrücklichem Bezug auf W.s Vorlesung von 1886:
„Aber die klassische Mengenlehre CANTORS vermochte die Neufassung des Integralbegriffs noch nicht zur Reife zu bringen; dies zeigen die in den letzten Dezennien des 19. Jahrhunderts von namhaften Mathematikern, unter anderem von WEIERSTRASS unternommenen, sehr interessanten, aber im wesentlichen erfolglos gebliebenen Versuche, die Schranken der Riemannschen Integraldefinition zu durchbrechen." W. schreibt in der Originalveröffentlichung [75, S. 797] im Jahre 1885: „Es bliebe jetzt noch zu untersuchen, welche Modificationen die bisher entwickelten Sätze erleiden, wenn man die Annahme, daß $f(x)$ eine durchweg stetige Function sei, fallen läßt. Damit beabsichtige ich in einer folgenden Abhandlung mich zu beschäftigen." Zu einer solchen Veröffent-

lichung ist es jedoch nicht gekommen. So heißt es auch im Wiederabdruck in der Werkausgabe statt dessen: „Damit werde ich mich hier jedoch nicht beschäftigen" [76, S. 18].

142. Für „Stetigkeitsstrecken", d. h. abgeschlossene Intervalle, folgt die gleichmäßige Konvergenz wieder aus der gleichmäßigen Stetigkeit.

143. Die Frage ist natürlich, *was* man als „wesentlich" bezeichnet. Bekanntlich fehlt dem Cantorschen Inhaltsbegriff die „Additivität".

144. Vgl. die „Einführung" in die Vorlesungsedition (s. o.).

145. Dies ist natürlich in dem Sinne zu verstehen, daß konkrete mathematische Probleme, unter anderem die bei der Integration rationaler Funktionen auftretende Notwendigkeit der Partialbruchzerlegung, in den Arbeiten von Leibniz, J. Bernoulli, Euler u. a. allmählich die Einführung komplexer Wurzeln algebraischer Gleichungen erzwangen. Vgl. dazu die Einführung von A. P. Juškevič in [22] sowie die Arbeiten von Markuševič [46], [47]. Bei GG, S. 141, wird hier noch hinzugefügt: „In welcher Weise dann auch die Begründung der Theorie der elliptischen Funktionen durch Abel und Jacobi geradezu zur Einführung der imaginären Größen (als gleichberechtigt mit den sog. reellen) zwang, ist bekannt."

146. Daß dies allgemein nicht möglich ist, zeigten bekanntlich in den 20er und zu Beginn der 30er Jahre des 19. Jahrhunderts die Mathematiker N. H. Abel (1802–1829) und E. Galois (1811–1832).

147. Es handelt sich hier um die „Cauchy/Riemannschen Differentialgleichungen", die auch d'Alembert und Euler schon bekannt waren und die natürlich für ein Gebiet gelten müssen. Im Mathematischen Seminar der Berliner Universität bemerkte W. am 28. Mai 1884 historisch exakter [79, S. 9]:
„Schon Cauchy hat diese Gleichungen gehabt, er hat auch ihre geometrische Bedeutung erkannt, legte sie aber nicht als Definitionsgleichungen zu Grunde." Vgl. auch Anm. 201. Die Formulierung der Gleichungen ist in L, S. 122, fehlerhaft.

148. Das Wesentliche an dieser Aussage ist, daß nur differenzierbare Funktionen komplexer Variablen als „Funktionen" bezeichnet wurden, wie es auch bei Riemann [61, S. 5] hinsichtlich derjenigen Funktionen geschieht, die den Cauchy/Riemannschen Differentialgleichungen genügen.

149. Diese Bezeichnung geht offenbar auf Euler zurück. Die Bezeichnung „konform" in bezug auf eine Abbildung findet sich zum ersten Mal 1789 in einer Arbeit des Geometers F. Th. Schubert. Vgl. [46, S. 30]. Bei GG, S. 142, wird die Bezeichnung „konform" verwendet.

150. Vgl. Anm. 201.

151. Im folgenden schildert W. klar seinen stufenweisen Aufbau des Begriffs der analytischen Funktionen, beginnend mit dem Begriff der ganzen Zahl. In diesem schrittweisen Vorgehen besteht W.s „arithmetische Begründung" der Funktionentheorie. Vgl. Anm. 233.

152. Vgl. § 6, Anm. 74.

153. Systematisch und konzentriert stellt W. die weitreichenden Implikationen des Begriffs der gleichmäßigen Konvergenz für die komplexe Funktionentheorie am Ende seiner Vorlesung vom 14. 7. 1886 dar (s. u.).

154. Vgl. die Arbeit [71], die erst 1894 veröffentlicht wurde und in der W. 1842 den Begriff der analytischen Fortsetzung einführte. Das Resultat der Arbeit [67] über die Lösbarkeit von Systemen algebraischer Differentialgleichungen durch formalen Potenzreihenansatz mittels der „Majorantenmethode" steht in engem Zusammenhang mit einem Satz von A. L. CAUCHY und S. KOVALEVSKAJA. Vgl. [19, S. 40ff.].

155. Unter g_v versteht W. hier im allgemeinen Polynome; wesentlich für das Beispiel ist eigentlich nur Eindeutigkeit und Differenzierbarkeit der g_v im selben reellen Intervall. Über die Konvergenz der Reihe wird zunächst nichts vorausgesetzt. Hinreichende Voraussetzung für die gliedweise Differenzierbarkeit ist nach einem bekannten Satz die gleichmäßige Konvergenz der Reihe über die Ableitungen und die Konvergenz der Ausgangsreihe in wenigstens einem Punkt.

156. Statt „nicht nur diese" wäre hier verständlicher: „nicht beliebige unter ihnen".

157. Diese sehr unklare „Definition" der gleichmäßigen Konvergenz ist wohl in dem Sinne zu verstehen, daß sich die lokal durch Polynome (insbesondere Potenzreihen) gesicherte gleichmäßige Konvergenz zu gleichmäßiger Konvergenz auf dem gesamten Konvergenzbereich der Reihe globalisieren läßt. Diese Deutung wird durch W.s Arbeit „Zur Functionenlehre" [73] (vgl. Reprint) und durch die in der Vorlesung folgenden Ausführungen nahegelegt. In der Formulierung der „Definition" müßte dann aber zumindest statt „für jeden Wert des Arguments" stehen: „in der Umgebung jeden Argumentwerts". Die Bemerkung von W. an dieser Stelle hat jedoch anscheinend nichts mit der Frage nach notwendigen Bedingungen für die Stetigkeit einer Grenzfunktion zu tun, wie man zunächst vermuten könnte.

158. Mit dem „von uns bewiesenen Satz" ist hier wohl ganz allgemein die Übertragbarkeit von Eigenschaften auf die Grenzfunktion gemeint, was im folgenden dann am Beispiel des Doppelreihensatzes erläutert wird.

159. In SCHLESINGERS Vorlesungsnachschrift, die der Dissertation [37] von KLEBERGER zugrunde liegt, heißt es genauer (S. 4):
„Wenn es möglich ist, diese ganze Funktion (nämlich das Polynom in 2 Variablen, das nach dem WAS der Funktion $\varphi + i\psi$ beliebig nahe kommt; d. H.) von x und y in eine ganze Funktion von $x + iy$ umzuwandeln, so nennen wir $\varphi + i\psi$ eine analytische Funktion des komplexen Argumentes $x + iy$."
Diese Voraussetzung der „Umwandelbarkeit" ist gerade die entscheidende, die mit der starken Forderung der Beliebigkeit der Differentiationsrichtung bei der herkömmlichen (Cauchyschen) Definition der analytischen Funktion eng verwandt ist.

160. Im folgenden wird zunächst nichts weiter getan, als daß gemäß der in § 12 vollzogenen Ausdehnung des WAS auf stetige Funktionen zweier reeller Variablen erneut elementar die Äquivalenz von gleichmäßiger Approximation und Reihendarstellung durch Polynome in zwei Variablen nachgewiesen wird. Vgl. Anm. 25.

161. Mit „unserer Definition" ist hier offenbar die herkömmliche W.sche Definition der analytischen Funktion gemeint, ausgehend von einer lokalen Potenzreihenentwicklung. Dieser wurde weiter oben eine andere gegenübergestellt, der KLEBERGER ihre Dissertation [37] widmete. Die Aussage wird im folgenden mit Hilfe des „Doppelreihensatzes" begründet.

162. Für die unten folgende Anwendung des Doppelreihensatzes ist es wichtig, daß Reihen über Polynome zwar nicht notwendig als einfache Potenzreihen deutbar sind, jedoch als Reihen über Potenzreihen, mithin als Doppelreihen im Sinne des Doppelreihensatzes.

163. Es handelt sich hierbei um die „Cauchysche Abschätzungsformel", die W. 1841 unabhängig von Cauchy in seiner erst 1894 veröffentlichten Arbeit [70] herleitete und mit deren Hilfe er dort den Doppelreihensatz (gleich für Potenzreihen in n Variablen) bewies. Der Doppelreihensatz wird in klassischer Formulierung auch in W.s Arbeit [73] von 1880 veröffentlicht und bewiesen. Vgl. Reprint, S. 205. In einer Anmerkung zu dieser Arbeit wird 1886 auch ein Beweis der Abschätzungsformel gegeben (vgl. ebd., S. 224).

164. Unter $P(x \mid a, a_1 \dots a_n)$ versteht W. im folgenden die aus der Potenzreihenentwicklung $P(x \mid a)$ im Punkt a durch sukzessive Umentwicklung über die Punkte $a_1 \dots a_{n-1}$ schließlich für a_n erhaltene Entwicklung.

165. Hiermit soll offenbar die obere und untere Grenze für den Durchmesser des Konvergenzkreises der umentwickelten Potenzreihe angedeutet werden.

166. Nämlich ein Spezialfall des „Doppelreihensatzes". Vgl. Anm. 162, 163.

167. Vgl. Anm. 163.

168. W. entwickelt im folgenden sein Fortsetzungsverfahren, zunächst für den Spezialfall eindeutiger Funktionen. Er weist – gestützt auf den Doppelreihensatz – nach, daß gleichmäßig konvergente Reihen über Polynome in einer komplexen Variablen im Konvergenzbereich eindeutige „analytische Funktionen" in W.s Sinne darstellen. Vgl. Anm. 162. (Die Umkehrung liefert erst ein Satz von Runge [63] von 1885. Vgl. Anm. 247.) Entsprechende Sätze über die Übertragung der Differenzierbarkeit im Komplexen durch gleichmäßige Konvergenz, die heute meist mit Hilfe des Satzes von G. Morera (1886) bewiesen werden, trug W. seit Jahren in seinen Vorlesungen vor. In seiner 1880 veröffentlichten fundamentalen „Zur Functionenlehre" [73] zeigte W. allgemeiner für gleichmäßig konvergente Reihen rationaler (komplexer) Funktionen, daß eine solche Reihe in jedem „Stücke ... ihres Convergenzbereichs im Allgemeinen einen eindeutigen Zweig einer monogenen analytischen Function von x ... darstellt" (S. 204/205). Vgl. [48, S. 89/90] und Reprintteil.

169. Vgl. § 6, Anm. 74.

170. Vgl. Anm. 164.

171. W. sprach stets vom „Functionenelement", während schon 1887 O. Biermann [9] die Bezeichnung „Funktionselement" verwendet, die heute üblich ist. Auch bei GG, S. 155, erscheint die Bezeichnung „Functionselement".

172. Nämlich von der durch eine Reihe über Polynome dargestellten eindeutigen Funktion $\sum g_v(x)$. Im folgenden betrachtet W. den allgemeinen Begriff der monogenen analytischen Funktion, der den Fall der mehrdeutigen Funktionen einschließt.

173. Nämlich beginnend mit der Vorlesung vom 17. 7. 1886 mit Hilfe des Begriffs des analytischen Gebildes (s. u.).

174. Nachdem W. darauf hingewiesen hat, daß die gewöhnliche Definition analytischer Funktionen durch Fortsetzung von Funktionenelementen die Verzweigungsstellen mehrdeutiger Funktionen nicht liefert, zeigt W. am Beispiel des (von MARKUŠEVIČ [47, S. 168 ff.] so genannten) „Jacobischen Paradoxons", daß im Fall *unendlich* vieldeutiger Funktionen jene Stellen im allgemeinen auch nicht mehr *nachträglich*, d. h. nach erfolgtem herkömmlichen Fortsetzungsprozeß, aus der unübersehbaren Vielfalt der Grenzstellen durch stetigen Grenzübergang als besondere Punkte hervorgehoben werden können. Eine strenge Fassung des Begriffs der mehrdeutigen Funktion macht es deshalb erforderlich, daß die Verzweigungsstellen von *vornherein* durch einen verallgemeinerten Fortsetzungsprozeß erzeugt werden. Zu diesem Zweck führt W. schließlich den Begriff des „analytischen Gebildes" ein (s. u.). Vgl. Anm. 181.

175. Das heißt wählt man jeweils den „Hauptwert" des Logarithmus.

176. Die (abzählbar vielen!) ganzzahligen Linearkombinationen zweier reeller Zahlen, deren Quotient nicht rational ist, liegen bekanntlich im Bereich der reellen Zahlen dicht. Einen Beweis für diese Aussage findet man allerdings in JACOBIS Arbeit [33], auf die sich die folgenden Bemerkungen W.s beziehen, nicht. Die Aussage wird dort aber von JACOBI, dem sie wahrscheinlich selbstverständlich war, verwendet. Vgl. Anm. 179, 180.

177. „Annehmen" in dem obigen unkritischen Sinne der „früheren Definition", die keinen Unterschied macht zum Begriff von „beliebig nahe kommen".

178. W. fordert also, daß zumindest noch *irgendeine* Abhängigkeit zwischen x und y besteht, wenn auch gegebenenfalls eine unendliche Vieldeutigkeit vorliegen kann. Vgl. bei Anm. 109.

179. Wieder im Sinne von „beliebig nahekommen". Die Stelle in C. G. J. JACOBIS (1804–1851) berühmter Abhandlung [33] „Über die vierfach periodischen Functionen zweier Variablen" von 1834, auf die sich W. hier bezieht, ist folgende. Über die (Umkehr-) Funktion *einer* Variablen $\lambda(u)$ des hyperelliptischen Integrals u (im Vorlesungstext y), von der JACOBI zunächst nachgewiesen hat, daß sie vier linear unabhängige Perioden haben muß, heißt es (S. 25): „Daher würde die Function $\lambda(u)$ ungeändert bleiben, während u alle reellen oder imaginären Werthe annehmen könnte oder unter der Zahl der Werthe, die u bei ungeänderter Function $\lambda(u)$ annehmen könnte, würden immer etliche sein, die sich von irgend einer reellen oder imaginären Größe um weniger unterscheiden, als eine beliebig kleine gegebene Größe. Das aber ist absurd." Die Deutung der letzten von JACOBI nicht näher begründeten Schlußfolgerung ist unter den Historikern umstritten. Vgl. [47, S. 168 ff.] sowie den Kommentar von H. WEBER in [33, S. 36–40]. MARKUŠEVIČ weist aber a. a. O. zu Recht auf ein anderes Zitat JACOBIS aus derselben Arbeit hin. JACOBI hebt nämlich auf S. 28 die „starke Vielfachheit von Werthen" hervor, die die hyperelliptischen Integrale „mit sich führen" würden, während die elliptischen Integrale (ebenso wie die Logarithmusfunktion) für denselben Argumentwert „unzählig viele Werthe erreichen, die von einander gleich weit abstehen". Es war also nicht der Begriff der unendlich vieldeutigen Funktion an sich, der JACOBI ungewohnt war. Letztlich verwirrte ihn offenbar die Tatsache, daß die einander gleichen Werte der vierfach periodischen, unendlich vieldeutigen (Umkehr-) Funktion $x = \lambda(u)$, die verschiedenen Zweigen der Funktion angehören, in einer beliebig kleinen Umgebung eines beliebigen Punktes $u = u_0$ angenommen werden. Eine sachgemäße Deutung solcher un-

endlich vieldeutigen analytischen Funktionen einer Variablen ermöglichten erst die Begriffe der unendlichblättrigen Riemannschen Fläche bzw. des W.schen analytischen Gebildes. Vgl. Anm. 181. Jacobi führte auf Grund dieser Schwierigkeiten und gestützt auf ein fundamentales Theorem von Abel den Begriff der eindeutigen(!) vierfach periodischen Funktion von *zwei* Variablen ein; dies macht den eigentlichen Wert seiner Arbeit [33] aus. Vgl. Anm. 208.

180. Dieser auch bei GG, S. 164, erhobene Vorwurf, Jacobi habe nicht klar zwischen „einen Wert annehmen" und „einem Wert beliebig nahe kommen" unterschieden, ist, wie z. B. das angeführte Zitat von Jacobi belegt, offensichtlich ungerechtfertigt. Vgl. Anm. 179. W.s Bemerkung zielt offenbar vielmehr darauf, daß die Mannigfaltigkeit der von einer analytischen Funktion wirklich angenommenen Werte genauer „mengentheoretisch" untersucht werden muß. Aufschlußreich ist folgender Ausschnitt aus einem Brief W.s an seine Schülerin S. Kovalevskaja (1850–1891) vom 24. 3. 1885, in dem W. das „Jacobische Paradoxon" in Beziehung zu seiner Kontroverse mit Kronecker und zu den Arbeiten von Cantor setzt [52, S. 194]:

„Während ich sage, daß eine sogenannte irrationale Zahl eine so reale (sic!, s. u.) Existenz habe wie irgend etwas anderes in der Gedankenwelt, ist es bei Kronecker jetzt ein Axiom, daß es nur Gleichungen zwischen ganzen Zahlen gibt. Während ich klar zu machen suche, warum Jacobis Ansicht, daß es absurd sei, x als Funktion von u zu betrachten, wenn zwischen beiden Größen die Gleichung

$$u = \int\limits_0^x \frac{dx}{\sqrt{x(1-x)(1-\chi^2 x)(1-\lambda^2 x)(1-\mu^2 x)}}$$

angenommen wird, eine irrige sei, – die zu einem und demselben Werte von u gehörigen Werte von x bilden eine *abzählbare* Menge, von der Cantor, wie ich überzeugt bin, in unanfechtbarer Weise bewiesen hat, daß es nicht nur unendlich viele Werte gibt, die nicht nur *nicht* darin enthalten sind, sondern eine Menge von höherer Mächtigkeit bilden – und damit motiviere, daß bei einem analytischen Gebilde zu unterscheiden sei zwischen den Stellen, die dem Gebilde *angehören*, und denen, die als Grenzstellen sich ihm zugesellen, – ich sage, während ich dergleichen Sachen den Anfängern klar zu weisen mich bemühe, läßt Fuchs in den Sitzungsberichten der Akademie eine Abhandlung erscheinen, die dartun soll, daß es auch lineare Differentialgleichungen gebe, durch welche keine „analytischen" Funktionen definiert werden, nicht achtend, daß er auf diese Weise der überwiegenden Mehrzahl derjenigen Funktionen, deren Eigenschaften zu erforschen er selbst mit so gutem Erfolg bemüht gewesen ist, den Stempel der Absurdität aufdrücken würde, wenn er recht behielte."

Herrn R. Bölling (Berlin), der die Briefe W.s an Kovalevskaja nach den Originalen neu ediert, verdanke ich den Hinweis, daß im hier zitierten Brief „reale" statt „reelle" steht. Er bestätigte ferner auf Anfrage die obige Formulierung „die zu einem und demselben Werte von u gehörigen Werte von x bilden eine *abzählbare* Menge". Der Vorlesungstext und die Zitate Jacobis legen aber m. E. die Vermutung nahe, daß W. hier u und x versehentlich vertauscht hat. Der bekannte Satz von Poincaré/Volterra (1888) zeigte schließlich, daß analytische Funktionen generell höchstens abzählbar vieldeutig sind. Vgl. z. B. [80, S. 14/15]. Jedenfalls muß W.s Bemühung um die Klärung des Begriffs der unendlich vieldeutigen Funktion als wichtiger Bestandteil des W.schen Strebens nach Strenge, u. a. nach Einbeziehung mengentheoretischer Methoden, angesehen werden, wie das in ähnlicher Weise auch für W.s Untersuchung und Klassifikation der Singularitäten analytischer Funktionen gilt. Vgl. auch Faksimile S. 227.

181. W. erreicht zunächst die Einbeziehung der Verzweigungsstellen endlich hoher Ordnung, indem er ausgehend von einer vorgegebenen analytischen Funktion f die unabhängigen und abhängigen Variablen lokal als eindeutige analytische Funktionen des komplexen Parameters u darstellt (weiter unten betrachtet W. von vornherein lokale Potenzreihenentwicklungen). Dieses „Element des Gebildes" erzeugt durch simultane analytische Fortsetzung das durch die Funktion f bestimmte „analytische Gebilde" (dieser Begriff war in einem spezielleren Sinne in § 8 für Systeme eindeutiger Funktionen reeller Variablen eingeführt worden; vgl. Anm. 119). Falls in einer der Potenzreihenentwicklungen das lineare Parameterglied verschwindet, handelt es sich um ein „singuläres Element des Gebildes" (hiermit werden also die Verzweigungspunkte erfaßt), im anderen Fall spricht W. von „regulären" Elementen des Gebildes. (Dieser Begriff der Singularität ist gut zu unterscheiden von dem, der weiter unten bei der Betrachtung des Gültigkeitsbereichs eindeutiger analytischer Funktionen eingeführt wird, obwohl natürlich ein enger inhaltlicher Zusammenhang besteht.) Schließlich fügt W. mittels einer Verallgemeinerung des Begriffs des „unendlich fernen Elements" dem analytischen Gebilde auch noch die Polstellen hinzu, führt aber diesen allgemeinen Fall der „meromorphen" (lokalen) Parameterdarstellung (wo also endlich viele Potenzen des Parameters mit negativen Exponenten zugelassen werden) in der Vorlesung nicht näher aus. Vgl. Anm. 192. Bei WEYL [80, S. 9] werden singuläre Elemente und Pole unter den gemeinsamen Begriff des „irregulären Funktionselements" zusammengefaßt. Vgl. auch [66, S. 191–193] sowie den Kommentar von G. EISENREICH in [39, S. 220/221]. WEYL baut a. a. O. den Begriff der Riemannschen Fläche streng axiomatisch auf den W.schen Begriffen der analytischen Funktion und des analytischen Gebildes auf. WEYL wendet sich jedoch, dem neuen Entwicklungsstadium der Mathematik gemäß, 1913 gegen die Auffassung (S. VI/VII), „als ob die Riemannsche Fläche nichts weiter sei als ein ‚Bild‘, als ein Mittel zur Vergegenwärtigung und Veranschaulichung der Vieldeutigkeit von Funktionen ... Sie ist auch nicht etwas, was a posteriori mehr oder minder künstlich aus den analytischen Funktionen herausdestilliert wird, sondern muß durchaus als das prius betrachtet werden, als der Mutterboden, auf dem die Funktionen allererst wachsen und gedeihen können."

182. Das „Reguläre", d. h. „Allgemeine", ergibt sich daraus, daß auf einer beschränkten Menge nur endlich viele Nullstellen einer nicht identisch verschwindenden analytischen Funktion existieren können. Wenn beide ersten Ableitungen nach dem Parameter nicht verschwinden, handelt es sich gerade um ein „reguläres Element des Gebildes". Wenn nur eine von ihnen nicht verschwindet, ist eines der beiden zueinander inversen Funktionenelemente $y = f(x)$ bzw. $x = f^{-1}(y)$ an der betreffenden Stelle regulär. In der der Edition zugrunde liegenden Ausarbeitung L wird der Unterschied zwischen „Element des Gebildes" und dem eng verwandten Begriff „Funktionenelement" an mancher Stelle ausdrücklich betont (vgl. bei Anm. 206), an mancher anderen Stelle jedoch auch verwischt (vgl. bei Anm. 189). Vgl. auch Anm. 181.

183. Nämlich durch den Begriff des analytischen Gebildes.

184. Der Begriff „diskrete Menge" wird hier offenbar im modernen (topologischen)

Sinn verstanden, da sich ja die Nullstellen einer nicht identisch verschwindenden analytischen Funktion nirgends häufen können. Weiter unten scheint W. diesen Begriff aber auch im (weiteren) Sinne einer Menge von isolierten Punkten zu gebrauchen. Vgl. Anm. 234.

185. Es handelt sich hierbei um das Problem der „Uniformisierung", nämlich um die Frage nach der Möglichkeit der Globalisierung der ursprünglich nur an jeder einzelnen Stelle gegebenen, jeweils besonderen Parameterdarstellung einer analytischen Funktion einer Variablen zu einer in einem Gebiet der schlichten komplexen Ebene geltenden einheitlichen (meromorphen) Parameterdarstellung. Die Uniformisierungstheorie wurde bekanntlich durch F. Klein (1849–1925) und H. Poincaré (1854–1912) in den 80er Jahren des 19. Jahrhunderts mit Hilfe der „automorphen" Funktionen begründet, und 1907 wurde das Problem von Poincaré und P. Koebe (1882–1945) im positiven Sinne gelöst. Eine Arbeit Poincarés von 1883 enthält das Uniformisierungstheorem schon in allgemeiner Form, ohne den vollständigen Beweis zu bringen. Auf diese Arbeit beziehen sich offenbar W.s Bemerkungen. Weyl [80, S. 141] bemerkt:
„In der Theorie der Uniformisierung verwachsen die Weierstraßschen und die Riemannschen Gedankenkreise zu einer vollständigen Einheit." Vgl. auch [47, S. 242 ff.].

186. W. betrachtet im folgenden „koinzidente" (an anderer Stelle nennt er sie „äquivalente" [69, Bd. 4, S. 16]) Elemente des analytischen Gebildes, wobei die „Koinzidenz" durch Potenzreihentransformationen des Parameters definiert wird, in denen das lineare Glied nicht verschwindet, aber das absolute Glied Null ist. Weiter unten wird der Begriff der „Koinzidenz" auf Elemente von Gebilden höherer Stufe verallgemeinert. Erst auf der Grundlage des Begriffs der „Koinzidenz" (bei Weyl [80, S. 6] „Äquivalenz") läßt sich das „analytische Gebilde" in allgemeiner Weise begründen. Vgl. auch [66, S. 190].

187. Vgl. Näheres am Anfang von § 14.

188. Bekanntlich besteht – vermittelt durch den Begriff der Riemannschen Fläche – eine Äquivalenz zwischen funktionentheoretischer und algebraischer Definition der algebraischen Funktion. Vgl. [2, S. 437 ff.]. Die Irreduzibilität der algebraischen Gleichung (eigentlich: der Funktion) bedeutet dabei gerade, daß die der algebraischen Funktion entsprechende Riemannsche Fläche zusammenhängend ist, während sie bei Reduzibilität zerfällt. W. betont den engen Zusammenhang zwischen der Irreduzibilität der algebraischen Gleichung und der Monogeneität des von der Gleichung erzeugten algebraischen Gebildes und betont weiter unten, daß vermittelt durch den Begriff der Monogeneität „der Begriff der Irreduktibilität auch noch erhalten bleibt, wenn F eine transzendente Funktion ist". Vgl. Anm. 244.

189. In der folgenden Darstellung werden die verwandten Begriffe „Element der Funktion" (wo eine der Variablen x, y als unabhängig betrachtet wird) und „Element des Gebildes", wo beide Variablen infolge der Einführung des Parameters gleichberechtigt sind, nicht klar voneinander geschieden. Vgl. Anm. 182.

190. Das heißt, man erhält in diesem Fall noch keine Erweiterung des ursprünglichen, durch Fortsetzung von Funktionenelementen definierten Begriffs der analytischen Funktion $y = f(x)$.

191. Mit x_0 ist jetzt offenbar eine in der Umgebung des ursprünglichen x_0 liegende Stelle gemeint.

192. Auf Grund der Verallgemeinerung des Begriffs des „unendlich fernen Elements"
(s. u.) und der Betrachtung negativer Potenzen in den Parameterdarstellungen werden
die Polstellen analytischer Funktionen dem Gebilde in natürlicher Weise hinzugefügt.
Vgl. Anm. 181.

193. Es handelt sich hier natürlich um den bekannten „Satz von CASORATI/WEIER-
STRASS" (Satz von SOCHOCKIJ), den F. CASORATI und J. V. SOCHOCKIJ 1868 unabhängig
voneinander bewiesen, während W. den Satz, NEUENSCHWANDER [54] zufolge, bereits
1863 besaß. In seiner Arbeit [72] von 1876 veröffentlichte W. seinen Beweis (S. 122–124).
Im Zeitraum bis zur Vorlesung von 1886 ist diese Aussage durch den „großen Picard-
schen Satz" (1880) bekanntlich wesentlich verschärft worden.

194. Bekanntlich ist die Menge der „irregulären" Stellen eines analytischen Gebildes,
also der „singulären" Stellen in W.s Sinne und der Polstellen, insgesamt höchstens abzählbar unendlich. Da dieser Satz eng mit dem „Satz von POINCARÉ/VOLTERRA" von
1888 zusammenhängt, hat W. ihn damals möglicherweise noch nicht gekannt. Vgl.
Anm. 180.

195. Vgl. Anm. 179, 180.

196. RIEMANN wurde 1859 zum korrespondierenden Mitglied der Berliner Akademie
gewählt und aus diesem Anlaß wenig später von den Berliner Mathematikern, u. a. von
WEIERSTRASS, sehr herzlich empfangen. Vgl. [61, S. 554].

197. Bekanntlich ist eine sinnvolle Verallgemeinerung des Begriffs der Riemannschen
Fläche für den Fall von Funktionen mehrerer Variablen (komplexe Mannigfaltigkeiten,
schließlich komplexe Räume) auf Grund des Fehlens geeigneter topologischer Grundlagen erst in den 50er Jahren des 20. Jahrhunderts durch Arbeiten von BEHNKE, CARTAN,
SERRE und – in Parallelität zu Begriffsbildungen in der algebraischen Geometrie (GRO-
THENDIECK) – 1960 durch H. GRAUERT gelungen. Vgl. [3, S. 37/38] und [68, S. 168];
vgl. Anm. 241.

198. Im folgenden werden – als Übergang zur Betrachtung von Funktionen mehrerer
Variablen – die Grundbegriffe (Element, Regularität, Fortsetzung) auf Gebilde erster
Stufe im Gebiet von n Variablen (Kurven im n-dimensionalen komplexen Raum) ver-
allgemeinert.

199. Vgl. Anm. 188.

200. Vgl. Anm. 147, 148.

201. Für W. war die Tatsache, daß auch CAUCHY und RIEMANN Potenzreihenentwicklungen analytischer Funktionen verwendeten, ein wesentliches Argument für die Vorteile seines eigenen Zugangs. 1884 sagte er z. B. [79, S. 8]:
„Wie man sich drehen und wenden mag, man kommt nicht darüber hinweg, bestimmte
analytische Formen, z. B. Potenzreihen, zu Hilfe zu nehmen."

202. F. KLEIN [38, S. 286] bemerkte:
„RIEMANN schloß bei seinen Betrachtungen das Auftreten natürlicher Grenzen aus.
WEIERSTRASS dagegen wird durch seine systematische Denkweise gerade darauf geführt,
das Verhalten einer analytischen Funktion in der Nähe ihrer natürlichen Grenzen genauer
ins Auge zu fassen."

Der Begriff der natürlichen Grenze (allerdings noch nicht die Bezeichnung!), über die hinaus eine Funktion nicht analytisch fortsetzbar ist, ist schon in W.s Arbeit [71] enthalten. Im Druck erschien der Begriff erstmals in W.s Arbeit über Minimalflächen in den Monatsberichten der Berliner Akademie 1866, S. 612. Vgl. auch [57, S. 36].

203. Ein solches Beispiel ist die Potenzreihe $\sum_\nu b^\nu x^{a^\nu}$, wo $0 < b < 1$, a eine ungerade natürliche Zahl bedeutet und $ab > 1 + \dfrac{3\pi}{2}$ vorausgesetzt ist. Dieses Beispiel leitet W. in [73, S. 221–223] in engem Zusammenhang mit seinem Beispiel einer nirgends differenzierbaren stetigen Funktion her. Vgl. Reprint. Zur Weiterentwicklung der Theorie dieser Art von „lückenhaften" Potenzreihen vgl. [47, S. 249 ff.].

204. W. gibt hierfür 1880 das folgende Beispiel [73, S. 203]:

$$\sum_{n=0}^{\infty} \frac{1}{x^n + x^{-n}} \quad \text{für } |x| < 1.$$

Den Beweis für die behaupteten Eigenschaften gibt W. erst in der Wiederveröffentlichung von [73] im Sammelband [77] von 1886 (vgl. [69, Bd. 2, S. 226–228]). W. verweist aber darauf [73, S. 211], daß er dieses Resultat bereits „vor Jahren" in seinen Vorlesungen mitgeteilt habe. Vgl. Reprintteil.

205. Vgl. die Diskussion dieses Falles für $n = 2$ am Anfang der Vorlesung vom 23. 7. 1886.

206. Vgl. Anm. 182.

207. Bei GG folgt hier in Klammern (S. 190): „(von einem anderen Gesichtspunkte auch als Differentialquotienten)". In L ist die Wortwahl schwankend. Vgl. auch [42, S. 89].

208. Die Theorie der Funktionen mehrerer komplexer Variablen stand bekanntlich von Anfang an im Mittelpunkt der Arbeit von W., da das „Jacobische Umkehrproblem" für Abelsche Integrale nur durch Einführung „Abelscher Funktionen", nämlich eindeutiger $2p$-fach periodischer Funktionen von p Variablen, korrekt gestellt werden konnte (vgl. Anm. 179, 180). („Abelsche Integrale" sind – nach der Bezeichnung Jacobis – Integrale der Form $\int R(x, y)\, dx$, wo R eine rationale Funktion ist und x, y durch die Gleichung $f(x, y) = 0$ für ein irreduzibles Polynom f verbunden sind. Im speziellen Fall $y^2 = P(x)$, wo $P(x)$ ein Polynom n-ten Grades ist, das keine mehrfachen Wurzeln besitzt, heißt das Abelsche Integral elliptisch, falls $n = 3$ oder $n = 4$, und hyperelliptisch, wenn $n \geq 5$.) In den 40er Jahren löste W. in seiner Zeit als Gymnasiallehrer das Umkehrproblem für hyperelliptische Integrale im allgemeinen Fall, indem er die zugehörigen „Abelschen Funktionen" als Quotienten beständig konvergenter Potenzreihen wirklich zur Darstellung brachte. Die Veröffentlichung dieser Ergebnisse im Crelle-Journal brachte die entscheidende Wende in W.s Leben, die Verleihung der Ehrendoktorwürde der Königsberger Universität (1854) und die Berufung nach Berlin (1856). Vgl. [5] und die biographische Anmerkung im Anhang. In seinen Berliner Jahren bemühte sich W. zuallererst um eine Ausdehnung dieser Resultate auf den allgemeinen Fall der Abelschen Integrale. W.s Schüler G. Mittag-Leffler bemerkte dazu [51, S. 49]:

„Das Bestreben, für die Abelschen Funktionen dieses Ziel zu erreichen, beherrscht Weierstrass' ganzes wissenschaftliches Lebenswerk. Alle seine übrigen Entdeckungen, alles was er sonst schuf und was er später bei seiner Lehrtätigkeit so freigebig um sich streute, sind Funde, die er auf dem Wege zu einem großen Ziele gemacht hat. Schon von vornherein kam er zu der klaren Erkenntnis, daß ohne eine eingehende Untersuchung der Anfangsgründe der Analysis und eine Ableitung der Funktionentheorie aus ihrem Grundbegriff, der ganzen Zahl, nicht durchzukommen sei."

Vor diesem konkreten inhaltlichen Hintergrund müssen alle W.schen Arbeiten zur *allgemeinen* Theorie der Funktionen einer und mehrerer komplexer Veränderlichen gesehen werden. Dies gilt insbesondere auch für die Einführung höherdimensionaler analytischer Gebilde, die an den folgenden Vorlesungstagen unter Verwendung von Begriffen und Ergebnissen der §§ 8 und 9 erfolgt. Während W. in der Vorlesung von 1886 den Begriff des „analytischen Gebildes" vom Begriff der analytischen Funktion herkommend definiert und das „algebraische Gebilde" als einen Spezialfall betrachtet, ging er in seinen Vorlesungen über Abelsche Funktionen und Abelsche Integrale (vgl. Band 4 der Werkausgabe [69]) umgekehrt von der ein „algebraisches Gebilde" definierenden irreduziblen algebraischen Gleichung $f(x, y) = 0$ aus und untersuchte u. a. deren rationale Transformationen $R(x, y)$, was W. insbesondere zu der fundamentalen Invariante, dem „Rang" (Geschlecht) eines algebraischen Gebildes führte. Eine eigentliche Theorie der Funktionen mehrerer Variablen, insbesondere der „Abelschen Funktionen", findet man jedoch in dem zitierten Band 4 der Werkausgabe, der sich auf Vorlesungen W.s von 1875 und 1876 stützt, nicht (vgl. die Bemerkung der Herausgeber auf S. V). Es werden folglich dort – anders als in der Vorlesung von 1886 und in anderen allgemein-funktionentheoretischen Vorlesungen W.s – auch keine mehrdimensionalen algebraischen oder analytischen Gebilde betrachtet. Natürlich können andererseits die wenigen Bemerkungen der Vorlesung von 1886, die speziell auf algebraische Gebilde bezogen sind, bei weitem nicht die inhaltliche Tiefe der Diskussion in dem umfangreichen, 624 Seiten umfassenden Band 4 der Werkausgabe erreichen – nicht einmal der fundamentale Begriff des „Rangs" eines algebraischen Gebildes wird eingeführt. Wegen der Allgemeinheit der erörterten Fragen wird aber auch die Spezifik der mehrdimensionalen Funktionentheorie nicht recht deutlich, obwohl W. an mehreren Stellen betont, daß diese nicht auf die eindimensionale Funktionentheorie reduzierbar ist. Vgl. Anm. 248, 249. Insbesondere wird eines der bedeutendsten und folgenreichsten Resultate W.s, der „Vorbereitungssatz", den W. nach eigener Aussage seit 1860 in seinen Vorlesungen vortrug, nicht erwähnt. Aus diesem Satz folgt bekanntlich u. a., daß sich in jeder Umgebung jeder beliebigen Nullstelle einer holomorphen Funktion mehrerer Variablen eine unendliche Anzahl weiterer Nullstellen dieser Funktion befindet – im Unterschied zum Fall der Funktion einer Variablen.

209. Vgl. den WAS für stetige Funktionen von n reellen Variablen in § 12.

210. Hier wird also wieder (wie in der Vorlesung vom 14. 7. 1886 für den Fall einer komplexen Variablen) die starke Voraussetzung der Umwandelbarkeit des Polynoms G in ein Polynom *komplexer* Variablen gemacht. Vgl. Anm. 159.

211. Im folgenden handelt es sich wieder um die Anwendung des W.schen Doppelreihensatzes, diesmal für den Fall von Potenzreihen in n komplexen Variablen. Vgl. Anm. 162, 163.

212. Jedes solche System $(r_1, ..., r_m)$ nennt man heute ein System assoziierter Konvergenzradien und die Menge der $(z_1, ..., z_m)$ mit $|z_j - a_j| < r_j$ einen Polyzylinder mit dem Mittelpunkt $(a_1, ..., a_m)$. Die Punktmenge, in der eine gegebene Potenzreihe konvergiert, deckt sich im allgemeinen keineswegs mit einem Polyzylinder.

213. In der Vorlesung [29] von 1874 hatte W. die höherdimensionalen Gebilde in einer etwas anderen Weise definiert, indem er die Variablen x_λ in direkter Abhängigkeit voneinander darstellte. W. führte dort nämlich „Gebilde n-ter Stufe im Gebiet von $n + r$ Veränderlichen" ($r < n$) ein und bewies darüber mit Hilfe des „Vorbereitungssatzes" einen tiefliegenden „Fundamentalsatz". Dieser stellt eine weitgehende Verallgemeinerung des Satzes dar, daß eine analytische Funktion $y = f(x)$ und ihre Umkehrfunktion $x = f^{-1}(y)$ dasselbe Gebilde definieren. Vgl. [42, S. 92ff.]. Die „geometrische" Parameterdarstellung, die W. 1886 der Definition des höherdimensionalen Gebildes zugrunde legte, ist insofern echt allgemeiner, als sie z. B. auch (komplexe) Kurven im Raum ($m = 1$, $n = 3$) erfaßt, die die alte Definition ($n = 1$, $r = 2$) wegen der Voraussetzung $r < n$ nicht zuließ. Vgl. Anm. 217.

214. Wie in § 9 bedeuten die Klammerausdrücke wieder die Glieder zweiten und höheren Grades.

215. Im folgenden handelt es sich wieder um die Anwendung des Satzes über implizite Funktionen. Vgl. § 9 und Anm. 125.

216. Das heißt derjenigen m Funktionen f, deren Funktionaldeterminante nicht verschwindet.

217. In der „Einleitung" [29] von 1874 untersuchte W. diese Frage im Detail mit tieferliegenden Methoden. Damit im Zusammenhang stehen Aussagen über Umkehrabbildungen, die W. für seine Theorie der Abelschen Integrale und Funktionen benötigte. Triviale geometrische Beispiele wie die weiter unten folgenden sollten dem Hörer wohl die Notwendigkeit erläutern, bestimmte analytische Bedingungen an die das Gebilde definierenden Funktionenelemente zu stellen. Vgl. Anm. 213 und die „Einführung" des Herausgebers.

218. Vgl. z. B. Jacobis Arbeit [34] von 1841, S. 31, Lehrsatz II. Es handelt sich hierbei um die bekannte Verallgemeinerung der Differentiationsregel für mittelbare Funktionen auf Funktionaldeterminanten.

219. Vgl. Anm. 118.

220. Vgl. Anm. 202–204.

221. Der Ausgangspunkt für Poincarés Untersuchung der von F. Klein so genannten „automorphen Funktionen", über die er bis 1884 in den schwedischen „Acta mathematica" fünf fundamentale Abhandlungen veröffentlichte, war bekanntlich in Anknüpfung an L. Fuchs (1833–1902) die Theorie linearer Differentialgleichungen. Vgl. [19, S. 360ff.]. Allerdings wurde das Uniformisierungsproblem der Funktionentheorie bald ein wesentlicher Stimulus für die genauere Untersuchung jener neuen, umfangreichen Klasse transzendenter Funktionen. Vgl. [47, S. 245ff.] und Anm. 185. Am 14. 6. 1882, also noch vor der Veröffentlichung von Poincarés berühmter Arbeit von 1883, die den Uniformisierungssatz enthält und auf die sich die Vorlesung im folgenden bezieht, schreibt W. an seine Schülerin Kovalevskaja nach Paris [52, S. 183]:

„Mit den andern Mathematikern wirst Du nun wohl auch in Verkehr treten müssen, die jüngern, Appell, Picard, Poincaré werden Dich am meisten interessieren. Poincaré ist nach meiner Ansicht von allen der zur mathematischen Spekulation Berufenste, möge er nur sein ungewöhnliches Talent nicht zu sehr zersplittern und seine Untersuchungen

reifen lassen. Die Theoreme über algebraische Gleichungen zwischen zwei Veränderlichen und über die linearen Differentialgleichungen mit algebraischen Koeffizienten, welche er in den Comptes rendus gegeben hat, sind wahrhaft imponierend; sie eröffnen der Analysis neue Wege, welche zu unerwarteten Resultaten führen werden."
Und in Hinblick auf POINCARÉS Ergebnisse in der Differentialgleichungstheorie bemerkt W. noch (S. 184):
„Was POINCARÉ darüber bis jetzt veröffentlicht hat, das hat, wie ich wahrgenommen, auf einige Herrn, die sich viel mit linearen Differentialgleichungen beschäftigt haben, einigermaßen *verblüffend* gewirkt. Für viele wird es so schwer, sich von dem Gedanken zu trennen, daß man, um eine lineare Differentialgleichung zu integrieren, notwendig die eine Variable durch die andere ausdrücken müsse."

222. Vgl. oben die Vorlesung vom 17. 7. Bei GG, S. 211, steht erläuternd: „welche eindeutig bleiben bei jeder möglichen Fortsetzung".

223. Die Arbeiten F. KLEINS und H. POINCARÉS in den frühen 80er Jahren zeigten die Uniformisierbarkeit beliebiger algebraischer Funktionen mittels „automorpher Funktionen" $f_1(t)$ und $f_2(t)$, eindeutiger meromorpher Funktionen, die gegenüber einer Gruppe gebrochen linearer Transformationen invariant bleiben. Da die Peripherie des Einheitskreises für die automorphen Funktionen von t im allgemeinen eine natürliche Grenze ist, bezeichnet man t als „Grenzkreis-Uniformisierende". Mit der vollständigen Lösung des Uniformisierungsproblems 1907 wurde die allgemeine Bedeutung der automorphen Funktionen für die Uniformisierung beliebiger analytischer Funktionen offenbar. Vgl. Anm. 185 sowie [47, S. 242 ff.].

224. Vgl. den von W. selbst angemerkten Unterschied zwischen „Funktionenelement" und „Element des Gebildes" bei Anm. 206. Vgl. auch Anm. 182.

225. Bei GG, S. 212/213, heißt es genauer:
„Es wäre immerhin denkbar, daß der Satz von POINCARÉ durch Wahl einer anderen Gattung von Funktionen f_1, f_2 aufrecht erhalten werden könnte. Diese Frage ist noch nicht erledigt."
Bekanntlich folgt aus der Theorie der „universellen Überlagerungsfläche", mit deren Hilfe 1907 das Uniformisierungsproblem gelöst wurde, auch, daß die „ausgezeichnete Uniformisierungstranszendente" einer Riemannschen Fläche bis auf (gebrochen) lineare Transformationen des Normalgebietes bestimmt ist. Vgl. Anm. 223.

226. Bei der folgenden Klassifikation der Singularitäten eindeutiger analytischer Funktionen ist zu beachten, daß W.s Einteilung sich – anders als heute zumeist in den Textbüchern – nicht nur auf isolierte Singularitäten bezieht. W. geht nicht vom Laurentschen Satz aus, sondern definiert die wesentlichen Singularitäten als Negation der außerwesentlichen.

227. Der Sammelband [77], der bereits spätestens im März 1886 ausgeliefert worden ist (vgl. [41, S. 133]) und den W. zum Zeichen seines guten Willens „Herrn Prof. Dr. LEOPOLD KRONECKER" widmete, enthält als Nummer Eins W.s 1876 erstmals erschienene fundamentale Arbeit „Zur Theorie der eindeutigen analytischen Functionen" [72]. Die folgende, eng mit dem bekannten „Satz von CAUCHY/LIOUVILLE" (1844) zusammenhängende Aussage wird in W.s Arbeit von 1876 in Wahrheit nicht bewiesen, sondern nur ausgesprochen. Allerdings war W. diese Aussage längst selbstverständlich; man

17 Weierstraß, Kap.

bedenke, daß er bereits in seiner (zunächst unveröffentlichten) Arbeit [70] von 1841 „Zur Theorie der Potenzreihen" die in diesem Zusammenhang wesentliche „Cauchysche Abschätzungsformel" bewiesen hatte. Vgl. Anm. 163. In der Arbeit von 1876, die sich auf das Studium von eindeutigen Funktionen einer Variablen beschränkt, wird zunächst von der Gesamtheit der regulären Stellen, dem „Stetigkeitsbereich" der Funktion, ausgesagt, daß er wenigstens durch $x = \infty$ begrenzt sein muß (S. 78). Es folgt dann eine eingehende Klassifikation der singulären Stellen, wie das auch im folgenden in der Vorlesung von 1886 angedeutet wird. Das Hauptresultat der Arbeit von 1876 ist jedoch der W.sche „Produktsatz" über die Zerlegung einer ganzen Funktion mit vorgeschriebenen Nullstellen vorgegebener Ordnung in ein unendliches Produkt. Grundlegender Begriff ist hierbei die von W. eingeführte „Primfunction" (S. 91, heute meist „Primärfaktor"), die die Konvergenz des unendlichen Produkts erzwingt. Auf der Grundlage dieses Satzes beweist W. in derselben Arbeit, daß jede meromorphe Funktion einer Variablen ein Quotient ganzer Funktionen ist, und W.s Schüler Mittag-Leffler gründet auf jenen Satz 1877 sein Theorem über die Partialbruchzerlegung meromorpher Funktionen.

228. Das heißt, in der erweiterten komplexen Ebene, also auch für $a = \infty$. Somit ist f beschränkt, und die Voraussetzungen des Satzes von Cauchy/Liouville sind erfüllt.

229. W. bemerkt in der Arbeit [72] von 1876 (S. 80) ausdrücklich, daß „eine Stelle, welche sich dadurch auszeichnet, daß in jeder Umgebung derselben von ihr verschiedene singuläre Stellen vorhanden sind ... nothwendig eine *wesentliche* singuläre Stelle für die Function ist".

230. W. zeigt a. a. O. (S. 80) für analytische Funktionen, die nur außerwesentliche Singularitäten besitzen, daß „es für sie nur eine endliche Anzahl singulärer Stellen geben kann", daß sie also mit den rationalen Funktionen zusammenfallen.

231. Für eine ganze transzendente Funktion ist $a = \infty$, wie W. bemerkt.

232. Gemeint ist offenbar, daß sich die Funktion nicht gemäß der obigen Definition der außerwesentlichen Singularität in der Umgebung von a „wie eine rationale Function verhält", wie W. sich ausdrückt.

233. Für W. bildete die Klassifikation der Singularitäten die Grundlage für die Klassifikation der verschiedenen Typen analytischer Funktionen, die schrittweise aus dem Begriff der ganzen rationalen Funktion abgeleitet wurden. Vgl. Anm. 76 und 151.

234. Vgl. Anm. 184.

235. Das heißt, das heute so genannte „Meromorphiegebiet", über das hinaus sich die Funktion nicht meromorph fortsetzen läßt.

236. Dies ist der bekannte Satz über das Existenzgebiet holomorpher bzw. meromorpher Funktionen, der inhaltlich eng mit dem W.schen Produktsatz zusammenhängt, jedoch von W. in seiner Arbeit von 1876 nicht erwähnt wird. Er spricht ihn dann in der Arbeit [73] von 1880 aus (S. 223, vgl. Reprint), ohne ihn zu beweisen. Einen Beweis mit anderen Mitteln (Cauchysche Integralformel) gibt C. Runge (1856–1927) in seiner Arbeit [63] von 1885. Vgl. Anm. 247 sowie Osgood [57, S. 82f.].

237. Diese Arbeit erscheint in W.s Sammelband [77] an fünfter Stelle, nachdem sie W. 1879 für seine Zuhörer hatte lithographieren lassen.

238. Vgl. Anm. 147.

239. Vgl. Anm. 174.

240. Vgl. Anm. 188.

241. Die Theorie der analytischen Fortsetzung im Fall der Funktionen mehrerer Variablen, die hier im Zusammenhang mit dem Begriff der Irreduzibilität noch einmal ansatzweise diskutiert wird, ist vor allem seit den 50er Jahren unter stark algebraisch-topologischen Gesichtspunkten in den Theorien analytischer Mengen und komplexer Räume entwickelt worden. Vgl. Anm. 197.
Den „Primkeimen" („irreduzible Keime") analytischer Mengen entsprechen beispielsweise die „Elemente analytischer Gebilde" bei W. Vgl. auch [3, S. 106ff.] und [68, S. 168].

242. Gemeint ist natürlich: die nicht für beliebige x_λ definiert ist.

243. An dieser Stelle wird W.s Absicht des schrittweisen Aufbaus der transzendenten Funktionen auf den algebraischen – ein Vorgehen, das dem Riemannschen entgegengesetzt ist – besonders deutlich ausgesprochen.

244. Vermittelt durch den Begriff der Monogeneität. Vgl. Anm. 188.

245. W. gibt keine genaue Definition dessen, was er als „allgemeine analytische Form" bezeichnet. Er scheint solche (gleichmäßig konvergenten) Darstellungsformen im Auge gehabt zu haben, in denen die Beziehung zwischen den „Basisfunktionen", den Koeffizienten und der dargestellten Funktion in „allgemeiner", hinreichend einfacher Weise ausgedrückt werden kann, wie etwa durch die Angabe eines „allgemeinen Gliedes" einer Potenz- oder Fourierreihe. W. bezog aber zweifellos auch unendliche Produkte und arithmetisch zusammengesetzte Darstellungen (Quotienten oder Summen von Produkten oder dgl.) in jenen Begriff ein, wie aus seiner Arbeit [72] von 1876 hervorgeht. Vgl. auch [60], insbesondere das Kapitel „Der Begriff der Darstellung in der Weierstraßschen Analysis" (S. 32ff.).

246. Vgl. Anm. 227.

247. Bei Approximationssätzen dieser Art kommt es natürlich wesentlich auf die Gestalt des Geltungsbereichs der darzustellenden analytischen Funktion an, da ja lokal sogar die Darstellbarkeit durch Potenzreihen gesichert ist. W. verstand unter einer „wirklichen" oder „vollständigen" Darstellung offenbar eine solche, die die Funktion in ihrem ganzen Geltungsbereich (mit Einschluß ihrer außerwesentlichen Singularitäten) darstellt. Eine solche Darstellung liefert der Satz von W.s Schüler C. RUNGE [63], nach dem jede eindeutige Funktion in ihrem ganzen „Gültigkeitsbereich" durch gleichmäßig konvergente Reihen rationaler Funktionen dargestellt werden kann. Dabei ist der „Gültigkeitsbereich" als zusammenhängend vorausgesetzt und umfaßt die außerwesentlichen Singularitäten. Falls das Regularitätsgebiet der Funktion endlich und *einfach* zusammenhängend ist, folgt aus RUNGES Beweis, der übrigens auf der Cauchyschen Integralformel beruht, sogar gleichmäßige Approximierbarkeit durch *Polynome*, also ein Analogon des für stetige Funktionen reeller Variablen geltenden WAS. Vgl. [60, S. 53ff.] und Anm. 168. Im zweiten Teil derselben Arbeit zeigt RUNGE, daß sich zu vorgeschriebenem (zusammenhängendem) Gültigkeitsbereich durch Reihen rationaler Funktionen (eindeutige) analytische Funktionen bilden lassen. Vgl. Anm. 236. Dieses Resultat wird zum Teil in einer

Arbeit Mittag-Lefflers von 1884 (Acta mathematica, Bd. 4) vorweggenommen, auf die sich möglicherweise W. mit seinem Hinweis bezieht. Mittag-Lefflers Satz über die Partialbruchzerlegung (1877) kann wohl nicht gemeint sein, weil hier die gleichmäßige Konvergenz nicht durchweg gesichert ist. Vgl. Anm. 227, 236.

248. Beispielsweise läßt sich Runges erwähnte Verallgemeinerung des WAS auf analytische Funktionen einer Variablen im einfach zusammenhängenden Gebiet nur für „Rungesche Bereiche" auf den R_{2n} übertragen. [Vgl. 3, S. 129f.].

249. Der von W. 1876 für den Fall $n = 1$ bewiesene Satz, daß sich jede meromorphe Funktion als Quotient zweier ganzer Funktionen darstellen läßt, wurde 1883 von Poincaré für $n = 2$ und 1895 von dessen Schüler P. Cousin für den allgemeinen Fall von meromorphen Funktionen von n Variablen bewiesen. Nach Ansicht von Markuševič [47, S. 224] offenbarte sich in den Beweisen von Poincaré und Cousin, die andere Methoden als die von W. 1876 verwendeten, „erstmals die Spezifik der Theorie der Funktionen mehrerer komplexer Variablen". Vgl. Anm. 208.

250. Die abschließende Passage der Vorlesungsnachschrift ist anscheinend wieder als wörtliches Zitat aufzufassen. Vgl. Anm. 24.

251. Vgl. Anm. 179, 208.

Biographische Anmerkung zur akademischen Antrittsrede von 1857

([69, Band 1 (1894), 223–226], Erstveröffentlichung: Monatsberichte Königl. Akademie der Wissenschaften (1857), 348–351)

W. war bereits im November 1856 als ordentliches Mitglied in die Berliner Akademie aufgenommen worden. Zu den folgenden biographischen Informationen vgl. vor allem [5]. Zu den in der Rede angesprochenen mathematischen, insbesondere das „Jacobische Umkehrproblem" betreffenden Fragen vgl. [31] und Anm. 208.

Der am 31. Oktober 1815 in Ostenfelde bei Münster als Sohn eines gebildeten mittleren Beamten geborene W. studierte von 1834–1838 in Bonn Kameralistik (Wirtschaftslehre), ohne darin zum Abschluß zu gelangen. Statt dessen betrieb er nebenbei als Autodidakt mathematische Studien, las u. a. 1836 die „Fundamenta nova theoriae functionum ellipticarum" (1829) von C. G. J. Jacobi (1804–1851). Zu dieser Zeit erhielt W. eine Nachschrift der kurz zuvor von Christof Gudermann (1798–1852) an der Akademie in Münster gehaltenen Vorlesung über elliptische Funktionen, die unter der Bezeichnung „Konvergenz im gleichen Grad" bereits eine Vorform des Begriffs der gleichmäßigen Konvergenz verwendete [20, S. 47]. Vor die Notwendigkeit gestellt, möglichst bald wirtschaftliche Selbständigkeit zu erlangen, studierte W. 1839–1840 bei Gudermann in Münster. Dieser beurteilte W.s mathematische Abschlußarbeit (1841) mit den W. zunächst unbekannt bleibenden Worten, der Kandidat trete mit ihr „ebenbürtig mit in die Reihe der ruhmgekrönten Erfinder". Von 1842 bis 1855 war W. Gymnasiallehrer in Deutsch-Krone (Westpreußen) und Braunsberg (Ostpreußen), wo er wissenschaftlich isoliert und durch Lehrtätigkeit stark belastet war. Für das Verständnis des W.schen Werkes ist diese Tatsache ebenso wichtig, wie die, daß W.s eigentliche Lehrer Jacobi (durch seine Veröffentlichungen) und Gudermann waren, während W. die Arbeiten

A. L. CAUCHYS, anders als später B. RIEMANN, erst um 1842 kennenlernte [51, S. 35/36]. Zu dieser Zeit hatte W. aber schon die wesentlichen Arbeiten verfaßt ([70], [71] u. a.), die den Aufbau seiner Funktionentheorie entscheidend prägen sollten.

Die Wende in W.s Leben brachte seine Arbeit „Zur Theorie der Abelschen Funktionen", die im Band 47 (1854) des Crelle-Journals veröffentlicht wurde. Es kam in der Folge zur Verleihung der Ehrendoktorwürde der Universität Königsberg durch eine eigens zu diesem Zweck nach Braunsberg gereiste Delegation (1854) sowie zu W.s Berufung an das Berliner Gewerbeinstitut, eine der Vorläufereinrichtungen der späteren Technischen Hochschule. Erst 1864, als W. schon nahezu 50 Jahre alt war, konnte ein Ordinariat für ihn an der Berliner Universität eingerichtet werden.

W. verstarb am 19. Februar 1897 in Berlin.

Anmerkung zur Arbeit von 1870

[69, Band 2 (1895), 49–54]

C. F. GAUSS, W. THOMSON und P. G. L. DIRICHLET kamen um die Mitte des 19. Jahrhunderts offenbar unabhängig voneinander auf den Gedanken, Randwertprobleme der eng mit der mathematischen Physik verbundenen Potentialtheorie mit Methoden der Variationsrechnung zu behandeln. (Hierzu gehörten die ersten beiden RWP der Potentialtheorie, die später nach DIRICHLET und C. NEUMANN benannt worden sind.)

RIEMANN nannte einen dabei verwendeten fundamentalen Satz nach seinem Lehrer „Dirichletsches Prinzip" und benutzte ihn als entscheidende Existenzaussage in seiner Funktionentheorie, die er bekanntlich von der Theorie der partiellen Differentialgleichungen ausgehend aufbaute. Mit Hilfe des „Dirichletschen Prinzips", das RIEMANN in der zweidimensionalen Version (für Funktionen von zwei reellen Variablen) verwendete, wobei er aber zugleich auch Unstetigkeiten in den Randbedingungen zuließ, leitete RIEMANN den Fundamentalsatz über die konforme Abbildung eines einfach zusammenhängenden beschränkten Gebiets der Ebene auf einen Kreis sowie die grundlegende Aussage über die Existenz analytischer Funktionen zu vorgegebener Riemannscher Fläche her. WEIERSTRASS kritisierte das „Dirichletsche Prinzip" in dem hier abgedruckten Vortrag, der im zweiten Band der Werkausgabe (1895) erstmals veröffentlicht worden ist, als ungesichert. W.s Argumentationsweise steht offenbar in engem Zusammenhang mit seiner bekannten und für die Entwicklung des Strengeniveaus der Analysis so folgenreichen Unterscheidung zwischen den Begriffen des Minimums (oder Maximums) und der unteren (bzw. oberen) Grenze der Werte einer Funktion einer reellen Variablen. Im Druck erschien die erste Erwähnung der W.schen Kritik offenbar in einem Artikel von H. A. SCHWARZ (Crelle-Journal 70 (1869), 105–120), die erste präzise Auseinandersetzung mit dem Dirichletschen Prinzip führte W.s Schüler H. BRUNS in seiner Berliner Dissertation von 1871 (vgl. den Hinweis in Encykl. Math. Wiss. II, A 7, S. 494, Anm. 157). Nach W.s Kritik wandte sich die Mehrzahl der Mathematiker von RIEMANNS Art der Begründung der Funktionentheorie ab. Die Sicherung der Riemannschen Existenzsätze in der Funktionentheorie und die Behandlung des Dirichletschen Problems der Potentialtheorie gelang jedoch durch Methoden von H. A. SCHWARZ (1870, „alternierendes Verfahren"), C. NEUMANN (1877) und H. POINCARÉ (1877, „Fegemethode").

1901 rehabilitierte schließlich D. Hilbert (1862–1943) die ursprüngliche Riemannsche Methode, indem er die Menge der zulässigen (die Randbedingungen erfüllenden) Funktionen direkt untersuchte. Ähnlich wie G. Ascoli in seinem bekannten Satz (1884) zeigte Hilbert, daß diese Menge einer Kompaktheitsbedingung unterworfen werden kann, die in Verallgemeinerung der Schlußweise des Bolzano/Weierstraßschen Häufungsstellensatzes die Auswahl einer Teilfolge gestattet, die gegen die gewünschte Potentialfunktion konvergiert. Hilbert sicherte also das Dirichletsche Prinzip mit W.schen Methoden und begründete damit zugleich die „direkten Methoden" der Variationsrechnung.

In der Folgezeit wurden einerseits das Dirichletsche Problem der Potentialtheorie (Einführung „schwacher" Lösungen) und andererseits die Schlußweise des Dirichletschen Prinzips vor allem durch Methoden der modernen Funktionalanalysis u. a. in den Arbeiten von S. Zaremba, M. Brelot und S. L. Sobolev erheblich verallgemeinert. Vgl. [18, S. 570 ff.] und [53].

Anmerkung zur Arbeit von 1872

[69, Band 2 (1895), 71–74]

W.s berühmtes Beispiel einer überall stetigen, nirgends differenzierbaren Funktion einer reellen Variablen wurde erstmals von P. du Bois-Reymond im „Crelleschen" (damals „Borchardtschen") Journal Band 79 (1875), S. 30, veröffentlicht, nachdem es ihm von W. brieflich mitgeteilt worden war. B. Bolzanos Beispiel von 1830 ist erst 1930 aus dem Nachlaß bekannt geworden [21, S. 387]; zudem ist Bolzanos Beweis nicht vollständig.

W.s hier abgedruckter Vortrag vor der Berliner Akademie von 1872 wurde erst im 2. Band der Werkausgabe 1895 publiziert. Über Erwähnungen dieses Beispiels in W.schen Vorlesungen vor 1872 ist nichts bekannt, nach 1872 wurde es häufig angeführt. Vgl. z. B. [29, S. 268 ff.]. Beispiele für (überall) stetige Funktionen, die auf einer im Intervall dichten Menge nicht differenzierbar sind, hatten H. Hankel (1870) und H. A. Schwarz (1873) veröffentlicht [49, S. 211]. Die von B. Riemann in seinen Vorlesungen angegebene Funktion, über die W. 1872 noch keine Aussage treffen konnte, stellte sich erst in J. Gervers Arbeiten 1969 bis 1971 als ein Beispiel derselben Art heraus [49, S. 210/211].

Wichtig für die Beurteilung der W.schen Leistung ist vor allem, daß W. jene bekannten Beispiele als nicht ausreichend ansah, um die Begriffe der Stetigkeit und der Differenzierbarkeit in ihrer selbständigen Bedeutung darzustellen. Dies geht klar aus W.s Brief an du Bois-Reymond vom 23. 11. 1873 hervor, in dem er diesem Hinweise für die oben erwähnte Publikation gab und zugleich eine Vermutung hinsichtlich des Riemannschen Beispiels aussprach [78, S. 200]:

„Ich lege einigen Wert darauf, daß dies gehörig festgestellt werde; denn hätte z. B. eine Funktion $f(x)$ – und solche Funktionen lassen sich leicht machen, und kenne ich deren schon seit längerer Zeit – die Eigenschaft, für irrationale Werte von x einen bestimmten Differentialquotienten zu besitzen, nicht aber für rationale, so wäre $f'(x)$ zwar keine Funktion im gewöhnlichen, aber doch in dem von Riemann wie von ihnen adoptierten Sinne."

G. Cantors Arbeit über die Nichtabzählbarkeit des Kontinuums, die in Band 77 des Crelle-Journals 1874 erschien und W. Ende 1873 bekannt gewesen sein dürfte, hat mit hoher Wahrscheinlichkeit W. in seiner Einschätzung der Wichtigkeit seines Beispiels bestärkt. Jedenfalls wird deutlich, daß W. eine klare Unterscheidung zwischen einer nur für rationale Zahlen (eine dichte Menge) und einer für alle Zahlen geltenden Eigenschaft machte, was angesichts der noch relativen Unentwickeltheit der Punktmengentopologie nicht selbstverständlich war.

Die *Motivation* für W., sein Beispiel aufzustellen, ist zweifellos historisch sehr vielschichtig. Sie kann gewiß nicht auf eine „Vorliebe" W.s für die Aufstellung „pathologischer" Grenzfälle des Funktionsbegriffs zurückgeführt werden, so sehr sich gerade in solchen Grenzfällen die Tragweite scharfer begrifflicher Unterscheidungen offenbart.

W.s Motivation lag einerseits in der Entwicklung der Theorie der reellen Funktionen, insbesondere der Fourieranalysis und der Integrationstheorie, wobei W.s Bemerkung, DIRICHLET habe stets die Differenzierbarkeit stetiger Funktionen bis auf „einzelne Stellen" angenommen, vermutlich historisch nicht zutreffend ist. (MEDVEDEV [49, S. 179] zitiert eine gegenteilige Bemerkung DIRICHLETS in seinen Berliner Vorlesungen Anfang der 50er Jahre.) W.s Interesse an einem solchen Beispiel stammt zweifellos auch aus seinen allgemeinen methodologischen Prinzipien, indem es auf die Unzulässigkeit naiven anschaulich-geometrischen Schließens in der Analysis hinweist. W.s Beispiel der nirgends differenzierbaren stetigen Funktion ist aber *auch* in engem Zusammenhang mit W.s Arbeiten in der *komplexen* Funktionentheorie zu sehen. DUGAC [20, S. 93] hat darauf hingewiesen, daß jenes Beispiel in enger inhaltlicher Beziehung zu W.s Konstruktion einer über ihren Konvergenzkreis als analytische Funktion nicht fortsetzbaren Potenzreihe steht (vgl. nachfolgende Anmerkung und Reprintteil S. 221–223).

Schließlich muß betont werden, daß für W. gerade das jeweilige Verhältnis der Begriffe Stetigkeit und Differenzierbarkeit ein wesentliches Unterscheidungsmerkmal zwischen den Theorien der Funktionen im reellen und komplexen Gebiet war. Auf diese Unterschiede und insbesondere auf die unterschiedliche Tragweite des Begriffs der gleichmäßigen Konvergenz weist W. auch in seiner Vorlesung von 1886 mehrfach deutlich hin.

W.s Beispiel einer überall stetigen, nirgends differenzierbaren Funktion ist wegen der scheinbaren Absurdität seiner Aussage zunächst nur zögernd rezipiert worden (man beachte im Art'kel [73] die Anmerkungen aus dem Jahre 1886), wurde dann aber geradezu ein Symbol für die Schärfe der Begriffsbildungen der Weierstraßschen Analysis.

Anmerkung zur Arbeit von 1880/86

([69, Band 2 (1895), 201–223], Erstveröffentlichung: Monatsbericht Königl. Akademie der Wissenschaften (1880), 719–743; [69, Band 2 (1895), 231–233], Erstveröffentlichung 1881; [69, Band 2 (1895), 224–230], Erstveröffentlichung 1886 in [77, S. 93–101])

Die hier zusammen mit W.s Anmerkungen von 1886 und einem Nachtrag von 1881 aus der Werkausgabe [69] übernommene Arbeit ist gegenüber dem Original von 1880 im wesentlichen unverändert (die Bezeichnung „zweifach ausgedehnte Fläche" auf S. 202 erscheint im Original auf S. 720 als „einfache Fläche, d. h., eine Fläche, die durch keinen Punkt mehr als einmal hindurchgeht"). Aus der Werkausgabe geht nicht hervor, daß die Anmerkungen bereits 1886 in [77] erstmals veröffentlicht worden sind. Die Arbeit [73] steht in enger inhaltlicher Beziehung zu zahlreichen Stellen in der edierten Vorlesung. Vgl. Anm. 81, 157, 163, 168, 203, 204, 236. Einige in der Vorlesung nur angedeutete Begriffe und Sätze werden in [73] ausführlich entwickelt.

Hauptinhalt von [73] ist die Klärung des Verhältnisses zwischen den Begriffen des (gleichmäßig konvergenten) „analytischen Ausdrucks" einerseits und der (monogenen) „analytischen Funktion" andererseits. Der Unterschied zwischen diesen beiden Begriffen ist für die W.sche Funktionentheorie fundamental (vgl. z. B. [51, S. 45/46]).

W. geht bei der Untersuchung von Reihen über rationale Funktionen einer komplexen Veränderlichen (weiter unten nennt er diese Reihen auch analytische „Ausdrücke") ebenso wie bei der Definition der analytischen Funktion zunächst von den Eigenschaften in der Umgebung innerer Punkte des Definitionsbereiches aus. W. zeigt mit einer dem Borel/Lebesgueschen Überdeckungssatz eng verwandten Schlußweise und gestützt auf den Häufungsstellensatz (S. 204), daß sich lokal geltende gleichmäßige Konvergenz (S. 201) für beschränkte und abgeschlossene Bereiche zu globaler gleichmäßiger Konvergenz (S. 202, Fußnote) verschärfen läßt (vgl. auch [48, S. 89/90]). W. leitet dann mit Hilfe des „Doppelreihensatzes", der auf Seite 205 in klassischer Formulierung erscheint, die bekannten Aussagen über die Übertragung von Differenzierbarkeit im Komplexen auf die Grenzfunktion infolge gleichmäßiger Konvergenz her (vgl. Anm. 168).

Während aber das bei der Definition der „monogenen analytischen Funktion" konstitutive Prinzip der analytischen Fortsetzung (Kreiskettenverfahren) ein so enges Band zwischen den Werten der Funktion schafft, daß die Funktion schon durch ihre Werte an unendlich vielen sich in einem Punkt häufenden Stellen eindeutig bestimmt ist (Identitätssatz für analytische Funktionen), ist ein solcher Zusammenhang bei Reihen rationaler Funktionen auch im Falle gleichmäßiger Konvergenz im allgemeinen nicht vorhanden. W. zeigt an einem Beispiel (vgl. S. 203), daß „analytische Ausdrücke" in seinem Sinne in nicht zusammenhängenden Teilen des Konvergenzbereiches verschiedene monogene Funktionen (und diese, falls sie eindeutig sind, möglicherweise sogar vollständig) darstellen können. W. beweist somit (S. 210), daß sich entgegen einer Behauptung B. Riemanns „der Begriff einer monogenen Function einer complexen Veränderlichen mit dem Begriff einer durch (arithmetische) Grössenoperationen ausdrückbaren Abhängigkeit ... nicht vollständig deckt". Positiv gewendet bedeutet dies, wie H. Weber in einem Kommentar zu der angeführten Behauptung Riemanns bemerkt [61, S. 48], „daß die Kraft analytischer Ausdrücke weiter reicht, als es nach diesem Ausspruch von Riemann den Anschein hat".

Während W. die entscheidende Eigenschaft seines Beispiels erst 1886 in einer Anmerkung zu dem Wiederabdruck des Artikels in [77] bewies (vgl. S. 226–228), gab er bereits 1880 am Ende seiner Arbeit (S. 221–223) eine einfache, über ihre „natürliche Grenze" nicht fortsetzbare analytische Funktion an. Diese erzeugt sich W. bemerkenswerterweise aus seinem Beispiel (1872) einer überall stetigen und nirgends differenzierbaren Funktion einer reellen Variablen (vgl. die vorhergehende Anmerkung).

Auf der Schlußseite seines Artikels (S. 223) spricht W. den Satz über das Existenzgebiet holomorpher Funktionen aus, den sein Schüler C. Runge dann 1885 mit anderen Methoden bewiesen hat (vgl. Anm. 236). W.s Anmerkungen von 1886 enthalten noch eine Herleitung der „Cauchyschen Abschätzungsformel" (vgl. Anm. 163 zur Vorlesung), wobei W. sich ausdrücklich auf die in seinen Vorlesungen übliche Beweismethode beruft (S. 224–226). Aufschlußreich ist schließlich auch die dritte Anmerkung (S. 228–230), die am Beispiel einer Arbeit Ch. Wieners (1881) von den Schwierigkeiten berichtet, die noch Anfang der 80er Jahre des 19. Jahrhunderts zahlreichen Mathematikern das Verständnis der scharfen W.schen Begriffsbildungen bereitete.

Literatur

[1] BEHNKE, H.; K. KOPFERMANN (Hrsg.): Festschrift zur Gedächtnisfeier für Karl Weierstraß 1815–1965 (= Wiss. Abhandlungen der Arbeitsgemeinschaft für Forschung des Landes Nordrhein-Westfalen, Bd. 33). Köln u. Opladen: Westdeutscher Verlag 1966.

[2] BEHNKE, H.; F. Sommer: Theorie der analytischen Funktionen einer komplexen Veränderlichen. 3. Aufl. Berlin, Heidelberg, New York: Springer-Verlag 1965.

[3] BEHNKE, H.; P. THULLEN: Theorie der Funktionen mehrerer komplexer Veränderlichen. 2. Aufl. Berlin, Heidelberg, New York: Springer-Verlag 1970.

[4] BEKEMEIER, B.: Martin Ohm (1792–1872): Universitäts- und Schulmathematik in der neuhumanistischen Bildungsreform. Göttingen: Vandenhoeck & Ruprecht 1987.

[5] BIERMANN, K.-R.: Karl Weierstraß. Ausgewählte Aspekte seiner Biographie. Crelle-Journal 223 (1966), 191–220.

[6] –, –: Beurteilung und Verwendung einer ‚lebenden Rechenmaschine‘ durch C. F. Gauß und die Berliner Akademie. Forschungen und Fortschritte 41 (1967), 361–364.

[7] –, –: Die Mathematik und ihre Dozenten an der Berliner Universität 1810–1920. Berlin: Akademie-Verlag 1973.

[8] –, –: Kontroversen um den Steiner-Preis und ihre Folgen. Ein Kapitel aus den Beziehungen zwischen Weierstraß und Kronecker. Historia Scientiarum No 29 (1985), 117–124.

[9] BIERMANN, O.: Theorie der analytischen Functionen. Leipzig: Teubner-Verlag 1887.

[10] BOLZA, O.: Aus meinem Leben. München: Verlag Ernst Reinhardt 1936.

[11] BOLZANO, B.: Rein analytischer Beweis des Lehrsatzes, daß zwischen zwei Werthen, die ein entgegengesetztes Resultat gewähren, wenigstens eine reelle Wurzel der Gleichung liege. Abh. d. Königl. Böhmischen Gesellschaft d. Wiss. (3) 5 (1817); (Wiederabdruck: Ostwalds Klassiker Nr. 153. Leipzig: W. Engelmann 1905).

[12] BOURBAKI, N.: Elemente der Mathematikgeschichte. Göttingen: Vandenhoeck u. Ruprecht 1971.

[13] BUTZER, P. L.; E. GÖRLICH: Saturationsklassen und asymptotische Eigenschaften Trigonometrischer singulärer Integrale. In: [1, S. 339–392].

[14] CANTOR, G.: Gesammelte Abhandlungen. Berlin: Springer-Verlag 1932.

[15] CONFORTO, F.: Abelsche Funktionen und algebraische Geometrie. Berlin: Springer-Verlag 1956.

[16] DANTSCHER, V. v.: Vorlesungen über die Weierstraßsche Theorie der irrationalen Zahlen. Leipzig u. Berlin: Teubner-Verlag 1908.

[17] DIEUDONNÉ, J.: Geschichte der Mathematik 1700–1900. Berlin: Deutscher Verlag der Wissenschaften 1985.

[18] –, –: Funktionalanalysis. In: [17, S. 541–604].

[19] DOBROVOL'SKIJ, V. A.: Očerki razvitija analitičeskoj teorii differencial'nych uravnenij. Kiev: Višča Škola 1974.

[20] DUGAC, P.: Eléments d'analyse de Karl Weierstraß. Archive for History of Exact Sciences 10 (1973), 41–176.

[21] –, –: Grundlagen der Analysis. In: [17, S. 359–421].

[22] EULER, L.: Zur Theorie komplexer Funktionen. Ostwalds Klassiker Nr. 261 (mit einer historischen Einführung von A. P. JUŠKEVIČ, S. 8–48). Leipzig: Akademische Verlagsgesellschaft Geest & Portig 1983.

[23] FRÉCHET, M.; A. ROSENTHAL: Funktionenfolgen. In: Encyklopädie der mathematischen Wissenschaften, Band II, Teil 3, 2. Hälfte, S. 1137–1187. Leipzig u. Berlin: Teubner-Verlag 1923.

[24] GERICKE, H.: Geschichte des Zahlbegriffs. Mannheim: Bibliographisches Institut 1970.

[25] GÜNTHER, P. (Vorlesungsnachschrift): Ausgewählte Kapitel der Funktionenlehre. Vorlesung gehalten von Prof. WEIERSTRASS im Sommersemester 1886; latein. Handschrift 219 S., Bibliothek Sektion Mathematik der Martin-Luther-Universität Halle, Sgn. MS. 3182.

[26] GUTZMER, A. (Vorlesungsnachschrift): Ausgewählte Capitel der Functionentheorie. (Nach WEIERSTRASS, S. S. 1886), latein. Handschrift 316 S., Bibliothek Sektion Mathematik der Martin-Luther-Universität Halle, Sgn. MS. 3178.

[27] HEINE, E.: Über trigonometrische Reihen. Crelle-Journal 71 (1870), 353–365.

[28] –, –: Die Elemente der Functionenlehre. Crelle-Journal 74 (1872), 172–188.

[29] Hettner, G. (Vorlesungsnachschrift): Einleitung in die Theorie der analytischen Functionen von Prof. Weierstrass. Sommer 1874, deutsche Handschrift 707 S., Bibliothek Sektion Mathematik der Humboldt-Universität Berlin, Sgn. W 824/9.

[30] Hilbert, D.: Karl Weierstraß. Göttinger Nachrichten, Geschäftl. Mittheilungen (1897), 60–69.

[31] Houzel, Ch.: Elliptische Funktionen und Abelsche Integrale. In: [17, S. 422–540].

[32] Illigens, E.: Zur Weierstraß-Cantorschen Theorie der Irrationalzahlen. Mathematische Annalen 33 (1889), 155–160.

[33] Jacobi, C. G. J.: Über die vierfach periodischen Functionen zweier Variablen. Ostwalds Klassiker Nr. 64. Leipzig: W. Engelmann 1895. (Übersetzung des lateinischen Originals von 1834, Crelle-Journal Bd. 13, durch A. Wirtinger, Kommentar von H. Weber.)

[34] –, –: Über die Functionaldeterminanten. Ostwalds Klassiker Nr. 78. Leipzig: W. Engelmann 1896. (Kommentierte Übersetzung von „De determinantibus functionalibus", Crelle-Journal 22 (1841), 319–352, durch P. Stäckel.)

[35] Juškevič, A. P.: The concept of function up to the middle of the 19th century. Archive for History of Exact Sciences 16 (1976/77), 37–85.

[36] Killing, W. (edierte Vorlesungsnachschrift): Einführung in die Theorie der analytischen Funktionen von Karl Weierstraß. Berlin 1868. Schriftenreihe des Mathematischen Instituts der Universität Münster (2), H. 38, 1986.

[37] Kleberger, M.: Über eine von Weierstraß gegebene Definition der analytischen Funktion. Mitteilungen des Mathematischen Seminars der Universität Gießen, Band 1, H. 2 (1921), 27 S.

[38] Klein, F.: Vorlesungen über die Entwicklung der Mathematik im 19. Jahrhundert, Teil I. Berlin: Springer-Verlag 1926.

[39] –, –: Riemannsche Flächen (Vorlesungen 1891/92). TEUBNER-ARCHIV zur Mathematik, Band 5 (herausgeg. von G. Eisenreich u. W. Purkert). Leipzig: Teubner-Verlag 1986.

[40] Kočina, P. Ja.: Karl Vejerštrass. Moskva: Nauka 1985.

[41] Kočina, P. Ja. (Hrg.): Pisma Karla Vejerštrassa k Sof'e Kovalevskoj. Moskva: Nauka 1973.

[42] Kopfermann, K.: Weierstraß' Vorlesung zur Funktionentheorie. In: [1, S. 75–96].

[43] Kossak, E.: Die Elemente der Arithmetik. Programmabhandlung des Werderschen Gymnasiums in Berlin. Berlin: Nicolaische Verlagsbuchhandlung 1872.

[44] Lorey, W.: Das Studium der Mathematik an den deutschen Universitäten seit Anfang des 19. Jahrhunderts. Leipzig u. Berlin: Teubner-Verlag 1916.

[45] Manning, K. R.: The Emergence of the Weierstrassian Approach to Complex Analysis. Archive for History of Exact Sciences 14 (1975), 297–383.

[46] Markuševič, A. I.: Skizzen zur Geschichte der analytischen Funktionen. Berlin: Deutscher Verlag der Wissenschaften 1955.

[47] –, –: Teorija analitičeskich funkcij. In: Kolmogorov, A. N.; A. P. Juškevič (Hrg.): Matematika XIX veka. Moskva: Nauka 1981, S. 115–255.

[48] Medvedev, F. A.: K istorii ponjatija ravnomernoj schodimosti rjadov. Istoriko-matematičeskije issledovanija 19 (1974), 75–93.

[49] –, –: Očerki istorii teorii funkcij dejstvitel'nogo peremennogo. Moskva: Nauka 1975.

[50] Meschkowski, H.: Probleme des Unendlichen. Werk und Leben Georg Cantors. Braunschweig: Vieweg-Verlag 1967.

[51] Mittag-Leffler, G.: Die ersten 40 Jahre des Lebens von Weierstraß. Acta Mathematica 39 (1923), 1–57.

[52] –, –: Weierstraß et Sonja Kowalewsky. Acta Mathematica 39 (1923), 133–198.

[53] Monna, A. F.: Dirichlet's principle – a mathematical comedy of errors and its influence on the development of analysis. Utrecht: Oosthoek 1975.

[54] Neuenschwander, E.: The Casorati-Weierstrass Theorem. Historia Mathematica 5 (1978), 139–166.

[55] –, –: Über die Wechselwirkungen zwischen der französischen Schule, Riemann und Weierstraß. Eine Übersicht mit zwei Quellenstudien. Archive for History of Exact Sciences 24 (1981), 221–255.

[56] Ohm, M.: Der Geist der mathematischen Analysis und ihr Verhältniß zur Schule. Erste Abhandlung. Berlin: Duncker u. Humblot 1842.

[57] Osgood, W. F.: Allgemeine Theorie der analytischen Funktionen a) einer und b) mehrerer komplexer Größen. In: Encyklopädie der mathematischen Wissenschaften, Band II, Teil 2, S. 5–114. Leipzig: Teubner-Verlag 1901.

[58] Poincaré, H.: L'œuvre mathématique de Weierstrass. Acta Mathematica 22 (1899), 1–18.

[59] PRINGSHEIM, A.: Grundlagen der allgemeinen Funktionenlehre. In: Encyklopädie der mathematischen Wissenschaften, Band II, Teil 1, 1. Hälfte, S. 3–57. Leipzig: Teubner-Verlag 1899.

[60] RICHENHAGEN, G.: Carl Runge (1856–1927): Von der reinen Mathematik zur Numerik. Göttingen: Vandenhoeck u. Ruprecht 1985.

[61] RIEMANN, B.: Gesammelte mathematische Werke. 2. Aufl. Leipzig: Teubner-Verlag 1892.

[62] RUDIO, F. (Vorlesungsnachschrift): Theorie der analytischen Functionen. Vorlesung von Herrn WEIERSTRASS gehalten im Sommer 1878; deutsche Handschrift 369 S., Bibliothek Sektion Mathematik der Humboldt-Universität Berlin, Sgn. W 824/10.

[63] RUNGE, C.: Zur Theorie der eindeutigen analytischen Functionen. Acta Mathematica 6 (1885), 229–244.

[64] –, –: Über die Darstellung willkürlicher Functionen. Acta Mathematica 7 (1885), 387–392.

[65] SCHLESINGER, L.; A. PLESSNER: Lebesguesche Integrale und Fouriersche Reihen. Berlin: Verlag de Gruyter 1926.

[66] SCHOLZ, E.: Geschichte des Mannigfaltigkeitsbegriffs von Riemann bis Poincaré. Boston: Birkhäuser-Verlag 1980.

[67] STOLZ, O.: B. Bolzanos Bedeutung in der Geschichte der Infinitesimalrechnung. Mathematische Annalen 18 (1881), 255–279.

[68] VERLEY, J.-L.: Die analytischen Funktionen. In: [17, S. 134–170].

[69] WEIERSTRASS, K.: Mathematische Werke, Bd. 1, 2, 3, 4. Berlin: Mayer u. Müller 1894, 1895, 1903, 1902.

[70] –, –: Zur Theorie der Potenzreihen (1841). Erstveröffentlichung: [69, Bd. 1 (1894), 67–74].

[71] –, –: Definition analytischer Functionen einer Veränderlichen vermittelst algebraischer Differentialgleichungen (1842). Erstveröffentlichung: [69, Bd. 1 (1894), 75–84].

[72] –, –: Zur Theorie der eindeutigen analytischen Functionen. Abhandlungen der Königl. Akademie der Wissenschaften zu Berlin 1876, S. 11–60, zitiert nach [69, Bd. 2 (1895), 77–124].

[73] –, –: Zur Functionenlehre. Monatsbericht der Königl. Akademie der Wissenschaften 1880, S. 719–743, zitiert nach [69, Bd. 2 (1895), 201–223].

[74] –, –: Einleitung in die Theorie der analytischen Functionen. Wintersemester 1882/83, lithographierte Vorlesungsnachschrift von unbekanntem Autor (Besitzvermerk G. THIEME), 458 S. Zentrales Archiv Akademie der Wissenschaften der DDR, Nachlaß H. A. SCHWARZ, Nr. 465.

[75] –, –: Über die analytische Darstellbarkeit sogenannter willkürlicher Functionen einer reellen Veränderlichen. Sitzungsberichte Königl. Preuß. Akademie der Wissenschaften 1885, S. 633–639, 789–805.

[76] –, –: Über die analytische Darstellbarkeit sogenannter willkürlicher Functionen reeller Argumente. In: [69, Band 3 (1903), 1–37] (= erweiterter Wiederabdruck von [75]).

[77] –, –: Abhandlungen aus der Functionenlehre. Berlin: Springer-Verlag 1886.

[78] –, –: Briefe an Paul du Bois-Reymond. Acta Mathematica 39 (1923), 199–225 (ediert von G. MITTAG-LEFFLER).

[79] –, –: Zur Funktionentheorie (Mathematisches Seminar, 28. Mai 1884). Acta Mathematica 45 (1925), 1–10.

[80] WEYL, H.: Die Idee der Riemannschen Fläche. Leipzig u. Berlin: Teubner-Verlag 1913. 3. Aufl. Stuttgart: Teubner-Verlag 1955.

[81] SIEGMUND-SCHULTZE, R.: Der Beweis des Weierstraßschen Approximationssatzes 1885 vor dem Hintergrund der Entwicklung der Fourieranalysis. Historia Mathematica 15 (1988), H. 3 12 S.

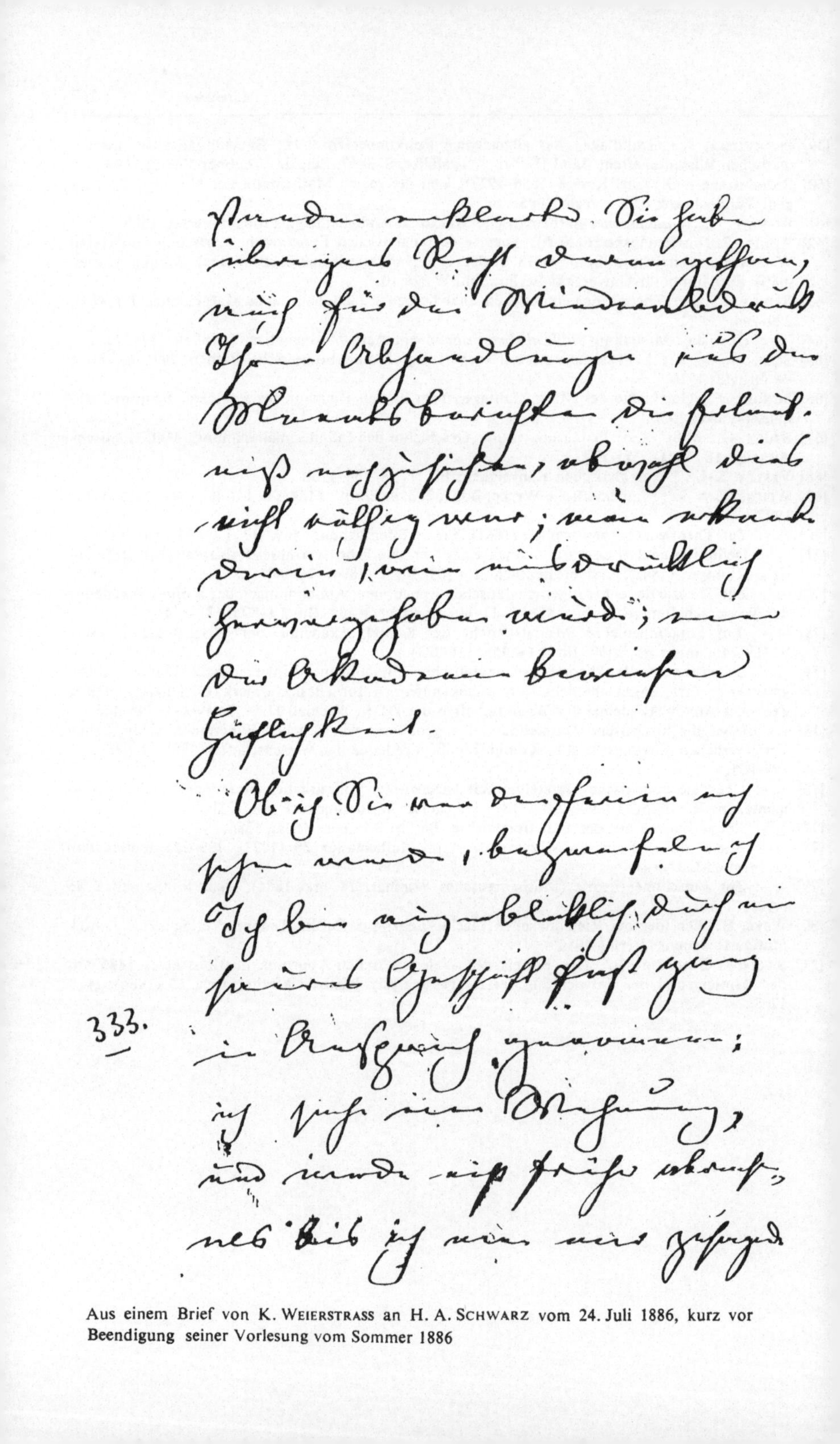

333.

Aus einem Brief von K. WEIERSTRASS an H. A. SCHWARZ vom 24. Juli 1886, kurz vor
Beendigung seiner Vorlesung vom Sommer 1886

Namen- und Sachverzeichnis

(Kursiv gesetzte Seitenzahlen verweisen auf die Einführung bzw. auf den Kommentar des Herausgebers. Die jeweils in Klammern als Ergänzung angegebenen Seitenzahlen verweisen auf den Reprintteil und entsprechen der Originalpaginierung.)

Im „TEUBNER-ARCHIV zur Mathematik" erschienen bisher:

Band 1: *C. F. Gauß/B. Riemann/H. Minkowski*
Gaußsche Flächentheorie, Riemannsche Räume und Minkowski-Welt
Herausgegeben und mit einem Anhang versehen von J. BÖHM und H. REICHARDT
1984. 156 Seiten. Bestell-Nr. 666 185 9
Springer-Verlag Wien New York: ISBN 3-211-95825-8

Band 2: *G. Cantor*
Über unendliche, lineare Punktmannigfaltigkeiten
Arbeiten zur Mengenlehre aus den Jahren 1872--1884
Herausgegeben und kommentiert von G. ASSER
1984. 180 Seiten. Bestell-Nr. 666 187 5
Springer-Verlag Wien New York: ISBN 3-211-95826-6

Band 3: *G. Herglotz*
Vorlesungen über die Mechanik der Kontinua
Ausarbeitung von R. B. GUENTHER und H. SCHWERDTFEGER
Mit einem Geleitwort von H. BECKERT
1985. 252 Seiten. Bestell-Nr. 666 255 2
Springer-Verlag Wien New York: ISBN 3-211-95821-5

Band 4: *H. Reichardt*
Gauß und die Anfänge der nicht-euklidischen Geometrie
Mit Originalarbeiten von J. BOLYAI, N. I. LOBATSCHEWSKI und F. KLEIN
1985. 248 Seiten. Bestell-Nr. 666 249 9
Springer-Verlag Wien New York: ISBN 3-211-95822-3

Band 5: *F. Klein*
Riemannsche Flächen
Vorlesungen, gehalten in Göttingen 1891/92
Herausgegeben und kommentiert von G. EISENREICH und W. PURKERT
1986. 284 Seiten. Bestell-Nr. 666 254 4
Springer-Verlag Wien New York: ISBN 3-211-95829-0

Band 6: *D. König*
Theorie der endlichen und unendlichen Graphen
Mit einer Abhandlung von L. EULER
Herausgegeben und mit einen Anhang versehen von H. SACHS
Mit einem biographischen Anhang von T. GALLAI und einem Geleitwort von P. ERDÖS
1986. 348 Seiten. Bestell-Nr. 666 319 2
Springer-Verlag Wien New York: ISBN 3-211-95830-4

Band 7: *F. Klein*
Funktionentheorie in geometrischer Behandlungsweise
Vorlesung, gehalten in Leipzig 1880/81
Herausgegeben, bearbeitet und kommentiert von F. KÖNIG
Mit einem Geleitwort von F. HIRZEBRUCH
1987. 296 Seiten. Bestell-Nr. 666 376 6
Springer-Verlag Wien New York: ISBN 3-211-95839-8

Band 8: *C. Neumann, F. Klein, S. Lie, F. Engel, F. Hausdorff, H. Liebmann,*
W. Blaschke, L. Lichtenstein
Leipziger mathematische Antrittsvorlesungen
Auswahl aus den Jahren 1869–1922
Herausgegeben und mit einem Anhang versehen von H. BECKERT und W. PURKERT
1987. 244 Seiten. Bestell-Nr. 666 373 1
Springer-Verlag Wien New York: ISBN 3-211-95840-1